GEMPA LITERASI

DARI KAMPUNG UNTUK NUSANTARA

GEMPA LITERASI

DARI KAMPUNG UNTUK NUSANTARA

99

Esai Bergizi tentang Buku, Perpustakaan,
Komunitas Literasi, Budaya Baca-Tulis,
dan Taman Bacaan Masyarakat

Dilengkapi dengan 50 profil
komunitas literasi di Indonesia

Buku Sakti Pegiat Literasi

GOL A GONG & AGUS M. IRKHAM

KPG

Jakarta:
KPG (Kepustakaan Populer Gramedia)

Gempa Literasi

KPG: 901 12 0479

Cetakan Pertama, Februari 2012

Penyunting
Yemima Lintang Khastiti

Perancang Sampul
Fernandus Antonius

Penataletak
Fernandus Antonius
Wendie Artswenda

GONG, Gol A
Gempa Literasi
Jakarta: KPG (Kepustakaan Populer Gramedia), 2012
xvi + 525 hlm. ; 14 cm x 21 cm
ISBN: 978-979-91-0385-7

Dicetak oleh PT Gramedia.

Untuk para pejuang literasi dan pegiat budaya baca di seantero nusantara.

SALAM PEMBUKA

Kreativitas, ungkap almarhum Rendra, memiliki tiga syarat utama. *Pertama*, cinta kasih atau api peduli. *Kedua*, keterlibatan. Dan yang *ketiga*, harus sesuai dengan nilai-nilai universal. Api peduli itu penting, tapi belum cukup. Simpati baru merupakan potensi, belum menghasilkan nilai apa pun sampai ia mampu mengejawantahkannya menjadi empati, berupa tindakan atas segala sesuatu yang disebut kesadaran. Ada pula yang menyebut perpaduan antara kesadaran dan aksi ini sebagai komitmen.

Keterlibatan yang mendalam akan menghasilkan paradigma, yaitu cara pandang seseorang mengenai kenyataan hidup dan pengalaman yang telah ia akrabi. Boleh jadi kita menjalani jelujuran waktu kehidupan dengan peran sama, misalnya menjadi guru, dosen, jurnalis, atau pedagang. Namun, saat dimintai pendapat tentang apa yang kita alami, ceritanya pasti berbeda. Simpulan beragam pengalaman atas peran yang sama itu akan beragam.

Cinta kasih dan keterlibatan belumlah cukup. Keduanya harus sesuai dengan nilai-nilai universal. Wujud kontekstualnya bermacam-macam, dapat berupa kejujuran, kesabaran, sikap pantang menyerah, sungguh-sungguh, dan sifat suci (*noble*) lainnya. Sublimasi ketiganya—cinta kasih, keterlibatan, dan nilai-nilai universal—oleh Rendra diikat ke dalam satu kalimat: *Masuk dalam kontekstualitas sambil meraih ridha Allah!*

Buku yang ada dalam timangan Anda ini, insya Allah termasuk dalam sublimasi yang diutarakan Rendra tersebut: bentuk dari cinta kasih dan keterlibatan kami di lapangan literasi. Kami mengartikan literasi sebagai keberaksaraan, di mana keaksaraan teknis menjadi salah satu pokok bahasannya—selain keaksaraan fungsional dan budaya.

Keterlibatan dan perenungan atas apa yang kami alami (transendensi aksi transformasi) di dunia literasi selalu menghasilkan sesuatu yang, kalau kami boleh sedikit hiperbolis, mencerahkan. Salah satu bukti yang paling tampak dan Anda pun dapat mendarasnya adalah bentangan tema yang kami bicarakan. Literasi bukanlah semata-mata buku karena ia tidak hidup dalam ruang vakum udara. Sebaliknya, literasi berjalin erat dengan kehidupan. Bentangan pembicaraan tentang literasi pun menjadi dinamis, sedinamis kehidupan itu sendiri, mulai dari dunia penerbitan, komunitas literasi, perpustakaan, kampanye membaca dan menulis, hingga isu perubahan sosial.

Tapi, tentu saja tema tentang buku itu sendiri tetap menarik untuk dihidangkan. Apalagi perkembangan industri perbukuan di Indonesia cukup menggembirakan. Hal ini dapat dilihat dari semakin banyaknya jumlah penerbit, strategi pemasaran buku, serta jumlah buku yang diterbitkan.

Dalam buku ini, kami menghadirkan literasi dari dua sisi: konsepsi dan praksis. Sisi pertama memahamkan sekaligus memberi kita pijakan erat tentang pentingnya "melek literasi". Sisi ini juga memberikan panduan dan ikatan atas perubahan dan perkembangan dunia literasi yang terjadi di Indonesia—yang dalam pandangan kami sudah memasuki generasi ketiga. Analisis yang kami berikan adalah analisis "lekuk siku kita".

Kami mengamati perkembangan literasi di Indonesia dengan pandangan berjarak. Keberjarakan ini penting agar kami bisa dengan jernih memetakan persoalan, sekaligus merumuskan cita-cita atau solusi atas keberagaman persoalan tersebut. Dengan berada di luar arena—tidak menjadi bagian dari persoalan dan tidak mengalami konflik kepentingan untuk sementara waktu—kami bisa mengkritik pedas.

Sisi konsepsi juga mendedahkan kepada khalayak bahwa

pentingnya membentuk masyarakat pembelajar (*learner society*) yang dilahirkan dari masyarakat pembaca (*reader society*) sudah tidak dapat dielakkan lagi. Sudah tidak ada celah untuk mengelak, terutama bagi pemegang kekuasaan politik (partai), birokrasi (pemerintah), dan budaya (masyarakat) yang tidak menjadikan literasi sebagai prioritas utama pembangunan ke arah perbaikan dan kemajuan.

Itu sisi *pertama*. Bagaimana dengan sisi *kedua*, segi praksisnya? Wajah kedua dari buku ini berupa contoh nyata bagaimana buku diupacarai dan dirayakan oleh komunitas literasi. Kami lebih banyak menjadikan Rumah Dunia sebagai titik pijak, entah sebagai Taman Bacaan Masyarakat atau sebagai komunitas literasi. Di Rumah Dunia kami melihat dan turut pula menjadi saksi kebenaran makna literasi yang dirumuskan UNESCO sebagai kunci peningkatan kapasitas seseorang dan memberikan banyak manfaat sosial, di antaranya cara berpikir kritis, partisipasi politik, dan peningkatan kualitas kehidupan, terutama ekonomi.

Dalam konteks politik, pemilukada langsung misalnya, melek literasi berupa keberaksaraan politik, yaitu kesanggupan untuk mendaras informasi—berupa teks maupun nonteks—di luar hal-hal yang bersifat teknis fungsional (profesi). Hal itu memungkinkan tumbuhnya empati, sikap kritis, sportivitas, dan kesediaan untuk turut ambil bagian dalam proses penyelesaian masalah-masalah kolektif—seperti budaya demokrasi. Masyarakat akan mampu menggali serta memilah informasi, rumor, desas-desus, dan klaim politik. Masyarakat juga bisa melakukan cek, ricek, serta menganalisis informasi politik yang didapat, kemudian menggunakannya sebagai pertimbangan sebelum menentukan satu pilihan dari sekian banyak opsi bentuk partisipasi politik.

Ibarat kepingan logam, dua sisi di atas sama pentingnya. Keduanya tidak bisa dipisahkan. Sebaliknya, dua sisi tersebut saling menggenapi dan membuat kepingan logam itu bernilai. Kami berharap kepingan logam tersebut dapat digunakan pembaca untuk menjalankan permainan bernama Gerakan Indonesia Membaca (GIM) untuk Indonesia yang sejahtera dan bermartabat.

Itu sebabnya, kami menyebut buku ini sebagai buku sakti pegiat literasi. Kepingan logam itu memberikan pijakan kognitif, afektif, sekaligus praksis mengenai dunia buku, perpustakaan, komunitas literasi, budaya membaca dan menulis, dan Taman Bacaan Masyarakat.

Bentangan pembicaraan tentang literasi di buku ini sebanyak 99 lema. Mengapa 99? Kenapa tidak digenapi menjadi 100? Kami lebih senang menempatkan capaian kami saat ini sebagai perjalanan yang belum selesai. Kami punya banyak cita-cita, dan belum semuanya tercapai. Pengalaman dan temuan kami pun belum final. Artinya, seiring berjalannya waktu, semua akan terus mengalami perubahan. Kesadaran ini kami simbolkan dengan angka 99.

"Kesempurnaan" buku ini sangat ditentukan oleh kesediaan Anda memanfaatkan informasi dan inspirasi yang kami semai dalam 99 esai. Angka tersebut bermakna undangan kami kepada Anda, para pembaca. Kedirian, kiprah, dan kesadaran yang diteruskan dengan aksi nyata Anda dalam bentuk tulisanlah yang akan menggenapi temuan kami yang berjumlah 99 itu menjadi bilangan sempurna, 100. Kesediaan Anda untuk bergerak dan ambil bagian dari rombongan besar pejuang literasi menjadi kesempurnaan buku ini. Kesempurnaan substansial!

***

Dalam pandangan kami, tulisan bukan semata-mata teks. Ia adalah anak rohani. Saat membaca tulisan, kita sedang mendalami kedirian penulisnya. Paradigma berpikirnya. Kesadaran dan sikap laku hidupnya. Dan tiap diri itu diciptakan Tuhan secara unik, khas, dan berbeda. Nah, pada titik itu, ungkapan bahwa tiap diri punya hak untuk menulis (buku) telah mendapati dasarnya.

Lantas, pertanyaan pentingnya adalah: dari mana datangnya kesadaran itu? Tentu dari sisi-Nya. Letak persoalannya ternyata bukan pada para penulis atau pembaca sebagai orang awam, melainkan pada kesanggupan untuk senantiasa menganggap yang datang dari sisi Tuhan pasti bernilai besar, tidak mengenal kata *lumayan*, apalagi *hanya*. Menulis menjadi salah satu bentuk rasa syukur atas hidup yang telah diamanahkan Tuhan kepada kita secara gratis.

Maka, dalam rangka mengucap syukur atas fasilitas yang bersifat *taken for granted* itu, izinkan kami mengucapkan terima kasih kepada beberapa pihak yang mendukung kami—khususnya yang membantu melahirkan anak rohani kami, berupa esai lepas yang kemudian terhimpun dalam buku ini.

Kepada Pak Frans M. Parera dan Mbak Tri "Ade" Marganingsih selaku penggagas dan Redaktur Majalah *Matabaca* yang tiap bulan memberikan kesempatan kepada kami untuk mengabarkan perkembangan dunia literasi, sekaligus bereksperimen dengan beragam teknik menulis. Meskipun, pada akhirnya *Matabaca* harus takluk kepada hukum pasar.

Mas Triyanto Triwikromo, redaktur lembar Sastra dan Budaya koran *Suara Merdeka* yang hampir tiap pekan memberikan keleluasaan kepada kami untuk mengisi rubrik Atrium. Melalui rubrik itu, kami bisa melakukan inisiasi dan promosi kepada masyarakat Jawa Tengah mengenai begitu luas dan menariknya dunia perbukuan.

Salam takzim kami tujukan pula kepada Mas Arief Santosa, redaktur Di Balik Buku harian *Jawa Pos*. Meskipun kami tidak terlalu sering menulis, rubrik itu selalu memberikan hal-hal baru soal buku. Yang terpenting, lewat rubrik itu pula kami sering disemangati kembali untuk terus menekuni jalan sunyi ini.

Salam sayang dan terima kasih kami juga untuk teman-teman relawan di Rumah Dunia dan Forum Indonesia Membaca: Mahmudin dan Ade Oktarini. Wien Muldian dan Dessy Sekar Astina dari Institut Literasi Indonesia, terima kasih atas pemberian izin dan kesediaan "memindahkan" katalog program "Kepergok Membaca" (World Book Day Indonesia, 2010) menjadi isi apendiks buku ini.

Tak lupa, terima kasih untuk Diana A.V. Sasa dan Muhidin M. Dahlan atas buku *Para Penggila Buku*-nya. Buku itu menggugah kami untuk turut memberikan wacana sanding—untuk tidak menyebut tanding—atas sedikitnya teks referensi tentang dunia literasi.

Gol A Gong. Terima kasih kepada Emak Atisah, Tias Tatanka, Bella, Abi, Odi, Azka, dan para relawan Rumah Dunia. Juga para pejuang literasi di Sindikat Baca Bojonegoro, Insan Baca Surabaya, Lentera Qolbu Pandeglang, Kiswanti Warabal, teman-teman di Kubah Budaya, Teater Nol, Ki Amuk, Sangkakala Banten, Komunitas Sejarah Banten, Milda Solihin Bengkulu, Muhammad Subhan (Rumah Puisi Taufiq Ismail di Nagari Aie Angek), Berlian Santosa, Muhamad Faisal, Harken, dan teman-teman di YKAI Natuna. Selamat berjuang! Pena, pena!

Agus M. Irkham. Terima kasih kepada ayahanda K.H. Muhammad Ridwan, yang telah menjadi guru menulis pertama, sekaligus melimpahi Gus Irkham belia dengan bahan bacaan serta memberikan kepercayaan dan dukungan untuk ber-*soft politic* melalui jalur literasi. Ibunda, Almarhumah Hj. Siti Romlah. Sungguh kebaikan yang telah engkau berikan belum satu pun terbalas. Semoga seluruh amal baiknya menjadi pahala yang akan memperberat timbangan kebaikan dalam mizan-Mu, sehingga tidak ada sedikit pun rasa gentar saat ia meniti jembatan yang di bawahnya api menyala sampai ia tiba di ujung sana, di surga-Mu. Teman diskusi setiaku, Siti Jazimah, yang dari rahimnya lahir anak-anak ideologisku: Mazia Nur Aulia Irkham, Mumtaza Zahwa Naila Irkham, dan Muhammad Irkham.

Batang-Banten
11 September 2011
Gol A Gong | Agus M. Irkham

DAFTAR ISI

Salam Pembuka vi
Daftar Isi xiii

BAGIAN PERTAMA

MINAT BACA 2
1 Indonesia (Masih) Kurang Buku 3
2 Paradoks Keberaksaraan 7
3 Minat Baca Anak Indonesia 10
4 Pertalian Minat Baca, Harga Buku, dan Daya Beli 13
5 Pudarnya Pesona Bahasa Indonesia 16
6 Kematian Literasi di Negeri Ini 19
7 Jangan Matikan Televisi! 23
8 Pelajaran untuk Anak 30
9 Bacaan Putriku dan Para Tukang 34
10 Putriku Jadi Pengarang 39

GERAKAN MEMBACA 46
11 Membaca Gerakan Membaca di Indonesia 47
12 Mata Baru Gerakan Membaca 50
13 Membangun Budaya Baca 62
14 "Dosa Besar" Kerani Perbukuan 66
15 Banten Membaca 70
16 Banten Membaca vs Banten Belanja 75
17 Change by Reading 79
18 Care Box Bella 82
19 Gerakan Literasi Lokal untuk Indonesia Membaca 86
20 Perpustakaan Keliling Rumah Dunia 89

21 Literacy Clinic: Menuju Banten Membaca 93
22 Indonesia Membaca di Jawa Timur 97

PERPUSTAKAAN 104
23 Tiga Kepusingan Perpustakaan Daerah 105
24 Library 2.0 109
25 Perpustakaan, Jumlah Buku, dan Minat Baca 113
26 Peluang Usaha Kerani Pustaka 116
27 Seni Mengelola Perpustakaan 128
28 Perpustakaan di Rumah Hutan 137

BAGIAN KEDUA:

PEMASARAN BUKU 142
29 Membangunkan Raksasa Tidur 143
30 Komik Buku Serius: dari Marx hingga Gus Dur 146
31 Wajah Baru Kapitalisme Buku 153
32 Jualan Buku Melalui SMS 156
33 *Wrapping* dan Bunuh Diri Toko Buku 159
34 Penerbit vs Toko Buku 162
35 Faktor Penentu Buku Laku 165
36 Menjual Es Krim di Kutub Utara 168
37 Datang, Serang, Menang! 171
38 Dari Kover Turun ke Hati 174
39 Jakarta Melebihi Belanda 177
40 Mendekatkan Sastra Lewat Televisi 181
41 *Bulan Celurit Api*: Cermin Pilkada Banten 189

PROSES KREATIF 194
42 Dari ATM hingga Spanyol 195
43 Ketika si Ceriwis Menulis (Buku) 196
44 Antara Penulis Hantu dan Politik Citra 201
45 Dari Huruf ke Gambar Hidup 202
46 Membaca Buku tentang Membaca Buku 203
47 Kotak Ajaib dalam Lipatan Buku 211
48 Menjadi Wartawan Lewat Buku 214
49 Buku Berbalas Buku 217
50 Meniru Buku Laris, Apa Salahnya? 220

51 Buka Kalbu dengan Buku 223
52 Pemuda, Galilah Potensimu! 224
53 Pelangi Jatuh di Kotaku 230
54 Rabun Baca 234
55 Andai Buku Bisa Bicara 238

BAGIAN KETIGA

TAMAN BACAAN MASYARAKAT 248
56 TBM Generasi Ketiga 249
57 Mengapa TBM@Mall? 257
58 Lagi, TBM@Mall... 261
59 TBM dan Kisah Sukses Triyan 264
60 Tiga Ragam Pengelolaan TBM 268
61 The Secret Millionaire 271
62 Perbedaan TBM dan Komunitas Baca 275
63 Ideologi TBM dan Komunitas Baca 279
64 Antara Menu Kegiatan dan Relawan 283
65 Manfaat TBM 288
66 Program Kreatif TBM 291
67 Dari Membaca ke Menulis 299
68 TBM Writerpreneurs 303
69 TBM Ajarkan Udin Menulis 306
70 Rekrutmen Relawan TBM 312
71 Distribusi Buku ala TBM 315
72 Memaksimalkan Potensi TBM 318
73 Aspek Kultural dalam Kegiatan dan *Landmark* TBM 322

KOMUNITAS LITERASI 327
74 Pengalaman Membangun Komunitas 328
75 Heboh Sastra Islami dalam Perspektif Komunitas Literasi dan Industri Perbukuan 335
76 Komunitas Literasi Generasi Kedua 343
77 Komunitas Literasi 3.0 346
78 Lima Reposisi Komunitas Literasi 349
79 Mabulir, Budaya Baca, dan Kita 353
80 Komunitas Literasi Rumah Dunia 357

81 Pernyataan Sikap Sastrawan di Ode Kampung #2 361
82 9 Rekomendasi Literasi Ode Kampung #3 364
83 Tim Anti-nonliterasi 369
84 Gempa Literasi hingga Timur Tengah 374
85 Antara Rumah Rakit dan Pelatihan Menulis 378
86 Wisata Sungai Musi dan Ummi Award 390
87 Gempa Literasi Guncang Sumatra 397
88 Membangun Kembali "Padang Membaca" Pascagempa 405
89 Antara Bangka Belitung, Bengkulu, dan Natuna 409

BUDAYA MENULIS 418
90 Para Guru, Menulislah! 419
91 Migrasi Gerai Tulisan 423
92 Blog sebagai Media Pembelajaran di Sekolah 426
93 Habis Komunitas Terbitlah Buku 430
94 Terbitkan, atau Minggirlah! 434
95 Bergabunglah dengan Musuh! 438
96 Kelas Menulis Rumah Dunia 441
97 Wadah Menulis di Situs www.rumahdunia.net 448
98 Udin Angkot: Mengisi Waktu Luang dengan Membaca 451
99 Rahel Membajak Tanah dengan Pena 456

APENDIKS 50 PROFIL KOMUNITAS LITERASI DI INDONESIA 460

Daftar Bacaan 508
Tentang Penulis 511
Indeks 514

BAGIAN PERTAMA

MINAT BACA

1
Indonesiaku (Masih) Kurang Buku

Agus M. Irkham

Judul di atas pernah digunakan *Tiras* (10/5/1996) ketika melansir perkembangan penerbitan buku di Indonesia yang merujuk pada laporan UNESCO (Statistical Yearbook, 1993). Berdasarkan laporan tersebut, jumlah judul buku baru yang diterbitkan sebesar 0,0009 persen dari total penduduk Indonesia. Artinya, hanya 9 judul buku baru untuk setiap 1 juta penduduk.

Itu dulu. Sekarang?

Ada dua pernyataan penting menyangkut Indonesia dan (minat baca dan tulis) buku. *Pertama*, saat meresmikan Toko Buku Gramedia di Grand Indonesia, Jakarta, pada 19 Desember 2008, Presiden Susilo Bambang Yudhoyono menyatakan bahwa bangsa yang maju pasti memiliki masyarakat yang maju pula. Masyarakat maju ditopang oleh masyarakat yang gemar membaca (buku). *Reading society* menjadi prasyarat utama menuju *advance society*. "Kalau kita ingin menjadi *advance society*, harus berangkat dari *reading society*. Ini adalah jalan yang tepat," terang Presiden SBY yang juga penulis buku *Indonesia on The Move* itu.

Kedua, dalam sambutannya di pembukaan Kompas Gramedia Fair ke-22 pada 27 Januari 2009 di Istora Gelora Bung Karno, Senayan, Jakarta, Gubernur DKI Jakarta, Fauzi Bowo, mengungkapkan bahwa Indonesia perlu mengatasi ketertinggalan dalam segi minat baca dan jumlah penerbitan buku. Di Vietnam, harga buku dipastikan murah karena disubsidi oleh pemerintah. Buku-buku literatur sastra terkenal dunia, selain mudah diperoleh di toko buku, harganya pun murah (*Kompas*, 28 Januari 2009).

Pernyataan pertama mendedahkan harapan, pernyataan kedua membeberkan kenyataan. Kenyataan bahwa Indonesia (masih) kurang buku. Coba bandingkan dengan Vietnam. Indonesia yang berpenduduk 225 juta hanya memproduksi 8.000 judul buku baru setiap tahun, sementara Vietnam dengan 80 juta penduduk sudah memproduksi 15.000 judul buku. Padahal Vietnam baru merdeka pada 1968, 23 tahun setelah Indonesia merdeka (Tajuk Rencana *Kompas*, 31 Januari 2009).

Artinya, di Indonesia ada 35 judul buku baru per 1 juta penduduk, sedangkan Vietnam mengeluarkan 187 judul buku baru per 1 juta penduduk. Vietnam melesat jauh di atas rata-rata negara berkembang, yaitu 55 judul buku baru per 1 juta penduduk. Secara absolut, di Indonesia, pertambahan jumlah judul buku baru per 1 juta penduduk dari tahun 1993 hingga 2008 adalah 26 judul. Namun, secara relatif (per tahun), hanya 1,73 judul. Sangat memprihatinkan.

Bagaimana kenyataan itu dapat dijelaskan? Lewat pintu mana kita harus masuk, agar dapat memahami beberan per-angka-an di atas? Langkah konkret seperti apa yang harus diambil agar musim kemarau buku di Indonesia berakhir?

Stakeholders Perbukuan

Tak salah lagi, kita harus melalui pintu bernama: *stakeholders* perbukuan. Pihak-pihak yang berkepentingan dalam dunia perbukuan meliputi produsen (pemerintah, penerbit), distributor (toko buku), dan konsumen (pembaca). Di Vietnam, harga buku murah karena disubsidi. Saya kira, tak berlebihan jika pemerintah Indonesia melakukan hal yang sama. Tidak selamanya subsidi berdampak negatif. Apalagi, yang disubsidi adalah produk ilmu pengetahuan. Subsidi itu bisa dalam bentuk regulasi perpajakan maupun kestabilan harga bahan baku, terutama kertas.

Subsidi memungkinkan tiap penerbit memenuhi skala ekonomi produksi. Penerbit mampu mencetak buku baru dalam jumlah efisien, sesuai dengan harga pokok produksi minimal, sehingga harga jual buku jadi murah—dengan asumsi proses distribusi berlangsung sangkil dan mangkus.

Toko buku adalah ujung tombak distribusi buku. Mereka menjadi terminal akhir dari rentetan proses yang berlangsung di industri perbukuan dan menjadi satu-satunya saluran paling dominan—selain pameran—yang mendekatkan buku kepada masyarakat. Oleh karena itu, jika ingin memperluas penyebaran buku, perbanyaklah jumlah toko buku. Tentu dengan tetap memperhatikan pemerataan sebarannya.

Saat ini jumlah toko buku aktif, baik besar maupun kecil, masih belum memadai dibandingkan dengan jumlah pembeli buku. Keberadaannya pun masih terpusat di ibu kota provinsi dan kabupaten. Sangat jarang kita mendengar atau menemui toko buku di wilayah kecamatan. Kalaupun ada, lebih tepat disebut toko alat tulis dan kantor ketimbang toko buku. Mestinya di tiap kecamatan minimal ada satu yang benar-benar toko buku.

Tentang toko buku di kecamatan, pada akhir 2002 saya bertemu dengan Frans M. Parera, salah satu anggota Dewan Buku Nasional (DBN). Dalam pertemuan yang berlangsung di Jakarta itu, terungkap bahwa DBN tengah merancang program pembukaan toko buku di tiap kecamatan potensial di seluruh Indonesia. Gagasan yang berani, pikir saya saat itu. Entah, sekarang sudah sampai tahap apa rancangan program tersebut: terlaksana, atau sebaliknya, terlupa. Andai terlupa atau dilupakan, sudah saatnya gagasan itu diingat kembali, dan lebih penting dari itu, direalisasikan.

Upaya yang dilakukan pemerintah, penerbit, dan toko buku tidak akan terlalu besar manfaatnya untuk perkembangan industri perbukuan jika tidak disertai dengan perubahan adat, kebiasaan, dan budaya yang diakrabi sebagian besar masyarakat, dari berbicara dan menonton ke budaya baca-tulis.

Apa pasal? Karena, hanya di masyarakat yang memiliki kebiasaan baca-tulis tinggi sajalah, buku—sebagai produk ilmu pengetahuan—akan dinilai tinggi. Beruntung, empat tahun terakhir ini, di berbagai belahan daerah di tanah air lahir beragam komunitas baca-tulis (literasi atau perbukuan). Secara mandiri, mereka mengambil inisiatif untuk bergabung dalam satu rombongan besar bernama Gerakan Indonesia Membaca!

GIM adalah gerakan berkelanjutan bersifat kultural edukatif yang berupaya memperbanyak akses informasi, memfasilitasi, dan membuka ruang partisipasi seluas-luasnya kepada masyarakat untuk memperkuat budaya baca. Kegiatan tersebut merupakan upaya mencerdaskan kehidupan bangsa dengan menguak kecintaan akan ilmu pengetahuan, seni, dan nilai-nilai kemanusiaan. Gerakan ini menyosialisasikan aktivitas membaca dan menulis di tingkat lokal (*local literacy*) serta mendukung tumbuhnya perpustakaan-perpustakaan komunitas (*community libraries*) di Indonesia.

2
Paradoks Keberaksaraan

Agus M. Irkham

Selama ini keberaksaraan (*literacy*) kerap didaulat menjadi kunci yang mampu membuka pintu bagi datangnya modernisasi, partisipasi, empati, demokratisasi, desentralisasi ilmu pengetahuan, perbaikan taraf hidup terutama ekonomi, serta kemajuan suatu bangsa. Laporan UNESCO tahun 2005 berjudul "Literacy for Life" menyebutkan adanya hubungan erat antara *illiteracy* (ketidakberaksaraan) dengan kemiskinan. Di banyak negara dengan tingkat kemiskinan tinggi, seperti Bangladesh, Ethiopia, Ghana, India, Nepal, dan Mozambik, tingkat ketidakberaksaraannya juga tinggi.

Sayang, Indonesia tidak termasuk dalam salah satu negara yang diteliti UNESCO. Kalau termasuk, tentu simpulannya akan berbeda karena, berdasarkan data The National Socio-Economic Survey (SUSENAS) 2004, meskipun tingkat keberaksaraan penduduk usia 15–24 tahun sangat tinggi, mencapai 98,7 persen, ternyata angka kemiskinannya juga sama tinggi, 23,4 persen.

Keberaksaraan, baik sebagai tema diskursus maupun sebagai sebuah gerakan, saat ini tengah menjadi tema yang seksi. Diseminarkan di mana-mana. Jadi bahan obrolan kaum cerdik pandai. Menjadi perhatian, tidak saja oleh pemegang kuasa politik (partai), tapi juga ekonomi (perusahaan). Ibu-ibu pejabat pun merasa harus ikut ambil bagian merayakan gairah keberaksaraan itu.

Audit Kemasyarakatan

Namun, dari riuhnya perayaan itu, ada satu persoalan pokok yang rupanya tercecer. Entah karena lupa atau memang dengan sengaja dilupakan, menyangkut ukuran-ukuran yang dipakai untuk menyimpulkan apakah seseorang atau suatu kelompok masyarakat sudah tergolong literer atau belum. Berdasarkan tingkat melek huruf, besarnya daya beli buku masyarakat, jumlah judul buku baru yang diterbitkan, jumlah penerbit buku, akses masyarakat terhadap buku dan koran, ataukah minat baca masyarakat terhadap buku.

Memetakan saja tidak, apalagi mengukur parameter di atas yang oleh Daniel Lerner (1978) disebut sebagai audit kemasyarakatan (*social audits*). Padahal, melalui audit kemasyarakatan itu kita bisa mengetahui seberapa erat hubungan antara tingkat kemajuan suatu bangsa dan taraf keberaksaraan, sehingga tidak terjebak pada pemitosan keberaksaraan.

Absennya audit kemasyarakatan akan berakibat pada tidak tepatnya penetapan tujuan, sasaran, rencana kerja, dan program aksi keberaksaraan sehingga berbagai macam bentuk kampanye keberaksaraan—terutama yang dikerjakan oleh pemerintah—lebih kental dengan tindakan reaktif, jangka pendek, dan cenderung menyederhanakan persoalan. Salah satu bentuk penyederhaan itu adalah mengartikan literasi terbatas pada aktivitas membaca buku, lengkap dengan sesanti klise: buku mencerdaskan bangsa.

Snobisme Intelektual

Ketiadaan audit kemasyarakatan dan mengagungkan buku tertentu melahirkan paradoks keberaksaraan. Dalam paradoks keberaksaraan semua berlaku seolah-olah. Seolah-olah berupaya meningkatkan minat baca masyarakat, padahal sejatinya mencari modus baru korupsi di industri penerbit buku. Angka statistik yang menyatakan tingkat melek huruf tinggi, ternyata hanya terbatas pada melek huruf secara teknis. Sedangkan, secara fungsional dan budaya masyarakat masih buta huruf. Ini terbukti dari tingkat melek huruf dan kemiskinan yang sama-sama tinggi. Seseorang doyan membeli buku dalam jumlah besar seolah-olah ia pendaras teks yang tekun, nyatanya itu hanyalah wujud snobisme intelektual.

Keberaksaraan menjadi objek permainan tanda. Logika, konsep, dan makna yang menyertai sebuah objek (ikon atau penanda) tidak harus bersifat linear. Penanda tidak harus representasi dari sebuah petanda. Buku, sebagai penanda, dianggap mempunyai citraan yang menguntungkan. Buku dianggap memiliki modal simbolik—cerdas, tercerahkan, bijak, berwawasan luas, dan bisa membuat lawan *ngeper*.

Modal simbolik ini dalam masyarakat konsumer dipercaya mampu memberikan status tertentu pada individu yang mengonsumsinya. Media pembentukan personalitas, gaya, citra, gaya hidup, dan status sosial (Yasraf, 2004). Dalam masyarakat konsumer, membeli buku tidak lagi disandarkan pada kebutuhan akan inspirasi, perenungan, informasi, dan pencapaian tingkat kesadaran yang lebih tinggi, tapi pada hasrat yang hanya berhenti pada perburuan penanda (ikon). Pusat perhatian konsumser bukan pada logika nilai guna (*logic of utility*), melainkan pada logika nilai tanda (*logic of sign*).

Lagi, berbeda dengan kelisanan yang mensyaratkan adanya kebersamaan, dialog, pertemuan fisik yang hangat, akrab, dan membahagiakan, keberaksaraan mengandaikan—meminjam istilah yang diberikan Ignas Kleden (1999)—adanya invidualisme kebudayaan. Semacam kesanggupan untuk masuk ke dalam dunia diri (kontemplasi), menyendiri setelah berkutat dalam kesibukan ekspansi peranan di dunia luar (transformasi). Sebuah metodologi proses yang kalau kita tidak berhati-hati bisa tergelincir pada individualisme dalam bentuknya yang paling konservatif: egois, tertutup, terasing, dan tercerabut dari akar lingkungannya.

Jika demikian, kekuatan literasi bukannya menumbuhkan partisipasi dan empati. Yang terjadi justru sebaliknya, menguatkan egoisme dan ketidakpedulian. Naga-naganya gejala itu sudah tampak dan menebal.

3
Minat Baca Anak Indonesia

Agus M. Irkham

Membaca buku itu penting! Semua orang tahu dan pasti setuju. Oleh sebab itu, menjadi beralasan mengenalkan buku dan kegiatan membaca pada anak-anak. Dengan kebiasaan dan kecintaan membaca sejak dini, mereka menjadi lebih mudah mempelajari apa pun, termasuk pelajaran di sekolah yang berefek pada meningkatnya prestasi akademik.

Pertanyaan pentingnya adalah: bagaimana minat baca anak Indonesia? Berdasarkan riset lima tahunan Progress in International Reading Literacy Study (PIRLS), yang melibatkan siswa SD, Indonesia berada pada posisi 36 dari 40 negara yang dijadikan sampel. Indonesia hanya lebih baik dari Qatar, Kuwait, Maroko, dan Afrika Selatan.

Sedikitnya ada tiga realitas di balik temuan PIRLS tersebut. *Pertama*, jumlah perpustakaan SD di Indonesia sangat minim. Mengapa demikian? Karena mayoritas anak kenal dan mulai membaca buku dari perpustakaan sekolah, meskipun saat ini TBM sudah bertebaran di mana-mana.

Berdasarkan data terakhir, terdapat 169.031 SD dan Madrasah Ibtidaiyah di Indonesia. Artinya, jika tiap sekolah memiliki satu perpustakaan, seperti yang diamanahkan oleh UU Nomor 43 tahun 2007 tentang Perpustakaan, ada 169.031 perpustakaan.

Tentu anak-anak akan memperoleh kemudahan mengakses bahan bacaan. Namun, yang terjadi tidak begitu. Di Indonesia, SD yang memiliki perpustakaan sekitar 1 persen lebih sedikit dari data jumlah sekolah. Persentase sekecil itu pun belum ditilik lebih dalam. Jika iya, saya pastikan angkanya akan semakin menciut. Misalnya, seberapa banyak koleksi buku yang dimiliki? Apakah keragaman bacaan yang dimiliki sudah memenuhi harapan pembaca? Bagaimana kondisi sarana (bangunan) dan prasana perpustakaan (misalnya, buku dan rak). Belum lagi jika pertanyaan kunci ini dilontarkan: yang mengelola perpustakaan adalah pustakawan atau sekadar guru piket yang dikaryakan sehingga sekadar menjadi tempat buku-buku kumal dan berdebu ditumpuk, tanpa ada program-program kreatif yang ditujukan untuk memasarkan perpustakaan?

Realitas *kedua* dari fakta rendahnya minat baca anak Indonesia adalah tidak adanya integrasi yang nyata, jelas, dan tegas antara mata pelajaran yang diberikan dengan kewajiban siswa untuk membaca. Siswa tidak diberi keleluasaan dan kebebasan mencari sumber pembelajaran di luar buku pegangan dari guru.

Satu contoh sederhana, kita tidak memiliki standar minimal mengenai bacaan wajib yang harus dikhatamkan siswa di tiap jenjang pendidikan, entah berdasarkan jumlah maupun judul tertentu. Apalagi pengecekan tingkat kemajuan bacaan siswa secara bertahap dan rutin, baik yang menyangkut bacaan yang diwajibkan, bacaan yang dianjurkan, dan bacaan menyangkut pengetahuan umum.

Realitas *ketiga*, rendahnya minat baca anak Indonesia karena pengalaman pra-membaca dan membaca, atau berkenalan dengan buku, yang dialami anak kurang menyenangkan—jika enggan menyebutnya buruk. Buku, sebagai media yang lazim digunakan untuk mengukur tingkat minat baca, dikenalkan kepada anak-anak dengan cara yang tidak menarik. Bahkan, menimbulkan trauma.

Biasanya, buku yang pertama kali diperkenalkan kepada anak-anak adalah buku pelajaran yang tebal menurut ukuran mereka. Isinya melulu tulisan, tidak bergambar, dan hurufnya pun kecil.

Tentu saja keharusan membaca buku seperti itu laksana menyuruh anak membenci buku secara berjamaah.

Namun, giliran anak-anak tengah mendapatkan keasyikan membaca buku dalam bentuk komik atau cergam, orangtua buru-buru melarang keras, disertai semburan kata ancaman. Orangtua memfatwakan anak-anak bahwa membaca komik dan cergam hanya akan membuat mereka malas belajar dan bodoh. Padahal, komik bisa menjadi pintu masuk untuk mengembangkan imajinasi serta ragam bacaan anak ke tingkat yang lebih luas. Apa yang dibaca sesungguhnya mengikuti perkembangan wawasan, cara berpikir, dan kebutuhan mereka.

Di luar itu, promosi buruk orangtua tentang buku juga turut menyukseskan rendahnya minat baca anak. Promosi buruk tersebut berupa ketiadaan bahan bacaan di rumah serta minusnya keteladanan dari orangtua.

4
Pertalian Minat Baca, Harga Buku, dan Daya Beli

Agus M. Irkham

Lebih dulu mana, ayam atau telur? Pertanyaan metaforis itu bakal muncul ketika kita mencoba menghubungkan minat baca, harga buku, dan daya beli. Pada pembaca buku berlaku demikian: minat baca tinggi tak serta-merta membuat daya beli tinggi. Dalih klisenya harga buku mahal. Mendapat sangkaan itu, penerbit pun berkelit. Bagaimana mungkin harga buku bisa murah, daya beli terhadap buku saja rendah. Buku yang dicetak belum tentu ludes dalam setahun. Belum lagi harga kertas yang terus naik dan pengenaan pajak buku. Penerbit terpaksa mencetak buku dalam jumlah yang tidak efisien. Karena tidak efisien, harga pokok produksi pun menjadi tinggi.

Menariknya, ketika buku tertentu laris sehingga biaya produksinya ringan, harga jual buku tidak menjadi murah, atau minimal lebih rendah dibandingkan dengan harga buku cetakan pertama. Harga buku hasil proses produksi yang sangat efisien tersebut masih sama dengan harga buku hasil produksi yang tidak efisien. Satu amsal menggiring kita pada simpulan sementara bahwa tidak ada jaminan setelah harga buku betul-betul dapat ditekan lantas daya beli meningkat. Dalam kenyataannya, daya beli tidak semata-mata dipengaruhi oleh faktor harga—meskipun sering dijadikan kedok. Terbukti, beberapa buku yang harganya tergolong mahal bisa terjual ratusan ribu eksemplar dan terus diburu orang.

Lantas, pertanyaannya adalah, apa yang harus dilakukan untuk mengurai benang kusut pola hubungan antara minat baca, harga buku, dan daya beli itu?

Tulisan ini tidak berpretensi menjelaskan dan menjawab pertanyaan di atas. Sekadar beriur interupsi kecil: ternyata buku, yang dinilai sebagai produk budaya, lebih sering hanya menjadi tempelan, belum benar-benar terintegrasi ke dalam budaya. Akibat yang paling kentara adalah sulitnya menyusun formulasi yang cespleng antara minat baca, harga buku, dan daya beli.

Belum lagi, tantangan dan tentangan yang ditimbulkan oleh melejitnya perkembangan audio (radio) dan visual (televisi) mengakibatkan terjadinya loncatan budaya. Dari kelisanan primer (*primary orality*), saat belum ada kemampuan baca-tulis, ke kelisanan sekunder (*secondary orality*), ketika kemampuan baca-tulis tidak begitu dibutuhkan karena sumber informasi lebih bersifat audiovisual (Kleden, 1999). Goenawan Mohamad menyebutnya dari visual wayang langsung ke visual film.

Simpulan bahwa di Indonesia, buku masih digunakan sebagai tempelan dapat ditelusuri dari asumsi berikut: selama ini, secara umum, buku sering dipahami sebagai tanda tahap perkembangan keterbukaan dan modernisasi suatu bangsa. Citra yang terbentuk dari orang yang karib dengan buku adalah terpelajar, tercerahkan, mempunyai empati yang lebih besar dibandingkan dengan orang yang steril buku.

Empati adalah kemampuan untuk merasakan berada dalam posisi orang lain. Kemampuan itu bisa saja dimiliki karena buku merupakan hasil kreasi yang sifatnya personal. Pengalaman orang lain atau komunitas dilipat, kemudian dihidangkan kepada pembaca dalam bentuk lembaran-lembaran kertas. Buku menjadi sarana orang mengasah dan memunculkan empati. Pendeknya, buku dan kemajuan berada dalam satu pola hubungan searah.

Pada titik itu buku menjadi variabel independen (sebab). Jika ini yang kita pahami, bentuk kebijakan yang harus ditempuh untuk mencapai tingkat kemajuan minat baca dan bangsa yang lebih tinggi adalah dengan mendorong para pengarang, penulis, dan penerjemah untuk menyiapkan banyak naskah yang berkualitas. Pada saat yang sama, penerbit-penerbit buku harus didirikan. Pemerintah pun harus mengeluarkan kebijakan yang *friendly* pada industri perbukuan, misalnya melalui penghapusan pajak penulis dan penerbit sehingga harga buku lebih terjangkau. Secara otomatis, minat baca masyarakat akan meningkat.

Betulkah begitu? Mungkinkah yang terjadi justru sebaliknya? Lantaran orang terpelajar, tercerahkan, sadar akan pentingnya informasi dan pengetahuan, terdidik, lantas ia menjadi suka baca buku—sumber informasi dan pengetahuan. Dengan demikian, aktivitas membaca buku bersifat variabel dependen (akibat). Jadi, jika ingin masyarakat kita gemar membaca (dan menulis), yang harus diperbaiki adalah soal-soal yang berkaitan dengan penyelenggaraan pendidikan—baik sarana maupun kurikulumnya—bukan pada harga buku, karena pertimbangan membeli buku sudah tidak lagi pada harganya, tetapi kebutuhan. Kurikulum pendidikan diarahkan pada kecintaan membaca buku dan mendaras bacaan sehingga di tiap tes guru bisa mengecek kemajuan bacaan peserta didik, menyangkut bacaan wajib (*required reading*), bacaan yang dianjurkan (*recommended reading*), serta bacaan yang menyangkut pengetahuan umum (*general knowledge*).

Buku, baik sebagai variabel independen maupun dependen, sejatinya menyimpan kebenarannya masing-masing. Artinya, salah satu atau keduanya dapat menjadi pintu masuk guna mengurai pola jalin minat baca, harga buku, dan daya beli yang ruwet itu. Tak terkecuali pamrih mencerdaskan bangsa. Namun, yang terjadi di negeri kita sebaliknya. Bukan salah satu, melainkan kedua pintu itu sama sekali tidak dimasuki. Buku dan pendidikan sama-sama dinilai sebagai entitas yang semata-mata berdimensi ekonomi dan politik. Tidak ada sangkut pautnya dengan budaya.

5
Pudarnya Pesona Bahasa Indonesia

Agus M. Irkham

Apa jadinya jika pemuda-pemudi pencetus sumpah pemuda bangkit dari kubur dan mendapati anak-anak muda sekarang lebih suka *nginggris* saat bicara dan menulis, ketimbang menggunakan bahasa Indonesia yang baik dan benar? Siswa sekolah pun kini menempatkan bahasa Indonesia pada nomor urut sepatu, tidak lagi menjadi pelajaran favorit. Tidak favorit berarti tidak penting untuk dipelajari. Terbukti hasil Ujian Nasional (UN) tiga tahun terakhir terus mengalami penurunan.

Untuk tingkat SMP, nilai rata-rata UN Bahasa Indonesia tahun 2006 adalah 7,46; tahun 2007 turun menjadi 7,39; dan tahun 2008 turun lagi menjadi 7,00. Di tingkat SMA jurusan bahasa, nilai rata-rata Bahasa Indonesia tahun 2007 adalah 7,40; kemudian tahun 2007 turun menjadi 7,08; dan tahun 2008 menurun jadi 6,56. Hal yang sama juga terjadi pada nilai siswa SMA jurusan IPA dan IPS (*Kompas,* 1 November 2008).

Tak hanya itu, bahasa Indonesia yang tidak difavoritkan juga menyebabkan rendahnya minat siswa memilih jurusan Bahasa Indonesia di perguruan tinggi. Akibatnya, jurusan Bahasa Indonesia di sejumlah perguruan tinggi kekurangan mahasiswa, bahkan ada yang terancam ditutup. Barangkali benar kalau ada yang mengatakan bahwa pesona bahasa Indonesia telah memudar dan tak lagi sakti. Bahasa Indonesia kalah dengan bahasa asing, terutama Inggris dan Mandarin.

Guru Bahasa Dadakan

Beberapa asnad di atas juga memunculkan pertanyaan penting: faktor apa saja yang menyebabkan pudarnya pesona bahasa Indonesia? Dan upaya seperti apa yang harus dilakukan agar pesona itu hadir kembali?

Ada tiga hal yang mengakibatkan pudarnya pesona bahasa Indonesia. *Pertama,* tidak seluruh siswa mendapatkan pelajaran Bahasa Indonesia dari guru (sarjana) Bahasa Indonesia. Asumsinya, seorang sarjana bahasa tentu mumpuni di bidang bahasa. Karena alasan kurangnya jumlah pengajar, guru berkompetensi di luar rumpun bahasa, misalnya guru olahraga, fisika, atau matematika terpaksa (atau dipaksa?) mengajar bahasa Indonesia.

Tak masalah jika guru bahasa Indonesia dadakan itu tergolong seorang munsyi—komprehensi ganda antara seorang dengan inklanasi kesukacitaan berbahasa Indonesia, karena itu terpanggil untuk menguasainya dan seorang yang tertantang untuk menghasilkan bentuk bahasa tulis yang kreatif dalam identitas kepujanggaan di atas sifat-sifat kedibyaan budaya (Alif Danya Munsyi, 2005). Jika ternyata banyak yang mendadak jadi guru bahasa Indonesia, silakan Anda hitung sendiri risiko kekacauan—kognisi, afeksi, dan psikomotorik—keberbahasaan yang bakal ditimbulkan. Oleh sebab itu, kalau memang guru bahasa Indonesia sudah mentok kuantitas dan kualitasnya, salah satu cara untuk mengatasi persoalan tersebut adalah dengan meminta para munsyi turun gelanggang, mengajar siswa dan guru di sekolah.

Kedua, tujuan penilaiannya kurang dipahami oleh banyak pihak. Yang dikejar sekadar nilai akhir. Sudah begitu, semata-mata bersifat kuantitatif. Padahal berbicara tentang bahasa tentu akan berkaitan dengan ekspresi bahasa atau praktik bahasa. Dari segi praktiknya, bahasa mempunyai empat ranah penguasaan sesuai dengan urutan tumbuh-kembang manusia, yaitu mendengarkan, berbicara, membaca, dan menulis.

Ketika mengikuti pembelajaran, mestinya siswa didorong untuk mengaitkan apa yang telah mereka dapat dengan pengalaman mereka sendiri saat menghabiskan jejulur waktu kehidupan, baik di sekolah, rumah, maupun lingkungan pergaulan. *Ketika para siswa dapat mengaitkan isi mata pelajarannya dengan pengalaman mereka sendiri, mereka menemukan makna, dan makna memberi mereka alasan untuk belajar*, tulis Elaine B. Johnson dalam *Contextual Teaching and Learning*. Pandangan Elaine ini menegaskan bahwa siswa akan termotivasi untuk belajar jika mereka diminta mengaitkan, bukan sekadar menghafal.

Ketiga, bahasa Indonesia, ibarat produk, lebih sering ditawarkan secara inferior. Tidak dikemas bagus, tapi ala kadarnya dan monoton, sehingga siswa sebagai konsumen tak tertarik membeli. Guru sebagai pemasar tidak mampu meyakinkan calon pembeli bahwa produk yang dibawanya itu penting dan bermanfaat. Cara-cara pemasaran yang digunakan juga masih tradisional.

Karena itulah, perlu satu terobosan baru tentang bagaimana mengemas pembelajaran bahasa Indonesia agar menarik sehingga menerbitkan rasa cinta dan semangat belajar. Kalau para siswa cinta bahasa Indonesia, mereka akan memberikan perhatian tinggi terhadap mata pelajaran tersebut, melebihi yang kita harapkan.

Terobosan baru itu, misalnya, dari aspek menulis, memanfaatkan blog sebagai ruang kreatif siswa. Tabiat asli blog yang bersifat personal akan memampukan mereka menulis apa pun yang mereka suka sesuai kemampuan masing-masing. Dari aspek mendengarkan, membaca, dan berbicara, siswa juga secara langsung dapat dikenalkan pada dunia yang erat kaitannya dengan bahasa Indonesia, yaitu dunia literasi. Lebih spesifik lagi, dunia perbukuan dan jurnalistik.

Secara periodik pembelajaran dapat dilakukan di luar kelas, misalnya, melalui kunjungan ke pameran buku, bertamu ke rumah penulis, melibatkan diri dalam diskusi perbukuan, menghadiri peluncuran buku, serta kunjungan ke media massa dan penerbit buku. Dengan begitu, pembelajaran bahasa Indonesia menjadi demikian hidup, dinamis, dan penuh kejutan baru.

6
Kematian Literasi di Negeri Ini

Gol A Gong

Kata Emak, kampus adalah tempat berkumpulnya orang pintar. Tapi, kata *urang* Baduy Dalam di Banten Selatan sana, kampus tempat orang suka *minterin* orang lain. Kata temanku sesama pengarang, kampus adalah tempat para "agen perubahan" berkumpul. Anehnya, jika warga datang untuk membeli perubahan, para mahasiswa bingung di mana harus mencarinya.

Wabah Plagiat

Aku yakin, semua mahasiswa ingin segera menyandang gelar sarjana agar derajatnya ditinggikan. Mereka menggunakan beragam cara, meng-ATM—amati, tiru, modifikasi—atau menjiplak skripsi orang lain. Bahkan, mengupahi sesama mahasiswa atau dosen pembuat skripsi. Jasa pembuatan skripsi tersebar dari mulut ke mulut hingga di internet. Transaksi literasi pun berlangsung di kampus, tanpa peduli kampus berkualitas maupun tidak, yang penting "dijamin segera wisuda".

Tentu semua orang mendambakan perubahan dan para orangtua berharap anaknya yang sedang kuliah dan menyandang titel "agen perubahan" mewujudkan perubahan itu setelah jadi sarjana. Tapi, apa yang terjadi? Para mahasiswa dihadapkan pada kenyataan bahwa para dosen tidak sekadar terang-terangan menjadi pembuat skripsi mahasiswa, tapi sekaligus penjiplak ulung alias plagiator tulisan orang lain. Hal itu sudah menjadi rahasia umum.

Seperti yang ditulis Firman Venayaksa, "Rektor dan Plagiator", dalam *Koran Tempo* (11/07/2011), sepanjang 2010 ada empat kasus besar yang muncul ke permukaan terkait plagiasi. Kasus tersebut terjadi pada 2 Februari yang melibatkan dosen Universitas Mataram, 4 Februari melibatkan dosen Unpar Bandung, 16 Februari melibatkan dosen Untirta Banten, dan 17 Februari melibatkan dua calon Profesor dari Kopertis V Yogyakarta. Penyakit *minterin* versi *urang* Baduy Dalam tersebut kemudian diantisipasi Kementerian Pendidikan Nasional lewat Permendiknas No. 17/2010 tentang Pencegahan dan Penanggulangan Plagiat di Perguruan Tinggi.

Sebagai Ketua Umum Forum Taman Bacaan Masyarakat (FTBM) se-Indonesia yang berjuang mewujudkan Gerakan Literasi Lokal Menuju Indonesia Membaca, aku tentu kecewa. Aku sangat membenci tindakan plagiasi. Apalagi, aku juga mengelola TBM bernama Rumah Dunia di Banten. Aku makin kecewa begitu mengetahui dosen Untirta Banten menjiplak tulisan orang lain.

Ini memang paradoks. Coba saja tengok dalam UUD No. 43/2007 tentang Perpustakaan, Forum TBM didorong, idealnya, menyelenggarakan satu TBM di tiap desa, sementara perpustakaan di kampus secara umum kurang diminati. Ada 72 ribu desa di negeri ini. Sedangkan sekarang di Indonesia baru ada 6004 TBM. Apa mungkin? Permendiknas No. 48/2010 pun berkompromi, hingga tahun 2014, minimal terdapat 10 TBM di tiap kabupaten.

Menyontek dan Menghafal

Aku akan menceritakan fungsi TBM. Aku merespons kehendak ideal Kemendiknas RI tentang peningkatan budaya baca lewat menulis, yaitu dengan menyelenggarakan Kelas Menulis Rumah Dunia sejak 2002. Sekarang sudah ada 18 angkatan. Hal pertama yang kutekankan ke para peserta adalah *dilarang keras menjiplak!*

Pada suatu hari, TBM Rumah Dunia menyelenggarakan lomba mengarang tingkat SD. Ketika juri menilai karangan yang masuk, ada beberapa yang mencurigakan. Kami terhenyak ketika mewawancarai si penulis, katanya, "Saya tidak menyontek, tapi menghafal!" Aku pun mengelus dada. Budaya permisif sudah merasuki anak-anak. Selama 10 tahun aku menanamkan kepada para peserta kelas menulis bahwa menyontek tulisan orang lain berbeda dengan menghapal. Ini persoalan moral. Ini karakter. Bukankah literasi tidak sekadar melek huruf, tapi merupakan fondasi pembelajaran pada masa datang? Jangan-jangan para dosen yang menyontek itu sejak kecil memang tumbuh di lingkungan tukang menyontek!

Transaksi Literasi

Ketika membaca deretan nama kaum cendekia yang dikategorikan sebagai plagiator, yang pertama tertera adalah Prof. Dr. Soleh Hidayat dari Banten. Rasa kecewaku pun menggunung. Profesor itu menjiplak tulisan Laode M. Aslan—"Impian Mendorong Unhalu tahun 2025 Menuju Kelas Dunia"—yang dimuat *Kendari Post* pada 24 Februari 2009, menggantinya dengan artikel "Untirta Menuju Kelas Dunia" yang dimuat Fajar Banten pada 29–30 Januari 2010. Lebih dari 90 persen plagiasi itu terbukti.

Kekecewaanku semakin besar ketika tahu Prof. Dr. Soleh Hidayat terpilih menjadi rektor Untirta periode 2011–2015 pada 18 Juli 2011. Sebanyak 35 persen suara dari Kemendiknas memilih beliau. Bagaikan dua sisi mata uang. Di sebelah timur, mayoritas sangat mendukung Mendiknas dalam proses penanggulangan plagiasi di Perguruan Tinggi. Sayangnya, di sisi barat, deklarasi itu tak ubahnya asal bunyi. Tak membekas.

Aku tidak tahu harus mengatakan apa ketika membaca di sebuah koran lokal edisi 21 Juli 2011. Profesor sebagai rektor Untirta mengatakan, "Ibu ingin saya jadi rektor Untirta, dan Ibu ingin jadi gubernur lagi." Artinya, karena "Ibu" sudah merestui, kita juga harus merestuinya. Kita tahu "Ibu" yang dimaksud adalah Gubernur Banten, Hj. Rt. Atut Chosiyah, yang keaslian gelar kesarjanaannya dipermasalahkan oleh Marissa Haque.

Kampus sebetulnya tempat para agen literasi berjuang di garda terdepan dengan menjunjung tinggi etik, tapi ternyata terjebak dalam transaksi literasi dengan kekuasaan. Lantas, aku harus mengadu kepada siapa? Bagaimana nasib TBM nanti? Masih perlukah kita memperjuangkan literasi, agar penduduk negeri ini bermartabat? Atau, jangan-jangan ini sudah bukan transaksi literasi ala kampus lagi, melainkan menuju kematian literasi.

7
Jangan Matikan Televisi!
Gol A Gong

Pernahkah suatu waktu anak kita yang berusia 2 atau 3 tahun berlari meninggalkan kita hanya untuk berdiri di depan televisi? Aku pernah. Sering malah. Saat aku memberi menu dongeng sebelum tidur kepada anakku yang ketiga (3 tahun) dan keempat (2 tahun), tiba-tiba mereka berlari ke depan televisi yang dinyalakan kedua kakak mereka. Sayup-sayup terdengar Benyamin S. menyanyikan lagu, "Sang kodok, eh-eh-eh, sang kodok...." Mereka menirukan lagu itu dengan gembira diselingi teriakan, "Entong, Entong...!" Tapi, aku tidak pernah menyerah. Menu dongeng sebelum tidur tetap kusuguhkan, bersaing dengan menu di televisi.

Menu Dongeng

Di lain waktu, kedua anakku menari-nari di depan televisi sambil menyanyikan lagu "Tokecang" (*Eneng*, RCTI) dan "Cingcangkeling" (*Euis*, TPI). Lalu, istriku sibuk mengingatkan mereka agar tidak terlalu lama menonton televisi. "Ayo, dongeng, dongeng dulu!" Istriku menginterupsi. Biasanya anak-anak akan berdiri hingga program itu selesai. Jika kami matikan, suasana rumah bisa seperti medan perang. Daripada stres, televisi tetap dibiarkan menyala dan kami duduk di sana sambil membaca buku dan menunggu mereka bosan menonton. Kami sudah siap dengan menu dongengnya.

Apa yang menarik dari program-program itu? Aku pikir adalah lagu temanya. Kata istriku, "Ceritanya, sih, *enggak*!" Malah istriku protes, "Bilangin ke penulis skenarionya, kalo bikin cerita itu yang *bener*!" Istri yang biasanya kalem pun jadi cerewet. "Lihat, tuh! Yang diinget sama anak-anak jelek-jeleknya *aja*!"

Di sinetron *Si Entong*, tokoh ibu Entong selalu berkelakuan aneh. Jika bertemu dengan ustadz dia bersin, jika bertemu Bang Salim dan Bang Samin dia kentut. Istriku dengan emosi menambahkan, "Si Entong itu, Pah, kalau mau memakai benda-benda ajaib, diawali dengan *bismillah*." Menurut istriku itu salah. Di dalam agama kita diajarkan untuk selalu meminta kepada Tuhan dengan cara berdoa dan bekerja, bukan dengan meminta kepada benda-benda.

Ini memang ironis. Sementara istriku marah-marah di rumah, aku bekerja di televisi (sekarang sudah keluar) yang setiap akhir bulan menyodorkan amplop gaji untuk hidup setengah bulan, kemudian setengah bulan sisanya mesti mencari sana-sini. Begitulah hidup kita yang bekerja di media televisi. Di satu sisi, kita menggembar-gemborkan betapa pentingnya *rating, revenue,* serta *sharing,* di sisi lain kita sibuk membentengi anak-anak kita agar tidak menonton televisi dan lebih menyarankan mereka menonton televisi kabel dan VCD *edutainment*. Bahkan, teman-teman kita di koran menuliskan artikel atau menerbitkan buku yang isinya memprovokasi orang agar tidak menonton televisi: *Matikan televisimu! Matikan televisimu!*

Tapi, aku tidak mematikan televisi. Kalian tahu apa yang kami lakukan dengan televisi di rumah kami? Televisi di rumah kami kepung dengan buku-buku. Rak-rak kami jejerkan di sekitar televisi. Bahkan, buku-buku dibiarkan berserakan di depan televisi. Itu adalah strategi perang kami, mencoba mengalihkan perhatian anak-anak dari televisi ke buku, tanpa perlu mematikannya.

Pemimpin

Lantas apa yang harus kita lakukan? Duduk berpangku tangan? Mematikan televisi jelas bukan cara terbaik. Sebagai langkah awal, kita bisa meminta bantuan rekan-rekan di koran. Caranya? Mintalah mereka membuat sayembara menulis dan membaca puisi atau cerpen anak-anak tingkat nasional secara rutin dan televisi memberitakannya secara besar-besaran. Kemudian, mintalah kepada pejabat setingkat menteri, wakil presiden, atau lebih bagus lagi presiden, untuk memberi hadiah kepada para pemenang. Minta juga kepada seluruh koran untuk menuliskan tokoh-tokoh penting di negeri ini dari sudut berbeda, yaitu kegemaran mereka membaca. Fotolah mereka dengan latar belakang perpustakaan. Televisi pun diminta membuat program-programnya. Beberapa program *talk show* memang pernah mengangkat tema ini, tapi hanya insidental.

Kita memiliki tokoh-tokoh hebat di negeri ini yang terbentuk dari kebiasaan mereka membaca. Adam Malik bukan sarjana, tapi karena gemar membaca, ia bisa menjadi wakil presiden. Bung Karno gila baca dan jejak-jejak pemikirannya bisa kita peroleh dalam buku-buku warisannya. Gus Dur juga begitu. Abraham Lincoln pun bisa menjadi Presiden Amerika bukan karena gelar akademisnya, melainkan karena kegemarannya membaca.

Tapi, apa yang dilakukan para tim sukses calon bupati, gubernur, atau presiden kita? Adakah yang mengambil tema kampanye *jadi pemimpin dengan membaca*? Nyaris tidak terdengar. Andai saja poster, spanduk, dan baliho foto para kandidat tidak hanya berpose membosankan, tapi dengan pose membaca buku, mungkin rasanya kampanye mereka akan gurih. Mereka masih berkutat dengan slogan *berantas korupsi*, tidak dengan cara lain, seperti *dengan membaca korupsi hilang*.

Aku membayangkan presiden mengeluarkan surat keputusan yang mengharuskan semua produsen film memasukkan unsur-unsur budaya membaca ke dalam setiap film atau sinetronnya, misalnya melalui karakter para tokoh atau latarnya. Misinya adalah memproduksi film dan program televisi yang "beraromakan" budaya membaca. Di film *You've Got The Mail*, Meg Ryan berperan sebagai penjaga toko buku. Yang luar biasa adalah adanya tradisi bercerita (*story telling*) yang membuat film ini memiliki "roh". Film *Finding Forrester* juga film yang lahir dari budaya atau kebiasaan masyarakat maju yang gemar membaca.

Bahkan, hampir semua film produksi luar negeri memiliki adegan yang memperlihatkan kebiasaan membaca. *Mummy* dan *Secret Window*, contohnya. Atau film-film heroik seperti *Batman*, *Superman*, dan *Spiderman*, para tokoh utamanya memiliki karakter hobi membaca. Aku beberapa kali menonton film seri yang diperankan Bill Cosby. Film tersebut bagus karena menggunakan latar rumah penyewaan buku dan selalu ada adegan Bill Cosby mendongengi anak-anak.

Di Indonesia film seperti itu jarang sekali, bahkan nyaris tidak ada. *Ada Apa dengan Cinta?* dan *Gie* termasuk dua film yang di dalamnya terdapat budaya membaca. Aroma sastra atau kebiasaan membaca para tokohnya ada dalam kedua film tersebut. Latar perpustakaan dan toko buku bekas di Pasar Senen berusaha menyampaikan pesan akan kebiasaan membaca. Sayang, versi serial televisi *Ada Apa dengan Cinta?* tidak digarap dengan baik.

Televisi edukasi yang dikelola Diknas sudah memiliki program dongeng. Mestinya televisi swasta diharuskan membuat program semacam itu, seperti halnya kewajiban mengumandangkan adzan magrib dan program agama.

Atau, para pemimpin di negeri ini, dari jabatan terendah setingkat RT, lurah, kepala desa, camat, bupati, gubernur, hingga para menteri, juga bisa mengampanyekan kebiasaan membaca dengan membangun perpustakaan secara massal, merawatnya, dan mengadakan berbagai kegiatan. Perpustakaan tidak hanya dijadikan sebagai tempat membaca, tapi juga mengasah empat keterampilan berbahasa: mendengar, berbicara, menulis, dan membaca. Kegiatan itu bisa diterapkan dalam bentuk diskusi, peluncuran buku, jumpa penulis, pemutaran film, pameran lukisan, dan lomba-lomba—misalnya, baca puisi, menulis cerpen atau novel, dan menggambar. Masing-masing pemimpin daerah pun memiliki visi yang sama, yaitu menuju Indonesia membaca pada 2020.

Perpustakaan Banten sudah menggeliat dan memiliki kalender kegiatan yang baik: diskusi buku, pameran lukisan, pemutaran film, dan jumpa pengarang. Tapi sayang, gedung perpustakaan ibarat gudang yang sumpek, pengap, panas, serta tidak punya layanan internet. Sangat tidak layak untuk sebuah perpustakaan di kota yang jaraknya 1 jam perjalanan dari Jakarta. Pernah, pada 2006, gedung Perpustakaan Banten akan dibangun mewah: gedung berlantai tiga dengan ruang baca nyaman ber-AC, ruang pameran dan diskusi, serta tersedianya kafe dengan layanan internet. Sayang, proyek yang sudah dianggarkan itu dibatalkan oleh Pelaksana Tugas Gubernur Banten saat itu, Hj. Ratu Atut Chosiyah. Kabarnya dana tersebut dialihkan untuk kegiatan provinsi seperti proyek imunisasi. Tapi, menurut rumor yang beredar, uang itu dipakai untuk kegiatan kampanye Pilkada 2006 yang berkedok program provinsi.

Aku pikir, soal ini adalah bagaimana kebijakan pemimpinnya yang memiliki visi dan misi tentang perpustakaan sebagai pintu menuju masyarakat gemar membaca. Malangnya, setelah menjadi gubernur Banten, perangai Atut tidak berubah. Atut lebih suka berdangdut ria jika menghadiri sebuah perayaan ketimbang mengingatkan masyarakatnya untuk membaca. Ya, dia bisa menjadi gubernur juga bukan karena kecerdasannya, melainkan karena uangnya. Nah, bagaimana dengan pemimpin di tempat Anda?

Keluarga

Menunggu para pengambil kebijakan bergerak rasanya seperti menunggu keajaiban. Ada ungkapan hebat yang patut kita contoh, yaitu jika kita ingin mengubah negeri yang carut-marut, mulailah dengan mengubah kebiasaan diri kita sendiri, lalu keluarga, berlanjut ke tetangga, melebar ke kampung, menembus kota, lebih luas lagi beberapa kota, provinsi, beberapa provinsi, hingga berujung pada negara. Pernahkah hal itu terlintas di pikiran kita?

Aku mencoba melakukannya di rumah, kepada anak-anak. Tanpa perlu mematikan televisi, aku menyisihkan rezeki untuk membeli buku. Aku kenalkan dongeng-dongeng sebelum tidur kepada keempat anakku sejak mereka di dalam kandungan. Aku bersama istri membacakan cerita klasik dunia dan cerita rakyat negeri ini kepada mereka. Kami tidak memaksa keempat anak kami membaca, tapi kami menciptakan lingkungan membaca di rumah. Setelah itu, kami mendirikan pusat belajar Rumah Dunia bersama teman-teman seniman dan wartawan di halaman belakang rumah. Kami sebarkan virus membaca kepada tetangga melalui Rumah Dunia tanpa perlu menyuruh mereka mematikan televisi.

Nah, aku bermimpi praktisi di koran atau televisi secara massal mengembangbiakkan komunitas baca seperti Rumah Dunia. Di masyarakat sedang muncul tren seperti itu. Setiap tahun ada kegiatan World Book Day Indonesia yang diselenggarakan Depdiknas di Library@Senayan, sebuah perpustakaan dengan konsep mutakhir di bawah naungan Depdiknas Jakarta. Beberapa komunitas baca, seperti 1001buku, Rumah Cahaya, Kebun Buku, Mutiara Ilmu, Bunga Matahari, Stasiun Buku, Bunda Yessy, Kandang Jurang Doank, Rumah Dunia, Forum Lingkar Pena, dan Rumah Pelangi diberi ruang untuk berpameran.

Acara yang sering diadakan pun meriah: diskusi buku, peluncuran buku, pameran buku, dan bursa buku murah. Itu salah satu cara menggiring masyarakat kita untuk bisa terlibat menyebarkan budaya literasi. Di Rumah Dunia ada acara berskala nasional yang diadakan setiap tahun bertajuk Ode Kampung—diskusi budaya, lomba menggambar, jumpa pengarang, pertunjukan teater, pembacaan pusi, dan pemutaran film. Awal Agustus 2007, Depdiknas dan Dindik Banten menyelenggarakan Lomba Membaca Cerita Rakyat di Rumah Dunia. Sayang, televisi tidak menganggapnya sebagai tayangan komersial sehingga tak layak dijadikan *headline* di program beritanya.

Sebetulnya, RCTI pernah melakukan hal serupa lewat RCTI Peduli pada era Teguh Joewarno. Bekerja sama dengan Hoka Hoka Bento, Rumah Baca RCTI Peduli didirikan secara massal. Pada 2004, Rumah Dunia juga mendapat dana 15 juta rupiah dari RCTI Peduli. Kini, hanya Rumah Dunia yang tersisa. Rumah Baca RCTI Peduli akhirnya mati suri karena tak ada pendampingan.

Nah, masihkah kita menyalahkan televisi? Masih jugakah kita, sebagai pemilik televisi, menganggap program dengan muatan Gerakan Indonesia Membaca tidak mendatangkan uang? Ataukah kita yang sebenarnya tidak memiliki visi dan misi?

8
Pelajaran untuk Anak
Gol A Gong

Ini cerita beberapa tahun lalu, tapi masih membekas dalam ingatanku. Kamis, 14 Juni 2007, saat makan malam, Bella (saat itu kelas 3 Antartika di SD Peradaban Serang) dengan gembira mengabarkan, "Pah, Matematika Bella nilainya seratus!" Kemudian Tias mengecek ke kepala sekolah. "Nilai Bella seratus, paling tinggi di angkatannya. Soal Matematika-nya dari Diknas!" kata Rahmiani Batubara. Di sekolah Bella memang ada dua jenis soal ulangan, satu dari sekolah dan satu lagi dari Diknas.

Harta Karun

Ada yang mengganjal di hati Bella kala itu. Bahasa Indonesia Bella salah satunya. "Pertanyaannya gini, *berenang yang paling baik itu di mana? Di kolam renang, di laut, atau di sungai?* Bella memilih di laut. Tapi salah, Pah. Kata Bu Guru, yang benar di kolam renang. Padahal, kan, di laut lebih baik. Nggak ada zat kimianya seperti di kolam renang, pakai kaporit," cerita Bella.

Aku menjelaskan kepada Bella yang kini sudah berumur 13 tahun dan duduk di kelas 2 SMP Peradaban Serang—sekolah yang mengusung metode kecerdasan majemuk (*multiple intelligence*). "Maksud Bu Guru, kalau di kolam renang risiko bahayanya kecil. Di laut, kan, bisa terkena ombak atau polusi limbah pabrik." Aku pun menghibur Bella agar tidak memedulikan nilainya, yang terpenting Bella memahami dan mengerti maksud pertanyaan itu.

Tias menelepon kepala sekolah lagi. "Biasanya kalo jawabannya ambigu dibenarkan." Sebagai suami, tentu aku senang. Ini adalah pelajaran berharga bagi anak-anak kami. Metode interaktif diperkenalkan sejak usia dini. Di meja makan, antara orangtua dan anak terjadi diskusi. Ada dialog. Orangtua bersikap sebagai sahabat yang mau mendengarkan keluhan anak-anaknya dan mencari jawaban atas pertanyaan mereka yang kritis.

Bagi kami ini sangat menggembirakan. Bukan pada nilai seratusnya, melainkan pada situasi dan kondisi di mana Bella menghadapi ulangan dengan santai. Tidak tegang sepanjang malam menunggu ulangan esok harinya. Pelajaran sekolah cukup dijalani di sekolah saja. Di rumah, giliran kami sebagai orangtuanya yang memberikan pelajaran. Maka, kami membiarkan Bella dan Abi membaca komik, novel, bermain komputer, menonton televisi, bermain di Rumah Dunia, bermain masak-masakan versi Bella dan main robot-robotan versi Abi, serta bersosialisasi dengan teman-teman mereka. Kami ingin mereka bahagia di rumah. Kami tidak ingin rumah kami dijadikan "medan perang", meributkan pekerjaan rumah yang dibebankan sekolah.

Aku memberikan pelajaran kepada anak-anak dengan media lain. Sesekali aku memberi mereka hadiah dengan permainan mencari harta karun seperti di film *Dora*. Permainan ini sangat dinanti-nantikan Bella dan Abi. Aku memberi mereka kejutan pada hari Minggu dengan sebuah amplop, isinya: *Cari surat di laci lemari kamarmu!* Lalu mereka berlari ke kamar dan mengaduk-aduk lemari. Di sana ada amplop lain dengan pertanyaan: *Gempa vulkanik disebabkan oleh apa?* Jika berhasil menjawab, ada petunjuk untuk mencari amplop lain. Bisa lewat pertanyaan pengetahuan umum maupun peta harta karun. Rumah kami yang luas dan halaman rumah plus Rumah Dunia memungkinkan mereka berimajinasi menjadi para pemburu harta karun. Odi (3 tahun), anak ketiga, dan Azka (2 tahun), anak keempatku, mengamati kakak-kakak mereka, bahkan terkadang jadi pengikut.

Hadiah lainnya bisa juga pergi berlibur ke pantai atau ke pusat perbelanjaan. Dua tempat itu, bagiku dan istri ibarat "harta karun" pembelajaran. Kami mengajarkan anak-anak cara membaca rambu lalu lintas, mengenalkan lingkungan, ekonomi lewat transaksi, fungsi trotoar ketika melihat pedagang kaki lima, fungsi alun-alun, kepedulian sosial saat membayar parkir mobil atau memberi pengemis, dan masih banyak lagi.

Film Televisi

Setelah makan malam, Abi ingin nonton televisi. Aku memilihkan program yang baik untuknya, *Khazanah Cinta* episode "Taubat Setelah Ibu Jadi Gila" di Trans TV. Sutradaranya temanku, Betul Solihin. Penulis skenarionya juga temanku, Zack Sorga.

"Kok Ian Kasela kayak gitu, sih?" Abi tertegun. Aku lihat ekspresi wajahnya begitu tegang dan sedih. Di cerita itu Ian Kasela berperan sebagai anak yang durhaka kepada ibunya. Ian suka mencuri uang, tidak pernah sholat, suka berjudi, dan mabuk-mabukan sehingga ibunya jadi sakit dan gila. Kemudian, Ian bertobat dan meminta maaf kepada ibunya.

"Abi jadi pengin nangis, tau!" suara Abi tersedak di tenggorokan. Anak laki-laki kami ini memang sangat peka hatinya. Dia sering terhanyut jika menonton acara televisi.

Bella juga menonton sambil berdiri mondar-mandir. Aku tahu, Bella dan Abi merasa tersindir dengan film itu. Aku menjelaskan bahwa film itu adalah contoh bagi kita. "Papah juga pernah berbuat salah kepada Emak dan Bapak, lalu meminta maaf dan tidak mengulanginya lagi."

Bagi kami, media pembelajaran untuk anak bisa dari mana pun. Televisi tidak perlu kita musuhi. Pandai-pandailah kita, sebagai orangtua, memilihkan program yang sehat. Bisa juga dari koran, buku, dan lingkungan sekitar. Kami percaya jika anak bahagia, insya Allah, mereka juga akan bahagia ketika belajar. Itulah tugas kami sebagai orangtua dan sebagai bentuk dukungan kami kepada guru-guru di sekolahnya, karena anak-anak kita tetaplah tanggung jawab kita.

Kecerdasan Majemuk

Kami mendirikan lembaga Rumah Dunia, klub bermain & TK Jendral Kecil, dan Gong Media Cakrawala yang mengusung kecerdasan majemuk untuk mengaktifkan otak kiri dan kanan sekaligus, agar kelak tumbuh sebuah generasi yang cerdas, kritis, kreatif, dan inovatif.

Aku baru memahami kenapa Emak dan Bapak tidak pernah memaksaku belajar di rumah. Sewaktu kecil, Bapak pun membuat arena bermain untuk kelima anaknya di halaman rumah: perosotan, kolam ikan, ayunan, jungkat-jungkit, dan tentu saja perpustakaan. Padahal, pada 1970–80 mereka belum mengenal metode kecerdasan majemuk yang digagas oleh Howard Gardner. Bahkan, aku dibiarkan bepergian. Keingintahuanku difasilitasi melalui koran, majalah, novel, juga agenda rutin menonton film di bioskop. Nabi Muhammad saja pernah menganjurkan, "Ajarkanlah sastra kepada anak-anakmu, karena dengan itu akan menjadi lembut." Nah!

9
Bacaan Putriku dan Para Tukang

Gol A Gong

Setiap Sabtu aku bermalas-malasan di rumah. Bahkan sampai siang tidak mandi, bermain dengan anak-anakku, Odi dan Azka. Kedua kakak mereka, Bella dan Abi masuk sekolah. Tapi, Sabtu ini sangat istimewa buatku, Bella dan Abi tidak pergi ke sekolah. Kata bu guru tidak ada pelajaran. "Lomba Agustusan, Pah!" Bella menjelaskan. Aku mengizinkan mereka tidak ke sekolah karena ingin bermain dan belajar di rumah. Permainan dimulai sejak pagi. Abi dan Odi mandi bersama di dalam ember besar. Lima ekor ikan mas juga dimasukkan ke ember itu. Mereka tertawa-tawa, mencoba menangkapnya. Odi menjerit-jerit kegirangan. Ibu mereka menjagai. Sementara aku rebahan di tempat tidur, menjagai Azka yang sedang asyik belajar tengkurap. Suara jeritan kecilnya membuatku tersenyum bahagia. Di sebelah Azka, Bella tiduran sambil membaca novel anak islami, *Hilangnya Tongkat Sakti*, karangan Fahri Asiza.

Hadiah

Aku teringat pada peristiwa beberapa bulan lalu. Bella membaca novel anak islami Fahri Asiza lainnya, *Rahasia Puri Tarantula* (*RPT*). Tebersit ide ingin memberikan kejutan pada putriku, bahwa pengarang novel yang sedang dibacanya adalah sahabatku. Diam-

diam aku mengirim SMS ke Fahri. "Anakku sedang baca novelmu, *Rahasia Puri Tarantula*. Beri kejutan buat dia, dong." Tidak lama, Fahri membalas SMS-ku. Fahri bertanya kepada Bella, sudah sampai halaman berapa membaca novelnya. Bella yang membaca *RPT* persis di halaman terakhir kaget dan tidak percaya jika yang mengirim SMS adalah pengarangnya.

Akhirnya, Bella dan Fahri balas-membalas SMS. Bella menjawab semua pertanyaan Fahri tentang isi cerita *RPT*. Celakanya, Abi uring-uringan karena tidak diikutsertakan. Abi protes. Saat itu Abi sedang membaca komik Doraemon. Abi ingin Fahri menanyainya seperti menanyai Bella. Jalan tengahnya, aku menyuruh Bella melibatkan Abi. Semua pertanyaan Fahri tentang para tokoh dan plot cerita *RPT* dijawab Bella dan Abi yang mengetiknya di ponsel. Abi juga yang kemudian mengirim SMS ke Fahri. Akhirnya, Fahri berjanji akan mengirimi Bella kado. Abi menangis dan ikut meminta kado. Fahri menawari Bella sepatu roda. Tapi, karena sudah punya, Bella meminta dua krayon, satu untuk dirinya dan satu untuk Abi.

Resensi

"Pah! Suruh Bella bikin resensi buku!" tiba-tiba Tias Tatanka, istriku, muncul sambil menggendong Odi yang baru selesai mandi. Lamunanku buyar. Azka menjerit-jerit karena ingin membalikkan tubuh setelah tengkurap cukup lama. Aku membantu Azka kembali telentang. Bella pun merespons usulan ibunya. "Bella *nggak* bisa!" katanya.

Bella yang saat itu berusia 7 tahun gemar membaca buku. Bahkan, terkadang membuat aku dan ibunya jengkel karena melupakan hal lain. Sepulang sekolah, tanpa mengganti pakaiannya, dia sudah tiduran di kamar sambil membaca novel atau komik. Suatu sore, aku pernah menyaksikan Bella sedang asyik di perpustakaan anak Rumah Dunia. Tidak lama dia menjinjing tas plastik ke dalam rumah. Aku memeriksa isinya. Ada puluhan novel dan komik anak. "Ini bacaan Bella selama seminggu!" kata Bella. Atau sesekali Bella masuk ke Kedai Buku Jawara Rumah Dunia. Dia meminta jatah belanja novel anak. Kalau tidak diawasi, dia suka belanja buku seenaknya. Aji Setiakarya, relawan Rumah Dunia, sering menyodorkan bon belanja Bella kepadaku.

Akhirnya, istriku punya strategi baru. Bella boleh membeli buku, asalkan dia meresensi setiap buku yang sudah dibaca. Satu resensi berhadiah satu buku.

"Pah, ajarin Bella meresensi buku!" usul istriku. Aku teringat perkataan Mohammad Fauzil Adhim—penulis *best seller*—di pesawat Singapore Airlines dalam penerbangan Jakarta–Kairo: jangan memaksakan kehendak orangtua terhadap anak. Jangan mentang-mentang kita penulis, lantas memaksa si anak jadi penulis. Tapi, ketika si anak tertarik untuk belajar menulis, kita harus merespons keinginannya. "Dukungan itu penting, tapi jangan memaksa!" kata Cak Adhim. Sebetulnya, hal itu sudah kami lakukan. Ketika Bella dan Abi tumbuh, aku dan Tias tidak pernah memaksa mereka melakukan apa yang kami lakukan. Saat kami ingin mereka bisa membaca, yang kami lakukan adalah membaca buku di depan mereka. Setelah mereka tertarik melihat abjad-abjad, barulah kami mengajari mereka membaca. Seperti kebanyakan anak penulis, sejak dini Bella dan Abi sudah bisa membaca. Mereka masuk SD setahun lebih cepat dari usia seharusnya. Bella, di usia 7 tahun, sudah duduk di kelas 3 SD. Sedangkan Abi pernah ditolak masuk ke SD karena usianya baru 5 tahun. Barulah pada usia 6 tahun Abi duduk di kelas 1 SD.

Sesekali, kami tergoda membentuk Bella dan Abi jadi penulis, ketika melihat anak Helvy Tiana Rossa, Abdurahman Faiz (7 tahun), dan putri Pipit Senja, Adzimattinur Siregar, menulis buku sejak usia belia. Aku pernah menghadiri peluncuran buku puisi *Untuk Bunda dan Dunia* karya Faiz di toko buku QB Pondok Indah. Sebagai anak usia 7 tahun, Faiz luar biasa. Faiz sudah berani berbicara di hadapan orang dewasa yang ahli di dunia tulis-menulis. Adzi pun seperti itu. Dia mulai menulis sejak usia dini. Mereka anak-anak yang luar biasa. Terus terang kami cemburu melihat keberhasilan Helvy dan Pipit Senja menularkan hobi menulis kepada anak-anak mereka.

Aku pikir lingkungan pergaulan itu sangat penting. *Sparing partner* Bella dan Abi di lingkungan tempat tinggal sangatlah tidak seimbang. Iklim membaca anak-anak di Kompleks Hegar Alam tempat kami tinggal sangat kurang. Mereka lebih sering mengajak Bella dan Abi main rumah-rumahan atau *video game*. Sedangkan anak-anak Ciloang masih memikirkan urusan makan dan sekolah. Itulah kenapa kami membuat Rumah Dunia untuk mereka, agar mereka terbiasa dengan empat keterampilan berbahasa: mendengarkan, berbicara, membaca, dan menulis. Kami mengenalkan dunia itu kepada mereka secara perlahan-lahan. Biarkan mereka terseret arus sendiri.

Aku akan merespons keinginan Bella untuk belajar meresensi buku yang sudah dibacanya. Aku bertanya, "Siapa saja tokohnya?" Bella balik bertanya, "Tokoh itu apa?" Aku mengumpamakannya dengan dunia mereka, seperti Bella, Abi, Odi, atau Azka. Bagaimana sifat mereka? Apakah cerewet seperti Bella? Atau nakal seperti Abi? Setelah itu, Bella menyuruhku berhenti menjelaskan. Ia pun langsung menulis di bukunya seperti ini:

Dayak mempunyai teman bernama Nano, Faisal, Fadli, dan Marsella. Mereka sekolah di SD yang sama. Mereka semua kelas 5. Dayak orangnya pemberani. Nano orangnya penakut. Marsella orangnya serba ingin tahu. Fais orangnya pendiam. Kalau Fadli orangnya senang berantem. Mereka ingin memecahkan misteri hilangnya tongkat sakti. Tongkat itu milik kakek Sosro (kakeknya Marsella). Marsella suka usil. Dia selalu mengambil tongkat itu untuk ditunjukkan kepada teman-temannya di sekolah. Marsella menganggap itu tongkat sakti karena saat ia berenang di kolamnya, ia mengambil tongkat kakek sambil tertawa-tawa. Kakek pun marah. Marsella berenang terus. Lalu dia terpeleset ke kolam yang besar tapi tongkat itu menariknya ke tepi. Sekarang Dayak telah memecahkan misteri itu. Ternyata tongkat sakti tidak hilang, tetapi diumpetin sama kakek Sosro agar Marsella tidak memainkannya lagi. Sebenarnya tongkat itu tidak sakti.

Tukang

Aku senang membaca resensi Bella. Putriku sudah bisa menuliskan apa yang ada di pikirannya. Ini *reader-response* versi anak-anak. Aku memberinya hadiah belanja buku. Apalagi, saat itu ada Gramedia Book Fair di Rumah Dunia. Sejak hari Sabtu (3/9) hingga Minggu (4/9), saat para relawan Rumah Dunia menata buku-buku, Bella sudah gatal ingin membeli. Aku mengingatkan Bella bahwa pameran buku baru akan dibuka pada hari Selasa (6/9). "Ya, udah!" Bella kecewa. "Pokoknya ada 80 buku yang harus Bella beli!" kata Bella memaksa. Sedangkan adiknya meminta jatah 40 judul buku.

Aku menyuruh Bella agar rajin menuliskan pengalamannya dan mulai berani mengirimkan cerita ke majalah anak-anak. Tapi, Bella selalu menjawab, "Mengarang itu susah, Papah!" Aku tahu, pekerjaan menulis itu tidak gampang. Butuh pergulatan panjang. Aku ingat Seno Gumira Ajidarma pernah berpendapat di *Kompas,* bahwa dia menganalogikan dirinya sebagai tukang. Kata Seno, "Ya, tukang. Bukan robot. Untuk jadi tukang, keterampilan saja tidak cukup. Ada pergulatan intens. Tukang kayu harus kenal kayu secara personal. Petani harus kenal cuaca, tanah, air, dan benih secara personal. Keangkuhan para intelektual saja yang membuat rendah profesi tukang."

Aku sendiri adalah tukang cerita. Aku menulis cerita anak-anak, remaja, keluarga, dan sastra. Bahkan, aku menulis skenario drama televisi religius, laga, misteri, keluarga, anak-anak, komedi, *talk show*, dan telesinema. Aku juga pernah jadi wartawan. Aku yakin, ini perlu keahlian khusus dan pergulatan intens, terus-menerus. Aku menggelutinya puluhan tahun.

Ya, aku seorang tukang, bukan robot. Arswendo Atmowiloto, Hilman Hariwijaya, Fahri Asiza, dan masih banyak lagi di negeri ini yang menjadi tukang di bidang tulis-menulis. Mereka, selain pengarang buku dan penulis skenario televisi, juga pernah menjadi wartawan. Mereka adalah para tukang, orang yang memiliki keterampilan khusus. Aku setuju itu.

10
Putriku Jadi Pengarang

Gol A Gong

Pagi itu, Selasa, 7 November 2006, pukul 10.00, aku tergesa-gesa menyelesaikan beberapa pekerjaan—syuting *Ujang Santri* di Studio 4 RCTI, membalas email, dan menuntaskan 1–2 artikel—ketika ponselku berbunyi. Dari Tias, istriku. "Pah, cerita Bella, alhamdulillah, jadi diterbitkan Dar! Mizan. Judulnya diganti jadi *Beautiful Days*." Aku merasa tubuh ini melayang saking gembiranya. Putriku jadi pengarang? Aku betul-betul tidak menyangka, betapa cepat proses anakku jadi seorang pengarang. Apakah hukum alam yang menyebutkan buah jatuh tak jauh dari pohonnya berlaku di sini? Faktor genetiskah?

Tidak Memaksa

Sejak 1989, aku menjadi pembicara dalam diklat penulis cerpen atau novel. Bahkan, sejak 2002, di kelas menulis Rumah Dunia setiap Minggu pukul 14.00-17.00, aku mengajar para pelajar dan mahasiswa jurnalistik, fiksi (cerpen atau novel), dan film. Beberapa ada yang berhasil jadi wartawan, penulis skenario, dan pengarang. Karya-karya mereka sudah tersebar di media massa cetak maupun elektronik. Aku merasa senang, walaupun selalu muncul kecemasan apakah keempat anakku akan jadi pengarang seperti ayah dan ibunya? Atau, jika Allah memanggil aku lebih cepat, siapakah yang akan mengurusi masa depan mereka?

Sebetulnya aku tidak memaksa anak-anak jadi pengarang seperti kami. Pelan-pelan kami mengenalkan sastra kepada anak-anak dengan cara membaca buku cerita di depan mereka. Kami memberi contoh. Buku-buku cerita anak kami biarkan berserakan di ruang keluarga. Jika mereka tertarik membaca, kami tinggal menunjukkan buku apa yang harus mereka baca. Nabi Muhammad saja pernah berkata, "Ajarkanlah sastra kepada anak-anakmu karena sastra membuat hati menjadi lembut." Aku juga ingin anak-anak memiliki kepedulian bahwa hidup itu tidak melulu mengejar harta dan takhta, tapi penting juga berbagi dengan sesama.

Aku memang sering memergoki putriku memerhatikan apa yang kami perbuat. Saat membaca, mengetik cerita, dan mengajar di Kelas Menulis Rumah Dunia. Atau, bisa juga Bella hadir jadi peserta diskusi bila ada jumpa pengarang dan peluncuran buku di Rumah Dunia.

Bella memang lebih antusias ketimbang Abi, adiknya. Bella sering berdiri di belakangku ketika aku membuat cerita. Jika dia bertanya tentang cara-cara mengarang, aku langsung memberikan contoh. Dan jika dia membaca ceritaku, kadang aku membiarkannya memperbaiki kesalahan huruf atau kata yang kuketik.

Bebas

Suatu hari, saat remaja, aku bertanya kepada Emak, "Emak ingin aku jadi apa?" Emak menjawab, "Emak ingin melihat kamu bahagia."

Sekarang, setelah aku jadi orangtua, pernah ada yang bertanya kepadaku, "Kamu ingin anak-anakmu jadi apa? Jadi pengarang seperti kamu? Atau jadi orang sukses dan kaya?"

Aku menjawab, "Aku ingin melihat anak-anakku jadi dirinya sendiri." Aku hanya mengawasi, mengarahkan, dan membimbing mereka agar tidak salah jalan.

Aku juga teringat Emak pernah berpesan, "Jangan sekali-kali menyuruh anak-anakmu jadi pengarang seperti kamu. Itu bisa celaka. Jika mereka melakukan sesuatu yang bukan keinginannya, tapi karena perintah orangtuanya, sama saja kamu 'membunuh' anakmu."

Tentu saja aku tidak ingin melakukan hal itu. Aku tidak ingin menjadi orangtua yang tergesa-gesa. Jika ada anak sebaya Bella yang sudah pandai berenang, aku tidak akan menyuruhnya kursus berenang agar menyamai kepandaian anak itu, kecuali kalau itu keinginan Bella.

Aku dan Tias membebaskan mereka. Kami hanya menyediakan sarananya. Aku ingat Bapak dan Emak selalu membebaskanku menggali kreativitas. Saat di SD, aku sudah membuat sandiwara radio. Di SMP aku membuat komik. Dan ketika SMA aku membuat majalah. Bapak juga pernah mengajariku membuat film dengan layar putih yang diberi penerangan lilin dan gambar-gambar dari guntingan majalah yang di tempelkan pada seutas benang, kemudian ditarik melewati layar putih itu. Arena bermain di halaman rumah juga dibuat oleh Bapak. Aku paham, itu yang disebut orang sekarang sebagai kecerdasan majemuk.

Aku membiarkan anak-anak menemukan jalannya sendiri. Biarkan mereka mengembara dengan kecerdasan majemuk yang mereka miliki. Kami yakin mereka akan menemukan muaranya sendiri, walaupun selalu ada kecemasan keempat anak kami mengalami kecelakaan sepertiku. Tangan kiriku diamputasi karena Bapak dan Emak terlalu membebaskanku berfantasi.

Kami memang keluarga yang memanfaatkan otak kanan ketimbang otak kiri. Itu terbukti dengan membiarkan rumah berantakan dengan buku dan kertas-kertas yang anak-anak gambari atau guntingi serta dinding yang berwarna-warni oleh coretan. Kadang saudara-saudaraku yang berkunjung ke rumah berkata, "Ini rumah apa kapal pecah?"

Dan Allah membuktikannya. Doa kami didengar. Putriku kini jadi pengarang. Yang membuatku bahagia, jauh melebihi kebahagiaan ketika novelku terbit atau mendapatkan bonus tahunan dari RCTI, adalah ketika Bella jadi pengarang bukan atas kemauanku, melainkan keinginannya sendiri. Oh, putriku kini jadi pengarang.

Diskusi

Jika aku bertanya kepada anak-anakku tentang cita-cita mereka, Bella mengatakan ingin jadi guru TK, lalu berubah lagi jadi pramugari. Kalau Abi ingin jadi pilot. Tidak seorang pun ingin jadi pengarang. Tapi, yang paling menggembirakanku, anak-anak gemar membaca. Bahkan, sekarang aku harus membatasi Bella membaca. Kadang Bella tidak pernah tahu waktu jika membaca. Novel anak-anak di Rumah Dunia sudah hampir habis dibacanya. Kadang dia juga suka memprotes karena tidak pernah lagi diajak ke toko atau pameran buku.

Pernah beberapa kali Bella minta diajari mengarang. Suatu hari, Bella minta di antar ke pasar. Aku sangat senang mengantarnya. Aku bawa dia ke Pasar Induk. Aku ajak dia duduk di suatu tempat yang bisa memandang ke seluruh sudut pasar. Aku tunjukkan para pedagang yang berjejer. Metode yang aku terapkan kepadanya adalah diskusi.

Aku mengajaknya memperhatikan bagaimana dagangan, seperti pecah-belah, sayuran, dan buah-buahan, ditumpuk. Bella memperhatikan dengan serius. Aku perkenalkan dia tentang sudut pandang (*point of view*). Aku mengajak dia membayangkan jadi pedagang bubur ayam, pedagang kelapa, atau tukang parkir. Setelah itu, aku ajak dia berdiskusi lagi. Bahkan, dia mewawancarai pedagang ketupat sayur, mulai dari modal dan keuntungannya hingga punya anak berapa.

Saat memergoki Bella sedang mengetik cerita, aku tidak mau mengganggunya. Aku menawarkan bimbingan kepadanya, namun dia "mengusir"-ku beberapa kali. Tapi, suatu hari dia memintaku membaca puisi dan cerpennya, serta memberi saran jika ada yang salah. Ketika membaca, yang aku perhatikan bukan cerita, melainkan cara dia menulis—terutama ejaan. Aku merasa gembira. Ternyata kecerdasan linguistik putriku cukup baik.

Saat itu Bella baru berumur 6 tahun. Biasanya, untuk cerpen, aku hanya mengajarkannya cara menuliskan tanda kutip dialog langsung dan tidak langsung, titik, serta koma. Sedangkan pada puisi, aku mengajaknya berdiskusi tentang lambang-lambang. Misalnya, warna merah untuk berani dan putih untuk suci.

Novel

"Bikin novel berapa halaman, Pah?" Sekitar Februari 2005, tiba-tiba Bella bertanya.

Aku pun menjawab sekenanya. "Ya, kira-kira 40 hingga 70 halaman." Saat itu aku tidak punya pikiran bahwa dia akan membuat novel.

Dan pertanyaan itu seperti baru kemarin ketika Bella menyuruhku membaca ceritanya, Juli 2006. Kata Bella, "Sudah 40 halaman, Pah!" Berarti sudah setahun lebih dia mengetiknya.

Aku membaca judulnya: *Kisah Bunga*. "Ini novel Bella? *Nggak* niru, kan?"

Bella menganggguk pasti.

"Ceritanya tentang apa?"

"Tentang Bunga dan teman-temannya yang tinggal di panti asuhan.

"Dari mana Bella mendapat inspirasinya?"

"Bella pernah membaca cerita di koran, judulnya 'Matahari Kecil'. Lupa pengarangnya. Bella pikir, ingin juga membuat cerita tentang panti asuhan, tapi ceritanya berbeda."

Aku tidak mau membacanya karena khawatir tergoda melakukan intervensi. Ini cerita anak-anak, yang ditulis oleh anak-anak. Sedangkan aku adalah pengarang dewasa yang menulis cerita anak-anak. Jadi, kubiarkan saja. Nanti kalau sudah jadi novel, aku baru mau membacanya.

Aku meminta pendapat Ali Muakhir—penulis cerita anak paling produktif di Indonesia. Kontan Ali menyuruhku mengirimkan cerita Bella. Sekitar seminggu kemudian, Ali mengirim SMS bahwa cerita Bella punya peluang diterbitkan jadi novel. Tiga bulan kemudian, Dadan Ramadhan dari Dar! Mizan menelepon Tias, mengabarkan bahwa cerita Bella yang berjudul *Kisah Bunga* akan diterbitkan jadi novel dengan judul *Beautiful Days*.

Aku tercenung beberapa saat di kantor. Aku mencoba mengingat-ingat apa yang sudah kuperbuat terhadap putriku. Seringkali aku berandai-andai, putriku seperti Faiz, anak Helvy Tiana Rossa, yang sejak umur 7 tahun sudah menulis kumpulan puisi, dan Caca, anak Asma Nadia! Tapi, mungkinkah itu terjadi, sementara teman-teman Bella setiap hari selalu mengajaknya bermain rumah-rumahan?

Stimulus

Aku ingat, Tias paling sering menyuruh Bella dan Abi untuk meresensi buku-buku yang sudah dibaca. Tentu dengan hadiah uang. Ini memang stimulus bagi mereka. Bella paling antusias, sedangkan Abi lebih memilih bermain PlayStation, tapi tetap merengek meminta jatah hadiah. Pernah juga aku menyuruh Fahri mengirim SMS ke Bella, yang saat itu sedang membaca novel *Rahasia Tongkat Tarantula* karyanya. Ini juga bagian dari stimulus, walaupun kami selalu berhati-hati melakukannya.

Ketika Fahri meminta Bella menceritakan apa yang dibacanya, Bella sudah bisa menceritakan kembali secara lisan atau pun dalam bentuk tulisan. Yang paling mengagetkan, dalam sehari Bella tamat membaca *Kartun Riwayat Peradaban 1* keluaran Kepustakaan Populer Gramedia (KPG). Aku membaca resensinya sambil tersenyum. “Aku tidak suka ketika melihat Nabi Daud hanya disebut Daud dan gambar wanita telanjangnya,” begitu Bella menulis.

Aku juga ingat, sejak kecil, setiap hendak tidur, aku suka mendongengi Bella dan Abi. Hal itu sekarang juga kulakukan pada kedua adiknya, Odi dan Azka. Bahkan, aku suka menyuruh Bella dan Abi belajar bercerita hal-hal yang mereka alami hari itu. Cerita tentang teman-temannya di sekolah atau gurunya. Mereka melakukannya dengan antusias dan gembira. Mungkin mereka tergiur pada hadiah yang kami tawarkan.

Tapi, setiap kami menyuruh Bella dan Abi ikut lomba menulis puisi atau mengarang di Rumah Dunia, mereka selalu menolak. Kadang suka timbul rasa pesimistis karena mereka tidak mau bergabung dengan anak-anak Rumah Dunia. Aku dan Tias awalnya sering kesal. Tapi kami pun paham karena kedua anak kami, sejak awal berdirinya Rumah Dunia, justru menjadi relawan, ikut mengajari anak-anak kecil membaca. Mereka merasa jadi pemilik Rumah Dunia. Jadi, setiap ada acara di Rumah Dunia, Bella dan Abi dilibatkan sebagai relawan, bukan peserta.

Sekarang putriku jadi pengarang. Yang membuatku bahagia, keinginan itu muncul bukan karena paksaan dari kami, tapi murni muncul dari hatinya. Malah, tanpa aku sangka novel keduanya sedang digarap. "Judulnya *It's My Bedroom*!" kata Bella. Aku lagi-lagi tercenung, tidak mempercayai apa yang barusan aku dengar. "Baru dua puluh halaman," tambahnya.

Tapi, ini bukan mimpi! Putriku sudah jadi pengarang! Allah begitu cepat mendengar kegelisahanku. Bahkan, doaku langsung dikabulkan-Nya!

GERAKAN MEMBACA

11
Membaca Gerakan Membaca di Indonesia
Agus M. Irkham

Pentingnya aktivitas membaca semakin dimengerti publik. Kesadaran itu dapat dicandra melalui maraknya gerakan membaca (dan menulis), baik yang diprakarsai individu, kelompok masyarakat, media, lembaga pemerintahan, maupun institusi bisnis. Mulai dari pameran buku hingga pendirian perpustakaan warga. Sekarang ini perpustakaan nyaris ada di tiap kabupaten dan kota. Namanya pun beragam, seperti yang ada di Jawa Tengah: Taman Pintar (Semarang), Rumah Pelangi (Ungaran dan Muntilan), Pondok Baca (Magelang), Rumah Belajar (Wonosobo), Pondok Maos (Kendal), Jala Pustaka (Pekalongan), Mentari Pagi (Blora), Forum Pinilih (Solo), dan Oasebaca (Batang). Ikatan yang digunakan untuk menyebut semua itu bukan lagi perpustakaan warga, melainkan *komunitas literasi*.

Pamrih yang hendak disasar dari berbagai macam variasi nama komunitas literasi itu adalah agar hambatan psikologis antara masyarakat dan perpustakaan hilang. Penyebutan *pondok baca* atau *taman pintar* memang terdengar lebih ramah, bersahabat, dan mendatangkan kesan nyaman sekaligus "merangkul", dibandingkan dengan kata *perpustakaan*.

Kecenderungan demikian rupanya juga tengah terjadi pada komunitas literasi di tingkat yang lebih luas di provinsi lain. Sekadar contoh, Rumah Dunia (Serang), Perahu Baca (Tangerang), Rumah Cahaya (Depok), Lentera Kalbu (Pandeglang), Teras Puitika (Banjar Baru), Sanggar Matahari Martapura (Kalimantan), Komunitas Bunga Matahari (Jakarta), Warabal (Bogor), Cahaya Lentera (Bandung), dan Kandangpati (Sumatra).

Perluas Perspektif Membaca

Penggunaan pola ucap dan istilah baru atas objek yang sama tersebut pada akhirnya turut mengubah aktivitas serta program kerja tiap komunitas literasi—menjadi tidak melulu membaca buku. Tapi, bukan berarti menekuni buku sama sekali ditinggalkan, karena mendaras buku harus tetap menjadi aktivitas inti. Hanya saja, perspektifnya yang diperluas. Aktivitas membaca ditafsirkan secara luas. Tidak sebatas teks (buku), tapi juga konteks (kehidupan). Mereka mengaitkan apa yang tertulis di buku dengan praktik kehidupan yang berlaku di tempat mereka tinggal (lokalitas).

Apa yang dilakukan Rumah Belajar (RB) Bergema di Wonosobo dapat saya ajukan sebagai salah satu amsal. Bergema merupakan singkatan dari Bersama Geliat Masyarakat. RB Bergema terletak di desa Patakbanteng, Kecamatan Kejajar, sekitar 27 km di sebelah utara Kota Wonosobo. Mereka menggagas program bimbingan belajar, memfasilitasi program Pendidikan Luar Sekolah (PLS)—atau kejar paket—bertani kentang, serta merintis pendirian lembaga keuangan mikro. Bergema diposisikan sebagai laboratorium bagi masyarakat—melalui penyediaan bahan bacaan yang memiliki pertalian kuat dengan aktivitas teknis yang sedang dan akan mereka lakoni.

Makna literasi

Kiprah Bergema sesuai dengan makna literasi yang diberikan penganut relativisme/sosiokultural: literasi tidak semata-mata mencakup persoalan membaca dan menulis, namun bergandengan pula dengan aspek lain, seperti ekonomi, politik, hukum, dan pendidikan (Putu Laxman Pendit, 2007).

Keberagaman kebudayaan, gaya hidup, dan kepentingan berbagai masyarakat akhirnya juga harus dipakai untuk melihat, menerjemahkan, dan menerapkan sistem keberaksaraan. Keberaksaraan dilihat tidak hanya dalam konteks multibahasa, tetapi juga dikaitkan dengan berbagai aspek kehidupan sehingga ada bermacam keberaksaraan, mulai dari keberaksaraan media, keberaksaraan ekonomi atau keuangan, hingga keberaksaraan moral.

Secara mengagumkan, Indonesia mampu mengikis angka buta huruf. Terhitung sejak 2007, tak kurang dari 10,1 juta orang mampu dientaskan dari kegelapan aksara. Padahal, di tahun-tahun sebelumnya, rerata kurang dari 1,7 juta orang. Artinya, angka melek huruf kita sekarang ini lebih dari 90 persen, jauh di atas rerata negara berkembang yang hanya 69 persen. Mungkin itu sebabnya, pada 2008, UNESCO menunjuk Indonesia sebagai model pemberantasan buta aksara di kawasan Asia-Pasifik.

Andai itu benar, tentu patut disyukuri. Hanya saja, melek aksara secara teknis tidak akan banyak membantu masyarakat untuk *survive*—pengertian harfiah dan mendasarnya adalah melawan kelaparan, bukan kemiskinan—jika tidak disertai dengan kemampuan melek aksara (keberaksaraan) secara fungsional. Pengetahuan tentang sesuatu (*declarative knowledge*) saja tidaklah cukup, masyarakat juga harus mempunyai pengetahuan melakukan sesuatu (*procedural knowledge*).

Nah, pada titik itu pergeseran strategi dan pola gerakan membaca yang dilakukan beragam komunitas literasi, saya kira, telah mendapati dasarnya.

12
Mata Baru Gerakan Membaca
Agus M. Irkham

"Tidak ada komunitas
yang melewati persaingan
untuk memperoleh identitasnya."
Goenawan Mohammad

[1]

Prasyarat bagi suatu bangsa agar dapat maju dan berkembang adalah adanya masyarakat pembelajar. Salah satu basis dukungan terpenting bagi pembentukan masyarakat pembelajar adalah masyarakat yang gemar membaca. Kesadaran demikian naga-naganya semakin dimengerti oleh publik luas. Rekognisi itu dapat dicandra melalui maraknya gerakan membaca (dan menulis), baik yang diprakarsai individu, kelompok masyarakat, media, lembaga pemerintahan, maupun institusi bisnis. Mulai dari pameran buku yang diselenggarakan lebih dari dua kali dalam setahun di banyak kabupaten dan kota, pelatihan menulis, peluncuran dan diskusi buku, penyelenggaraan lomba menulis, pengoperasian perpustakaan berjalan, munculnya rubrik perbukuan—daftar buku baru, resensi buku, dan kabar di balik dunia perbukuan—di koran, pemilihan duta baca, hingga pendirian perpustakaan warga yang kini lebih familiar disebut komunitas literasi.

[2]

Namun, di tengah merebaknya komunitas literasi tersebut, muncul beberapa persoalan penting dari soal definisi komunitas dan literasi, hingga sangkaan keberadaan komunitas literasi yang hanya menjadi sekrup mesin kapitalisme buku. Terlebih, ketika literasi dimaknai sebagai melek huruf latin saja dan melulu aktivitas membaca buku. Padahal ketika makna literasi disamakan dengan buku, ia berisiko ikut terimbas masalah yang dihadapi dunia perbukuan itu sendiri, baik dari sisi produksi maupun distribusi.

Oleh karena itu, sebelum berbicara lebih jauh tentang seberapa besar dan penting peran yang telah dimainkan komunitas literasi dalam gerakan membaca (dan menulis) di Indonesia, ada baiknya saya mengajak Anda terlebih dahulu memahami arti komunitas serta literasi itu sendiri. Pemahaman terhadap simpul-simpul penanda kedua lema atau entri itu penting agar Anda tidak tersesat.

Saya lebih dulu memulainya dengan lema pertama, yaitu **komunitas**. "Komunitas adalah sekelompok orang yang peduli satu sama lain lebih dari yang seharusnya," jelas Putu Laxman Pendit dalam bukunya, *Mata Membaca Kata Bersama*, "sehingga terjadi relasi pribadi yang erat antar-anggotanya karena kesamaan *interest* atau *values*."

Dengan kata lain, komunitas adalah suatu bentuk identifikasi dan interaksi sosial yang dibangun dengan berbagai dimensi kebutuhan fungsional. Kekuatan pengikat suatu komunitas, terutama, adalah kepentingan bersama untuk memenuhi kebutuhan sosial yang umumnya didasarkan pada kesamaan latar belakang budaya, sosial, dan hobi.

Bagaimana dengan **literasi**? Secara harfiah, literasi bermakna melek huruf. Sedangkan secara istilah, seperti yang pernah diungkap Peter Freebody dan Alan Luke (2003), literasi mencakup semua kemampuan yang diperlukan seseorang atau sebuah komunitas untuk ambil bagian dalam semua kegiatan yang berkaitan dengan teks dan wacana. Menjadi orang yang literer berarti mampu berpartisipasi secara aktif dan mandiri dalam komunikasi tekstual, termasuk berkomunikasi menggunakan media cetak, visual, analog, dan media digital.

Literasi tidak semata-mata mencakup persoalan membaca dan menulis, namun bergandengan pula dengan aspek lain, seperti ekonomi, politik, hukum, pendidikan, sejarah, teknologi, dan gaya hidup. Semula literasi diartikan sebagai kemelek-hurufan. Menurut

Ignas Kleden dalam esai berjudul "Buku di Indonesia: Perspektif Ekonomi Politik tentang Kebudayaan" yang kemudian dihimpun dalam buku suntingan Alfons Taryadi, *Buku dalam Indonesia Baru* (1999), melek huruf itu memiliki tiga kategori.

Pertama, melek huruf teknis, yaitu mereka yang tergolong secara teknis dapat membaca, tetapi secara fungsional dan budaya sebetulnya buta huruf. Penyebabnya bisa karena jarang ada bahan bacaan atau pekerjaan yang menyebabkan mereka tidak mempunyai waktu untuk mempraktikkan kemampuan membaca mereka. Jadi, mereka sekadar melek huruf.

Kedua, melek huruf fungsional, yaitu mereka yang tergolong membaca dan menulis sebagai fungsi yang harus dijalankan karena konsekuensi pekerjaan. Akan tetapi, sangat kurang menjadikan kegiatan membaca dan menulis sebagai kebiasaan untuk berkomunikasi dan berekspresi. Jadi, misalnya Anda memiliki kebiasaan membaca, namun buku yang dibaca hanya melulu yang berkaitan dengan pekerjaan atau profesi Anda, dengan berat hati saya katakan Anda memang telah melek huruf teknis dan fungsional, tapi secara budaya masih buta huruf.

Ketiga, melek huruf budaya, yaitu orang-orang yang di samping mempunyai kesanggupan baca-tulis secara teknis dan fungsional, ia menjadikan baca-tulis sebagai kebutuhan hidup sehari-hari dengan membaca dan menuliskan hal-hal yang tidak hanya terbatas pada pekerjaan. Dalam kategori ketiga ini, kebutuhan untuk mendengar dan berbicara tidak selalu lebih besar dari kebutuhan membaca dan menulis.

Untuk mengetahui apakah secara budaya Anda tergolong sudah melek huruf atau sebaliknya, bertanyalah kepada diri Anda sendiri: apa saya telah menulis surat pribadi—surat pembaca ke media; surat untuk teman, keluarga, dan kerabat dekat; serta menulis buku harian—secara rutin?

Apa setiap bulannya saya menganggarkan sekian persen gaji saya untuk membeli buku? Apa saya sudah menjadikan baca-tulis sebagai kebutuhan hidup sehari-hari, dengan membaca dan menuliskan hal-hal di luar pekerjaan?

Jika jawaban atas serangkaian pertanyaan tersebut adalah *tidak*, maka Anda masih tergolong buta huruf secara budaya. Peta kategori melek huruf yang dibentangkan Ignas Kleden di atas sekaligus menegaskan pandangan umum bahwa literasi itu bermakna kemelek-hurufan. Lantas, kata apa yang tepat untuk menerjemahkan entri literasi itu?

Keberaksaraan. Ya, sekali lagi keberaksaraan. Bukan kemelek-hurufan. Kemelek-hurufan hanya menyangkut kemampuan seseorang dalam hal baca-tulis secara teknis. Padahal, selaras dengan pandangan Freebody dan Luke, keberaksaraan melingkupi segi-segi fungsional dan budaya.

Mengartikan literasi sebagai kemelek-hurufan juga dapat berakibat pada terjadinya anomali melek huruf. Meskipun angka melek huruf tinggi, pada saat yang sama tingkat kemiskinan di Indonesia juga masih tinggi. Berdasarkan data dari Badan Pusat Statistik per Maret 2007 saja, angka kemiskinan di Indonesia lebih dari 17 persen atau lebih dari 40 juta jiwa. Padahal, dalam berbagai publikasi riset literasi, ada hubungan antara melek aksara tinggi dan perbaikan kehidupan ekonomi. Seperti yang pernah dilansir UNESCO dalam laporan tahunannya, "Literacy for Life".

Anomali itu terjadi lantaran pusat perhatian program literasi hanya tertuju pada hal teknis, bukan pada fungsi dan budaya. Ukuran kesuksesan yang digunakan adalah pada saat seseorang telah mengenal huruf dan dapat mengeja kata, bukan pada pemanfaatan kemampuan membaca itu dan bagaimana posisi aktivitas membaca dalam jelujur waktu hidup kesehariannya. Jadi, yang dikejar hanya melek aksara secara alfabetis. Padahal, pengertian itu lazimnya hanya berguna untuk keperluan penghitungan teknis statistik belaka.

[3]

Situasi seperti apa yang memicu munculnya beragam komunitas literasi? Apa tujuan pembentukan komunitas literasi tersebut? Paparan berikut ini adalah jawaban dari pertanyaan di atas.

Buku senantiasa berkumpul, baik secara fisik maupun substansial. Buku lahir sebagaimana suatu teori—tesis, antitesis, sintesis—lahir. Dengan begitu, buku yang lahir saat ini merupakan himpunan upaya manusia mencari kebenaran suatu teori dalam tingkat yang lebih tinggi. Lahirnya buku bukanlah sesuatu yang final karena buku yang terbit saat ini merupakan hasil pembacaan atas buku yang terbit pada masa lalu.

Ada tiga nilai dasar yang harus dipahami dari kenyataan buku yang tak pernah sendiri itu. *Pertama*, buku mempunyai nilai di luar bentuk fisiknya. Bukti yang paling tampak adalah penataan buku di rak. Mereka tidak diletakkan berdasarkan ukuran fisik, tapi berdasarkan kesamaan isi. *Kedua*, ketika satu buku diterbitkan, sudah dengan sendirinya membawa serta dekontekstualisasi suatu teks. Artinya, tiap pembaca mempunyai kebebasan menentukan cara pembacaan dan pemberian makna terhadap buku itu. Termasuk pilihan untuk tidak membacanya. *Ketiga*, munculnya perpustakaan sebagai bentuk konsekuensi nyata perpanjangan alamiah dari upaya untuk terus-menerus memperbesar himpunan kelompok buku.

Mengingat perpustakaan pada awalnya merupakan wadah bagi buku yang tak pernah sendiri, secara otomatis ia menjadi lembaga yang bersifat terbuka. Semua orang mempunyai kesempatan yang sama untuk membaca hal yang sama maupun berbeda. Dari sinilah mulai muncul gerakan minat baca (dan tulis), komunitas literasi. Basis gerakan komunitas literasi biasanya bermula dari pembentukan perpustakaan, hingga disebut sebagai perpustakaan komunitas. Perpustakaan komunitas adalah gerakan keberaksaraan yang berpamrih menghilangkan batas bacaan antaranggota masyarakat serta mengembalikan fungsi perpustakaan sebagai tempat seseorang memperoleh kembali haknya untuk membaca buku yang diinginkan. Pada titik ini, perpustakaan komunitas hendak mengembalikan kemerdekaan fungsi dan peran perpustakaan itu sendiri.

[4]

Meskipun kelompok sasaran tiap komunitas literasi berbeda, mayoritas memilih remaja dan golongan muda, mulai dari pelajar SMP hingga mahasiswa. Jika sebelumnya kendala terbesar dalam memasarkan (minat baca) buku adalah kemiskinan, tidak ada waktu senggang karena pekerjaan, tingkat pendidikan yang rendah, dan akses yang sulit baik kualitas maupun kuantitasnya, sekarang ini kendala yang dihadapi—dalam konteks kehidupan anak muda zaman sekarang dan perkembangan teknologi informasi yang sedemikian maju—sedikit berubah. Kini kegiatan membaca harus bersaing dengan televisi, *game* (*online*), film, animasi, musik, kuliner, bermain, nongkrong-ngobrol, situs jejaring sosial, dan jalan-jalan—yang dalam studi budaya disebut sebagai ikon budaya pop.

Karena situasi dan kondisi yang dihadapi berubah, strategi, pola, dan bentuk gerakan keberaksaraan yang dilakukan komunitas literasi pun berubah. Efektivitas program keberaksaraan sekarang ini tergantung pada kelincahan dan kecerdikan para penggiatnya untuk membonceng atau menindih beragam aktivitas yang disebut sebagai ikon budaya pop itu. Inilah yang saya maksud sebagai mata baru gerakan membaca. Gerakan memasyarakatkan minat baca tidak melulu dijalankan melalui pola-pola linear (konten ke konteks). Tapi juga mengikuti arketipe yang bersifat lateral (konteks ke konten). Berikut adalah beberapa contohnya:

Komunitas IndoHogwarts

IndoHogwarts merupakan komunitas penggemar novel *Harry Potter* yang kebanyakan anggotanya pelajar SMA dan mahasiswa. Mereka membuat *game online* berupa permainan karakter dalam bentuk tulisan. *Harry Potter* hanya digunakan sebagai pintu masuk yang setelah itu mereka tinggalkan. Hogwarts sendiri adalah nama sekolah sihir Harry Potter. Karena itulah, "dunia sihir" dalam komunitas ini pun diatur sedemikian rupa agar setiap orang dapat berkompetisi dan memacu adrenalin untuk terus menulis dan menulis, mengembangkan kemampuan dalam bidang penulisan kreatif.

Harapan terjauh dari *game online* ala komunitas IndoHogwarts adalah menghasilkan cerita (novel) yang bisa diterbitkan. Persis seperti bunyi *tagline* mereka: *empowering, netwriting and get value*. Jadi, *game online* dijadikan sebagai sarana untuk belajar menulis.

IndoHogwarts merupakan representasi komunitas literasi generasi kedua yang naga-naganya akan mendominasi bentuk dan arah gerakan komunitas-komunitas literasi pada masa mendatang. Tidak hanya *game online*. Mereka juga bermain *quidditch*—permainan bola dengan sapu terbang ala Harry Potter—dengan bermodalkan sapu lidi yang dikempit sebagai pengganti sapu terbang. Mereka berlari ke sana kemari dengan gembira, mempraktikkan apa yang mereka baca. Dengan begitu, membaca menjadi aktivitas yang sangat menyenangkan sekaligus menjadi magnet tersendiri bagi orang lain untuk bergabung menjadi anggota komunitas.

Komunitas Historia

Kebetulan saya mempunyai cerita menarik tentang Komunitas Peduli Sejarah dan Budaya Indonesia (KPSBI) Historia. Sabtu pagi (26/4/2008), saya berkesempatan mengikuti "Jakarta Trail: Exploring Jakarta Heritage". Bersama sekitar 50 orang yang dibagi dalam empat kelompok, saya diajak menyusuri Museum Bank Mandiri, Museum Bank Indonesia, Taman Fatahillah, PT Pos Indonesia, Museum Sejarah Jakarta, Museum Wayang, serta Museum Seni Rupa dan Keramik. Tiap kelompok ditemani dua orang pemandu. Dari tuturan dua orang pemandu itulah, saya tidak saja dikenalkan dan melihat beragam situs bersejarah, tapi juga menjadi tahu sejarah di balik artefak tiap-tiap situs. Sumber keasyikannya bukan hanya dari terbukanya kesempatan berfoto ria. Lebih penting dari itu, tahu ceritanya.

Acara yang digagas Komunitas Historia dalam rangka World Book Day Indonesia 2008 itu sungguh menarik. Tak kalah menarik—masih dengan Komunitas Historia—malamnya saya mengikuti Jakarta Night Trail bertajuk "Wisata Malam Kota Tua Jakarta". Bersama rombongan yang lebih besar lagi, sekitar 120 orang, saya diajak menguak sejarah kota di kegelapan serta menelusuri jejak yang tersembunyi di dalam gedung tua. Kali ini rute perjalanan bermula dari Museum Bank Mandiri, lalu ke Museum Bank Indonesia, Gedung Toko Merah, Jembatan Kota Intan, hingga Kawasan Kali Besar. Tiap tempat menyimpan ceritanya sendiri.

Travelling sejarah dapat dijadikan sarana untuk mengonfirmasi apa-apa yang pernah dibaca, berkaitan dengan situs sejarah tertentu. Atau sebaliknya, memberikan bekal kepada para eksponennya untuk mencari kelengkapan penjelasan dari artefak sejarah itu melalui buku. Selain itu, Komunitas Historia juga mendokumentasikan temuan-temuan mereka saat mengeksplorasi situs sejarah. Dokumen tersebut dalam bentuk foto, video, maupun teks, yang kesemuanya bisa menjadi materi berharga ketika, misalnya, akan menulis buku tentang kajian sejarah.

Ide dasar didirikannya Komunitas Historia sebenarnya sebagai upaya membentuk wahana belajar kaum muda dalam mencari format dan strategi bagaimana sesungguhnya menjadikan sejarah dan budaya itu sebagai objek menarik, menyenangkan, dan bermanfaat. Kemudian, muncullah konsep kegiatan yang rekreatif, edukatif, dan menghibur. Itulah strategi utama Komunitas Historia dalam mengembangkan pola pikir masyarakat terhadap sejarah dan budaya sehingga tercipta suasana yang menyenangkan dan membekas di hati mereka. Kalau biasanya mereka membenci sejarah dan menganggap sejarah itu membosankan, dengan bergabung dalam Komunitas Historia, mereka akan menemukan tempat belajar dan dapat mencintai sejarah dan budaya tanpa paksaan. Sejarah menjadi sesuatu yang gaul dan enak dikonsumsi. Kondisi demikianlah yang dikenal sebagai kesadaran sejarah.

Komunitas Pasar Buku Indonesia (KPBI)

Wien Muldian adalah penggagas Komunitas Pasar Buku Indonesia. Pada awal berdirinya, sekitar Agustus 1998, KPBI meliputi toko buku diskon, *direct selling*, klub buku, jaringan perbukuan, situs perbukuan, toko buku *online*, media perbukuan, program acara perbukuan, serta konsultasi dan informasi perbukuan. Namun, sejak 2004, seiring dengan semakin meningkatnya pengguna internet, terutama *email*, KPBI lebih fokus menempatkan diri sebagai wadah bagi bertemunya pembaca, penulis, toko buku, editor, penerbit, distributor, penerjermah, hingga penggiat perbukuan. Jalinan komunikasi pun berlangsung di dunia maya.

Kini, anggota milis pasarbuku tercatat sekitar 10.000 orang, dengan anggota aktif 7.000 orang. Mereka tidak hanya berasal dari Indonesia. Sesuai dengan namanya, pasarbuku, isinya bermacam-macam. Mulai dari penawaran naskah buku, permintaan naskah, jual-barter buku, informasi lowongan pekerjaan di penerbitan, jadwal pameran buku, peluncuran buku, rangkaian acara kampanye membaca, hingga diskusi hangat tentang satu judul buku, kualitas penerjemahan, dan kontroversi relasi penerbit-penulis. Menariknya, para eksponen KPBI hampir tidak pernah bertemu secara langsung. "Komunitas ini terus bergerak membuat perubahan," terang Wien saat diwawancarai majalah *Ummi*, "baik di dalam komunitas itu sendiri maupun di masyarakat," tambah Wien yang pada 2006 menjadi satu dari dua puluh Pemuda Indonesia yang Mengukir Sejarah versi Kemenpora RI. Titik tuju KPBI, menurut keterangan Wien, bukan sekadar membuat orang suka membaca, melainkan bagaimana dengan kegemaran membaca itu seseorang bisa membuat kehidupannya jadi lebih baik.

KPBI juga memunculkan kecenderungan baru dalam proses produksi buku, yaitu tidak lagi memerlukan pertemuan fisik antara penerbit, editor, percetakan, dan penulis. Dengan demikian, proses produksi pun jadi hemat dan sangkil lantaran komunikasi seluruhnya dilakukan secara *online*. Ada banyak buku (dan penulis) yang lahir bermula dari milis KPBI. Sekarang ini, KPBI menjadi komunitas *online* yang paling mapan dan populer. Kehadirannya pun telah banyak menginspirasi orang untuk membuat komunitas literasi *online* lainnya, komunitas literasi yang berbasis pada penggunaan milis.

Tobucil and Klub

Sesuai dengan namanya, Tobucil—Toko Buku Kecil—bermula dari pendirian toko buku kecil di Bandung. Karena milik komunitas, Tobucil disebut pula sebagai Toko Buku Komunitas. Biasanya, mengingat skala ekonomi yang kecil, Tobucil tidak ditempatkan sebagai *profit centre,* tetapi murni menjadi tempat belajar bersama. Sasarannya adalah anggota komunitas yang tentu saja lebih mengedepankan aspek pertemanan, persahabatan, dan kedekatan personal. Dengan kata lain, Tobucil mencoba memanfaat kecenderungan para remaja dan anak muda Bandung yang suka *ngumpul* dan *ngobrol* bareng. Tobucil melakukan sedikit modifikasi. Kalau semula yang diobrolkan adalah sesuatu yang tidak jelas, sekarang ada tema khusus yang sebelumnya telah disepakati. Misalnya, *ngobrol bareng* tentang sebuah novel, peluncuran album, atau tema-tema keseharian yang dekat dengan mereka.

Nah, untuk mengikat para anggotanya, baik fisik maupun emosional agar makin akrab, Tobucil menyusun program pendamping dengan sesanti *literacy in your everyday life.* Dikembangkanlah klub-klub kecil berdasarkan minat, hobi, dan kebutuhan. Dari mendesain kartu ucapan hingga merajut. Dari madrasah falsafah hingga klub melipat kertas. Dari pelatihan menulis novel hingga tips presentasi bisnis.

Sistem belajarnya pun disusun serapi mungkin. Misalnya, dari sisi waktu, ada jadwal khusus. Agar ada kebaruan, saat klub menulis, misalnya, pengurus komunitas mendatangkan instruktur dari luar. Jadi, oleh Tobucil, buku dijadikan sebagai pintu masuk untuk melaksanakan program-program keberaksaraan yang memiliki spektrum lebih luas.

[5]

Paparan saya di atas, jika dikaitkan dengan upaya mengoptimalkan fungsi, peran, dan layanan perpustakaan pemerintah—baik yang berada di kabupaten atau kota maupun provinsi—merekomendasikan dua sikap penting. *Pertama*, perpustakaan pemerintah harus membuka diri untuk bekerja sama dengan komunitas literasi dalam menggagas dan menelurkan program-program kreatif keberaksaraan. Mengingat tujuan dari keduanya sama, yaitu menciptakan masyarakat yang mencintai kegiatan membaca, maka segala bentuk syak wasangka antara keduanya harus segera diakhiri. Bentuk syak wasangka itu, misalnya, perpustakaan pemerintah memandang para penggiat komunitas literasi sebagai petualang, memanfaatkan perpustakaan untuk mencari keuntungan pribadi: cenderung menerabas, tidak taat aturan birokrasi, dan program kerja sama yang ditawarkan lebih dipandang sebagai kedok mencari ketenaran dan mempertebal kantong saku sendiri.

Sementara itu, syak wasangka yang terlontar dari komunitas literasi, antara lain, perpustakaan pemerintah lebih banyak digerakkan oleh orang-orang yang justru tidak mencintai aktivitas membaca, kinerja rendah, terlalu fokus pada masalah sehingga lupa mencari solusinya, cenderung menciptakan jarak dengan pembaca, terlalu taat terhadap prosedur teknis dan abai terhadap siasat substantif, serta tidak sensitif terhadap perubahan dan tuntutan kebutuhan para pembaca.

Kedua, perpustakaan pemerintah hendaknya mau mengadopsi pola gerakan dan strategi memasarkan program keberaksaraan yang dilakukan komunitas literasi, termasuk menyangkut sikap. Apa pasal? Karena sekarang ini telah terjadi pergeseran sistem simpan dan temu-kembali, yang semula manual menjadi digital.

Ketiga, para kerani perbukuan partikelir dan penggiat komunitas literasi harus masuk ke perpustakaan pemerintah dan rela memosisikan diri sebagai jembatan yang menghubungkan masyarakat pembaca, perpustakaan, dan *stakeholder* literasi lainnya.

Misalnya, melalui program-program kreatif yang dirancang berjalan secara reguler: ketemu penulis, peluncuran buku, pelatihan menulis, pelatihan meresensi buku, pelatihan penulisan skenario sinetron dan film, klinik fotografi, klub bahasa asing, belajar musik klasik, menghelat bedah buku, meluncurkan program Sahabat Perpustakaan, dan menggagas program pustaka di radio.

Dengan demikian, posisi para kerani perbukuan dan penggiat komunitas literasi menjadi kian jelas, yaitu turut memfasilitasi dan membuka ruang partisipasi masyarakat seluas-luasnya dalam rangka penguatan budaya baca. Pada saat yang sama, para kerani perbukuan dan penggiat komunitas literasi juga turut serta meningkatkan kapasitas perpustakaan pemerintah, memberikan advokasi dan menambah bobot posisi tawar perpustakaan ketika berinteraksi dengan institusi pemerintah lainnya. Begitulah.

13
Membangun Budaya Baca

Agus M. Irkham

Budaya baca. Frasa itu sering kita dengar dan baca saat kita berbicara atau mendaras tulisan yang bertema membaca. Ada satu istilah lagi yang tak kalah sering kita dengar atau baca, yaitu minat baca. Kedua frasa itu memiliki makna berbeda. Lantas, di mana letak perbedaannya?

Sejauh bacaan saya tentang keberaksaraan, minat baca maknanya lebih bersifat datar, sekadar menggambarkan tingkat ketertarikan seseorang terhadap teks, tidak harus buku. Medianya bisa bermacam-macam, seperti buku, koran, dan majalah. Sedangkan budaya baca adalah suatu kondisi di mana aktivitas membaca sudah atau belum menjadi bagian yang lekat dan mengikat kehidupan sehari-hari seseorang. Pendek kata, untuk seseorang yang sudah memiliki budaya baca tinggi, baginya tiada hari tanpa membaca! Rujukan teks yang dibaca biasanya adalah buku.

Mengacu pada judul artikel ini, "Membangun Budaya Baca", jika budaya baca kita sepakati sebagai satu lema, maka dua lema dalam tajuk ini adalah membangun dan budaya baca. Tentu saja, meskipun tidak ada kata *tinggi* yang mengikuti lema budaya baca, saya yakin 100 persen, pembaca mengerti arah dari frasa itu, yaitu budaya baca yang tinggi.

Lantas timbul pertanyaan lagi, apa ukuran suatu bangsa hingga bisa disebut memiliki budaya baca tinggi? Siapa yang paling berkompeten mengukur tingkat minat baca suatu bangsa? Bagaimana pula cara mengukurnya?

Artikel ini ditulis bukan untuk menjelaskan secara khusus ukuran-ukuran yang biasa dipakai untuk mengategorikan level budaya baca seseorang atau masyarakat, ataupun perdebatan yang terjadi mengenai acuan-acuan tersebut. Meski demikian, ada satu ukuran yang, jika belum diterima sepenuhnya, paling tidak telah dijadikan ukuran tingkat budaya baca di mayoritas negara: jumlah judul buku baru yang diterbitkan tiap tahun per satu juta penduduk.

Berdasarkan data terkini, dengan jumlah penduduk 225 juta, setiap tahun Indonesia baru bisa menghasilkan 8.000 judul buku baru. Artinya, 35 judul buku baru per 1 juta penduduk. Dari angka itu, kita tidak bisa mengelak bahwa budaya baca bangsa kita masih rendah. Negara berkembang ukuran minimalnya 55 judul buku baru per 1 juta penduduk.

Bertalian dengan lema pertama judul artikel ini, membangun, ada dua pihak yang berperan penting membangun budaya baca (buku). Pertama, pemerintah, baik yang berada di daerah maupun pusat. Wujud peranannya berupa aturan atau regulasi—seperti undang-undang, keppres, dan perda.

Karena saya bukan pemerintah, juga tidak mewakili pemerintah, pembicaraan tentang peran pemerintah saya cukupkan sampai di sini. Kita beralih ke pihak kedua yang memiliki peran penting membangun budaya baca berikutnya, yaitu masyarakat. Untuk memudahkan membaca peta partisipasi, masyarakat saya pecah menjadi beberapa bagian, yaitu penerbit, penulis, distributor, toko buku, jurnalis, dan individu. Karena sebagian besar dari kita adalah individu, saya lebih tertarik untuk meneruskan artikel ini dengan pertanyaan: peran apa yang bisa kita—sebagai individu maupun kelompok individu—mainkan untuk membangun budaya baca?

Beberapa waktu lalu Mendiknas, M. Nuh, mengatakan bahwa minat baca masyarakat kita di beberapa golongan tinggi. Hanya saja, tingginya kesadaran membaca itu tidak ditransfer ke golongan masyarakat lain yang minat bacanya masih rendah. Kalaupun ada, jumlahnya masih sangat kecil sehingga hasilnya tidak signifikan. Terlepas dari sangkaan Pak Menteri yang menurut saya sangat layak diperdebatkan. Taruhlah kita yang rajin membaca koran ini adalah golongan yang dikatakan Pak Nuh sebagai golongan berminat baca tinggi, maka sudah selayaknya kita membagi kesadaran akan pentingnya aktivitas membaca itu kepada khalayak luas. Caranya? Salah satunya dengan berjejaring membentuk komunitas.

Mengenai komunitas ini, pertengahan April lalu, secara khusus saya diminta menyunting teks katalog program World Book Day Indonesia 2010 yang dirayakan di Pasar Festival dan Museum Mandiri Jakarta. Katalog tersebut, selain berisi rangkaian acara, juga memuat profil beragam komunitas literasi. Ada sekitar lima puluh komunitas literasi tersurat di katalog tersebut.

Secara sederhana, komunitas dapat diartikan sebagai kumpulan atau himpunan orang yang peduli satu sama lain lebih dari yang semestinya. Biasanya mereka dipersatukan oleh kesamaan kepentingan, hobi, dan nilai. Sedangkan literasi secara mudah bisa kita maknai sebagai tingkat kemampuan—atau minat—seseorang berelasi dengan dunia teks (buku).

Di katalog tersebut ada komunitas yang aktivitas keaksaraannya masih terbatas pada kemampuan teknis mengenal huruf; sudah meningkat secara fungsional (membaca buku berkaitan dengan aktivitas atau pekerjaan); dan ada pula yang sudah pada kemampuan tertinggi, membaca sebagai aktivitas wajib dalam kehidupan sehari-hari—menjadi budaya atau gaya hidup.

Unik, khas, dan beda. Simpulan itu yang saya dapatkan saat menekuni lembar demi lembar profil komunitas literasi yang terhimpun dalam katalog tersebut. Ada banyak komunitas yang strategi gerakannya melalui "jalan melingkar". Untuk sampai pada aktivitas membaca sebagai bagian dari hidup, mereka menjadikan hobi dan kesenangan—dua penanda utama budaya pop—sebagai pintu masuknya.

Sekadar contoh, ada komunitas nonton film (Indo-StarTrek), komunitas penggemar foto tiga dimensi (Stereofoto-Id), komunitas *game online* berbasis teknologi (IndoHogwarts), komunitas *ngobrol* berbahasa Inggris (BritZone English Club), dan komunitas Fosca (Forum of Scientist Teenagers).

Simpulan akhir saya, tingginya budaya menonton dan bicara sudah tidak relevan lagi dipakai sebagai biang kerok rendahnya minat baca buku, mengingat keduanya bisa "ditindih" untuk membangun budaya baca. Kuncinya hanya satu: berjejaringlah!

14
"Dosa Besar" Kerani Perbukuan

Agus M. Irkham

"Dosa besar" kerani perbukuan dan eksponen komunitas literasi terletak pada begitu bersemangatnya mereka menceritakan keburukan perpustakaan daerah. Mereka sering menjadikan temuan mereka sebagai sasaran tembak. Dari soal petugas yang cemberut, buku berdebu, koleksi tidak lengkap, katalogisasi *acakadut*, sampai tidak adanya variasi layanan.

Sayang, orang-orang yang mengaku dekat dengan dunia kata, pustaka, dan perbukuan, justru lebih suka bernada sumbang, mencela, ketimbang berjibaku, baik dengan tenaga maupun pikiran agar perpustakaan yang ideal dalam gambaran mereka dapat terwujud. Bukannya menggairahkan, justru mengarah pada pembunuhan karakter. Buah dari kegaduhan yang diakui sebagai kerja.

Padahal, kegaduhan tidak menghasilkan apa-apa, kecuali rasa puas diri yang tak bisa dimengerti orang lain. Mestinya perjalanan dilanjutkan pada upaya menelisik bagaimana fakta itu bisa terjadi. Apakah temuan itu merupakan sebab atau sekadar akibat? Apakah kekacauan itu disengaja oleh petugas perpustakaan atau sekadar hasil dari ketidakbecusan birokrasi di daerah yang menaungi mereka? Apakah para pegawai perpustakaan itu benar-benar pelaku kejahatan pustaka atau hanya korban dari kebijakan yang memang tidak memihak mereka?

Ada dua temuan yang saya dapatkan ketika menyambangi beberapa perpustakaan. *Pertama*, dalam persepsi penadbiran pemkot dan kabupaten, perpustakaan kerap dianggap sebagai lembaga yang hanya menghabiskan uang. Tidak berkontribusi pada pemenuhan lumbung kas atau pendapatan daerah. Hal ini berakibat pada minimnya anggaran untuk pengembangan perpustakaan serta menempatkan perpustakaan sebagai prioritas akhir dalam struktur pengeluaran pembangunan daerah.

Kedua, terbatasnya pemimpin perpustakaan daerah yang berjiwa pemimpin. Mereka kebanyakan belum mampu memerankan diri sebagai figur pemersatu untuk mencapai tujuan organisasi, apalagi memotivasi anak buahnya agar bangkit dari keterpurukan akibat label buruk maupun memberi insentif kepada staf dan pustakawan yang kinerjanya baik sehingga menciptakan gairah kompetisi yang sehat dan kecintaan terhadap profesi mereka.

Dengan melihat pemetaan persoalan yang tengah menggenangi sebagian besar perpustakaan daerah, sudah saatnya teman-teman penggerak perbukuan, aktivis literasi, dan kerani pustaka turun gunung. Sapa dan dengarlah kesulitan mereka, para pustakawan yang membutuhkan teman bicara sekaligus advokasi dari luar. Para kepala perpustakaan yang memaknai gelas setengah kosong sebagai setengah isi. Saya yakin, dalam perpustakaan yang dinilai buruk itu ada satu-dua mutiara yang dapat kita temukan, yang jika digosok akan mengkilat dan mempesona. Para eksponen komunitas literasi dan para kerani perbukuan bertugas menemukan dan menggosok mutiara-mutiara itu.

Dengan memahami pemetaan persoalan yang tengah dihadapi perpustakaan daerah, para kerani perbukuan lebih mudah memosisikan diri. Lalu, pertanyaan besarnya: melalui pintu manakah para kerani perbukuan harus masuk? Pertanyaan itu mengingatkan saya pada peristiwa awal Desember 2007 lalu. Saat itu saya diundang menjadi salah satu pembicara *talk show* bertajuk "Membangun Sinergi antara Perpustakaan dan Komunitas Literasi". Selain saya, ada Ida Fajar Priyanto selaku kepala perpustakaan UGM dan Wien Muldian selaku Koordinator Perpustakaan Diknas.

Acara tersebut berlangsung di gedung Pusat Kebudayaan Koesnadi Hardjosoemantri UGM.

Beberapa teluran penting yang berhasil saya ikat dalam acara tersebut, *pertama,* harus diakui bahwa sebagian besar perpustakaan kabupaten dan kota masih memprihatinkan. Terhadap kenyataan itu tersedia tiga pilihan: kritis, apatis atau cuek, atau realistis. Pilihan yang terakhir disebut itulah yang mestinya menjadi pilihan para kerani perbukuan. Tetap menyebarkan virus optimisme sambil memperhatikan kondisi tiap perpustakaan.

Kedua, ada beberapa perpustakaan daerah yang sudah membuka diri, mengundang pihak luar untuk bersinergi. Misalnya, Perpustakaan Kabupaten Wonosobo yang mengusung konsep *one stop information*—warnet, tempat kursus bahasa Inggris, rental komputer, dan layanan fotokopi. Konsep tersebut membuat perpustakaan ini menjadi perpustakaan daerah terbaik pertama di Jawa Tengah.

Di saat jam layanan perpustakaan lain hanya sampai pukul 15:30, perpustakaan nomor tiga tingkat nasional itu dibuka sampai pukul 21:00. Tiap hari tak kurang dari 700 pengunjung yang datang. Para stafnya pun mampu menjadi fasilitator rumah-rumah belajar di beberapa kecamatan di lingkup Kabupaten Wonosobo untuk memberikan pelatihan katalogisasi buku, sistem sirkulasi peminjaman, dan pelatihan lainnya.

Perpustakaan lain? Perpustakaan Kota Magelang melengkapi layanannya dengan klinik baca-tulis. Tulisan beberapa lulusannya pun telah menghiasi media, baik regional maupun nasional. Perpustakaan yang mayoritas pegawainya kaum ibu itu, pada awal September 2007 lalu nekat menyelenggarakan pameran buku dan perayaan komunitas literasi selama lima hari. Acara yang digagas bersama beberapa komunitas literasi di Kota Magelang tersebut bertajuk "Magelang Aksaravaganza 2007". Hal yang hampir sama juga terjadi di Perpustakaan Kota Malang dan Serang, Banten.

Ketiga, para kerani perbukuan bisa masuk ke perpustakaan dengan memosisikan diri sebagai penghubung. Menjadi jembatan yang menghubungkan masyarakat dengan pembaca serta penerbit dengan perpustakaan. Misalnya, melalui program-program kreatif yang dirancang berjalan secara reguler. Dengan begini, para kerani perbukuan turut memfasilitasi dan membuka ruang partisipasi dalam rangka penguatan budaya baca, juga menambah posisi tawar perpustakaan ketika berinteraksi dengan institusi lainnya.

15
Banten Membaca
Gol A Gong

Peristiwanya sudah lama sekali, tapi penting untuk dicatat agar kita bisa becermin dari peristiwa ini. "Berkacalah pada sejarah atau jangan sekali-kali melupakan sejarah," kata Bung Karno. Mari kuceritakan dan dengarlah baik-baik karena ini menyangkut nasib dunia literasi di negeri kita.

Sejuta Buku

Pada seminar yang diadakan SiGMA STAIN SMHB pada Juni 2002 lalu, ada pernyataan menarik dari Kepala Dindik Provinsi Banten saat itu, Didi Supriyadi, Spd., tentang pentingnya Banten memiliki sarana perpustakaan. "Saya pikir idealnya 5 miliar. Tapi, 500 juta juga bisa jalan," begitu pernyataan beliau. Bahkan, dalam Struktur Organisasi Tata Kerja (SOTK) yang sedang digodok, perpustakaan akan berdiri sendiri, tidak lagi di bawah Dindik. "Akan ada kepala kantor perpustakaan yang mengurusnya."

Dalam bincang-bincang di Pustakaloka Rumah Dunia (sekarang Rumah Dunia) pada Sabtu, 29 Juni 2002, Abdul Malik, Redaktur Pelaksana *Harian Banten* (sekarang *Radar Banten*) mencetuskan ide menarik: Tebar Sejuta Buku (TSB). Menurutnya, koran lokalnya akan berada di barisan depan dalam mengegolkan Banten Library. TSB merupakan agenda jangka pendeknya.

Harian Banten meminta warga Banten menyumbangkan buku, baru maupun bekas. Nama-nama para penyumbang akan dimuat setiap hari di satu halaman koran tersebut. Setelah terkumpul, koran itu akan mendistribusikan buku-buku ke perpustakaan yang dikelola pemerintah, kampus, SMU, sanggar-sanggar, atau taman baca yang dikelola perorangan seperti Rumah Dunia. Ini sangat menarik, tinggal bagaimana masyarakat Banten menyikapinya. "Buku-bukunya bebas. Mau cergam anak-anak, novel pop, sastra, pelajaran, majalah, tips. Pokoknya apa saja, asal jangan yang pornografi, kami siap menampung!" tegas Malik, yang pada 2010 menjadi Ketua Prodi Jurnalistik di FISIP Unsera (Universitas Serang Raya), Banten.

Alhasil, setelah 3 bulan program itu diluncurkan, buku-bukunya tidak mencapai 3.000 buah. Saya, Malik, dan Rys Revolta (alm.) mendiskusikan hal ini. Kata Malik, "Ternyata buku-buku yang disumbangkan hampir sebagian sampah. Misalnya skripsi dan diktat-diktat yang sudah bulukan." Tapi, pada akhir Agustus 2002, sebagian sudah berhasil disumbangkan ke perpustakaan di perkampungan Baduy Luar—Kampung Baduy Islam, Cakakal Girang—sebanyak 1.700 buah. Itu pun bermitra dengan yayasan Latifa (Lembaga Yatim Dhuafa), Serang.

Gerakan

Bagi saya, program seperti itu sudah bergulir di Rumah Dunia. Beberapa penyumbang perorangan, perlahan tapi pasti, banyak yang menghubungi saya. Mereka berminat menyumbangkan buku-buku koleksinya. Mulai dari Boim Lebon, Pipiet Senja, Renny Yeniar, Asma Nadia, mahasiswa Universitas Budi Luhur, komunitas 1001buku, British Council, M. Iwan, dan penerbit Suhud Sentrautama, serta beberapa nama yang sekarang sedang menyortir buku-buku koleksinya untuk disumbangkan. Bahkan, beberapa penerbit besar seperti Gramedia, Mizan, LPPH, GIP, Gagas Media, dan Tiga Serangkai hingga tahun 2011 masih terus menyumbangkan buku-buku terbarunya.

Saat itu Malik berharap, melalui TSB, pihak Pemprov Banten langsung bereaksi dan mengagendakan pembangunan Banten Library. Tak bisa ditawar lagi. Tapi, kalau Pemprov Banten tutup mata, telinga, dan mata hatinya, warga Banten akan bereaksi keras. Itu dibuktikan dengan gerakan yang sudah dilontarkan anggota milis WongBanten.

Dian Agusdiana—pendidik asal Serang yang kini berdomisili di Semarang—dalam *email*-nya di milis WongBanten waktu itu, membeberkan gerakan efektif menuju terwujudnya perpustakaan yang representatif di Banten: 1) Setiap warga Banten yang berjumlah sekitar 2 juta jiwa, mengirimkan surat kepada Djoko Munandar—Gubernur Banten yang wafat pada 2007—tentang perlunya perpustakaan setingkat provinsi. 2) Koran lokal wajib memasang iklan atau semacam angket penting-tidaknya perpustakaan di Banten. Para pembaca dapat mengirimkan jawabannya.

Saya pikir dua cara ini sangat baik ketimbang unjuk rasa *teu puguh* di jalanan. Selain tidak intelek, juga terkesan kampungan. *Siga teu boga pagawean bae turun ka jalan*! Diharapkan dengan strategi itu semua warga Banten bisa melakukannya di rumah dengan cara santun.

Di sini tentu yang akan diuntungkan adalah pihak jasa pos. Tidak ada salahnya jika pihak pos mengagendakan Banten Library dengan cara mengampanyekannya lewat kartu pos atau sampul surat. Bisa dibayangkan jika warga Banten, *public service* (pos dan media massa), ormas, partai politik, serta siapa saja yang merasa berdomisili di Banten, saling bersinergi membuat Gerakan Banten Membaca. Kalau perlu, MUI Provinsi Banten yang mengesahkannya. Masya Allah! Saya tidak sanggup membayangkan jika hal itu terjadi. Insya Allah, setelah Gerakan Banten Membaca terwujud, warga Banten akan memasuki gerakan berikutnya, yaitu Banten Mengkaji.

Gelar Buku

Saat itu saya mengusulkan, kalau dengan cara seperti itu Pemprov tetap "cuek bebek", marilah kita menaikkan bendera setengah tiang dan berkumpul di Kampung Sukalila Kelapa Dua,

Sumur Bor, Serang, untuk menangis bersama para pelaku kesenian khas Banten, Rudat, yang terlupakan. Tapi, jika Pemprov bereaksi, kita akan keluar rumah dan berkumpul di alun-alun Serang, mendeklarasikan hari bersejarah itu sebagai Hari Membaca Banten.

Hanya saja, Pemprov Banten sebetulnya tidak tinggal diam. Walaupun terasa belum memuaskan, lewat Humas Setda, setiap Minggu pagi pukul 05.00 hingga 09.00, buku-buku digelar di sepanjang trotoar alun-alun Serang. Masyarakat yang sedang *jogging* pun tampak kaget ketika melihatnya.

Menurut Yaya—pustakawan alumni IKIP Bandung tahun 1985—yang diberi kepercayaan mengelola perpustakaan Setda Pemprov Banten saat itu, animo masyarakat dari hari ke hari makin besar. "Saya sangat terharu ketika ada anak yang meminta buku yang sedang dibacanya itu dibawa lagi besok. Rupanya dia belum selesai membaca. Di bukunya ada satu halaman yang dia lipat," kata Yaya. Yaya sendiri memang sangat mengharapkan ada Banten Library di Banten.

Rekor Buku

Cikal bakal gerakan literasi bergulir menjadi Gerakan Banten Membaca. Rumah Dunia pun terus ada di garda depan dengan menyelenggarakan kegiatan pada Agustus 2006. Kantor Perpusda mengajak kami menggelar kegiatan Banten Membaca. Rumah Dunia, lewat Toto ST Radik, diamanahi menjadi koordinatornya, sementara Firman Venayaksa dan Abdul Malik menjadi Koordinator Wakaf Buku yang membuat target memecahkan rekor MURI dengan mengumpulkan 15.000 buku dalam satu hari. Rumah Dunia dan *Radar Banten* mengumpulkan relawan dari ajang lomba Banten Star gagasan saya, instansi akademik, komunitas baca, serta orang-orang yang peduli pada budaya literasi.

Berkat bantuan Gramedia, pada 22 September 2006 sejarah mencatat 19.480 buku berhasil dikumpulkan di perhelatan Banten Membaca, melampaui rekor MURI sebelumnya yang dipegang Universitas Binus dengan jumlah 11.007 buku. Buku-buku itu disebarkan ke TBM-TBM dan perpustakaan desa di Banten.

Hibah buku ini terus kami pertahankan di Rumah Dunia. Bahkan, kami perlahan-lahan terus membantu pengadaan buku bagi TBM yang baru berdiri. Semangat Banten Membaca terus dilestarikan dalam bentuk kegiatan di kampung-kampung. Ada Cipanas Membaca di Lebak dan Pandeglang Membaca di Pandeglang.

Pada 1–9 Oktober 2011, kami juga mengadakan Banten Membaca jilid dua yang bertempat di Rumah Dunia. Acaranya berupa pertunjukan seni, aneka lomba literasi, Gramedia Book Fair, bedah buku, dan peluncuran buku serta jumpa pengarang. Dalam acara ini, buku Seri Rumah Dunia juga diluncurkan.

16
Banten Membaca vs Banten Belanja

Gol A Gong

Masyarakat Serang pada awal September 2005 memasuki babak baru setelah puluhan tahun berada dalam wilayah "kegelapan". Dulu, jika ingin belanja barang bermerek, kita harus ke Karawaci di Tangerang atau Cilegon. Kini Serang akan mendapat karunia dari PT Maju Makmur Sentosa (MMS) berupa sebuah mal terlengkap dan modern yang lokasinya persis di nol kilometer, alun-alun kota Serang. Mal modern itu bisa berdiri dengan menghancurkan cagar budaya, bekas gedung Markas Komando Distrik Militer (Makodim) 0602 yang dilindungi UU No.5 Tahun 1992 tentang Benda Cagar Budaya (BCB).

Bukan BCB

Ya, 11 September enam tahun lalu itu bisa jadi "black September" di Serang—meminjam peristiwa dehumanisasi 11 September 2001, saat WTC di Amerika luluh lantak. Wismoyo Arismunandar, komisaris utama PT MMS, meletakkan batu pertama pembangunan mal Serang. Saat itu pulalah terjadi rekonstruksi sejarah lokal Banten yang panjang, di antaranya peristiwa penggantian bendera Jepang dengan Sang Merah-Putih oleh Sri Sahuli setelah Soekarno-Hatta memproklamasikan kemerdekaan Indonesia di Jalan Pegangsaan Timur, Jakarta.

Makodim, gedung bersejarah itu, pada pertengahan Agustus 2005 dirobohkan dengan pengawalan para tentara. Warga Kota Serang hanya bisa menatapnya dari balik pagar seng. Oyok Hasyim (75), saksi sejarah dari Wirawati Catur Panja—organisasi pejuang wanita Banten—hanya bisa menangis, "Sakit hatiku ini. Mereka tidak menghargai para pejuang Banten."

Berkali-kali Oyok mendatangi Pemkab Serang bersama AWAK (Aliansi Warga Kota) yang peduli pada pelestarian BCB, mengingatkan para pemimpin tentang betapa pentingnya menghargai sejarah. Pemkab Serang sudah mengeluarkan izin prinsip dan surat izin mendirikan bangunan untuk PT MMS. Surat izin itu diterbitkan setelah mendapat rekomendasi tim kajian yang dipimpin Zakariya Kasmin dari Balai Pelestarian Peninggalan Purbakala (BP3) Serang—beranggotakan arkeolog Ali Fadilah. Isi rekomendasi itu menyebutkan nilai BCB pada gedung bekas Makodim hanya terdapat pada bangunan seluas 100 m^2, yaitu 6 pilar dan tiang bendera. Alasannya, bangunan lain sudah berkali-kali direnovasi. Zakariya mengaku mengeluarkan surat rekomendasi tanpa mempertimbangkan aspek sosial-budaya. "Itu bukan urusan saya," kata Zakariya pada waktu itu.

Bahkan, *billboard* dipasang mentereng, mengukuhkan bahwa PT MMS positif membangun mal di kawasan BCB tersebut, mementahkan perlawanan dari Wirawati Catur Pantja dan AWAK. Pers lokal dan nasional yang gencar memberitakan bahwa gedung itu menyimpan sejarah perlawanan warga Banten terhadap penjajah Belanda tak digubris sama sekali. Budaya permisif lagi-lagi terjadi karena uang dijadikan ukuran. Yang paling menyedihkan adalah pernyataan Hasan Maksudi, Ketua DPRD Serang, yang beberapa kali merespons unjuk rasa AWAK—didukung 40-an elemen masyarakat, mulai dari seniman, budayawan, sampai warga biasa. "Gedung Makodim peninggalan Belanda. Itu tidak layak dilestarikan karena Belanda adalah penjajah. Jadi tidak perlu ada Perda BCB." Ketua dewan terhormat itu sedang mencoba menjangkitkan virus amnesia sejarah di tanah Banten.

Boleh saja di pusat Kota Serang terjadi dekonstruksi atau menjangkitnya virus amnesia sejarah. Namun, 3 km ke arah timur Serang, tepatnya di kampung Ciloang, TBM bernama Rumah Dunia mendeklarasikan diri sebagai "rumah perubahan". Mengadopsi metode belajar dari alam ala Santiniketan Rabindranath Tagore di Calcutta, India, Rumah Dunia dengan gigih melakukan perlawanan moral terhadap praktik-praktik kolusi, korupsi, dan nepotisme di bumi Banten dengan pena.

Mengusung visi-misi mencerdaskan dan membentuk generasi baru di Banten dengan literasi, para relawan Rumah Dunia menyikapi rekonstruksi sejarah tersebut dengan menggelar Gramedia Book Fair (GBF) bertajuk "Menuju Banten Membaca, Cerdas, dan Kritis" pada 6 hingga 11 September. 1000-an judul buku dipajang di stan Gramedia Pustaka Utama, Elex Media Komputindo, Penerbit Buku Kompas, KPG, Grasindo, Matabaca, dan Gramedia Majalah. GBF adalah pameran terbesar di Banten. Tradisi intelektual yang pernah digagas Abdul Karim dan muridnya, Syekh Nawawi Al-Bantani—yang tinggal di Mekkah karena gagasan-gagasan mereka di Banten tidak terakomodasi—mulai dibangkitkan lagi di Rumah Dunia.

Ya, terjadi paradoks di tanah para sultan itu. Di satu sisi ada rekonstruksi sejarah, di sisi lain terjadi rekonstruksi terhadap budaya lisan. Ini ibarat "black September" di nol kilometer Serang dan "shinning September" di batas Kota Serang timur. Pertarungan antara Banten Membaca dan Banten Belanja. Dua akselerasi sedang terjadi: pertumbuhan ekonomi tanpa mengindahkan aspek sosial-budaya serta *reading habit* menuju Banten yang cerdas dan kritis. Di mana-mana anak muda Banten menenteng ponsel terbaru dan pergi belanja, tapi di mana-mana anak muda Banten juga membaca, menghadiri diskusi dan peluncuran buku, serta menulis. Peran serta pers lokal yang menyediakan halaman opini dan fiksi menyemangati akselerasi Banten Membaca sekaligus Banten Menulis.

TBM@MALL

Banten Belanja terus beranak pinak. Pada 2010, waralaba Carrefour berdiri di perempatan Jalan Ciceuri. Tapi, Rumah Dunia lagi-lagi "melawan" dengan menyelenggarakan program Kemendiknas RI, TBM@Mall Banten Membaca, di dalamnya untuk memperlambat laju konsumerisme. Sejak diresmikan pada 2 Mei 2010 oleh Hj. Ratu Atut Chosiyah—Gubernur Banten 2006–2011—keberadaan TBM@Mall Banten Membaca mendapat respons positif. Para penjaga yang berasal dari pengelola TBM se-Kota Serang mengatakan bahwa para orangtua yang belanja selalu menitipkan anaknya. Pengelola TBM@Mall Banten Membaca pun kemudian mengajak anak-anak bermain *puzzle*, multimedia (*edutainment*), menggambar, dan mendengarkan dongeng. Juga bekerja sama dengan Komunitas untuk Perubahan Budaya—atau biasa disebut Kubah Budaya—untuk menyelenggarakan diskusi peningkatan budaya baca.

Di sektor ekonomi pun Banten terus melaju. Pada 4 Agustus 2011, persis di pintu keluar Pintu Tol Serang Timur, berdiri megah supermarket Hypermart. Kini kita jadi penonton saja di pinggir jalan. Apakah pertarungan dua akselerasi Banten Membaca vs Banten Belanja ini akan dimenangkan oleh salah satu di antara mereka, atau keduanya berjalan beriringan dan menemukan harmonisasi? Hanya sayang, pemenangnya berdiri di atas sejarah Banten yang hilang.

17
Change by Reading
Gol A Gong

Buta aksara menjadi fenomena di Indonesia. Disinyalir, sekitar 10 juta penduduk Indonesia masih buta aksara. Saat masih menjabat sebagai mendiknas, Bambang Sudibyo merasa yakin jika pada 2010 angka buta aksara bisa diredam hingga menjadi 7 juta jiwa. Bagaimana dengan Banten? Dalam sambutannya pada puncak perayaan Hari Aksara Internasional (HAI) di Cilegon, Banten (Selasa, 8/10/2009), Bambang Sudibyo mengatakan, "Supaya tidak ada lagi warga buta aksara, wajib belajar sembilan tahun mesti bisa dinikmati semua warga. Kita perkuat terus wajib belajar."

Tema

Gubernur Banten Ratu Atut Chosiyah mengklaim Provinsi Banten telah berhasil menjalankan program pemberantasan buta aksara dengan baik dan mencapai sasaran. Jika sekitar lima tahun lalu warga buta aksara mencapai 500 ribu lebih, pada 2009 bisa berkurang hingga tinggal sekitar 155 ribu warga. "Kini Banten masuk sepuluh besar provinsi yang memiliki penyandang buta aksara terkecil. Prestasi ini cukup menggembirakan dan mesti terus ditingkatkan supaya semua warga melek aksara," kata Atut.

Maka, Rumah Dunia yang didirikan pada 3 Maret 2002—lini sosial Yayasan Pena Dunia berakta notaris Fachrul Kesuma

Dharma, S.H., No. 006 tanggal 12 Juni 2006—mencoba berpartisipasi dengan mengadakan kegiatan sepanjang 2010 bertema .

Motivasi

Melalui tema Change by Reading, kegiatan di Rumah Dunia sepanjang 2010 dimaksudkan untuk memotivasi seluruh lapisan masyarakat agar aktif membaca dan terus-menerus menyebarkan semangat bahwa membaca bisa mengubah hidup kita ke arah yang lebih baik. Rumah Dunia sebagai *learning centre* di bidang jurnalistik, sastra, teater, seni rupa, dan film mengajak masyarakat luas, khususnya di Banten, untuk memasuki fase membaca. Membaca di sini tidak hanya pada yang tersurat, tetapi juga tersirat, seperti mendiskusikan fenomena lokal hingga tingkat yang lebih luas lagi, fenomena nasional, bahkan global. Tujuan yang diharapkan dari gerakan ini adalah membuka wawasan, mengubah pola pikir, dan meningkatkan kualitas hidup yang dimulai dari kegiatan membaca dan berdiskusi.

Duta

Untuk mengampanyekan gerakan Change by Reading di Banten, Rumah Dunia bekerja sama dengan Banten Raya Post serta Dinas Pendidikan Provinsi Banten dan Serang Kota mengumpulkan duta, mulai dari pelajar tingkat SD, SMP, SMA, hingga mahasiswa perguruan tinggi negeri dan swasta, pada Sabtu, 9 Januari 2010, pukul 09.00–17.00, bertempat di Rumah Dunia. Pada hari itu ada pencanangan Change by Reading bersama H.M. Masduki—Wakil Gubernur Banten. Siapa pun boleh datang untuk meramaikan acara.

Selain pencanangan, para duta Change by Reading tingkat SD dan SMP saling mengasah ekspresi dalam lomba menggambar poster. Sedangkan duta SMA dan perguruan tinggi berkompetisi menuangkan gagasan mereka tentang Change by Reading dalam bentuk esai serta mempresentasikannya di depan dewan juri.

Dengan cara ini, para duta sanggup memotivasi teman di sekolah dan kampus mereka, bahkan masyarakat sekitar, agar aktif membaca dan terus menyebarkan semangat mengubah hidup ke arah yang lebih baik. Mereka juga diberi kesempatan mengadakan acara dengan tujuan membuka wawasan masyarakat sekitar, misalnya dimulai dengan kegiatan membaca dan berdiskusi di sekolah atau kampus.

Diskusi

Selain lomba menggambar poster dan menulis esai, pada hari pencanangan itu juga diadakan pameran komunitas literasi serta bazar buku murah, orasi oleh Ahmad Mukhlis Yusuf—Direktur LKBN Antara—dan pentas teater Remaja Ciloang (Recilo) dengan lakon "Waktu yang Hilang".

Menu diskusi "Change by Reading: Mengubah Hidup dengan Membaca" tentu menjadi bumbu penyedap. Para pembicaranya adalah Eko Endang Koswara (Kadindik Prov. Banten), Dr. H. Zulkieflimansyah, S.E., MSc., Ella Yulaelawati, M.A., PhD. (Direktur Dikmas Depdiknas), dan Wien Muldian (Direktur Forum Indonesia Membaca).

Puncak acara pencanangan Change by Reading oleh Wakil Gubernur Banten adalah pembagian buku kumpulan karya tulis duta Change by Reading dan penulisan testimoni pada sebidang kanvas, diikuti oleh Ahmad Mukhlis Yusuf, Eko Koswara, Zulkieflimansyah, Ella Yulaelawati, dan Wien Muldian.

Biaya

Pencanangan Change by Reading dihadiri kurang lebih 400 orang dan membutuhkan biaya sebesar Rp15 juta untuk kesekretariatan dan perlengkapan—sewa tenda, kursi, dan *sound system*. Konsumsi peserta menyedot anggaran besar, sementara biaya lainnya dibutuhkan untuk kepentingan publikasi—liflet, spanduk, dan *backdrop*—serta hadiah bagi para pemenang lomba.

Kami berhasil menyelenggarakan kegiatan ini dengan Galang Dana Rp50.000,- yang kami mulai dari para relawan, kemudian banyak pula yang tertarik ikut menyumbang dengan langsung mentransfer dana ke rekening panitia.

18
Care Box Bella
Gol A Gong

Suatu hari saat puasa September 2009, putri pertamaku, Bella (12 tahun), membeli susu kemasan di sebuah minimarket. Seusai buka puasa, dus susu tersebut tidak dibuang. Bella tekun sendiri menyulap dus susu itu menjadi sesuatu yang luar biasa bagi anak-anak seusianya di lingkungan tempat kami tinggal, yang sudah sibuk dengan ponsel keluaran terbaru. Lalu, Bella menamai dus susu itu Care Box.

Parcel

Dus itu diperlihatkan kepada kami: saya, ibunya, dan ketiga adiknya–Abi (10 tahun), Odi (5 tahun), dan Azka (4 tahun). Aku membaca tulisan tangan Bella dengan spidol hijau di dinding dus kanan: *Sumbangkan uang Anda di sini. Akan disalurkan untuk minuman bergizi pada anak-anak yang kurang gizi.* Di sisi kiri Bella menulis dengan spidol merah jambu: *Uang yang Anda sumbangkan turut menciptakan pelangi di mata mereka.* Di bagian depan dia menulis dengan spidol kuning, sehingga aku harus meminta tolong Abi membacakannya: *Mari budayakan Rp500,-/orang/hari. Ikhlas, pahala menanti.*

Bella berpesan kepada kami, "Nanti diisi, ya. Berapa saja. Abi juga. Sisa uang jajannya dimasukin ke Care Box." Abi mengiyakan.

Kedua adik Bella yang lain, Odi dan Azka, juga antusias. Bella hanya meminta Rp500,-/orang/hari kepada kami untuk dimasukkan ke Care Box-nya. Uang jajan Bella dan Abi Rp5.000,-/hari. Sedangkan Odi dan Kaka Rp3.000,- atau Rp2.000,-/hari. Bella beranggapan ketiga adiknya bisa menyisihkan uang jajan.

Care Box itu Bella tempel di dinding ruang depan. Aku lihat ada *newsletter* yang ditempel di sisinya. Dalam perjalanannya, ketiga adik Bella—selain kami—sesekali mengisi Care Box itu. Tidak ada paksaan. Sebelum mudik lebaran, Bella membuka Care Box-nya. Bella dan ketiga adiknya dengan semangat belanja ke minimarket. Tentu, selain sembako, ada juga paket buku agar semangat membaca terus menyebar.

Lalu *Bella and her gank* membuat *parcel.* "Kasihan Teh Riah, belum pernah mendapat hadiah *parcel,*" kata Bella. Odi dan Azka menghadiahkan *parcel* kepada Teh Riah, pembantu kami. Tidak lupa, Bella memotret momen bersejarah ini. Hingga November, Care Box sudah membantu seorang warga Ciloang lagi, yaitu Pak Wawang. Uang yang terkumpul hampir Rp50.000,-. Dana itu dibelanjakan sembako: gula, telur, minyak, dan mi.

Proyek Sosial

Aku mendiskusikan hal ini dengan istriku. Tampaknya Bella serius dengan Care Box-nya. Ketika aku tanyakan kepada Bella, Care Box adalah proyek sosialnya. Royalti novel yang didapat pun ingin Bella sisihkan untuk proyek sosial. "Supaya mereka senang membaca juga, Pah!" kata Bella.

Aku jadi teringat masa-masa awal menggelorakan gerakan literasi lokal Banten Membaca di Rumah Dunia tahun 2000 hingga 2002. Aku pernah mengusulkan kepada seluruh jajaran Pemerintah Provinsi Banten dan anggota dewannya untuk menyisihkan penghasilannya Rp50.000,-/bulan. Untuk anggota DPRD Banten, kabupaten, dan kota seluruh Banten, asumsiku, jika masing-masing mencapai 50 orang, dikalikan 10 wilayah saja sudah mencapai 500 orang. Jika Rp50.000,- dikalikan 500 orang pejabat di dewan sudah menghasilkan dana Rp25 juta. Uang itu bisa digunakan untuk membuat perpustakaan masyarakat, atau yang lebih dikenal dengan Taman Bacaan Masyarakat (TBM) seperti Rumah Dunia. Dengan dana sebanyak itu perbulannya, aku dan Rumah Dunia bisa melakukan banyak hal: membina taman baca di setiap sudut Banten. Tentu gerakan Banten Membaca bisa lebih efektif. Insya Allah.

Akankah proyek sosial Bella berjalan mulus, sementara teman-temannya lebih asyik membicarakan hal-hal berbau konsumerisme? Emak pernah bilang, "Kepedulian sosial harus ditanamkan sejak dini. Caranya dengan memberi contoh, jangan menyuruh." Aku heran, kenapa harus kepedulian sosial? Kenapa tidak ilmu pengetahuan? Emak menegaskan, "Jangan masuk ke wilayah otak dulu. Hati yang lebih penting," tambah Emak, "jika hati seorang anak sejak kecil diisi dengan hal-hal baik, kecerdasan otak akan datang dengan sendirinya. Belajar di saat hati bahagia bagi anak sangatlah baik. Anak pun akan dengan cepat mencerna pelajaran."

Kecerdasan emosi. Ini yang sering dilupakan orangtua. Kebanyakan orangtua menginginkan anaknya bisa membaca sejak usia dini, bukan melatih mereka mencintai buku. Akibatnya, setelah dewasa mereka tumbuh bukan sebagai orang yang sanggup mengungkap makna di balik kata atau membaca tanda-tanda kehidupan. Mereka tumbuh sebagai anak Indonesia yang bagai robot dan hanya cinta pada statistik, *followers*, instan, dan menjadi generasi yang lemah. Mereka menjadi pintu masuk unsur-unsur dekadensi moral di negeri ini. Tentu kita tidak ingin memiliki anak-anak yang kelak termasuk penghancur bangsa.

Maka, jika kami bepergian, kami menunjukkan kehidupan yang sesungguhnya kepada keempat anak kami. Kami membawa mereka melihat pengemis, mengunjungi orang miskin, memberi sedekah jika ada pengemis datang ke rumah, dan berbagi kepada yang membutuhkan. Dan tentu Rumah Dunia adalah laboratorium kehidupan bagi mereka. Pelan tapi pasti, mereka melihat apa yang dilakukan ayah-ibunya. Mereka mulai paham sejak dini bahwa kita sebetulnya saling membutuhkan. Kalau kita pintar, itu tidak serta-merta hasil jerih-payah kita sendiri. Selalu ada keterlibatan orang lain. Kita tidak pernah berhasil sendirian. Tidak boleh ada anggapan seperti itu. Pintar harus sama-sama. Sejahtera pun sama-sama.

19
Gerakan Literasi Lokal untuk Indonesia Membaca

Gol A Gong

Sejak terpilih menjadi Ketua Umum Pengurus Pusat Forum Taman Bacaan Masyarakat (PP FTBM) Indonesia pada Februari 2010 di Yogyakarta, aku mengimbau seluruh ketua FTBM di wilayah dan daerah untuk membuat Gempa Literasi agar percepatan Indonesia Membaca segera terwujud. Ini mengacu pada program kerja 2010–2015 Pengurus Pusat FTBM pada Munas II PP FTBM di Yogyakarta, 21–24 Februari 2010.

Amanat Munas

Pada saat Munas II PP FTBM, Komisi Program dan Rekomendasi mengajukan 14 jenis program kerja, yaitu mendorong pembentukan pengurus FTBM wilayah dan daerah, rapat rutin PP FTBM (4 kali dalam setahun), pendataan TBM, pembuatan buletin (2 bulanan), pelatihan fasilitator pengelola FTBM, lokakarya, evaluasi FTBM, Penelitian Program Pengembangan Budaya Baca Pembinaan TBM, studi banding, kemitraan, Gerakan Indonesia Membaca, pembuatan logo baru FTBM, Rakernas, dan Munas 2015.

Dari 14 program kerja yang diamanatkan Munas II PP FTBM itu, selama 6 bulan berjalan baru 3 program kerja yang diwujudkan. Pertama, pembuatan logo baru FTBM, pembuatan buletin dalam bentuk *website* (www.forumtbm.net), dan Gerakan Indonesia Membaca tingkat lokal. Tapi, tanpa diduga, pada Mei 2010, PP FTBM mendapat kepercayaan dari Kemendiknas untuk menyelenggarakan TBM@Mall di Serang, Surabaya, dan Makasar. Alhamdulillah, pada 2 Mei 2010, PP FTBM bersama Rumah Dunia membidani TBM@Mall Banten Membaca di Carrefour Serang yang diresmikan Gubernur Banten, Ratu Atut Chosiyah, berbarengan dengan TBM@Mall Plaza Semanggi milik Hughes yang diresmikan Mendiknas.

Indonesia Membaca

PP FTBM periode 2010–2015 pimpinan Gol A Gong menegaskan agar para pengelola TBM di seluruh Indonesia tidak tergiur masuk ke kepengurusan pusat. Jangan menganggap menjadi PP FTBM itu sesuatu yang luar biasa. Justru setiap pengelola TBM di daerah harus memaksimalkan potensi dengan menjadi agen perubahan di lingkungannya. Keberadaan TBM itu harus bermanfaat bagi warga sekitar.

Untuk memaksimalkan potensi TBM, PP FTBM 2010–2015 memfokuskan program kerja Gerakan Indonesia Membaca secara nasional melalui gugus kerja pulau. Waktu pelaksanaannya sepanjang 2010–2015. Siapa saja boleh menyelenggarakan kegiatan ini di wilayah atau daerah. Maka, dirancanglah kegiatan spektakuler di masing-masing wilayah: Sumatra Membaca, Jawa Membaca, Kalimantan Membaca, Riau Membaca, Sulawesi Membaca, Bali Membaca, dan Papua Membaca.

Di Banten, TBM Rumah Dunia menjadi pionir atau menginisiasi kegiatan literasi lokal dengan nama Banten Membaca. Hal ini direspons positif oleh daerah. Di Cipanas, Lebak, ada kegiatan Cipanas Iqra (Kosala Library); di Rangkasbitung, Lebak, Komunitas Saija-Adinda menggagas Lebak Membaca; di Pandeglang ada Pandeglang Membaca yang digagas komunitas baca Lentera Qolbu. Wilayah atau daerah lain seusai Lebaran siap menggebrak, yaitu Yogya Membaca (Muhsin Halida) dan Surabaya Membaca (Dwi Astutik).

Gempa Membangun

Pengelola TBM di wilayah atau daerah diberi keleluasaan untuk menyelenggarakan kegiatan literasi lokal. Agar tampak heboh dan memancing keingintahuan masyarakat, didengungkan frasa gempa literasi. Jika selama ini masyarakat memahami gempa sebagai sesuatu yang "menghancurkan", "gempa" dalam literasi merupakan sesuatu yang "membangunkan".

Penamaan Gempa Literasi lebih pada aspek populis, sesuatu yang familiar didengar masyarakat. TBM yang selama ini terkesan formal harus dikembalikan kepada visi awal, yaitu kegiatan membaca nonformal. Dalam Gempa Literasi diadakan kegiatan berupa pertunjukan seni, aneka lomba literasi, dan wakaf buku.

Di Banten, acara dimulai dari Cipanas Iqra (27 April 2010) yang dicanangkan Wakil Bupati Lebak, Amir Hamzah. Berlanjut ke peresmian TBM@Mall Banten Membaca di Carrefour pada 2 Mei 2010 oleh Gubernur Banten, Hari Kebangkitan Buku #3 pada 15 Mei 2010 di Rumah Dunia, dan Pandeglang Membaca pada 29–30 Mei 2010.

Bagaimana di kota Anda?

20
Perpustakaan Keliling Rumah Dunia

Gol A Gong

Sabtu, 25 Juli 2010. Aku ingat peristiwa itu: rapat dengan penuh kegembiraan di Rumah Dunia. Aku, Firman, Langlang, Asep Soleh, Salam, Roy, Awi, dan Udin, seperti biasa duduk melingkar di bawah pohon Aren yang rindang. Kami gembira karena Allah memberi kami rezeki bertubi-tubi di bulan Sya'ban itu. Banyak orang yang mendoakan dan membantu kami secara materi. Mereka semua tergerak membantu Rumah Dunia.

CSR Krakatau Steel

Kegembiraan itu bermula pada Kamis, 23 Juli 2010. Hari itu Rumah Dunia kedatangan Pak Toha dari Humas dan Pak Omi dari Corporate Social Responsibility (CSR) PT Krakatau Steel (KS)—pabrik baja terbesar di Asia Tenggara dan ikon Banten. Mereka datang atas rekomendasi Ahmad Mukhlis Yusuf—Direktur LKBN Antara. Mereka mewawancarai kami sambil melihat kegiatan yang rutin kami lakukan.

Bapak-bapak dari Krakatau Steel itu mengumpulkan data dan akan membawanya ke direksi untuk mempertimbangkan apakah Rumah Dunia bisa mendapatkan dana CSR dari Krakatau Steel. Pada kenyataannya, hingga September 2011 tak ada tanda-tanda PT Krakatau Steel akan mengalirkan dana CSR-nya. Aku mendapat kabar dari Humas PT Krakatau Steel bahwa perpustakaan seperti Rumah Dunia bukanlah sasaran mereka.

Sebetulnya kami merasa aneh, apalagi ketika mendengar bahwa CSR KS mudah disalurkan kepada kelompok pemuda, seperti bengkel-bengkel pembuatan sekrup atau mur. Untuk urusan CSR saja mereka diskriminatif. Intinya, harus berhubungan dengan besi baja. Alasan lain, lokasinya bukan di Cilegon. Bahkan, hanya untuk berharap mendapat satu atau dua kardus buku dari KS saja rasanya mustahil. Kegembiraan yang berujung kesedihan. Tapi, hal itu tidak mematahkan semangat kami. Alangkah rugi jika terus memikirkan kekecewaan itu. Kami selalu menjadikannya sebagai tantangan. Aku mengatakan kepada relawan, "Mungkin KS belum mengerti betul bahwa sebenarnya kita adalah para donatur Rumah Dunia." Memang masih banyak yang menganggap jika menyumbang ke Rumah Dunia, berarti juga menyumbang Gol A Gong dan para relawan. Itu salah.

Aku, istriku, dan para relawan Rumah Dunia adalah donatur utama. Kami menyisihkan sekitar 2,5 persen—sesuai dengan ketentuan zakat mal atau harta—hingga 100 persen dari honor tulisan di koran, sebagai narasumber, sampai royalti novel. Sumbangan dari para donatur kami gunakan untuk biaya kegiatan reguler dan operasional Rumah Dunia. Sesekali kami luncurkan program beasiswa, di mana para relawan Rumah Dunia bisa mendapatkannya. Itu saja.

Kuliah Kerja Mahasiswa Untirta

Pada saat itu pun ramai datang ke Rumah Dunia para mahasiswa Untirta Banten yang sedang KKM alias Kuliah Kerja Mahasiswa. Para mahasiswa itu meminta sumbangan buku untuk taman-taman baca di desa serta ingin tempatnya didatangi perpustakaan keliling alias Pusling Rumah Dunia.

Setiap titik KKM itu kami beri 1 hingga 3 dus buku dan majalah yang saat itu sedang melimpah. Insya Allah, nanti akan datang lagi buku-buku baru sumbangan dari simpatisan Rumah Dunia.

Bayangkan, sebuah komunitas seperti Rumah Dunia membantu lembaga pendidikan kebanggaan di Banten, Untirta! Setelah gagal mendapatkan dana CSR dari KS, kami justru membantu para mahasiswa Untirta yang sedang KKM. Tidak dapat dimungkiri, itu jelas membuat kami bahagia. Setiap tahun begitu.

Tapi, pada KKM 2011 ini kami menolak. Apalagi ketika membaca di seluruh koran lokal Banten edisi Sabtu, 30 Juli 2011, yang memberitakan KKM Untirta di Kabupaten Pandeglang dan Kota Cilegon diduga menjadi ajang kampanye salah satu calon Gubernur Banten. Koran lokal itu menyebutkan LPPM Untirta, sebagai penyelenggara KKM, meminta utusan dua mahasiswa dari seratus kelompok KKM di seratus desa di Kota Cilegon dan Pandeglang untuk mengikuti acara Training of Trainer (TOT) tentang Desa Siaga Bencana di Hotel Patra Anyer pada Kamis, 28 Juli. Para mahasiswa itu diberi kalender berwajah calon gubernur, sajadah, dan uang transportasi sebesar 150 ribu rupiah. Sejumlah mahasiswa peserta KKM memang mengakuinya.

Kami katakan kepada mereka agar meminta sumbangan kepada para dosen atau mahasiswa Untirta saja. Misalnya, dengan cara melakukan kegiatan penggalangan dana dalam bentuk hibah buku. Kami juga mengimbau para mahasiswa agar membuang buku dan majalah kami ke tong sampah buatan mereka di sudut-sudut kampus.

Kas Isi

Lupakan CSR KS dan KKM Untirta Banten. Lupakan.

Kegembiraan tetap melingkupi kami waktu itu. Kami bersyukur karena program Pusling Rumah Dunia jalan lagi berkat suntikan dana Rp20 juta dari Riska Ruswandy. Ini dana segar dan bermanfaat! Kami serasa hidup, semakin hidup saja! Plong!

Pusling Rumah Dunia membutuhkan dana Rp500 ribu untuk mendatangi sebuah desa. Kami harus menyediakan alat gambar—krayon dan kertas—serta 4 set piala untuk hadiah pemenang mewarnai, menggambar, menyanyi, dan baca puisi. Waktu itu, hingga Desember 2009, Pusling Rumah Dunia aman dan terkendali.

Asyiklah. Pada Agustus 2009, Pusling Rumah Dunia mengunjungi sekitar 12 titik. Namun, lomba tidak diadakan di semua titik.

Kami membagi tugas untuk Pusling Rumah Dunia pada Minggu, 26 Juli, pukul 09.00. Kami meluncur ke Kampung Tibasurak, Taktakan, Serang. Mahasiswa Untirta Serang sedang KKM di sana. Lurahnya Ahmad Fatoni. Ada lomba menggambar, mewarnai, dan membaca puisi untuk anak-anak serta pelatihan taman baca dan pemutaran film dokumenter untuk umum. Hadiah lomba berupa buku dan piala. Rumah Dunia juga menyumbang 3 dus buku untuk perpustakaan desa. Apalagi, Sabtu sore sebelumnya, para mahasiswa yang sedang KKM di Kampung Tibasurak sudah datang ke Rumah Dunia untuk mengangkuti peralatan: *sound system* dan seperangkat propertinya. Muhzen Den—relawan Rumah Dunia—kebetulan jadi salah satu mahasiswa KKM-nya. Ia menjadi penanggung jawab acara.

Sejarah Pusling

Mari kita ingat lagi perjalanan Pusling Rumah Dunia. Pusling Mulai berjalan setelah mendapat bantuan *mobile library* berupa bajay dan gerobak buku dari XL Care dan Yayasan Nurani Dunia pimpinan Imam B. Prasojo sekitar 2007 lalu. Juga motor keliling sumbangan Kelompok Pencinta Bacaan Anak pimpinan Murti Bunanta. Dengan bajay dan motor itu, Pusling Rumah Dunia menjadi lebih gesit, lincah, dan cekatan mengunjungi desa-desa di sekitar Banten untuk menyebarkan virus membaca. Gerakan Indonesia Membaca yang diusung Forum Indonesia Membaca kami dukung di tingkat lokal dengan Banten Membaca! Hanya saja, sejak 2011, bajay dan motor perpustakaan keliling itu tergeletak tak berdaya di Taman Budaya Rumah Dunia. Kami tak mampu lagi menjalankan program Pusling Rumah Dunia ini karena armadanya rusak berat dan kini jadi rongsokan semata. Aku sedih jika menyadari ini.

21
Literacy Clinic: Menuju Banten Membaca

Gol A Gong

Kita tahu bahwa anggapan mengenai masyarakat maju dan beradab dikaitkan dengan budaya literasi (keberaksaraan). Di Banten, angka buta aksara berdasarkan data Dinas Pendidikan Provinsi Banten—disampaikan saat Hari Aksara Internasional Provinsi Banten 2010—hingga 2010 sebanyak 124.041 jiwa dari sekitar 9 juta penduduk Banten. Sedangkan di Indonesia, menurut Dirjen Pendidikan Nonformal dan Informal—disampaikan pada acara peringatan Hari Aksara Internasional (HAI) ke-45 di Balikpapan, Kalimantan Timur, pada 10 Oktober 2010—hingga akhir 2009 penduduk buta aksara yang berusia di atas 15 tahun masih sekitar 8,7 juta atau 5,3 persen dari jumlah penduduk. Dari jumlah tersebut, sebagian besar penduduk buta aksara berusia di atas 45 tahun dan 64 persen di antaranya perempuan.

Perpustakaan

Lumayan juga. Di Rumah Dunia, tahun 2002, ketika awal dibuka untuk masyarakat sekitar, banyak anak yang tidak bisa membaca padahal sudah duduk di kelas 2 SD. Dari belasan anak yang tidak bisa membaca, kini tinggal seorang anak yang duduk di kelas 3 SD. Kata teman-temannya, "Dari dulu dia kelas 3 saja, Pak!" Anak itu memang malas jika diajari membaca. Dia memilih lari ketika para relawan Rumah Dunia akan mengajarinya membaca.

Ini tentu terkait dengan budaya membaca yang tidak dikenalkan sejak dini. Kita tahu, budaya lisan sudah sangat mendominasi kebudayaan kita sejak zaman nenek moyang. Menurut Wien Muldian, Sekjen PP FTBM, "Budaya literasi di Indonesia merupakan hal baru. Dari segi istilah, literasi bukan sekadar membaca dan menulis, melainkan kemampuan membaca berbagai fenomena yang ada di masyarakat, khususnya melalui tulisan dan audio visual."

Wien menambahkan, tujuan aktivitas literasi adalah agar masyarakat memiliki pemahaman yang sistematis, bermanfaat, dan runtut, yang akhirnya bisa berperan meningkatkan hidup menjadi lebih baik. "Keberadaan perpustakaan jelas berperan penting mewujudkan budaya literasi di masyarakat!" tegas Wien.

Sangat ironis jika berbagai instansi terkait di Pemprov menggembar-gemborkan bahwa wilayahnya bebas dari buta huruf lewat spanduk yang bertebaran di seantero kota atau di visi-misi para calon gubernur, sedangkan pembangunan perpustakaan di daerahnya malah dibatalkan, padahal sudah dianggarkan dalam APBD. Padahal itu..., ah, tak ada lagi kalimat yang cocok untuk melukiskannya.

Di beberapa kota, ada yang perpustakaan pemerintahnya kosong melompong ibarat kamar mayat. Di Padang, perpustakaan dengan koleksi 700.000 buku hancur akibat gempa. Di Banten, hingga Agustus 2011, perpustakaannya masih mengontrak, padahal sudah 11 tahun jadi provinsi. Entahlah, bagaimana perpustakaan di kota Anda.

Harga

Apa upaya dari masyarakat ketika para pemimpinnya tidak berpihak? Diam berpangku tangan saja? Atau melakukan aksi turun ke jalan? Hal yang sangat biasa jika masyarakat beramai-ramai turun ke jalan atas kasus yang berbau politik atau strategis untuk ajang tawar-menawar, seperti kasus korupsi dan kekecewaan jika jagoan mereka tidak menang di pilkada. Tentu ini terkait dengan siapa yang jadi kuda dan siapa penunggangnya. Kita tahu harga sebuah kursi dan ruang di balik jeruji, sangatlah mahal.

Tapi, isu perpustakaan sampai hari ini tidak populer di agenda pergerakan mahasiswa Banten, bahkan para cagub. Harga sebuah buku paling banter puluhan ribu rupiah. Tidak menarik untuk ditawar. Urusan seseorang itu pintar atau cerdas bukan urusan partai, kelompok, apalagi pemerintah. Itu urusan perseorangan. Ibnu Adam Aviciena mengungkapkan kekecewaannya dalam esai "Perpustakaan Itu Penting, Bung!" (*Radar Banten*, 12/5/2006), yang menanggapi kekecewaan Toto ST Radik dalam "Perpustakaan Itu Tidak Penting, Bung!" (*Radar Banten*, 5/5/2006). Andai masih mahasiswa, aku akan menggalang massa untuk memprotes kebijakan Pemprov Banten serta para anggota DPRD Banten yang membatalkan pembangunan gedung Perpusda Banten! Tapi, aku mendengar desas-desus, beberapa elemen mahasiswa sedang merancang aksi turun ke jalan untuk memprotes kebijakan keblinger ini. Kita lihat saja, apakah harga sebuah buku bisa melonjak menyamai harga sebuah kursi!

Seminar

Adalah Radar Banten Institute (RBI), lini pendidikan yang bernaung di Litbang Radar Banten, yang tidak diam berpangku tangan. Bekerja sama dengan Gong Media Cakrawala (GMC), RBI mengadakan seminar sehari, "Literacy Clinic: Speed Reading, Quantum Writing, and The Art of Library", pada Sabtu 8 Juli 2006, pukul 09.00–17.00, di Kasuari Room, Hotel Sari Kuring, Cilegon. Abdul Malik, pemimpin RBI mengatakan, "Budaya literasi di Banten sedang sakit. Jadi harus diterapi di klinik."

Materi yang akan didapat para peserta adalah bagaimana cara membaca cepat (*speed reading*), menulis cepat (*speed quantum*), dan seni mengelola perpustakaan (*the art of library*). Narasumbernya Hernowo, penulis buku *Mengikat Makna* dari Mizan; Soedarso, penulis buku *Speed Reading: Sistem Membaca Cepat dan Efektif*; dan Wien Muldian, Direktur Senayan@library dari Diknas Jakarta.

Untuk apa *speed reading* dan *quantum writing*? Adakah hubungannya dengan Banten, yang baru belajar membaca di usianya yang keenam? Soedarso menjelaskan, "*Speed reading* adalah keterampilan yang penting untuk meningkatkan karier dan membuat pekerjaan jadi efektif. Cepat menyerap informasi yang diperlukan: cerdas baca buku serta cerdik membidik isi buku, koran, serta majalah." Hernowo pun menambahkan, "*Quantum writing* adalah teknik menulis menggunakan otak kanan dan kiri, seluruh kecerdasan (*multiple intellingence*), serta totalitas diri."

Jadi, bagi kita yang ingin ambil bagian dalam percepatan menuju budaya literasi, mari masuk ke klinik. Kita obati otak kita dengan *speed reading*, *quantum writing*, dan *the art of library*. Hidup Indonesia Membaca!

22
Indonesia Membaca di Jawa Timur

Gol A Gong

Awalnya kami diundang ke Pekan Membaca Perpustakaan Daerah Bojonegoro, Jawa Timur, bekerja sama dengan Yayasan Peran dan Mobil Cepu Limited, pada 24–26 Februari lalu. Sebagai Ketua Forum Taman Bacaan Masyarakat dan Dewan Pembina Forum Lingkar Pena, aku memiliki tanggung jawab moral dalam Gerakan Indonesia Membaca tingkat lokal. Maka, dari Kota Bojonegoro, aku menyebarkan informasi ke komunitas-komunitas baca di Jawa Timur. Ngawi, Surabaya, Madiun, dan Solo merespons cepat.

Backpacker ala Penulis

Inilah *backpacker* kedua bersama istriku setelah Jambi dan Palembang pada November 2010 lalu. Tentu ini cara mudah mengajari Tias Tatanka menulis catatan perjalanan atau cerita serial. Tias, sejak November 2009 hingga sekarang, menulis cerita serial "Backpacker Surprise" di tabloid *Gaul*. Aku mengajarinya mengeksplorasi ide dari realitas ke fiksi, terutama latar lokasi atau tempat yang sangat beragam. Jambi dan Palembang sudah melatari "Backpacker Surprise" episode Januari 2011.

Kami berangkat Rabu, 23 Februari 2011. Sekitar pukul 16.00 WIB, kami tiba di Stasiun Gambir, Jakarta. Kereta Sembrani meluncur pukul 20.00. Masih ada waktu 4 jam lagi. Kami "menyepi" di pojokan lantai 2 Gambir. Aku tiduran dengan matras, Tias menyelesaikan "Backpacker Surprise" edisi Kamis, 3 Maret 2011. Kemudian, giliran Tias tiduran dan aku melanjutkan penulisan skenario *Balada si Roy*. Aku teringat saat *backpacker* sendirian mengelilingi nusantara (1985–1987) dan Asia (1990–1992). Jika ingin menulis, aku mencari tempat kursus mengetik. Aku menyewa mesin tik dan bisa memakan waktu menulis hingga tengah malam.

Kereta Sembrani tepat waktu. Pukul 20.00, kereta merangkak menembus malam menuju Jawa Timur. Tiket Jakarta–Bojonegoro Rp280 ribu untuk kelas eksekutif. Pukul 06.00 kereta tiba di Bojonegoro. Di Stasiun, aroma Boromania—suporter sepak bola Persibo yang bermain di Liga Primer Indonesia—terasa.

Pekan Membaca

Di Bojonegoro, kami menghadiri Pekan Membaca SMKN 2 Bojonegoro. Kami disambut Kepala Kantor Arsip dan Perpustakaan, Direktur Program Yayasan Peran Indonesia, wakil Asia Foundation, dan wakil Mobil Cepu Ltd. Bersama Bupati, kami mengelilingi SMKN 2, melihat kegiatan lomba melukis anak-anak, mobil perpustakaan, dan bedah buku *Menuju Syukses Al-Fatihah* karya Drs. Suyoto, M.Si. alias Kang Yoto, Bupati Bojonegoro. Ini luar biasa. Bupati menulis buku, hal yang patut dicontoh oleh bupati lainnya. Saat Bupati berorasi, aku merasakan semangat perubahan. "Saya akan mencari tanah yang luas. Nanti perpustakaan Bojonegoro kita bangun lebih besar, lebih luas, dan fasilitasnya komplet."

Aku pun mengorasikan Indonesia Membaca. Aku katakan kepada para pelajar bahwa kegiatan membaca buku bisa membuat lupa siapa diri kita sebenarnya, apakah kita anak orang kaya atau miskin, berwajah ganteng atau jelek. "Ketika berumur 11 tahun, tangan kiriku harus diamputasi. Bapak membekaliku dengan buku. Hasilnya, aku tumbuh menjadi anak yang percaya diri dan lupa kalau sebetulnya aku ini cacat!" Usai orasi, aku membagikan *door prize* bukuku: *Tiga Ombak* dan *Ledakkan Idemu Agar Kepalamu Nggak Meledak*.

Menggelorakan Gerakan Indonesia Membaca di tingkat lokal terus aku gulirkan di Pekan Membaca. Setelah makan malam bersama Teh Yati Kamil dan Mahmudin—lebih akrab disapa Om Em—dari Yayasan Peran di Joglo, alun-alun Bojonegoro, kami diculik Prawoto dari Society Education Centre (SEC). Aku membagi-bagikan pengalaman cara menulis yang mudah dan bernilai ekonomi kepada peserta kelas menulis SEC angkatan kedua. Ruangan perpustakaan seluas 8 x 5 m dengan koleksi 600 buku fiksi dan nonfiksi terasa sempit dijejali 40-an orang. Selain membuka kelas menulis secara gratis, kegiatan utama SEC adalah Moli (Mobil Layanan Informasi). Pertemuan sekitar dua jam itu sangat menyenangkan karena spirit Rumah Dunia yang kami kelola di Serang sampai juga di sini.

Nonton Bola

Hari kedua (Jumat, 25/2), ada kejutan buat kami. Wisma Jaya, tempat kami menginap, juga dijadikan *basecamp* para pemain Bali Devata FC yang akan bertanding melawan Persibo pada Sabtu (26/2). Aku dan Tias berpotret ria bersama pemain dan pelatihnya. Kami mengatakan bahwa sepak bola Indonesia harus kita perbaiki sama-sama. Aku dari sisi penonton dan mereka dari sisi permainan.

Pukul 13.30 pelatihan menulis fiksi dimulai. Bertempat di ruang baca Perpusda Bojonegoro, 50 pelajar dan mahasiwa tekun mengikuti tips yang kupaparkan. Sekitar 12.000 judul buku yang berjejer di rak-rak "menghasut" para peserta agar lebih termotivasi menulis. Tapi, persoalannya tetap sama. Ide banyak mereka temukan, tapi sulit menuangkannya. "Kok, mau mulai nulis itu mentok terus? Macet!" begitu kata mereka. Aku mempersilakan mereka membaca SMS di *handphone*. Aku katakan kepada mereka, "Menulis SMS juga bagian dari cara berlatih menuangkan gagasan. Mulailah menulis seperti sedang menulis SMS."

Menyebarkan virus membaca terus berlanjut. Pada malam harinya giliran komunitas Sindikat Baca di Kampung Baru yang kami kunjungi. Anas AG, sang komandan, memotong tumpeng selamatan. Malam itu peresmian *basecamp* baru Sindikat Baca. "Ngontrak. Dapat bantuan dari teman-teman anggota dewan," tambah Anas lagi, yang juga terinspirasi dari Rumah Dunia. Ada sekitar 50 warga memadati rumah tipe 36 itu. Mereka terdiri dari pegawai negeri, mahasiswa, guru, bahkan buruh pabrik yang ingin meningkatkan kualitas hidup dengan menulis. Aku menjelaskan bahwa menulis, selain kegiatan intelektual, juga tinggi nilai ekonominya. Mereka tercengang ketika aku menyebutkan nominal yang kuperoleh dari menulis.

Hal itu pun kusampaikan di komunitas Writing Revolutions (WR) pada Sabtu (26/2) pukul 13.00–21.00. Kukatakan, "Profesi menulis sangat prospektif. Tabloid *Gaul* dan majalah *Story* memberi kesempatan luas kepada para penulis daerah. Honornya lumayan." Di komunitas WR pimpinan Phunix ini, aku memberikan *writing clinic*. Cerpen-cerpen mereka kubaca dan kuberi masukan. Rata-rata masalahnya sama: ejaan dan unsur intrinsik, tema, amanat, sinopsis, tokoh, karakter, alur, plot, latar tempat dan waktu, konflik, dialog, sudut pandang, dan *ending* cerita.

Sekitar pukul 15.00, *writing clinic* diistirahatkan. Aku dan Tias bergegas menonton pertandingan LPI antara Persibo Bojonegoro melawan Bali Devata. Anas GP sudah membelikan kami tiket VIP dan menunggu di Stadion H. Sudirman. Ketika berada di tribun VIP, belasan ribu penonton dengan seragam oranye yang menyebut diri mereka Boromania menyebarkan aroma perubahan. Saat jeda, perwakilan dari mereka berjalan mengelilingi lapangan dengan spanduk bertuliskan *revolusi PSSI*. Selepas Magrib, *writing clinic* dilanjutkan. Aku dikejutkan oleh pengakuan seorang peserta bahwa ayahnya tidak menyetujui aktivitasnya di dunia sastra. "Kalau ayah tahu, kuliah saya akan disetop!"

Malam itu adalah malam terakhir kami di Bojonegoro. Hari-hari yang menyenangkan. Sebagai perpisahan, Prawoto dan Phunix mengajak kami kongko di Alun-alun Bojonegoro. Usai makan malam, sekitar pukul 22.30, kami berkunjung ke rumah Yonathan Rahardjo, penulis novel *Lanang* yang asli Bojonegoro. Aku meminta Yonathan agar tetap memelihara spirit Dari Kampung untuk Indonesia Membaca.

Minggu pagi kami naik travel ke Ngawi. Perjalanannya sekitar 2 jam. Pukul 09.30 kami sampai di hotel Sukowati, Ngawi, dan langsung dijemput untuk memberikan *writing clinic* kepada para calon penulis yang tergabung dalam Forum Lingkar Pena (FLP). Acara selesai pukul 15.00. Selepas ashar, kami mampir ke rumah Kusprihyanto Namma, pegiat sastra yang pernah menggelorakan Revitalisasi Sastra Pedalaman bersama Beno Siang Pamuncak. Malamnya, kami berjalan-jalan ke alun-alun Ngawi. Ya ampun, pukul 20.00 sudah sepi. Tidak ada angkutan kota. Kami berjalan kaki sampai alun-alun, makan nasi rawon. Untung kami menemukan becak motor. Kami pun meminta diantar berkeliling kota sebelum pulang. Benar-benar kota kecil, sepi pula.

Wisata *Library*

Senin pagi, 28 Februari, kami ke Surabaya naik travel. Perjalanannya lima jam. Ongkos dari Ngawi ke Surabaya Rp85 ribu. Kami pun rehat sebentar di Hotel Sahid berkat dukungan XL dan Marvin Sitorus dari www.hargahotel.com. Menjelang ashar, kami bertemu Nungki Prameswari, dokter gigi dan pendukung Rumah Dunia. Nungki bermaksud mengajak kami berkeliling kota, tapi hujan turun. Kami kemudian memilih makan malam nasi goreng merah di Stasiun Gubeng. Niat hati mencicipi es krim tempo dulu di Zangrandi, dekat Garden Hotel, tapi karena udaranya dingin, kami urungkan niat. Akhirnya kami putuskan kembali ke hotel. Tak lama kemudian pintu kamar kami diketuk oleh Trini Haryanti dan Em dari Yayasan Pengembangan Perpustakaan Indonesia (YPPI). Mereka menculik kami mengelilingi Surabaya, melewati Gang Dolly yang menyeramkan dan makan menjelang tengah malam di Mak Yeye, Gang Jagir. Yang khas dari Mak Yeye adalah: buka mulai pukul sepuluh malam dan lauknya sederhana—nasi, tempe goreng, telur dadar, dan ikan pari goreng. Tapi, kali itu ikan pari kesukaan Tias tidak ada. Nah, menurut orang-orang, menu istimewanya adalah sambal yang disiapkan sepanci besar. Jika kurang manis, bisa ditambah gula. Yang antri? Booo, berdesak-desakan. Kehadiran Mak Yeye direspons positif oleh warga. Mereka membuka warung minuman, sedangkan Mak Yeye hanya menjual nasi. Jadi, para penyuka kuliner Mak Yeye menyebar di warung-warung minuman.

Selasa pagi, Trini mengajak kami wisata *library*. Ini menyenangkan. Tujuan pertama ke perpustakaan Mawar, Sampoerna Foundation. Selanjutnya ke kantor YPPI di Rungkut Permai. Akhir perjalanan, kami mampir ke perpustakaan milik Oei Hiem Hwie di Medayu Regency. Ya, ampun... *ngiler* melihat koleksi buku tentang Bung Karno dan Pramoedya Ananta Toer. Aku juga melihat buku-buku sejarah Indonesia ada di sini. Pemiliknya dulu teman Pram di penjara Pulau Buru. Oei pendokumentasi yang hebat. Buku-buku langka ada di sini. Ah, andai ada sejuta orang seperti Oei, pasti negeri ini akan maju dan sejahtera. Aku meyakini buku bisa mengubah kualitas hidup seseorang. *Change by reading*. Di Rumah Dunia, kami sudah membuktikannya.

Kami bergegas menuju hotel, disopiri Dimas dari YPPI. Sebelum ke hotel, kami mendapat kabar duka, Walikota Serang, H. Bunyamin, wafat di RS Sutomo. Kami menyempatkan melayat dulu. Tapi, nama Bunyamin tidak terdaftar. Setelah sampai di Stasiun Gubeng, info terbaru masuk. Ternyata Bunyamin wafat di RS Siloam, Surabaya. Pukul 16.00 kami pun meluncur ke Madiun dengan kereta Taksaka. Ongkosnya Rp70 ribu.

Kuliner

Kami bermalam di hotel melati Widya Nugraha. Lokasinya sekitar 300 m di sebelah selatan stasiun. Banyak hotel melati di sini. Kami melewatkan malam bersama saudara Tias: Mas Budu dan istrinya. Kami diajak makan malam di restoran Mbah Jingkrak. Hampir sama dengan rumah makan Ampera di Bandung yang mulai merambah ke kota-kota lain. Ala prasmanan. Tapi, di Mbah Jingkrak menunya heboh. Selera makanku, walaupun dilarang keras makan yang bersantan, menggebu-gebu. Nasi, tempe bacem, tahu bacem, terong balado, dan sup tandas dengan sukses. Wisata kuliner bagiku adalah keharusan. Hanya saja, aku tidak bisa sebebas dulu. Santan dan daging merah menjadi pantangan. Itu cukup. Yang tidak terbeli tentu adalah merasakan atmosfernya.

Keesokan harinya (Rabu, 2/3), sekitar 30 pelajar dan 10 guru SMA 2 Madiun bergabung di pelatihan "Be a Writer". Mereka sangat antusias. Pelatihan dimulai pukul 09.00 dan berakhir pukul 16.00. Para peserta bersemangat mengikuti praktik menulis, dimulai dengan menulis nama pena, menuangkan ide, menyusun sinopsis cerpen, dan mencoba memulai menulis cerpen dengan kalimat pembuka yang jelek (kalau ada). Paling heboh ketika aku meminta 2 murid menjadi sukarelawan untuk menerjemahkan alur cerita ini: Astuti meminta bantuan Toni untuk memfitnah Sidiq karena sudah menolak cintanya. Kedua murid tersebut bergaya seperti artis sinetron, mengembangkan imajinasi mereka dengan dialog-dialog lucu. Itu adalah cara atau simulasi untuk memulai menulis cerita dengan dialog.

Pukul 18.00 kami menuju Solo—perhentian terakhir kami—dengan kereta Taksaka untuk menghadiri pelatihan "Be a Writer" mahasiswa di Pondok Mahasiswa Ar-Royyan, Ngoresan. Di kereta, aku bertanya kepada Tias, "Berapa buku *Tiga Ombak* yang terjual?" Tias menjawab sekitar 100 buku. Alhamdulillah. Berarti kami bisa menambah lagi kas Rumah Dunia sebesar Rp1 juta untuk pembebasan tanah Taman Budaya Rumah Dunia.

Uh, aku sudah tidak sabar tiba di Solo, *nge-wedang* jahe dan makan di angkringan di Ngarsopuro, Galabo; sholat Jumat di masjid Keraton; menyusuri Jalan Slamet Riyadi; menghirup aroma nasi liwet dan mengunyah *tunggir* ayamnya. Solo adalah rumah istriku. Itu sebabnya, kami memilih Solo sebagai latar untuk serial "Backpacker Surprise" di tabloid *Gaul.*

PERPUSTAKAAN

23
Tiga Kepusingan Perpustakaan Daerah

Agus M. Irkham

Saat meresmikan Toko Buku Gramedia di Grand Indonesia, Jakarta, pada 19 Desember 2008, Presiden SBY menyatakan bahwa bangsa yang maju pasti memiliki masyarakat yang maju pula. Masyarakat yang maju ditopang oleh masyarakat yang gemar membaca buku. Komunitas baca (*reading society*) menjadi prasyarat utama menuju *advance society*.

Salah satu sarana penting membentuk komunitas baca adalah perpustakaan. Posisi perpustakaan menjadi demikian strategis, mengingat masih terbatasnya akses masyarakat terhadap buku, baik karena harga buku mahal maupun masih kurangnya jumlah toko buku. Pada titik itu, kehadiran perpustakaan yang representatif tentu menjadi harapan banyak orang, tak terkecuali masyarakat Jateng. Apalagi, secara nasional Jateng menduduki juara kedua provinsi berpenduduk buta huruf tertinggi.

Sungguh penting mengajukan perpustakaan di Jawa Tengah, terutama yang berada di kabupaten dan kota sebagai lema ketika kita akan membicarakan komunitas baca di tingkat lokal. Membicarakan perpustakaan kabupaten dan kota di Jateng berada dalam satu tarikan napas dengan membicarakan masa depan minat baca warga Jateng.

Tiga Bentuk Kepusingan

Di Jateng terdapat 35 perpustakaan daerah, sesuai dengan jumlah kabupaten dan kota. Sekarang ini, dari 35 perpustakaan yang ada, hampir seluruhnya mengalami tiga kepusingan. Perpustakaan kerap dianggap sebagai lembaga yang kurang penting oleh pemkot dan kabupaten, bahkan hanya menghabiskan kas daerah. Rupanya upaya membuat masyarakat memiliki keprigelan berbahasa, melek literasi, menjadi mengerti hak-haknya, kreatif dalam menyiasati hidup, dan kritis terhadap kondisi lingkungan dianggap tidak ada kaitannya dengan kemajuan pembangunan oleh pemilik kuasa birokrasi dan politik di daerah. Kemajuan seluruhnya diukur dengan nilai ekonomi.

Kepusingan *kedua* adalah terbatasnya kepala perpustakaan daerah yang berjiwa pemimpin. Kebanyakan, para pemimpin belum mampu menjadi figur pemersatu tujuan organisasi. Apalagi memotivasi anak buahnya di tengah label buruk perpustakaan yang dianggap hanya sebagai tempat buangan ataupun memberi insentif kepada staf dan pustakawan yang kinerjanya baik sehingga menciptakan gairah kompetisi yang sehat.

Tak jarang, kepala perpustakaan daerah justru berpikir sektoral. Biasanya, pola manajemen sektoral dilakukan untuk menghindari terjadinya mosi tidak percaya mayoritas staf terhadap pemimpin. Satu bukti sederhana, misalnya, dimunculkannya kesan bahwa staf bagian pengolahan lebih penting ketimbang bagian pelayanan hingga ada idiom *tanpa uang layanan tak jalan*. Padahal, keduanya ibarat dua sisi mata uang. Tidak berharga jika satu sisinya tidak bermuka. Ironisnya, dalam beberapa kasus, jabatan kepala perpustakaan sekadar dijadikan tempat transit atau singgah, sebelum meloncat ke instansi lainnya.

Kepusingan *ketiga* dipicu bentuk kelembagaan perpustakaan yang sering mengalami pergantian. Mulai dari Unit Pelayanan Teknis Daerah Perpustakaan (1993–1999), Kantor Perpustakaan Umum (1999–2001), Kantor Perpustakaan dan Arsip (2001–

2004), hingga Badan Arsip dan Perpustakaan Daerah (2004–2008). Gonta-gantinya bentuk kelembagaan tersebut dapat dibaca sebagai riuh rendahnya perbedaan cara pandang—jika tidak mau disebut kegamangan—para penentu kebijakan di daerah terhadap posisi perpustakaan sebagai institusi layanan publik sekaligus gerai peradaban.

Dari Badan ke Kantor

Di Jawa Tengah, terhitung sejak Januari 2009, status kelembagaan perpustakaan tidak lagi badan, tetapi kantor. Oleh karena itu disebut Kantor Perpustakaan dan Arsip Daerah. Dari sisi otonomi pengelolaan perpustakaan, penggantian tersebut menguntungkan. Kepala perpustakaan sebagai kepala kantor mempunyai keleluasaan merancang program tanpa harus meminta restu kepala badan. Hanya saja, dari sisi status kelembagaan, penggantian badan menjadi kantor kurang menguntungkan. Status kelembagaan kantor lebih rendah daripada badan, sehingga saat berhadapan dengan DPRD dalam uji kelayakan kegiatan, besar kemungkinan Kantor Perpustakaan akan sering kalah lantaran kantor mempunyai daya tawar yang rendah dibandingkan badan. Tentu saja kondisi demikian menjadi kabar buruk bagi upaya membentuk komunitas baca melalui modernisasi perpustakaan.

Menggabungkan perpustakaan dengan instansi lain (kearsipan) juga bukan tanpa masalah. Ketika menentukan prioritas kegiatan, pucuk pimpinan tidak jarang mempunyai kecenderungan ke salah satu bidang. Sebabnya, bisa karena pimpinan tersebut berasal dari salah satu bidang yang dimerger itu, atau karena mempunyai orientasi lain yang bersifat finansial. Terlebih, secara fisik, lokasi antarbidang berjauhan, akibatnya susah mengoordinasikan administrasi dan kegiatan. Kalau sudah begitu, yang terjadi selanjutnya bisa ditebak: penerapan pola manajemen sektoral—pengolahan, pelayanan, dan arsip—kian mengental.

Penggabungan juga menyebabkan visi dan misi perpustakaan jadi bersifat umum. Hal itu bisa berdampak pada kurang fokusnya kepala kantor dalam mendukung kegiatan perpustakaan sekaligus membuka peluang munculnya intervensi dari pihak-pihak yang berkepentingan di luar perpustakaan. Terakhir, tanpa ada upaya mengatasi tiga bentuk kepusingan di atas, optimisme masa depan minat baca warga Jateng agak sulit dipastikan.

24
Library 2.0
Agus M. Irkham

Buku tak pernah sendirian. Ia senantiasa berkumpul dengan buku lainnya, baik secara fisik maupun substansial. Maka, benar jika ada yang mengatakan buku yang terbit saat ini sejatinya merupakan hasil pembacaan atas buku yang terbit pada masa lalu. Setiap buku selalu lahir bersama dan melahirkan buku-buku lain. Kita cenderung mengaitkan isi buku satu dengan lainnya. Tugas penulislah untuk mencari ragam ucap dan ekspresi kebahasaan yang berbeda (atau baru) atas satu subjek pembahasan yang sama. Itu sebabnya, dalam dunia perbukuan muncul istilah buku berbalas buku.

Sebagaimana lahirnya suatu teori—tesis, antitesis, sintesa—demikian pula buku. Dengan begitu, buku yang lahir saat ini, merupakan himpunan upaya manusia mencari kebenaran suatu teori dalam tingkat yang lebih tinggi. Lahirnya suatu buku bukanlah sesuatu yang final, melainkan sedang menjadi (*becoming*). Maka, jangan heran jika pada waktu bersamaan ada sebagian pihak yang fanatik terhadap sebuah buku, tapi ada juga yang mengharamkannya.

Tiga Nilai Dasar

Ada beberapa nilai dasar yang harus dipahami dari kenyataan buku yang tak pernah sendiri itu. *Pertama*, buku mempunyai nilai di luar bentuk fisiknya. Bukti yang paling bisa dilihat dari *value* ini adalah penataan buku di rak. Mereka tidak diletakkan berdasarkan ukuran fisik—tebal-tipis, panjang-pendek, lebar-sempit—tapi berdasarkan kesamaan isi. Mereka mempunyai hak yang sama untuk didaras.

Kedua, ketika satu buku diterbitkan, buku itu dengan sendirinya membawa serta dekontekstualisasi suatu teks. Artinya, tiap pembaca mempunyai kebebasan menentukan cara pembacaan dan pemberian makna terhadap buku itu. Termasuk pilihan untuk tidak membacanya. *Ketiga*, munculnya perpustakaan sebagai bentuk konsekuensi nyata perpanjangan alamiah dari upaya terus-menerus memperbesar himpunan buku—kumpulan dari kelompok buku yang saling bertalian.

Perpustakaan otomatis juga menjadi lembaga yang bersifat terbuka. Terbuka bagi pembaca buku yang mempunyai latar belakang sosial, ekonomi, budaya, minat, dan ketertarikan berbeda. Perpustakaan diharapkan menjadi institusi budaya, tempat tiap orang mengembangkan dan memelihara budaya yang berbasis pada tulisan. Perpustakaan menjadi tujuan orang-orang yang ingin menimba nilai-nilai penting suatu budaya. Perpustakaan pun harus menjalankan fungsinya—memproduksi, menjaga, dan menyebarluaskan budaya membaca.

Selain itu, perpustakaan hendaknya juga berfungsi sebagai memori kolektif. Sebuah kenangan bersama yang digunakan oleh anggota masyarakat untuk mempertahankan warisan budaya mereka. Semua orang mempunyai kesempatan yang sama untuk membaca hal yang sama (Putu Laxman Pendit, *Mata Membaca Kata Bersama,* 2007, hlm. 135).

Namun, perpustakaan-perpustakaan resmi milik pemerintah, baik di tingkat kabupaten maupun provinsi, belum sepenuhnya berfungsi demikian. Perpustakaan dikelola lebih sebagai tempat menyimpan buku. Pustakawannya pun tidak berinisiatif mengambil posisi sebagai penggerak utama kerja-kerja kreatif program keberaksaraan. Perpustakaan ditempatkan hanya sebagai pendukung teknis dari institusi lain, bukan sesuatu yang otonom.

Dari sinilah mulai muncul gerakan minat baca (dan tulis) komunitas literasi. Basis gerakan komunitas literasi biasanya bermula dari pembentukan perpustakaan, hingga disebut sebagai perpustakaan komunitas. Perpustakaan komunitas adalah gerakan keberaksaraan yang berpamrih menghilangkan batas bacaan antar-anggota masyarakat serta mengembalikan fungsi perpustakaan sebagai tempat seseorang memperoleh kembali haknya untuk membaca buku yang ingin mereka baca. Pada titik ini, perpustakaan komunitas hendak mengembalikan kemerdekaan fungsi dan peran perpustakaan itu sendiri.

Generasi Kedua

Selain bermekarannya berbagai perpustakaan komunitas, perkembangan perpustakaan ditandai pula dengan pergeseran sistem simpan dan temu-kembali, yang semula manual (katalog, koleksi, dan pelayanan berbasis atom/kertas) menjadi digital (berbasis *image/byte/*sistem komputer). Cara pertama dapat disebut perpustakaan generasi pertama. Sesudahnya, bisa disebut perpustakaan generasi kedua—atau library 2.0.

Ciri paling kentara dari library 2.0 adalah terjadinya relasi interaktif, multi-arah, dan partisipatif antara pengguna dan pustakawan, serta sistem kerja dan koleksi yang bersifat kolaboratif nan dinamis. Pada titik ini, perpustakaan generasi kedua menjadi wadah paling ideal bagi himpunan buku yang tak pernah sendiri. Praktik library 2.0 di Indonesia dapat ditandai dengan mulai berkembangnya *software* Sistem Otomasi Perpustakaan (SOP) yang gratis, seperti Senayan dan Athenaeum Light, dan yang berbayar.

Library 2.0 mensyaratkan adanya pustakawan yang melek teknologi, bersahabat, mau berbagi, bergaul, aktif di situs jejaring sosial—seperti Facebook dan Twitter—mahir menulis, sekaligus narsis. Dalam logika library 2.0, upaya menjual citra diri berada dalam satu tarikan napas dengan tujuan memasarkan perpustakaan. Oleh karenanya, pustakawan wajib mempunyai blog atau *website* pribadi.

Muncul pertanyaan klise, siapkah para pustakawan dan perpustakaan di Indonesia—terutama perpustakaan pemerintah—menghadapi perubahan tersebut? Saya kira daripada sibuk menjawab pertanyaan itu, yang besar kemungkinan pasti bersifat reaktif sekaligus mencari pemakluman, lebih baik mereka segera insaf. Bergegas melakukan transisi kelembagaan yang menyangkut sistem, keterampilan, dan sikap.

25
Perpustakaan, Jumlah Buku, dan Minat Baca

Agus M. Irkham

Dua alasan yang seringkali disebut orang ketika menyangkakan bahwa minat baca masyarakat kita rendah adalah jumlah pemustaka serta jumlah tiras dan judul buku baru yang diterbitkan per tahun. Mengapa perpustakaan? Karena di tempat inilah para pendaras buku berkumpul. Mereka pergi ke perpustakaan dengan sengaja, bukan iseng. Banyaknya jumlah pengujung dapat diartikan sebagai tingginya minat baca. Sebaliknya, jika jumlah pengunjung dan peminjam buku bisa dihitung dengan jari, artinya minat baca masyarakat masih rendah.

Pertanyaannya, benarkah demikian? Tidakkah rendahnya minat orang berkunjung ke perpustakaan bisa saja dipicu oleh faktor-faktor di luar buku? Misalnya, akses ke lokasi, kenyamanan ruang baca, sikap para staf atau pustakawan, varian layanan, dan sistem sirkulasi—proses peminjaman dan pengembalian buku—yang tidak praktis.

Alternatif Gerai Adab

Mengandaikan yang dilontarkan sebagian kalangan yang menghubungkan tingkat kunjungan perpustakaan dengan tinggi-rendahnya minat baca adalah tampilnya buku berbasis kertas yang menjadi satu-satunya bahan bacaan. Perpustakaan pun menjadi satu-satunya gerai adab untuk para pencinta buku. Padahal tidak demikian.

Kini untuk membaca buku orang tidak harus ke perpustakaan. Ada beragam alternatif tempat yang bisa didatangi. Mulai dari kafe, toko buku, lapak buku, dan *website* perbukuan yang menggratiskan orang mengunduh ribuan artikel, jurnal, esai, tutorial, termasuk buku elektronik.

Kebanyakan siswa sekolah, ketika ingin mengetahui arti suatu lema, lebih memilih mencari di Google atau Wikipedia ketimbang menjadi kutu ensiklopedia tradisional yang setebal bantal itu. "Terlalu berbelit bagi para inovator laboratorium yang harus bekerja cepat dengan ratusan acuan ilmiah yang disebar di seluruh dunia," dedah Romo Mangun (alm.), saat simposium "Meningkatkan Peranan Buku dalam Upaya Membentuk Masyarakat Baru Indonesia" tahun 1999.

Jika rendahnya jumlah pemustaka disama-artikan dengan rendahnya minat baca, negara-negara sangat maju seperti Inggris, Jepang, dan Jerman, dapat dikategorikan negara berminat baca rendah. Apa pasal? Di Inggris, misalnya, berdasarkan penelitian yang diprakarsai pemerintah Inggris pada 2000, ternyata perpustakaan kurang diminati publik Inggris, meskipun dalam sejarah Inggris perpustakaan sudah berusia 150 tahun. Di Jepang, tak kurang dari 72 persen wilayah pedesaan belum mempunyai perpustakaan umum. Padahal kita tahu selama ini Jepang sering dijadikan rujukan karena tingginya minat baca. Lain lagi di Jerman, berdasarkan informasi yang dirilis IFLA (International Federation of Library Association and Institutions), Jerman menjadi negara dengan konsumsi buku tertinggi, namun hanya 15 sampai dengan 20 persen saja dari jumlah total penduduknya yang memanfaatkan perpustakaan umum—datang, membaca, dan meminjam atau mengembalikan buku—secara teratur. Dari 16.000 pemerintahan daerah di Jerman, hanya sekitar 2.000 yang memiliki perpustakaan umum.

Setelah membaca beberapa keterangan di atas, tentu kita tidak akan serta-merta menggolongkan ketiga negara tersebut sebagai negara yang minat baca masyarakatnya rendah. Dengan demikian, jumlah perpustakaan dan pemustaka tidak dapat dipakai sebagai ukuran untuk menyimpulkan tinggi-rendahnya minat baca.

Itu perpustakaan, bagaimana dengan jumlah buku? Betulkah oplah cetakan dan judul buku baru per tahun bisa dijadikan ukuran tinggi-rendahnya minat baca? Artinya, jika jumlah keduanya tinggi, maka dapat disimpulkan minat baca masyarakat juga tinggi.

Sukses Industrial

Sejauh yang saya tahu, belum ada satu pun penelitian yang membenarkan simpulan tersebut. Selama ini, serapan buku yang besar lebih merupakan hasil kerja keras dan kecerdasan para pemasar buku, bukan kultural, yang memang dari sananya sudah gemar membaca karya sastra—indikasi minat baca tinggi. Contoh paling dekat adalah yang terjadi pada novel *Laskar Pelangi* (*LP*). Betul bahwa *LP* dibaca dan dibeli oleh lebih dari satu juta orang. Namun, menurut pengakuan pengarangnya sendiri, Andrea Hirata, pembaca rasional *LP* hanya sekitar 150-an ribu orang. Selebihnya adalah pembaca emosional. Mereka tergiur ikut-ikutan membeli dan membaca *LP* setelah *LP* masuk *Kick Andy* dan mulai menjadi bahan obrolan banyak orang.

Yang terjadi pada *LP* bak pinang tak berbelah dengan yang dialami novel *Ayat-Ayat Cinta* (*AAC*). Orang membaca *LP* dan *AAC* demi mendapatkan "perlindungan dan rasa aman" secara sosial. Akibatnya, setelah heboh *LP* dan *AAC* selesai, selesai pula kegairahan mereka mendaras karya sastra. Poin pentingnya adalah: jumlah serapan oplah cetakan buku yang besar tidak serta-merta dapat dibaca sebagai bukti melonjaknya minat baca masyarakat.

Bagaimana dengan jumlah judul buku baru per tahun? Saya melihat parameter itu lebih tepat digunakan untuk mengukur tingkat minat menulis masyarakat, penghargaan terhadap hak karya intelektual, serta keberpihakan negara (baca: pemerintah) terhadap industri perbukuan. Wujud keberpihakan itu bisa berupa pajak nol persen untuk penulis atau insentif pengurangan pajak dan subsidi untuk input industri perbukuan. Oleh karena itu, salah alamat jika jumlah judul buku baru per tahun dimasukkan ke dalam diskursus konsumsi buku. Ia lebih cocok dimasukkan ke ranah produksi.

26
Peluang Usaha Kerani Pustaka
Agus M. Irkham

Paling tidak, ada tiga syarat kunci agar aktivitas bisnis atau wirausaha bisa dicangkokkan ke dalam perpustakaan. Tanpa ketiga asumsi kunci itu, kegiatan bisnis di perpustakaan saya pastikan berhenti hanya pada kata peluang—untuk tidak menyebut wacana. Di luar itu, aktivitas bisnis justru bisa menjadi pemicu timbulnya perpecahan di antara para kerani buku itu sendiri.

Apa tiga faktor kunci tersebut?

Pertama, berkaitan dengan payung hukum. Dibenarkan atau tidak, ada kegiatan bisnis dalam perpustakaan, atau aktivitas yang memang diarahkan untuk memperoleh keuntungan ekonomi. Ini harus di-*clear*-kan dulu karena, seperti yang sudah kita ketahui, keberadaan perpustakaan selalu disandingkan dengan misi mencerdaskan anak bangsa. Dalam upaya mencapai misi itu, perpustakaan (biasanya) diharamkan mencari keuntungan ekonomi. Kalau ternyata berdasarkan aturan tertulis tidak boleh, ya jelas upaya menindihkan aktivitas bisnis ke dalam perpustakaan akan jadi sulit—kalau enggan menyebutnya mustahil. Jika tidak ada payung hukum yang jelas dan kuat—atau yang memperbolehkannya—otomatis pembicaraan mengenai peluang usaha dalam perpustakaan kita hentikan sampai di sini saja.

Faktor kunci *kedua* berupa kesediaan tiap orang yang bekerja di perpustakaan—staf, karyawan, terutama pustakawan—untuk mentransformasi diri, dari yang semula bermental pekerja, menjadi pebisnis. Menurut Prof. Purbayu, Guru Besar Fakultas Ekonomi Undip sekaligus pegiat studi Ekonomi Kelembagaan, seseorang yang memiliki jiwa wirausaha pasti percaya diri—penuh keyakinan, optimis, berkomitmen, disiplin, dan bertanggung jawab. Kemudian memiliki inisiatif—penuh energi, cekatan dalam bertindak, dan aktif. Memiliki motif berprestasi: berorientasi pada hasil dan berwawasan ke depan. Memiliki jiwa kepemimpinan, dan parameternya adalah berani tampil beda, dapat dipercaya, dan tangguh dalam bertindak. Terakhir, berani mengambil risiko dengan penuh perhitungan. Karenanya, ia pasti menyukai tantangan.

Faktor kunci *ketiga* yang harus dipenuhi agar aktivitas bisnis dapat dijalankan di perpustakaan adalah adanya sistem atau prosedur yang adil, terbuka, partisipatif, dan dapat dipertanggungjawabkan—terutama dari segi keuangan. Dalam hal ini dibutuhkan seorang pemimpin yang mampu memetakan kondisi anak buahnya. Baik menyangkut penguasaan keterampilan utama (*hard skill*), keterampilan penunjang (*soft skill*), maupun potensi yang bisa mewujudkan kedua jenis penguasaan itu. Sistem yang baik mencegah timbulnya perasaan dizalimi karena tiap orang memiliki hak untuk maju, berkembang, serta kesempatan mengaktualisasikan diri.

Tanpa sistem yang baik, bisnis justru hanya akan memicu terjadinya kecemburuan dan syak wasangka antarkaryawan, staf, dan pustakawan. Besar kemungkinan, yang bakal terjadi selanjutnya adalah turunnya kualitas pelayanan kepada pemustaka. Tentu saja ini harus dihindari. Jangan sampai layanan inti perpustakaan yang merupakan menu utama justru terganggu akibat layanan tambahan.

Tidak kalah penting, jalannya sistem ini harus dikomandani oleh pimpinan yang kuat. Artinya, ia mampu mengerem anak buahnya yang kelewat maju untuk berhenti sejenak—misalnya, membatasi intensitas keluar kantor karena menjadi pembicara atau narasumber pelatihan—dengan memberikan kesempatan kepada orang lain untuk ikut maju. Tanpa kehadiran pemimpin yang kuat, anak buah yang pandai akan bertambah pandai, dan yang kuper kian kuper. Konsekuensinya, kesejahteraan hidup pustakawan yang kelewat maju itu harus dipenuhi. Kalau tidak, sangat sulit menahan mereka. Pengereman pustakawan juga penting agar kapasitas yang dimilikinya itu lebih banyak dimanfaatkan dan difokuskan pada penguatan dan pengembangan institusi. Berorientasi ke dalam, bukan keluar.

Setelah ketiga syarat tersebut ada, barulah kita bisa meneruskan pembicaraan ke bentuk-bentuk nyata potensi usaha yang bisa dikembangkan di perpustakaan. Secara garis besar, jenis usaha yang bisa dijalankan di perpustakaan dapat dibagi tiga: yang bersifat rutin, insidental, dan *membership* atau kartu anggota pemustaka.

Kita mulai dari yang pertama. Bisnis yang bisa dijalankan secara rutin ini dapat dibagi lagi menjadi dua bentuk, yaitu perpustakaan dan non-perpustakaan. Rutin di sini berarti kontinu, setiap hari atau setiap waktu. Yang termasuk dalam bisnis rutin perpustakaan adalah fotokopi, kopi data, layanan informasi, hingga denda. Sedangkan yang termasuk bisnis rutin non-perpustakaan, misalnya, warnet, kantin atau kafe, dan toko buku kecil—dapat digolongkan sebagai layanan tambahan atau pendukung perpustakaan.

Selanjutnya, peluang usaha insidental yang dapat dikembangkan di perpustakaan, misalnya, menggelar beragam pelatihan. Mulai dari pelatihan sistem kemas ulang informasi, katalogisasi, membaca cepat, menulis, pendirian perpustakaan keluarga, hingga program pustaka di radio atau televisi. Waktu penyelenggaraan pelatihan sepenuhnya ditentukan oleh perpustakaan. Bisa selesai dalam waktu sehari, bisa pula dibuat kelas dan sistem paket. Misalnya, pelatihan menulis tingkat dasar terdiri atas 4 kali pertemuan dan berlangsung sepekan sekali. Sementara itu, pelatihan tingkat lanjut dilakukan dengan 8 kali pertemuan, 2 kali dalam sepekan. Kelonggaran menentukan waktu itulah yang membuat bisnis ini digolongkan bersifat insidental.

Selain pelatihan, bisnis insidental lainnya adalah pameran, apa pun itu, yang terpenting berkaitan dengan perpustakaan. Taruhlah pameran buku. Dalam pameran buku ini beragam varian bisa dihelat. Misalnya, pameran buku tematik, berdasarkan asal penerbit, berkaitan dengan perayaan tertentu—misalnya World Book Day, Hari Buku Nasional, Bulan Bahasa, Hari Aksara Nasional—bazar buku-buku impor, dan pameran buku diskon.

Kini jenis usaha yang ketiga, yaitu sistem keanggotaan. Apa pasal kartu anggota saya masukkan sebagai varian bisnis yang bisa diterapkan di perpustakaan? Begini ceritanya. Sistem keanggotaan bisa dibuat secara bertingkat. Misalnya, *bronze* (perunggu), *silver* (perak), dan *gold* (emas). Pembedaan tiap tingkatan didasarkan pada fasilitas layanan yang diberikan, mulai dari jumlah buku yang boleh dipinjam, durasi pemakaian fasilitas internet, sampai fasilitas peminjaman koleksi lainnya, seperti DVD, dengan jumlah yang juga dibedakan.

Sistem kartu anggota bertingkat dapat mendatangkan aliran kas secara cepat. Contoh perhitungannya seperti ini: 1.000 orang mendaftar dengan jenis keanggotaan *gold* seharga Rp100 ribu. Artinya, uang kas yang masuk sebesar Rp100 juta. Kartu anggota tersebut berlaku selama satu tahun. Taruhlah lamanya waktu peminjaman buku maksimal dua minggu. Berarti, dalam setahun, tiap anggota berkesempatan meminjam minimal 26 kali. Perpustakaan akan merugi jika siklus pinjam-kembali tiap pemustaka kurang dari satu minggu, misalnya seminggu sekali. Artinya dalam setahun pemustaka meminjam buku 52 kali. Namun, pada kenyataannya tidak semua pemustaka—bahkan hanya sebagian kecil—yang rentang masa pinjam-kembalinya kurang dari dua minggu. Mayoritas dua minggu sekali dengan alasan agar tidak terkena denda. Nah, tentu saja ini menguntungkan perpustakaan.

Berikutnya, dari 1.000 pemustaka tersebut yang betul-betul aktif memanfaatkan keanggotaannya (biasanya) ternyata kurang dari 50 persen. Artinya, perpustakan diuntungkan Rp50 juta berkat "sumbangan" pemilik kartu anggota yang menganggur.

Bagaimana? Bisnis kartu anggota sangat menguntungkan bukan? Apalagi jika mau dikembangkan, misalnya, bekerja sama dengan lembaga perbankan agar kartu anggota bisa difungsikan sebagai kartu debit. Ketika ada keterlambatan pengembalian, secara otomatis saldo yang terdapat di kartu akan berkurang. Jika habis, saldo diisi ulang. Selain dengan lembaga perbankan, kerja sama kartu anggota juga bisa dilakukan dengan menggandeng para pedagang sehingga kartu anggota bisa dimanfaatkan pula sebagai kartu diskon untuk pembelian buku dan rak buku. Masih banyak lagi kerja sama yang bisa dilakukan.

Semua itu peluang usaha yang bisa dikembangkan di perpustakaan. Lantas, bagaimana dengan peluang bisnis yang bisa dilakukan para (sarjana) kerani pustaka? Modal penting apa yang harus dimiliki agar mereka bisa berpikir dan berlaku layaknya wirausahawan? Tentang ini, saya punya sedikit cerita. Sekitar awal Mei 2010, saat berada di perayaan hari buku sedunia, saya bertemu dengan Edi Dimyati. Edi bekerja sebagai pengelola dokumentasi majalah remaja *Hai*. Pekerjaan Edi tak jauh dari latar belakang pendidikannya, sarjana ilmu perpustakaan. Menariknya, Edi baru saja meluncurkan buku pertamanya berjudul *Panduan Sang Petualang: 47 Museum Jakarta*. Sesuai dengan judulnya, buku ini memuat profil 47 museum di Jakarta. Oleh Edi, ke-47 museum tersebut diklasifikasikan dalam 10 kategori.

Edi menampilkan profil tiap museum tidak dari segi kulit maupun data kerasnya—seperti kapan museum berdiri, terbagi menjadi berapa ruang, dan penjelasan lain yang sejenis layaknya buku panduan yang dibuat pengurus museum—tapi lebih ke data lunak. Pembahasan tiap museum dilengkapi dengan foto-foto eksklusif, fakta menarik dan unik yang jarang sekali orang tahu, serta profil komunitas yang bertalian erat dengan museum.

Apa hubungan antara wirausaha dengan Edi yang menulis buku? Kemampuan inti yang mesti dipunyai seorang pustakawan adalah katalogisasi, dokumentasi, dan klasifikasi. Selama ini teks, terutama yang berbentuk buku, menjadi objek utama dari ketiga ranah penguasaan keterampilan utama (*hard skill*) itu. Akibatnya, pustakawan lebih banyak berada di belakang meja, kuper, menarik diri dari keramaian, serta tersembunyi di balik tumpukan buku dan gunungan arsip. Seberapa pun besarnya capaian seorang pustakawan, tetap saja ia diposisi konsumen, bukan produsen. Masih menjadi pengguna, bukan pencipta. Artinya, ia belum bisa memberikan nilai.

Edi Dimyati memperluas cakupan ketiga bentuk keterampilan dasar tersebut: tidak semata-mata digunakan untuk menangani teks, tapi lebih dari itu, konteks. Keterampilan dasar tersebut tidak hanya terbatas pada ruang perpustakaan atau gudang arsip, tapi diperluas hingga dunia luar, yaitu lapangan kehidupan. Perspektifnya pun jadi tidak sempit. Edi berhasil mengambil hal-hal yang substansial dari ketiga bentuk keterampilan dasar itu. Tampak jelas, Edi menempatkan museum-museum yang ada di Jakarta sebagai "teks-teks" yang bisa didekati, diolah, serta dikemas dengan pendekatan ilmu perpustakaan. Hasilnya? Buku *ciamik* berjudul *Panduan Sang Petualang: 47 Museum Jakarta* itu dapat dihadirkan. Bergeserlah peran Edi yang semula konsumen menjadi produsen bacaan. Kecintaan terhadap profesinya "mendesak" Edi melakukan transformasi diri.

Jadi, modal penting yang harus ada agar seorang (calon) pustakawan memiliki semangat wirausaha—dalam konteks peluang bisnis dalam perpustakaan—adalah rasa cinta. Cinta terhadap pustaka serta pernak-pernik sistem dan disiplin kerja yang melingkupinya.

Kembali lagi ke pembahasan tentang semangat wirausaha dalam konteks seminar hari ini, "Peluang Bisnis dalam Perpustakaan", saya akan membedahnya dengan mengajukan 3 pertanyaan mendasar. Apa sebenarnya makna wirausaha itu? Mengapa wirausaha penting? Peluang apa saja yang bisa dimasuki, dikerjakan, dan dikembangkan oleh seorang sarjana perpustakaan? Apa yang bisa dikerjakan, bukan bekerja sebagai apa.

Secara harfiah, wirausaha diartikan sama dengan wiraswasta, yaitu orang yang pandai mengenali produk (atau jasa) baru, menentukan cara produksi baru, menyusun operasi untuk pengadaan produk, memasarkannya, serta mengatur modal operasinya. Berdasarkan makna tekstual tersebut, seorang wirausahawan berbeda makna dengan pengusaha.

Seorang pengusaha semata-mata menjadi orang yang punya usaha atau memperdagangkan sesuatu. Dan sesuatu itu, dari segi karakteristik produk, cara produksinya tidak mengandung unsur kebaruan. Tidak ada nilai baru yang muncul dari produk yang diusahakan tersebut. Berbeda dengan wirausahawan. Ia mampu menciptakan nilai baru yang oleh kebanyakan orang disebut sebagai inovasi. Buah dari cara berpikir kreatif. Batasan makna wirausaha di atas akan membantu Anda menciptakan, mengembangkan, dan fokus kepada satu atau dua jenis usaha. Baik produk maupun jasa.

Itu tadi tentang batasan pengertian wirausaha. Sekarang kita beranjak ke pertanyaan kedua, mengapa wirausaha itu penting? Jawaban atas pertanyaan ini juga bisa membantu para (calon) sarjana ilmu perpustakaan memunculkan semangat berwirausaha.

Ada dua alasan mengapa wirausaha itu penting. Pertama—ini sekaligus alasan klise dan klasik—sempitnya lowongan pekerjaan. Dengan kata lain, karena pertumbuhan angkatan kerja melampaui pertumbuhan kesempatan kerja, dapat dipastikan banyak angkatan kerja yang menganggur. Pada 2005, sarjana yang menganggur sebanyak 183.629 orang. Setahun kemudian, tercatat 409.890 lulusan yang tidak memiliki pekerjaan. Pada 2007 jumlahnya sekitar 740.000 sarjana dan pada awal 2009 bertambah lagi, mendekati angka satu juta atau lebih dari 900.000 orang. Sampai dengan Agustus 2009, jumlah sarjana yang menganggur telah meningkat menjadi 13,08 persen. Jadi, tren kenaikan jumlah pengangguran di Indonesia rerata per tahunnya sekitar 20 persen. Tentu saja kenyataan ini bisa jadi bom waktu, mengingat setiap tahunnya Indonesia memproduksi sekitar 300.000 sarjana dari 2.900 perguruan tinggi.

Memang, UU No. 43 Tahun 2007 tentang Perpustakaan mengharuskan tiap sekolah, mulai dari SD hingga SMA, memiliki perpustakaan. Bahkan, secara eksplisit ada satu pasal yang menyatakan bahwa minimal 2 persen dari anggaran belanja sekolah dialokasikan untuk pengembangan perpustakaan. Berdasarkan data terakhir, di Indonesia terdapat 169.031 SD dan Madrasah Ibtidaiyah (MI); 32.962 SMP dan Madrasah Tsanawiyah (MT); serta 17.792 SMA, Madrasah Aliyah (MA), dan SMK. Jumlah seluruh sekolah tersebut adalah 219.785. Jika diperlukan minimal satu orang tenaga perpustakaan di tiap sekolah, seluruh sekolah tersebut memerlukan 219.785 pustakawan.

Tentu saja data tersebut memunculkan optimisme para sarjana perpustakaan. Optimisme itu didasarkan pada kepastian bahwa mereka akan diterima bekerja sebagai pustakawan di sekolah-sekolah. Tapi, harap diingat, ini Indonesia, Bung! Apa yang tertulis dan sudah menjadi kebijakan, dalam kenyataannya belum tentu dilaksanakan.

Mau bukti? Paling dekat, sudah hampir tiga tahun UU Perpustakaan diluncurkan, namun Peraturan Pemerintah (PP) belum juga keluar. Padahal, PP menjadi syarat sekaligus acuan dikeluarkannya peraturan hukum di bawahnya (daerah) yang lebih bersifat menyeluruh dan aplikatif. Belum lagi silang sengkarut—mungkin lebih tepat disebut permasalahan dan tantangan—yang tengah berlangsung di tubuh kepustakaan Indonesia sendiri. Mulai soal profesionalisme pustakawan, akuntabilitas dan kredibilitas, pendanaan dan standarisasi, hingga landasan ilmu dan pemanfaatan teknologi informasi. Jadi, lebih baik optimisme itu tidak terlalu tinggi deh!

Dalih kedua mengapa wirausaha patut dilirik para sarjana perpustakaan, tak lain lantaran kesempatan yang terbuka sangat lebar. Ini berkaitan dengan upaya pencapaian tujuan yang lebih besar, yaitu turut "membantu" pemerintah mengatasi angka pengangguran sekaligus meningkatkan kesejahteraan ekonomi masyarakat. Sampai tahun 2006, jumlah wirausahawan di Indonesia baru mencapai 0,18 persen atau sekitar 400.000 dari 220 juta jumlah penduduk. Padahal, untuk mencapai negara yang makmur, Indonesia perlu meningkatkan jumlah wirausahawan menjadi 1,1 persen atau sekitar 4,4 juta penduduk.

David McClelland, seorang psikolog sosial, berpendapat bahwa suatu negara akan menjadi makmur apabila mempunyai wirausahawan sedikitnya 2 persen dari jumlah penduduk. Mc-

Clelland tidak berlebihan. Singapura, misalnya, menurut laporan Global Entrepreneurship Monitor (GEM) tahun 2005, memiliki wirausahawan sebanyak 7,2 persen dari total jumlah penduduk (tahun 2001 hanya sebesar 2,1 persen). Amerika Serikat, yang mendapat sebutan lokomotif perekonomian dunia, pada 1983, dengan penduduk sebanyak 280 juta, sudah memiliki 6 juta wirausaha atau sekitar 2,14 persen dari jumlah penduduknya (Purbayu, 2009).

Jadi—sedikit hiperbolis—kalau Anda ingin berkontribusi kepada bangsa dan negara, salah satu jalannya adalah dengan menjadi wirausahawan. Paling tidak mempekerjakan diri sendiri sehingga bisa mengurangi angka pengangguran, meskipun satu orang. Terbukanya pintu bisnis juga didorong oleh perkembangan teknologi informasi, terutama internet. Internet memungkinkan bisnis dijalankan dari kamar. Anda tidak perlu mengontrak, apalagi membeli gedung perkantoran yang bisa memakan dana puluhan hingga ratusan juta. Demikian pula untuk proses produksi. Agar bisnis berjalan, Anda tidak perlu menunggu harus memiliki pabrik dan gudang sendiri. Dalam proses distribusi pun, Anda tidak harus menunggu hingga memiliki mobil pribadi. Maka, SOHO (*small office home office*)—idiom yang mengacu pada pengertian bahwa bisnis bisa dijalankan dari rumah—menjadi sesuatu yang lumrah. Untuk memberikan gambaran nyata sekaligus menjawab pertanyaan ketiga—bisnis apa yang bisa dimasuki para sarjana perpustakaan—berikut saya berikan contoh, yaitu bisnis rak buku yang saya integrasikan dengan layanan jasa kepustakaan.

Rak Buku, Konsultasi Perpustakaan Rumah, Klinik Literasi

Bagi seorang pencinta buku, buku menjadi bagian dari keseharian. Bahkan, buku telah menjadi salah satu kebutuhan utama yang harus selalu ada. Seseorang yang suka membaca selalu haus bacaan baru. Ia pun akan berusaha memperoleh buku-buku baru, baik meminjam maupun membelinya. Karenanya, tak heran jika koleksi seorang pencinta buku selalu bertambah dari waktu ke waktu. Ketika buku-bukunya masih sedikit, ia bisa menyimpan di atas meja atau rak buku mungil. Namun, tanpa disadari, buku-bukunya kian bertambah. Alhasil, semua tempat dijadikan rak buku darurat. Misalnya, ditumpuk di lantai, di sandaran bahu jendela, di rak televisi, di atas lemari pakaian, dalam kontainer plastik, dalam dus, bahkan menitipkan buku-buku itu di meja belajar anak.

Tentu penempatan buku secara sembarangan, selain tidak sedap dipandang mata, juga menyulitkan si pemilik mencari buku yang dibutuhkannya. Bukan tak mungkin pula membuat buku-buku itu lekas rusak karena lembab dan berdebu. Nah, bagaimana agar puluhan atau ratusan buku koleksi dapat tersimpan dengan rapi, terawat, mudah dicari, dan menjadi bagian dari estetika rumah kita? *Home library*—atau perpustakaan rumah—adalah jawabannya!

Berbicara tentang perpustakaan rumah, salah satu sarana yang harus ada adalah rak buku. Sejauh ini belum ada satu pun perusahaan yang secara serius menggarap pasar rak buku. Salah satu sebabnya, mereka tidak mengetahui perkembangan dunia perbukuan di Indonesia yang dalam waktu 10 tahun terakhir ini terus meningkat.

Kini keluarga-keluarga pencinta buku mulai bermunculan. Tiap bulan, secara khusus mereka mengalokasikan penghasilan untuk membeli buku. Karena jumlah koleksi yang terus bertambah, tanpa sadar rumah mereka berubah layaknya perpustakaan. Dalam kondisi demikian, tentu saja kehadiran rak buku menjadi suatu keharusan. Rak buku yang memiliki bentuk unik, khas, dan berbeda dapat pula ditata sedemikian rupa (katalogisasi) untuk memudahkan pencarian dan meningkatkan minat baca. Dengan begitu, aktivitas membaca bisa menjadi gaya hidup. Rak buku yang menarik dan terintegrasi dengan bentuk ruangan juga akan menambah estetika rumah.

Aktivitas Inti

:: Membuat dan menjual rak buku.
:: Konsultan *home and office library*.

Visi

Satu rumah satu perpustakaan, dan tiap perpustakaan saling terintegrasi.

Misi

:: Membuat dan menjual rak buku yang unik, khas, dan berbeda.
:: Merancang dan membuat rak buku yang terintegrasi dengan ruangan.
:: Memfasilitasi terbentuknya perpustakaan keluarga.
:: Memberikan layanan konsultasi *home and office library*.

Aktivitas Pembuatan dan Penjualan

- Rak buku yang unik, khas, dan berbeda. Varian produknya meliputi:
:: Rak buku bongkar pasang–*ready stock* (*small size*).
:: Rak buku bentuk jadi–*ready stock* (*medium size*).
:: Rak buku pesanan khusus (*big size*).
- Produksi massal.

Keunggulan yang Ditawarkan

:: Melayani pengadaan buku.
:: Melayani penataan perpustakaan yang terintegrasi dengan ruangan.
:: Memberikan informasi teknis pengatalogan atau penataan buku.
:: Memberikan tips pendayagunaan koleksi.
:: Memberikan tips perawatan buku.
:: Memberikan informasi yang berkaitan dengan dunia perbukuan, seperti acara, komunitas baca-tulis, toko buku, dan penerbit.

Potensi Pasar

Secara umum, pasar yang hendak disasar adalah kalangan menengah ke atas, baik dari sisi ekonomi maupun pendidikannya.

Cara Memasarkan

:: *Display* di gerai sendiri.
:: Titip di toko buku.
:: Buka stan saat pameran buku.

:: Mengorganisasi pameran atau membuka stan di pameran furnitur/mebel.
:: Beli stan di toko buku.
:: Mempresentasikan, menawarkan, atau melakukan kunjungan *door to door* ke pasar potensial.
:: Menggelar atau mensponsori pelatihan perpustakaan keluarga.
:: Memasang iklan di koran, majalah, dan radio.
:: Berpromosi lewat internet, seperti di milis, *website*, blog, Facebook, dan Twitter.
:: Menitipkan selebaran di toko buku dan saat acara perbukuan.
:: Kerja sama dengan penerbit dan toko buku (menjual paket *home library* = koleksi + rak buku).
:: Kerja sama dengan pengembang rumah mewah. Rak buku atau ruang baca dijadikan bagian dari desain rumah.
:: Bekerja sama dengan lembaga bisnis dan nirlaba yang mempunyai program peningkatan minat baca atau pendirian perpustakaan.

Contoh lain?

Banyak! Beberapa di antaranya, bisa menjadi penerbit buku, agen naskah, editor, penerjemah, penulis, tutor budaya baca dan manajemen perpustakaan, pengembang *software* sistem otomasi perpustakaan, pembuat sistem pangkalan data, guru menulis, jurnalis, dan peneliti. Beragam profesi yang sangat mungkin dikelola dengan pendekatan manajemen bisnis modern itu—artinya, skala ekonominya dapat diperbesar—saya turunkan dari kelengkapan kecakapan yang harus dimiliki oleh seorang sarjana perpustakaan yang meliputi: *problem solving, information literacy, speaking, independent work, group work, writing,* dan *reading*. Jadi, tidak semata-mata mahir dalam keterampilan utama (*hard skill*), tapi juga keterampilan penunjang (*soft skill*) lantaran sarjana yang menganggur mayoritas disebabkan oleh rendahnya keterampilan penunjang atau keterampilan di luar kemampuan utama.

27
Seni Mengelola Perpustakaan

Gol A Gong

"Baca, jangan, baca, jangan!" Seperti bunyi tokek di dinding, kita sudah terlalu lama berjudi tentang hal ini. Pentingkah membaca? Penting...tokek.... Ah, tidak...tokek.... Penting...tokek.... Tidak! Seolah-olah kata itu jadi duri dalam daging di tubuh kita. Dicabut sakit, dibiarkan menancap juga sakit. Sekelompok orang merasa bahwa membaca sangatlah penting dan berfungsi memajukan peradaban manusia. Membaca bagi mereka adalah pekerjaan kultural dan bisa dipakai untuk melawan hegemoni penguasa yang tiran. Membaca bisa membawa kita ke impian masyarakat madani kelak. Membaca ibarat menanam biji kepintaran, yang pada masa panen nanti akan kita petik hasilnya. Bahkan, membaca merupakan sabda Tuhan dalam surat al-'Alaq. Tapi, bagi sekelompok lain, membaca dianggap sangat tidak penting, pekerjaan sia-sia, membuang waktu, dan tidak mempunyai nilai ekonomis.

Realitas

Kita tentu tahu bahwa di negeri ini pengusaha jadi penguasa, tokoh masyarakat jadi penguasa, preman jadi penguasa. Hal itu merupakan ciri khas era otonomi daerah, berbanding lurus dengan cara berpikir mereka yang masih kental dengan budaya berhitung, bukan berpikir. Hal itu tampak di ruang-ruang pribadi mereka di kantor atau di rumah. Sangat jarang mereka memiliki perpustakaan pribadi. Di lingkungan mereka sendiri gaya hidup hedonis dan konsumtif lebih dibudayakan. Mereka lebih bangga anak-anaknya mengenal *3F revolutions—fashion, food, film*—ketimbang membentuk iklim budaya membaca. Sangat jarang dijumpai sudut untuk membaca di ruang keluarga dan kantor, karena mereka mengincar jabatan secara instan.

Ini memang kendala klasik, tapi sangat menyebalkan. Para penguasa lebih mementingkan jabatan, atau seperti dalam puisi Toto ST Radik: *kursi kursi kursi, tiada tuhan selain kursi*. Ya, kursi selalu jadi tujuan utama. Kursi di dewan, di pemerintahan, di instansi, dan lainnya. Karena kursi, kita jadi lupa daratan. Karena kursi, buku terlupakan. Buku jadi alas kaki.

Takut Buku

Hal ini memang seperti menu utama dalam sinetron-sinetron kita: konflik kepentingan antara penguasa dan rakyat yang dikuasainya. Hampir semua penguasa di setiap negara korup, selalu mengesampingkan pentingnya budaya membaca. Di negeri kita, contohnya. Sejak kepemimpinan Soeharto (1967–1998), membaca tidak jadi skala prioritas. Meminjam pepatah lama: *jauh panggang dari api*, situasi dan kondisi para penguasa pada zaman Soeharto *jauh rak dari buku*! Pers, sebagai sarana pendukung menuju masyarakat madani, dikebiri kebebasan berpendapatnya. Bahkan, masyarakat diteror dengan daftar buku yang "haram" dibaca. Aku, saat masih jadi mahasiswa (1982–1986) mesti sembunyi-sembunyi ketika membaca Tetralogi Buru karya Pramoedya Ananta Toer atau buku-buku "kiri" yang sangat sulit didapat pada waktu itu.

Dalam artikel "Buku dalam Hidup Saya" (*Bukuku Kakiku*, GPU, 2005), Ajip Rosidi menceritakan kepusingannya mengurusi buku. Sastrawan senior itu mesti jungkir balik mencatat daftar judul buku dan pengarangnya ketika hendak membawa pulang puluhan ribu bukunya dari Kobe ke Indonesia. Saat itu para penguasa di negeri kita sangat takut kepada buku. Padahal belum tentu mereka membaca semua buku yang mereka takuti itu.

Perpustakaan juga jadi kuburan menyeramkan. Orang yang berdiskusi di perpustakaan akan dicurigai sedang menyiapkan rencana menggulingkan pemerintahan. Buku-buku yang dipajang di rak tidak bervariasi, melulu buku pelajaran sekolah atau pengantar kuliah. Bagi mereka yang terpenting adalah pertumbuhan ekonomi, ditandai dengan banyaknya tempat belanja yang dibangun dan investor yang menanamkan modal. Perpustakaan, *no way*! Itulah sebabnya buku masih saja dibebani pajak yang memberatkan. Belanja buku di Singapura, konon, dibebani pajak nol persen. Kata Ajip lagi, "Pemerintah Singapura tahu arti buku bagi peningkatan kualitas bangsa."

Intinya, para penguasa Orba sadar betul bahwa buku akan membawa pencerahan pada rakyat di negeri ini. Rakyat yang pintar mengancam kekuasaan mereka. Mengancam kursi yang sedang mereka duduki. Supaya masyarakat madani yang berpartisipasi aktif dalam kehidupan bernegara tidak terbentuk, buku pun dilarang. Buku hanya boleh dimiliki golongan tertentu yang mampu. Golongan itu semakin pintar dan terus berkuasa, sementara rakyat semakin bodoh dan terus tertindas. Buku diposisikan sebagai barang mewah, harganya tinggi dan mesti dibebani pajak bermacam-macam. Rakyat pun hanya menadahkan tangan dan menerima apa yang diberikan para penguasa, yang penting harga-harga murah, sandang-pangan tercukupi. *Top-down* sangat terasa. Pemerintah tidak menciptakan iklim kondusif, *bottom-up*.

Karya Tulis

Sebetulnya Presiden RI pertama, Ir. Soekarno, sudah memberikan contoh pentingnya membaca dan menulis. Bung Karno secara terang-terangan mengagumi pemikiran Mahatma Gandhi, J. Krishnamurti, dan Swami Vivekananda lewat buku-buku mereka.

Bahkan Presiden kita yang insinyur teknik jebolan ITB itu, selain membaca, juga menulis buku. Bung Karno banyak meninggalkan pemikirannya lewat karya tulis. Lihatlah atmosfer yang diciptakannya. Penulis-penulis kaliber dunia bermunculan. Tapi, pada rezim Soeharto, hal inilah yang sangat kurang diperhatikan oleh trias politika—legislatif, eksekutif, dan yudikatif—serta pendidik. Sangat sedikit karya tulis yang lahir dari tangan mereka. Padahal, itu adalah indikasi maju-tidaknya peradaban suatu bangsa.

Faktor kelemahan ini—membaca dan menulis—disinggung oleh Guru Besar UPI, A. Chaedar Alwasilah, dalam artikelnya "Membangun Mesin Reproduksi Pengetahuan" (*Pikiran Rakyat*, 12 Januari 2005). Ia menuliskan bahwa merosotnya perguruan tinggi disebabkan minimnya karya tulis. Jumlah karya tulis dosen yang dikutip di forum dunia adalah salah satu di antara lima alat ukur untuk menetapkan kehebatan sebuah perguruan tinggi.

Keempat alat ukur lainnya adalah: penilaian sejawat, jumlah dosen asing, jumlah mahasiswa asing, dan rasio dosen-mahasiswa. Menurut Chaedar, melalui kelima alat ukur tersebut, *The Times Higher Education Supplement*, menetapkan 200 perguruan tinggi terhebat di dunia pada 2004. Dan, yang menyedihkan, perguruan tinggi di Indonesia tampaknya tidak ada yang masuk 200 besar. Hanya beberapa perguruan tinggi tetangga yang masuk, seperti National University of Singapore (peringkat ke-18), Nanyang University (ke-50), Malaya Univeristy (ke-89), dan Sains Malaya University (ke-111).

Itulah keterpurukan negara dan bangsa ini karena para pemimpinnya lebih menggemari budaya belanja ketimbang membaca. Mereka lebih suka membangun mal daripada seperti yang Ali Sadikin lakukan: membangun gelanggang remaja tempat generasi muda penerus bangsa ini berkarya.

Terpuruk

Indonesia selalu kalah dalam hal angka. Di posisi terbaik perguruan tinggi saja kita terlempar dari angka 200. Penduduk 220 juta, tapi yang buta aksara masih banyak. Pendapatan per kapita masyarakat 810 dolar, artinya, masyarakat hanya berpendapatan 2–3 dolar per hari. Bagaimana bisa mereka menyisihkan uang untuk membeli buku?

Cetakan pertama buku sebanyak 3.000 eksemplar terkadang baru habis setelah 2 tahun. Coba simak paradoks ini, pendapatan nasional 172,7 miliar dolar dan korupsi uang negara 50 persen dari APBN, sejumlah 166,53 triliun rupiah. Menurut Kwik Kian Gie, korupsi tahun 2003 sebesar 305,5 triliun rupiah, korupsi pajak dan belanja 215 triliun rupiah, subsidi BBM 63 triliun rupiah, uang hilang akibat pencurian kayu 30 triliun rupiah, dan kewajiban bayar utang 66 triliun rupiah. Pengangguran 40 juta jiwa dan orang miskin tak terhitung. Pusing juga jika memikirkan ini.

Siapa yang salah? Menggunakan analogi Erich Fromm (*Lari dari Kebebasan*, Pustaka Pelajar, 1999), di negeri korup seperti Indonesia ini, memang banyak orang yang ingin mempertahankan hak-hak istimewanya. Kelompok ini akan ketakutan setengah mati, atau mungkin terserang penyakit insomnia, jika lingkungan atau masyarakatnya gemar membaca. Membaca akan mengantarkan orang ke zaman pencerahan. Orang akan mengerti hak dan kewajibannya. Orang akan tahu mana yang benar dan salah.

Surat al-'Alaq memiliki nilai keutamaan perintah membaca (*iqra*) dan menulis (*'allama bi al-qalam*) sebagai keutamaan manusia dari makhluk-Nya yang lain. Nah, membaca dan menulis sudah jelas perintah Allah. Bung Karno pun sudah mempraktikkannya. Tapi, pada rezim Orba hilang ditelan zaman. Bahkan, era budaya nonton mulai muncul pada 1989 dari televisi swasta. Mungkin yang ada di benak para penguasa Orba adalah tidak ada gunanya mengurusi rakyat dengan buku. Tidak ada nilai ekonomisnya.

Bangkit

Hampir semua negara maju memiliki sejarah panjang tentang masyarakat yang gemar membaca. Kita harus berkaca pada Jepang. Setelah luluh lantak dibom Amerika, kaisar bertanya, "Ada berapa guru yang tersisa?" Dengan gurulah, Jepang bangkit membangun kembali negerinya. Buku-buku asing pun diterjemahkan. Bahkan, buku-buku terbaru dari Amerika dalam waktu cepat sudah diterjemahkan. Masyarakat membaca betul-betul dibentuk oleh penguasanya. Terbukti, pada 1960 Jepang sudah jadi pesaing ekonomi Amerika.

Di Indonesia, pada 1997 reformasi digulirkan mahasiswa dan beberapa kaum cendekia yang memimpikan perubahan zaman. Kalau Che Guevara menghancurkan rezim tiran dengan cara memobilisasi massa dan melakukan revolusi sosial, Amien Rais mencontohkan kepada kita bahwa dengan pena sebuah rezim tiran bisa dihancurkan. Tulisan-tulisan Amien Rais memberi inspirasi kepada jutaan mahasiswa untuk bergerak melindas rezim tiran. Dan tumbanglah para penguasa rakus dan otoriter itu.

Dalam urusan lokal, Rumah Dunia di Banten meminjam jargon Toto ST Radik, penyair nasional kelahiran Serang, *asah penamu, simpan golokmu* untuk melawan hegemoni jawara. Kami, perlahan-lahan mengajarkan anak-anak, pelajar, dan mahasiswa membaca dan menulis agar kelak terbentuk generasi baru yang cerdas dan kritis serta berani.

Pascareformasi, bergulirlah masa di mana orang Indonesia mencari-cari buku. Pers nasional dan lokal bermunculan, baik cetak maupun elektronik. Para penerbit pun bagai jamur di musim penghujan. Semua orang tiba-tiba bersemangat dengan buku. Jargon Indonesia membaca atau budaya literasi muncul di mana-mana. Di tingkat lokal, semua juga bergairah mendukung gerakan Banten Membaca, Riau Membaca, Aceh Membaca, dan gerakan lainnya.

Begitu juga televisi. Budaya baca dan tonton berkejaran. Program-program *talk show* atau *infotainment* diusahakan bisa menyisipkan aroma budaya literasi. Metro TV paling getol mengampanyekan ini: mengundang narasumber yang berkompeten dalam hal perbukuan dan aktivis literasi. Harian *Kompas* pun rutin hadir dengan halaman Pustakaloka, sedangkan *Koran Tempo* dengan Ruang Baca.

Bergairah

Lantas, apa yang harus kita lakukan sebagai rakyat atau anggota masyarakat di tempat kita tinggal? Apakah berpangku tangan, tak ingin terlibat dalam percepatan perubahan bangsa ini? Ketika semua orang mendengungkan betapa membaca dan menulis adalah hal penting selain sandang dan pangan, kita cukup jadi penonton di pinggir jalan?

Lihatlah apa yang dilakukan IKAPI dengan IKAPI Book Fair dan penerbit buku Islam dengan Islamic Book Fair. Bahkan, yang spektakuler, Forum Indonesia Membaca menggandeng Senayan Library untuk menggelar acara besar: World Book Day. Semua komunitas yang mengusung misi budaya literasi dan para penerbit berkumpul, saling berbagi suka-duka tentang situasi dan kondisi kebiasaan membaca masyarakat di lingkungannya masing-masing. Juga komunitas 1001buku Jakarta, yang sudah menyalurkan puluhan bahkan ratusan ribu buku ke komunitas-komunitas baca. Para penulis islami yang tergabung dalam Forum Lingkar Pena membuat komunitas baca Rumah Cahaya di Depok dengan cabang-cabangnya di Penjaringan Jakarta Utara, Pekalongan, dan Medan. Perseorangan juga mulai muncul: Rumah Pelangi di Muntilan, Mentari Pagi di Blora, Kwartet Baca, Stasiun Buku di Jatinegara, Tegal Gundil di Bogor, Rumah Buku Cengkilung dan Rumah Buku Renon di Bali, serta bunga Matahari di Jakarta.

Di Bandung dan Yogyakarta bertebaran komunitas baca. Di Padang, Yusrizal KW menggawangi Komunitas Padang Membaca. Proyek awal Yusrizal adalah membangun kembali perpustakaan Padang dengan koleksi 700.000 buku yang musnah akibat gempa. Di Tasikmalaya ada Acep Zamzam Noor dengan sanggar Azan. Institusi dan pihak yang punya kepentingan politik juga ada, seperti Manca (Taman Baca) milik Laksamana Soekardi yang tersebar di 55 titik di pelosok negeri. Untuk kepentingan citra perusahaan tak mau ketinggalan, seperti RCTI Peduli dan Hoka-Hoka Bento yang membangun Rumah Baca Peduli di 14 titik desa di Pulau Jawa. Ada juga Coca Cola Foundation yang menggandeng LSM Pakta untuk mengadakan pelatihan-pelatihan dan membangun perpustakaan di beberapa wilayah terpencil. Apa pun kepentingannya, semua memiliki maksud yang sama: membangun masyarakat madani lewat membaca.

Awal Kecil

Aku termasuk orang yang tidak ingin jadi penonton. Bersama para relawan di Banten, koran *Radar Banten*, Sanggar Sastra Serang, Imaji Multimedia, dan Suhud Mediapromo, aku membangun Rumah Dunia di kampung Ciloang, Serang, Banten. Tidak perlu berpikir akan membuat sesuatu yang besar. Semua mesti bemula dari hati, setelah bergulir barulah kita pikirkan kelanjutannya. Kami melakukannya dengan metode *think global, act local.* Percepatan ini harus kita dukung di setiap tempat yang kita tinggali. Lakukan dengan apa yang kita punya, jangan meminta. Bermula dari yang kecil, berwawasan luas, dan terus berkarya, itulah modal kami di Rumah Dunia.

Pertama, aku melakukannya di teras rumah dengan buku ala kadarnya. Saat itu aku dan istriku menyosialisasikan Rumah Dunia ke lingkungan sekitar, bahwa buku adalah bagian yang sangat penting dalam kehidupan. Setelah menyebar ke kanan-kiri tetangga, targetku se-RT, lalu sekampung (RW), sekelurahan, sekecamatan, sekabupaten, seprovinsi, kini gaungnya sudah menasional: menularkan virus membaca dan menulis.

Aku percaya bahwa membaca ibarat menanam biji, kelak akan tumbuh subur jika terus diberi pupuk. Apa pupuknya? Tentu menulis. Membaca tanpa menulis seperti sayur tanpa garam. Tidak seimbang. Membaca adalah investasi jangka panjang yang nilai ekonomisnya rendah. Tapi, percayalah, pelan tapi pasti akan ada masa panen raya dari biji-biji yang kita tanam. Itu berarti masyarakat madani akan tercipta dengan sendirinya.

Kegiatan

Parni Hadi, Diretur RRI, dalam acara "Grasindo: Perpustakaan Atraktif", di Bentara Budaya, Jakarta (28/2/2006), mengatakan bahwa perpustakaan harus dihidupkan dengan kegiatan. Aku tentu setuju, dan hal itu sudah kami lakukan di Rumah Dunia.

Ya, kita harus mau mengubah cara berpikir lama bahwa perpustakaan adalah segala-galanya atau perpustakaan sebagai gudang ilmu. Saat ini pandangan tersebut sudah tidak populer lagi. Perpustakaan harus mulai menjadi bagian atau salah satu unsur kesatuan dari unsur lainnya. Misalnya, Taman Bacaan Masyarakat (TBM) sudah saatnya diubah menjadi taman belajar masyarakat. Perpustakaan atau buku hanyalah sarana penunjang, di mana dalam TBM itu ada kegiatan penunjang lainnya.

Di Rumah Dunia, hari Minggu dikhususkan untuk kelas menulis. Aku turun langsung menanganinya, dibantu Toto ST Radik dan praktisi lokal dari *Radar Banten*. Para pelajar dan mahasiswa belajar jurnalistik, fiksi, dan film. Sesekali kami selipkan pelatihan dengan mendatangkan narasumber dari Jakarta, seperti Ahmadun Yosi Herfanda, Helvy Tiana Rossa, Gus tf Sakai, Jamal D. Rahman, Kurnia Effendi, Fira basuki, Chavcay Saefullah, Soni Farid Maulana, Asma Nadia, dan Hilman Lupus.

Beberapa alumni kelas menulis Rumah Dunia sudah ada yang bekerja di koran *Radar Banten* dan menjadi penulis lepas. Qizink La Aziva, Ibnu Adam Aviciena, dan Najwa Fadia malah sudah menerbitkan novel. Sedangkan Endang Rukmana menyabet Unicef Award 2004 dan Adkhilni M.S. memenangi lomba esai IKAPI Book Fair 2005.

Begitulah semestinya perpustakaan atau taman bacaan hidup. Para pengelolanya harus berdedikasi dan mengabdi kepada kepentingan orang banyak, sehingga hal-hal yang berbau formal di perpustakaan dihilangkan. Tentu pemerintah harus mulai serius membangun budaya literasi ini. Apalagi pihak swasta pun ikut peduli. Coba semua dimulai dengan mencari nama pusat belajar yang akan didirikan, seperti Senayan Library di Perpustakaan Diknas, Jakarta, yang mulai menggeliat dengan pencitraan baru. Carilah nama yang mudah diingat, tidak formal, netral, dan universal. Nama yang mengandung makna atau arti tertentu agar bisa memberi pencerahan. Nama adalah karakter, pencitraan, seperti Rumah Dunia, Rumah Pelangi, Mentari Pagi, Rumah Cahaya, Stasiun Buku.

Nah, bagaimana? Berani memulai?

28
Perpustakaan di Rumah Hutan

Gol A Gong

Pernahkah membayangkan hutan menjadi tempat nyaman bagi kita? Bukankah selama ini hutan identik dengan semak belukar, ular, dan setan? Setidaknya, begitulah yang ada di benak masyarakat Kampung Bojong, Cilowong, Serang. Tapi, siapa sangka bayangan itu tidak terbukti?

Cita-Cita

Lim Oei Ping—lelaki keturunan Tionghoa yang lahir pada 29 April 1941 di Paleleh, Sulawesi Tengah, dan merantau ke Serang sejak 1962—punya cita-cita menjadikan hutan di Banten sebagai surga. Koh Iping, panggilan akrabnya, dengan bertumpu pada sebatang kayu, naik-turun hutan untuk sampai ke "surga" miliknya, yaitu hutan Gunung Sayar—persis di Kampung Cidampit, Bojong, Cilowong, Serang. Usia lanjutnya tidak menjadikan laki-laki yang hobi membaca dan bermain badminton ini loyo, malahan ia seperti masih berusia 50-an tahun.

"Saya ingin membawa hutan di kampung saya ke Banten. Di kampung saya, di daerah Paleleh, hutan sangat nyaman dihuni, dijadikan tempat berkebun dan bercocok tanam. Tidak ada kesan angker. Tapi, anehnya di Banten orang-orang membiarkan hutan dipenuhi semak belukar, seram, dan jadi sarang ular tanah. Malah ada yang menganggap hutan itu tempat setan!" kata pemilik Toko Krakatau di Royal ini.

Koh Iping pelan-pelan mewujudkan cita-citanya. Pada 2005, ia membeli tanah seluas 6000 m^2. "Saya ajak beberapa warga menatanya. Pohon-pohon tidak perlu dibabat sehingga beberapa pohon durian tampak indah seperti bonsai raksasa. Semak-semaknya dibuang dan saya tanami rumput," kenangnya.

Lalu dia membangun pondok-pondok, lumbung padi, perpustakaan, lapangan badminton, kandang ayam dan kambing. Tempat itu diberinya nama Rumah Hutan. Koh Iping berkelakar, "Sekarang Rumah Dunia ada saingannya, Rumah Hutan punya saya." Sebulan sekali dia datang ke surganya. "Saya paling suka duduk di *paninjauan* ini," katanya. Paninjauan adalah pondok kayu berlantai dua. "Saya merasa bahagia melihat pohon durian. Jika diibaratkan perempuan, kita bisa melihat utuh pohon durian dari mulai kaki, tangan, hingga ujung rambutnya."

Three in One

Bagi Koh Iping yang menyukai alam bebas, hutan adalah anugerah terindah dari Allah SWT. "Bodoh jika kita menyia-nyiakannya. Hutan itu harus *three in one*: bisa dihuni, ditanami, dan jadi tempat beternak." Suami dari Inayah ini tahu, menghuni hutan sangat bertentangan dengan tradisi Banten yang agamis. "Bagi warga di Kampung Bojong ini, tinggal di hutan sama saja dengan menyalahi aturan. Bagaimana bisa ke masjid untuk sholat berjamaah? Padahal, bagi saya hutan itu mestinya nyaman. Semua yang kita inginkan ada di hutan. Kita tidak perlu menanam, tinggal merawat sehingga nanti hasil panennya bisa berlipat-lipat."

Koh Iping menawari beberapa warga untuk menjaga "surga"-nya. Bahkan memberi gaji bulanan. "Mereka kaget. Tinggal di hutan bukanlah tradisi mereka. Padahal saya menawarkan sistem 'hak milik'. Mereka saya berdayakan dan saya beri penghargaan dengan cara memiliki setiap tanaman yang mereka tanam. Saya tidak menjadikan para petani itu kuli, tapi justru merekalah pemiliknya," papar pengagum Bung Karno ini. Untung ada keluarga yang menerima tawarannya. Baginya, mau menghuni hutan sama dengan melestarikan dan tidak mengingkari pemberian Tuhan.

Setelah dua tahun berlalu, pohon-pohon yang ditaman, seperti pisang dan nangka, berbuah. Koh Iping membelinya jika sedang berkunjung untuk dibawa pulang ke kota. Bahkan, dia membayar apa yang dimakan dan diminumnya. "Dengan begitu, kita menghargai setiap jerih payah mereka. Terlebih lagi, kita menghargai pemberian Tuhan," tegasnya.

Perpustakaan

Lebih unik lagi, Koh Iping yang sewaktu muda termasuk pemain badminton papan atas Serang membangun lapangan badminton dan perpustakaan. Jika dipikir, siapa yang mau membaca buku dan main badminton di tengah hutan? Tapi dugaan itu salah. Selepas jam sekolah, anak-anak kampung berwisata di Rumah Hutan. Koh iping menyediakan raket beserta koknya. Anak-anak bisa bermain badminton di tengah hutan yang tentu bersih udaranya. Setelah main badminton, mereka membaca buku.

"Memang bukunya belum banyak. Semoga Rumah Dunia bisa menyumbang," harap Koh Iping. Keberadaan Rumah Hutan ini dirasakan juga oleh Muhamad (15), siswa kelas 3 MTs Daarul Musyaroh, Pereng, Taktakan. "Hampir tiap pulang sekolah saya dan teman-teman ke sini. Selain bisa membaca buku, saya juga bisa main badminton gratis," ujar Muhamad yang bercita-cita menjadi pemain sepak bola andal. "Sayang belum ada lapangan bola dan lapangan basket!" tambahnya.

Harapan lain Koh Iping, Rumah Hutan bisa menjadi percontohan di Banten. "Para pejabat di Dinas Pertanian, Kehutanan, dan Pendidikan bekerja sama dengan camat membangun rumah-rumah hutan di tempat lain. Dengan begitu, para petani di Banten akan menikmati hasilnya: panen raya! Jika sudah begitu saya bahagia. Itulah makna hidup. Sejahtera dan bermanfaat. Saya akan merasa seperti berada di puncak gunung. Walaupun capek, rasa bahagianya sudah di puncak, tinggal bertemu dengan rumah Tuhan," paparnya.

BAGIAN KEDUA

PEMASARAN BUKU

29
Membangunkan Raksasa Tidur

Agus M. Irkham

Judul di atas terlontar dari mulut Andrea Hirata ketika menjawab pertanyaan tentang bagaimana kondisi minat beli buku masyarakat Indonesia. Saat itu, ia menjadi salah satu pembicara diskusi buku *Kick Andy: Kumpulan Kisah Inspiratif*. Acara yang berlangsung di Museum Bank Mandiri, Jakarta, itu digagas dalam rangka perayaan "World Book Day Indonesia 2008".

Lantas Andrea menunjukkan satu amsal. *Laskar Pelangi* (*LP*), meskipun dibanderol dengan harga Rp60 ribu—harga yang terbilang mahal, apalagi untuk sebuah novel—tetap diburu orang. Pada titik ini, dalih minat beli buku rendah lantaran harga buku mahal menjadi kehilangan dasarnya.

Mengapa publik pembeli buku disebut Andrea sebagai raksasa yang tengah tidur? Entah ini berkaitan dengan faktor psikologis masyarakat Indonesia atau karena sebab lain. Masyarakat pencinta buku di Indonesia cenderung sulit mengutarakan jenis buku yang (tidak) disukai. Sementara itu, penerbit belum mempunyai saluran komunikasi yang tetap, tepat, dan terukur untuk mengetahui tingkat preferensi atau pilihan masyarakat terhadap jenis bacaan. Selama ini buku baru lebih banyak didasarkan pada buku yang tengah menjadi tren dan buku laris. Padahal, dari segi jumlah potensial pembeli buku yang begitu besar, layaklah kalau disebut raksasa.

Bagaimana tidak, jumlah penduduk Indonesia taruhlah 220 juta jiwa. Jika kita ambil angka minimal saja sebagai konsumen buku, yakni 20 persen, maka ada 44 juta orang! Bandingkan angka tersebut dengan jumlah minimal buku yang dikatakan *best seller,* 10.000 eksemplar.

Nah, pertanyaannya sekarang adalah bagaimana cara membangunkan raksasa yang sedang tidur itu? Bohong kalau ada yang mengatakan buku bagus tak perlu dipasarkan karena ia dapat menjual dirinya sendiri. Buku, sebagus apa pun tampilan, kemasan, dan isinya, tetap harus dipasarkan. Kegigihan memasarkan buku ini yang disebut Andrea sebagai upaya membangunkan raksasa tidur. Calon pembeli buku harus diprovokasi agar berani menyatakan pilihannya. Bahkan, tidak berhenti hanya pada provokasi, tapi juga advokasi. Calon pembeli buku harus diyakinkan bahwa buku yang ia beli sangat berguna sehingga rupiah yang telah dikeluarkannya tak sia-sia.

Ada begitu banyak cara membangunkan raksasa tidur. Beberapa di antaranya melalui pelatihan dan menggandeng media lain, seperti televisi, radio, koran, dan majalah. Bisa juga dengan menggelar acara jumpa penulis dan peluncuran buku. Khusus peluncuran buku, saat ini desain acaranya mengalami perluasan. Bukan lagi menggunjingkan isi buku, apalagi menperdebatkannya. Melainkan, lebih kepada aspek penciptaan sensasi, menerbitkan rasa penasaran, meledakkan kegoncangan, dan ajang *heboh-hebohan.* Perhatian orang dan liputan medialah yang hendak dikejar. Biarlah peluncuran buku menjadi pertunjukan yang menghibur, tidak membuat dahi para tamu undangan dan khalayak umum berkerut.

Satu contoh, Tung Desem Waringin dengan bukunya *Financial Revolution* (*FR*). Apa yang dilakukan motivator terheboh di Indonesia itu? Tung meluncurkan bukunya dengan cara yang superheboh. Ia menunggangi kuda setinggi dua meter, mengenakan blangkon dan jubah panjang layaknya Pangeran Diponegoro, sambil menenteng poster kover buku *FR* menyusuri Jalan Jenderal Sudirman, Jakarta. Terang saja aksi gilanya itu membuat banyak orang, termasuk media, terhibur sekaligus penasaran.

Tidak berhenti di situ. Kalau biasanya buku dijual setelah terbit, ternyata logika linear itu tidak berlaku bagi Tung. Ia menjual *FR* kira-kira satu bulan sebelum terbit. Caranya? Melalui pembelian inden. Pemesan akan mendapat hadiah menarik berupa dua *CD sales magic* dan tiket gratis mengikuti seminarnya. Kreativitas dan kegilaan Tung terlunasi. *FR* habis terjual sebanyak 10.511 eksemplar pada hari pertama peluncuran. Bahkan, MURI merasa perlu memberikan sertifikat rekor atas "kenekatan" Tung dan larisnya *FR*.

Tak terkecuali *LP*. Kebanyakan orang tidak mengetahui bagaimana Andrea Hirata jungkir balik memasarkan novel pertamanya itu. Sama saja dengan penulis lain pada awal kemunculan karyanya, Andrea pernah mengalami masa-masa "tidak dianggap". Misalnya, peluncuran bukunya di Jakarta (Maret 2006) hanya dihadiri belasan orang, jauh dari riuh, heboh, dan teriakan elu. Cenderung sepi dan garing.

Tapi Andrea tak putus harap. Ia terus bergerilya. Menyambangi (calon) pembacanya. Pada awal 2007, ia melakukan *road show* ke Jawa dan Bali. Termasuk menggelar jumpa penulis di halaman parkir Fakultas Sastra Undip, Semarang. Dan masih lekat dalam ingatan saya—kebetulan waktu itu saya jadi moderatornya—yang mengikuti acara tersebut kurang dari 50 mahasiswa. Baru dua orang yang sudah membaca *Laskar Pelangi* hingga khatam. Dari dua orang itu, hanya satu orang yang punya. Satunya pinjam. Mendapati kenyataan itu, Andrea tidak kecut. Ia terus bersemangat membangunkan raksasa yang tengah tidur. Dan kegigihannya tertunaikan. Pada awal 2008, *Laskar Pelangi* terjual lebih dari setengah juta eksemplar!

30
Komik Buku Serius: Dari Marx hingga Gus Dur

Agus M. Irkham

Penerbit buku menjadi lembaga yang tidak hanya membawa tujuan bisnis, tapi juga memainkan peran kultural, terutama saat kesadaran akan pentingnya buku dimafhumi sebagian besar masyarakat. Dengan *judgement,* selera, visi, integritas, dan keterampilan berbisnis, penerbit tidak hanya bisa berhasil dalam usahanya, tapi sampai pada tahap tertentu, ia juga bisa meningkatkan iklim budaya dan kehidupan literatur di sekelilingnya (Ikapi, 2000: xiv).

Pada tingkat kesadaran, kita boleh merasa lega, namun pada tingkat aksi, kelegaan tersebut berubah menjadi keprihatinan. Seringkali jauh panggang dari api. Inginnya masyarakat membaca, namun penelitian tentang faktor-faktor yang mempengaruhi minat baca masyarakat tidak pernah dilakukan. Belum lagi pajak yang dikenakan terhadap penerbit buku. Sebatas yang saya ketahui, studi tentang faktor penentu minat baca sangat terbatas. Satu di antaranya dilakukan oleh Primanto Nugroho dari Yayasan Etnoreflika. "Memotret Misteri Minat Baca di Masyarakat", demikian judul yang diberikan Primanto saat mempresentasikan hasil penelitian kualitatifnya pada diskusi minat baca yang diselenggarakan Pusat Studi Asia Pasifik Universitas Gadjah Mada (PSAP UGM), 11 Oktober 2000.

Harus saya tulis di sini beberapa fakta masuk akal yang ditemukan Primanto dalam penelitian tersebut: (1) membaca adalah kegiatan orang yang punya waktu, (2) membaca gosip adalah bentuk partisipasi dari pergaulan, (3) informasi bergerak bersama masyarakat, (4) penting agar selamat di dunia-akhirat, (5) membaca buku kiri akan membuat orang jadi kiri. Muara kelima fakta yang masuk akal tersebut berupa konklusi bahwa minat baca masyarakat tidak bisa diukur dari tinggi-rendahnya aktivitas membaca karena hakikat buku, majalah, koran, atau media baca apa pun adalah informasi. Sementara itu, informasi berjalan sesuai kebutuhan, kondisi, dan lokalitas elemen penyusun masyarakat. Tidak relevan jika kita membandingkan minat baca di Indonesia dengan di Jepang, yang sering membuat kita minder.

Jepang? Jangan jauh-jauh deh, Jakarta dengan Semarang, misalnya, atau Surabaya dengan Yogyakarta. Meskipun masih dalam satu pulau, perbedaan sistem nilai, budaya, dan tradisi membuat pola hidup masyarakat berbeda, termasuk budaya membaca. Hal itu terlihat ketika saya dan beberapa teman di Semarang mengadakan bedah buku dan jumpa pengarang: Sujiwo Tejo (*Dalang Edan*, 2002), Ayu Utami (*Larung*, 2001), dan Eep Saefulloh Fatah (*Membangun Oposisi: Agenda-Agenda Perubahan Politik Masa Depan*, 1999). Sedikit penulis yang menjadi saksi garingnya minat baca masyarakat Semarang. Begitu pula pada Mei 2002, ketika saya dan beberapa teman di Edents—Pers Mahasiswa FE Undip—uji kasus dengan mengadakan pelatihan penulisan buku. Dengan berat hati acara tersebut kami batalkan karena jumlah peserta yang sangat minim, kurang dari lima orang.

Padahal, pada masa pergerakan nasional, sudah terbit surat kabar berbahasa Belanda *Semarangsch Advertentieblad* (1845) yang berganti nama menjadi *De Locomotief* (1863). Surat kabar tersebut mengindikasikan betapa masyarakat Semarang sudah mempunyai minat baca yang tinggi pada masa itu. Tak kurang, Mas Marco Kartodikromo, Sneevlit, Tan Malaka, dan Semaoen pun pernah tinggal di kota dagang ini. Tapi, rupanya lain dulu lain sekarang. Sampai saat ini belum pernah ada tulisan atau penelitian yang menjelaskan pergeseran budaya masyarakat Semarang, dari masyarakat baca ke masyarakat menonton. Yang jelas, kondisi sosiokultural masyarakat Semarang saat ini bukanlah sesuatu yang bersifat takdir, melainkan kausalitas natural belaka.

Jadi, kita tidak bisa *gebyah-uyah* ketika berbicara tentang minat baca. Permasalahannya sangat kompleks karena menyangkut unsur etnografi dan antropologi masyarakat yang berbeda. Tulisan ini tidak dimaksudkan untuk membahas perbedaan minat baca tersebut.

Komik dan Minat Baca

Agaknya menurut akal sehat, *pertama*, membaca adalah kegiatan orang yang punya waktu, *ceteris paribus*—dapat kita jadikan dasar pijakan dalam mendiskusikan hubungan antara minat baca dengan keberadaan buku-buku serius yang dikemas dalam bentuk komik atau bergambar. Selama ini tampilan fisik buku maupun bentuk penyajian materi sepertinya sudah dianggap final, tidak ada lagi perdebatan. Maka, ketika dihadapkan pada pertanyaan gugatan mengenai tanggung jawab penerbit terhadap minat baca masyarakat yang rendah sekali, penerbit cenderung "cuci tangan" dan menyatakan letak permasalahannya ada pada masyarakat sendiri.

Minat baca yang rendah karena *skill* membaca atau daya mamah kertas masyarakat memang rendah. Atas dasar itu, ditempuhlah program-program peningkatan keterampilan membaca, seperti bagaimana membaca secara efektif dan cepat. Muncul pula berbagai macam buku pelatihan metode membaca cepat.

Kalau kita kembalikan pada akal sehat bahwa membaca adalah kegiatan orang yang punya waktu, secara implisit kalimat tersebut mengandung pengertian bahwa buku-buku yang selama ini ada memang disediakan untuk mereka yang secara khusus menyediakan waktu untuk membaca. Mengapa? Karena tampilan buku itu sendirilah yang mengharuskannya dibaca dengan serius dan membutuhkan banyak waktu—tema serius, tebal, bahasa dan kaidah penulisan ketat. Apalagi didukung oleh cetakan yang bagus, yang mempunyai hubungan *trade off*—ada yang harus dikorbankan—dengan upaya mendapatkan keuntungan ekonomi yang proporsional. Orang enggan membeli lantaran harga buku relatif mahal sehingga membaca buku bukannya menyenangkan, melainkan justru membebani, bikin mumet.

Oleh karena itu, ditempuhlah jalan alternatif dengan mengemas buku-buku serius ke dalam bentuk komik. Kata *komik* berasal dari bahasa Inggris *comic* yang berarti 'cerita bergambar'. Berbagai konsepsi komik dijelaskan secara lengkap, antara lain, oleh Toni Masdiono, Scott McCloud, Marcel Bonneff, Ezra Pound (dapat dibaca dalam tulisan Wahyudin di *Matabaca* Vol.1/No.4/ November 2002, hlm. 31–32).

Tulisan ini tidak hendak membahas kembali masing-masing konsepsi tersebut. Tapi, ada garis lurus yang bisa saya kemukakan antara komik sebagai jenis bacaan dan sebagai alat komunikasi. Komik adalah bacaan dengan bahasa yang cair, tampilan rileks, bikin tertawa, ringan tapi mencerdaskan. Setelah membaca komik dijamin adrenalin Anda tidak akan naik, justru sebaliknya, jantung akan bekerja secara optimal lantaran kebahagiaan dan tawa.

Maka, maraknya komikisasi buku-buku serius merupakan solusi cerdas atas dua masalah: minat baca rendah dan tuntutan keuntungan yang proporsional. Komikisasi buku serius menjadikan motivasi sosiologis dan ekonomis bertemu dalam satu titik. Dengan tampilan layaknya komik, pembaca dapat memanfaatkan waktu yang pendek untuk membaca buku serius dengan tidak kehilangan substansinya, sekaligus bisa membuat pikiran segar. Kepentingan penerbit—buku dan tanggung jawab mencerdaskan masyarakat—pun dapat dicapai bersama.

Memang komikisasi bacaan serius telah merambah hampir ke semua tema, mulai dari pemasaran sampai filsafat, dari *Das Capital*-nya Karl Marx hingga perjalanan Gus Dur—*Gus Dur: dari Pesantren ke Istana Negara*. Lainnya? Sekadar contoh, buku *Rencana Pemasaran: Tuntunan untuk Manajer dalam Bentuk*

Bergambar karya Malcolm McDonald, profesor perencanaan pemasaran dan Direktur Distance Education Centre pada *Cranfield* Scholl of Management, dan Peter Moris, dosen University of Sussex (Arcan, 1995). Menarik, penting, lucu, dan berguna. Dari buku tersebut kita dapat memahami proses perencanaan pemasaran, pelanggan dan audit pemasaran, menetapkan sasaran dan strategi pemasaran, rencana penetapan harga, hingga distribusi. Kemudian, di ranah motivasi kita mengenal buku-buku Billi P. S. Lim, guru kegagalan dengan buku larisnya *Berani Gagal: Hikmah Kegagalan* (Pustaka Delapratasa, 2003). Dalam bidang keterampilan praktis pun ada *Vademekum Wartawan* karya Parakitri T. Simbolon (KPG, 1997). Di filsafat dan pemikiran kita mengenal *Posmodernisme for Beginner* (judul asli *Postmodernism For Beginners*) karya Richard Appignanesi, Chris Garratt, dkk. (Mizan, 1997). Buku ini rata-rata sudah dicetak ulang. Pada 1998, KPG juga mengeluarkan *Matinya Ilmu Ekonomi* (judul asli *The Death of Economic*) karya Paul Ormerod. Membaca buku tersebut serasa dibawa ke rekreasi pemikiran ekonomi Adam Smith hingga Keynes, apalagi dipenuhi dengan ilustrasi Imam Sukemi, dijamin mata Anda tidak bakal berkaca-kaca-ngantuk (lihat tabel)!

Sekadar Komik Belum Cukup

Sampai di sini, cukupkah? Belum! Menerbitkan buku-buku serius dalam tampilan bergambar atau komik bukan pekerjaan mudah. Di dalamnya melekat biaya yang relatif mahal dan waktu yang lama. Bagaimana mengubah bahasa yang panjang menjadi komunikatif: singkat, padat, jelas, sekaligus "nakal". Belum lagi memangkas jumlah halaman yang tidak sedikit, dari beratus-ratus menjadi tidak lebih dari 70 halaman, ditambah dengan proses konkretisasi bahasa ke dalam gambar. Semua itu memerlukan keahlian tersendiri.

Sebagian besar komik serius di Indonesia diambil dari penerbit luar negeri. Misalnya, Seri For Beginner (Mizan), *Das Ka-*

pital untuk Pemula (Insist Press, 1982), *Filsafat untuk Pemula* (Kanisius, 2001), *Kartun Statistik* (KPG, 2001), *Kartun Biologi Genetika* (KPG, 2002), dan *Perencanaan Pemasaran: Tuntunan untuk Manajer dalam Bentuk Bergambar* (Arcan, 1995). Komik seperti ini, dari sisi efisiensi waktu penerbitan, memang dapat dicapai, tetapi bukan berarti tanpa masalah. Sedikitnya ada dua masalah mendasar. *Pertama*, kualitas gambar. Gambar di-*layout* seperti buku asli sehingga hanya memperhatikan tata letak tanpa mengubah struktur gambar, alhasil terlihat kurang menarik dan jauh dari kesan hidup.

Kedua, redaksi atau kebahasaan. Masalah utama pada karya terjemahan adalah pembaca sulit memahami maksud kalimat. Kalimat-kalimat yang ada terasa kaku, sulit dipahami, dan strukturnya tidak baku sehingga mempengaruhi substansi. Ini terjadi karena para penerjemah hanya tahu bahasa Inggris atau bahasa asing lain dalam bingkai tekstual, bukan kontekstual. Ditambah dengan kurangnya pemahaman terhadap disiplin ilmu yang menjadi tema buku yang diterjemahkan. Jelas ini kontra-produktif dengan tujuan awal komik serius: memudahkan pembaca memahami isi buku sekaligus bagian dari kegiatan rekreatif.

Ke depan, harus mulai dipikirkan bagaimana menerbitkan Seri For Beginner atau komik serius lain yang berbasis *community based* (kebutuhan komunitas terdekat), seperti yang sudah dilakukan Remaja Rosdakarya pada buku *Gus Dur: dari Pesantren ke Istana Negara* dan Seri Biografi Bung Karno. Atau buku terbitan luar negeri *best seller* yang disadur ke dalam bahasa Indonesia, tidak hanya diubah bahasanya tetapi juga ilustrasinya. Gambaran konsep ini dapat kita temukan pada buku *The Death of Economics* karya Paul Ormerod yang disadur Parakitri T. Simbolon dengan judul *Matinya Ilmu Ekonomi*. Katakanlah, buku yang bertema dan disajikan serius sebagai tesis penyebab rendahnya minat baca dan komik sebagai antitesisnya, maka komik serius adalah sintesis atas keduanya. Di sinilah posisi strategis komik serius.

Tabel 1
Beberapa Buku Serius yang Dikemas dalam Bentuk Komik

No.	Judul Buku	Penulis	Penerbit	Tahun Terbit	Keterangan
1	*The Death of Economics* (*Matinya Ilmu Ekonomi*)	Paul Ormerod, versi Indonesia disadur oleh Parakitri T. Simbolon	Kepustakaan Populer Gramedia (KPG), Jakarta.	1994; versi Indonesia cetakan pertama 1998.	Cetakan ketiga Maret 1998.
2	*Menuju Ilmu Ekonomi Baru* (Matinya Ilmu Ekonomi 2)	Paul Ormerod, versi Indonesia disadur oleh Parakriti T. Simbolon	KPG, Jakarta.	1994; versi Indonesia cetakan pertama 8 Januari 1999.	Cetakan kedua 10 Oktober 2000.
3	*Vademekum Wartawan: Reportase Dasar*	Parakitri T. Simbolon, disadur oleh A. Ariobimo Nusantara dan Yul Hamiyati	KPG, Jakarta.	1997.	Cetakan ketiga 1997.
4	*Mengenal Posmodernisme for Beginner*	Richard Appignanesi dan Chris Garratt bersama Ziauddin Sardar dan Patrick Curry. Diterjemahkan oleh Alfathri Adlin.	Mizan, Bandung.	1995; versi Indonesia cetakan pertama November 1997.	Cetakan ketiga September 1998.
5	*Berani Gagal-Hikmah Kegagalan*	Bili P.S. Lim dengan alih bahasa Drs. Suharsono.	Delapratasa Publishing, Jakarta.	2003	
6	*Perencanaan Pemasaran: Tuntunan untuk Manajer dalam Bentuk Bergambar*	Malcolm McDonald dan Petir Moris, diterjemahkan oleh Edi Nugroho.	Penerbit Arcan, Jakarta.	1991; versi Indonesia cetakan pertama 1995.	
7	*Philosophy for Beginners* (Filsafat untuk Pemula)	Richard Osborne, diterjemahkan oleh P. Hardono Hadi.	Kanisius, Yogyakarta.	1991; versi Indonesia cetakan pertama 2001.	
8	*Das Capital untuk Pemula*	David Smith dan Phil Evans, diterjemahkan oleh Ugoran Asad.	Insist Press, Yogyakarta.	1982; versi Indonesia cetakan tanpa tahun.	
9	*Fisika Itu Asyik*	Yohanes Surya.	Bina Sumber daya MII'A.	April 2001.	Cetakan kedua April 2002.
10	*The Cartoon Guide to to Statistic* (Kartun Statistik)	Larry Gonlck dan Wollcott Smith, diterjemahkan oleh Tri Pujanarto.	KPG, Jakarta.	1993; versi Indonesia cetakan pertama September 2002.	
11	*Kartun Biologi Genetika*	Larry Gonick dan Mark Wheelis, diterjemahkan oleh Tri Pujanarto.	KPG, Jakarta.	1991; versi Indonesia cetakan pertama November 2001.	
12	Seri Biografi Bung Karno	Sari Pusparini.	Remaja Rosdakarya, Bandung.	2002	
13	Sari Tokoh Islam Indonesia (*Gus Dur: dari Pesantren ke Istana Negara*)	Yoga Ad. Attarmidzi, dkk.	Remaja Rosdakarya, Bandung.	2001	

31
Wajah Baru Kapitalisme Buku

Agus M. Irkham

Doktrin kapitalisme adalah kebaruan, tak terkecuali di industri perbukuan. Kebaruan tidak saja soal produk, tapi juga pola pemasaran. Mengikuti pameran, apalagi sekadar dititipkan di toko, tidaklah cukup. Harus ada model pemasaran baru yang dalam jangka pendek mampu memaksimalkan keuntungan. Model baru itu, misalnya, menjual buku melalui program pelatihan. Buku menjadi semacam alat yang melengkapi pelatihan. Ketika seseorang menjadi peserta pelatihan, kesannya ia mendapat buku gratis. Padahal harga buku sudah dimasukkan ke dalam biaya pelatihan.

Apakah semua jenis buku dapat dijual melalui pelatihan? Tentu saja tidak. Hanya buku praktis yang kuyup dengan beragam kiat atau tips serta contoh-contoh simulasi teknis. Misalnya, *Mengelola Keuangan Keluarga* karya Safir Senduk, *Rahasia Sukses Membangkitkan ESQ Power* karya Ary Ginanjar Agustian, *Pelatihan Shalat Khusyu* karya Abu Sangkan, *Quantum Ikhlas* karya Erbe Sentanu, *Success is My Right* karya Andrie Wongso, dan *Financial Revolution* karya Tung Desem Waringin.

Meretas Jalur Distribusi

Sedikitnya ada dua manfaat yang dapat diperoleh dari modus menjual buku melalui pelatihan—wajah baru kapitalisme buku.

Pertama, dari sisi penerbit, mereka dapat melipat jalur distribusi dan penjualan buku. Tanpa perlu melalui distributor, agen, atau toko buku, penerbit dapat langsung menyasar konsumen. Dengan begitu, diskon yang semula diambil distributor dan toko buku dapat digunakan konsumen. Uang yang diterima pun bersifat kontan sehingga bisa segera digunakan untuk menerbitkan cetakan berikutnya atau mencetak buku lain.

Jualan buku melalui pelatihan juga menjadi wujud nyata upaya penerbit mengajak penulis turut serta menjual bukunya. Jadi, setelah buku diterbitkan, penulis tidak cuci tangan dan hanya memedulikan besaran royalti yang diterima. Tak ada makan siang gratis dalam kapitalisme.

Menjual buku melalui pelatihan juga dapat dimaknai sebagai titik temu antara kepentingan penerbit (buku terjual dan roda penerbitan terus berputar) dan kebutuhan penulis (besarnya jumlah royalti yang diterima, citra diri sebagai *trainer* sukses, serta nilai-nilai yang diyakininya dapat tersebar secara efektif). Jadi, bisa saja orang membaca atau memperoleh bukunya karena mengikuti pelatihan. Atau sebaliknya, setelah membaca buku, pembaca tertarik mengikuti pelatihannya.

Buku Berbalas Buku

Manfaat *kedua* dari segi hubungan antara penulis dan pembaca. Gelaran pelatihan dapat dijadikan ajang pertemuan penulis dan pembaca. Di sana pembaca dapat mengonfirmasi, mengafirmasi, atau menegasi isi buku, termasuk menyatakan keberatan, ketidaksetujuan, dan mengkritik buku. Tentu dalam bingkai pelatihan.

Penulis tidak perlu khawatir dengan kritik dan pernyataan keberatan itu. Justru kritik tersebut dapat dijadikan materi baru untuk tambahan isi buku pada edisi revisi atau cetakan berikutnya. Bahkan, dapat menjadi sumber gagasan dan masukan penting untuk menerbitkan buku lagi, baik oleh penulis maupun peserta pelatihan. Keduanya akan insaf, betapa cara pandang terhadap satu persoalan itu begitu beragam. Ternyata tema buku tak pernah habis. Meskipun ada kesan semua tema sudah pernah ditulis, ternyata ada saja sela-sela tema, bagian, atau sudut pandang tulisan yang belum dimasuki, yang sebelumnya tidak terpikirkan.

Di dunia perbukuan, bukankah sudah jamak buku yang memproduksi perbincangan hangat lantas dibalas dengan menerbitkan buku pula, hingga ada fenomena buku berbalas buku? Pada titik ini, pelatihan menjadi sarana menghimpun informasi mengenai produk apa yang tengah diminati. Wajah baru kapitalisme buku melahirkan kecenderungan buku berbalas buku, yang pada beberapa kasus, bukan berupa balasan melainkan epigon, tiruan. "Proses kreatif"-nya melalui sistem ATM (amati, tiru, modifikasi) dan spanyol (separuh *nyolong*)—dua istilah yang disiarkan para kerani perbukuan di Yogyakarta. Pertimbangannya sederhana: buku berbalas buku adalah cara paling mudah mendapatkan keuntungan ekonomi karena pasar sudah terbentuk sejak mula. Perguncingan yang muncul dapat dibaca sebagai potensi pasar yang masih terbuka lebar.

32
Jualan Buku Melalui SMS

Agus M. Irkham

Kamis, 20 Maret 2008, saya mengikuti obrolan literasi di Toko Buku Gramedia Pandanaran, Semarang. Obrolan bertajuk "Bedah Buku *100 Puisi Indonesia Terbaik 2008* dan *20 Cerpen Indonesia Terbaik 2008*" itu menampilkan Triyanto Triwikromo, S. Prasetyo Utomo (cerpenis), Hendro Basuki (wartawan), dan Timur Sinar Suprabana (penyair).

Meskipun berkonsep bedah buku, isi obrolan tidak membahas isi buku yang diterbitkan Gramedia Pustaka Utama tersebut, melainkan kontroversi yang berkembang seputar buku itu. Apa pasal sehingga timbul kontoversi? Kontroversi dipicu oleh ajakan penerbit kepada para pembaca untuk turut memilih karya terbaik dalam buku tersebut melalui SMS. Hadiah uang senilai total Rp50 juta siap diberikan kepada pengirim SMS yang beruntung. Kuis SMS dinilai sebagian pihak sebagai upaya penerbit meraup keuntungan sebesar-besarnya.

Andai sangkaan itu benar, apakah cara demikian lazim dan sah? Apakah cara itu tidak akan menodai kemuliaan industri perbukuan, lantaran dunia perbukuan sering disebut sebagai *nobel industry*?

Pertanyaan pertama dijawab oleh Triyanto Triwikromo, Direktur Program Anugerah Sastra Pena Kencana. Menurutnya, sangkaan itu tidak benar. Apalagi tiap cerpenis yang karyanya masuk dalam buku *20 Cerpen Indonesia Terbaik 2008* telah mendapat honorarium sebesar Rp3,5 juta. Sepuluh kali lipat dibandingkan dengan honor pemuatan tulisan di koran. Angka itu akan bertambah sebesar Rp50 juta jika cerpen mereka memperoleh SMS terbanyak.

Terlepas dari pledoi Triyanto, andai sangkaan meraup keuntungan sebesar-besarnya itu benar, saya kira tidak ada masalah. Tetap lazim dan sah. Tidak mengurangi secuil pun kemuliaan industri perbukuan. Saya justru berharap sangkaan itu benar karena iming-iming hadiah besar tidak cukup bisa memaksa publik untuk bergegas membeli buku. Padahal kalau tidak membeli buku, otomatis tidak bisa mengirim SMS mengingat ada syarat khusus SMS dinyatakan sah, yaitu berkaitan dengan bukti transaksi pembelian.

Beda dengan SMS Idol

Satu lagi, saya kira terlalu berlebihan jika ada sebagian pihak yang menilai bahwa apa yang dilakukan Pena Kencana sama dengan SMS idol di televisi. Mengapa berlebihan? Anugerah Sastra Pena Kencana, meskipun menyandarkan diri pada perolehan SMS, tidak bisa dibandingkan dengan berbagai macam acara idol yang berbasis pada pengiriman SMS.

Tidak semua orang suka membaca. Tidak semua orang yang suka baca itu membaca karya sastra. Tidak semua orang yang suka baca karya sastra lantas membeli buku sastra. Tidak semua orang yang suka baca dan membeli buku sastra membaca seluruh isi buku. Tidak semua yang membaca habis isi buku sastra mampu memberikan apresiasi. Tidak semua pembaca yang *wasis* mengapresiasi mau mengirim SMS, mengingat pembaca yang mampu mengapresiasi karya sastra biasanya mempunyai resistansi tinggi.

Jadi, ketika seorang pembaca mengirim SMS, maka ia telah betul-betul sengaja mengirimkannya—bukan iseng—karena ia rela, sabar, dan tabah melewati pintu saringan yang berlapis-lapis tadi. Meskipun iming-iming hadiahnya besar, dugaan saya, hal itu tidak akan mampu membuat pembeli dan pembacanya larut dalam euforia berkirim SMS layaknya penonton acara idol.

Pada titik ini, saya lebih setuju dengan pendapat S. Prasetyo Utomo bahwa SMS adalah bagian dari pendidikan bagi publik pembaca untuk lebih berani dan terbuka dalam mengapresiasi karya sastra, ketimbang pendapat Hendro Basuki yang mengatakan SMS sebagai bentuk pemaksaan metodologi. Pembaca sastra tidak bisa dipaksa.

Industri perbukuan tidak hidup dalam ruang hampa udara. Sebagai anak budaya, ia senantiasa berkelindan dengan perubahan situasi dan kondisi lingkungan, termasuk perubahan dan perkembangan teknologi informasi dan percetakan. Jualannya pun tidak melulu harus melalui toko buku atau pameran. Tapi bisa melalui televisi, seperti acara *Spiritual Windows*-nya MTV, atau *Kick Andy*-nya Metro TV; radio, seperti *Eltira Book Self*; termasuk via SMS.

Bukan Hal Baru

Dalam dunia perbukuan, pola pemasaran yang dilakukan Pena Kencana dan penerbit Gramedia Pustaka Utama itu—kalau boleh memaknai penjurian via SMS sebagai bentuk siasat dagang—sama sekali bukan hal baru. Paling tidak, dilihat dari kesamaan memanfaatkan fasilitas SMS. Jadi tidak perlu diributkan, apalagi sampai menjadi kontroversi dan melahirkan perdebatan panjang.

Contohnya, beberapa tahun lalu, Zabit Mobile Book (ZMB)—*paperless publishing*—mengeluarkan sebuah produk bernama MobiNovel, yaitu aplikasi Java yang berfungsi sebagai pengganti novel fisik menjadi novel *paperless*. MobiNovel dapat diakses melalui telepon genggam yang berbasis Java. Bagaimana cara menikmati MobiNovel? Anda tinggal mengirimkan SMS dengan tarif Rp5.000 plus tarif GPRS, maka larik-larik paragraf sebagian isi novel akan segera terkirim ke telepon genggam Anda. Masih penasaran ingin terus membaca sampai selesai? Anda tinggal mengirim SMS lagi. Mudah sekali, bukan? Nah!

33
Wrapping dan Bunuh Diri Toko Buku

Agus M. Irkham

Pernahkah Anda membeli buku dengan plastik yang masih membebatnya, kemudian setelah dibuka, kualitas cetakan buku tidak bagus: ada halaman yang ujungnya terlipat, kosong, penataan nomor terbolak-balik, beberapa halaman ganda, lengket, atau halaman kurang? Anda pun lantas berkesimpulan, membeli buku ibarat membeli kucing dalam karung.

Tentu saja penerbit buku, penulis, dan toko buku akan segera gulung lapak jika buku yang mereka cetak, tulis, dan jual tidak ada pembacanya, atau lebih tepatnya tidak ada pembelinya. Selanjutnya, pembaca dan pembeli akan digunakan secara bergantian untuk menunjukkan pengertian yang sama, yaitu konsumen buku. Untuk itu, keberadaan pembaca buku mempunyai posisi yang sama pentingnya dengan pihak lain—yang terhimpun dalam *stakeholders* perbukuan. Ibarat mobil, konsumen buku adalah bensin. Tanpa bahan bakar, dapat dipastikan mobil bakal ngadat.

Meskipun begitu, ternyata daya tawar pembaca buku terhitung terbatas, jika enggan mengatakan lemah. Keterbatasan daya tawar itu dapat dicandrai melalui perilaku penerbit dan toko buku. Sudah sewajarnya pembaca menginginkan buku bermutu. Tidak saja menyangkut isi, tapi juga kemasan, yang di dalamnya berhimpun gaya bahasa, pemilihan jenis dan besarnya huruf, tataletak isi buku, desain kover, serta kualitas cetakan dan penjilidan (*binding*).

Tong Kosong Berbunyi Bohong

Tak kalah penting, pembaca juga berhak memperoleh kesesuaian antara judul, *endorsement*, dan paparan di kover belakang dengan isi buku. Tak jarang yang terjadi adalah tong kosong berbunyi bohong. Lain deskripsi, lain isi. Apalagi sekarang hampir semua buku dikemas dengan plastik (*wrapping*). Calon pembeli tidak dapat memastikan hak mereka, apakah benar-benar sudah terpenuhi atau belum. Contohnya, betapa konsumen buku tidak mempunyai daya tawar yang berarti ketika berhadapan dengan toko buku dan penerbit, seperti yang tertulis di paragraf awal artikel ini.

Tapi, jika dipikir, agak merepotkan kalau konsumen menghendaki semua buku yang dipajang di rak toko buku harus dibuka. Bayangkan, dalam satu hari, katakanlah paling sedikit 10 orang pengunjung menjamah, mengelus-elus kover, dan membolak-balik halaman buku tanpa membelinya. Dalam waktu sepuluh hari saja sudah dapat dibayangkan seperti apa bentuk buku itu. Pasti lecek, kotor, dan kusut. Mendapati kualitas fisik buku yang buruk, tentu saja pengunjung yang semula hendak membeli jadi urung. Kekhawatiran tersebut akan menjadi kabar buruk bagi toko buku dan penerbit. Banyak pengunjung, tapi sedikit yang membeli. Buku didaras, mendapat apresiasi yang luas dari masyarakat pembaca, tapi nilai penjualannya kecil.

Sample buku

Nah, pada titik ini dibutuhkan kesadaran konsumen bahwa *wrapping* dimaksudkan untuk menghindari buku dibaca berulangkali tapi tidak dibeli. Lantas, bagaimana jalan tengah agar toko buku dan penerbit tidak merugi, konsumen pun tidak merasa tertipu? Dengan menyandingkan satu buku tanpa *wrapping* sebagai contoh.

Gambaran yang lebih jelas, misalnya, stok buku berjudul x berjumlah 40 eksemplar dan semuanya dalam kondisi dikemas. Ambil saja satu eksemplar buku x tersebut, segel plastik dilepas dan diletakkan di bagian teratas tumpukan buku x itu. Dengan cara seperti ini, paling tidak konsumen bisa memastikan ke-(tidak)-sesuaian antara kulit (kover, deskripsi sebagian isi, *endorsement*, judul) dan daging buku (isi).

Lantas bagaimana dengan kualitas penjilidan, termasuk memastikan produk tidak cacat? Ada satu cara terakhir yang dapat dipakai, yaitu ketika Anda hendak membayar, buka saja segel plastik buku tersebut di depan kasir. Setelah Anda memastikan buku tidak cacat, barulah dibayar. Sebaliknya, jika ternyata kualitas buku buruk, Anda bisa meminta ganti buku lain, tentu masih dengan judul yang sama. Yang terpenting, Anda tetap jadi membelinya!

Saya yakin, toko buku tidak akan keberatan dengan prosedur beli buku yang Anda praktikkan itu. Mengingat sekarang ini salah satu yang hendak dikejar dalam pola pemasaran buku adalah kepuasan konsumen. Bukan sebaliknya, melulu meraup keuntungan dengan membuat konsumen kapok, tidak mau berbelanja lagi. Kecuali, toko buku menghendaki para calon pembelinya berpindah ke model pembelian *online*, atau menyerbu gelaran pameran buku. Sebuah langkah bunuh diri yang tidak mungkin dilakukan toko buku.

34
Penerbit vs Toko Buku
Agus M. Irkham

Jika ada yang bertanya, siapa yang paling berjasa dalam proses pendistribusian buku, tentu saja saya menjawab toko buku. Terlebih, ketika beragam gelaran pameran buku, seperti Pesta Buku, Indonesia Book Fair, dan Islamic Book Fair belum ada. Keberadaan toko buku benar-benar menjadi andalan pemasaran buku. Menjadi ajang mengenalkan buku-buku terbarunya sekaligus sarana penerbit melakukan pe-merek-an diri (*branding*).

Boleh dikata, sampai saat ini apa yang terjadi di toko buku, pada segi tertentu, dapat menjadi cermin atas apa yang tengah berlangsung di dunia perbukuan dan penerbitan. Misalnya, kecenderungan toko buku menggagas pameran melengkapi cara jualan model lama. Acara itu biasanya dikaitkan dengan ulang tahun penerbit atau peringatan tertentu. Isi acaranya menjual buku dengan rabat khusus layaknya pameran buku.

Kreasi demikian dipicu oleh maraknya pameran buku hasil kerja EO yang menawarkan buku dengan harga diskon. Tentu saja kondisi seperti ini patut diapresiasi karena bisa menjadi tanda bahwa minat baca buku dan daya beli masyarakat meningkat, mengingat pameran selalu dibanjiri pengunjung dan omset penjualannya kian meningkat.

Namun, dua tahun terakhir ini situasinya agak berlebihan. Bayangkan, dalam setahun di satu kota saja pameran buku bisa diadakan sampai enam kali sehingga berkesan sepertinya penerbit hendak meninggalkan toko buku, bak kacang lupa kulitnya. Dulu, pada masa-masa sulit dan terpepet, mereka memanfaatkan toko buku. Sekarang, saat pasar buku meluas, toko buku dianggap kurang penting. Padahal, jika dirunut, meluasnya pasar buku merupakan hasil kerja keras—atau lebih tepatnya disebut kerja nekat—toko buku.

Maraknya pameran buku rupa-rupanya juga mengubah perilaku konsumen buku. Sebelumnya mereka membeli buku dalam jumlah besar di toko buku, sekarang mereka memilih memborong buku saat ada pameran. Sambil menunggu pameran tiba, pengeluaran tiap bulan yang disisihkan untuk membeli buku mereka tabung terlebih dahulu. Kalaulah tetap membeli buku di toko, hanya dalam jumlah kecil. Jelas saja perubahan perilaku ini membawa perubahan terhadap total penjualan dan perolehan laba. Kondisi demikian, dalam jangka panjang dapat berakibat buruk pada toko buku, mengancam keberlangsungan bisnisnya.

Maka dari itu, sepertinya perlu dicari jalan tengah yang sama-sama menguntungkan, terutama dari sisi ekonomi. Penerbit tetap bisa menerbitkan buku dan toko buku mendapatkan kepastian masa depan bisnisnya. Jalan tengah itu, misalnya, menentukan jumlah ideal gelaran pameran buku dalam setahun. Ada yang mengatakan maksimal setahun pameran diadakan tiga kali—tiap empat bulan sekali. Kemudian, di wilayah mana gelaran pameran mesti diadakan? Di lokasi yang berdekatan dengan toko buku atau di wilayah yang masyarakatnya sulit mengakses toko buku—karena lokasi toko buku jauh dari tempat tinggal atau di wilayah mereka memang belum ada toko buku. Pada titik ini, pameran lebih berfungsi sebagai media pemerataan distribusi buku ketimbang melulu bertujuan menumpuk keuntungan.

Itu dari sisi penerbit. Dari sisi toko buku, mau tidak mau, mereka harus mempermudah pola hubungan dengan penerbit agar tidak "diboikot" penerbit. Kemudahan itu meliputi penyederhanaan mekanisme pengiriman barang, pembuatan laporan penjualan, serta pembayaran. Semakin sederhana dan cepat, semakin baik.

Satu contoh, kalau biasanya laporan penjualan sekaligus pembayaran dilakukan tiap dua hingga tiga bulan sekali, dipercepat menjadi satu setengah bulan. Ini penting mengingat kebutuhan penerbit sangat tinggi. Tidak saja untuk membayar royalti penulis, tapi juga, yang tak kalah penting, untuk menerbitkan buku lagi.

Demikian pula, kalau selama ini toko buku banyak yang menggunakan sistem konsinyasi diskon, mengapa tidak mencoba memakai sistem kredit untuk buku-buku *best seller*? Dengan begitu, penerbit lebih mudah membuat perencanaan keuangan karena ada kepastian waktu dan jumlah uang yang masuk.

Terakhir, maraknya pameran buku juga dipicu oleh merebaknya beragam EO perbukuan. Hendaknya mereka tidak sekadar mengejar setoran dengan memperbanyak kuantitas pameran serta menjalin kontak hanya dengan penerbit dan distributor. Toko buku, sebagai salah satu *stakeholders* industri perbukuan, tidak bisa diabaikan. EO harus mulai berani mengambil inisiatif menawarkan program literasi yang dapat dicangkokkan ke dalam toko buku.

EO perbukuan hendaknya dapat pula menciptakan magnet bagi pengunjung toko buku sehingga gairah masyarakat saat mengunjungi toko buku sama seperti ketika mereka memadati pameran. EO menjadi jembatan antara kepentingan masyarakat pembaca dan penerbit dengan toko buku. Dengan demikian, sangkaan bahwa sedang ada peperangan antara toko buku dan penerbit terbantahkan.

35
Faktor Penentu Buku Laku

Agus M. Irkham

Faktor apa saja yang dapat mendorong suatu buku jadi laris hingga membuat kacang goreng iri? Jika menengok kejadian yang mengemuka di dunia perbukuan—empat tahun terakhir ini—setidaknya ada lima faktor penentu.

Pertama, obrolan yang terjadi di komunitas-komunitas literasi, baik secara *online*—melalui milis—maupun *offline*. Bahkan, obrolan yang sebelumnya hanya terbatas melalui *email*, tak jarang diteruskan dengan menggelar kopdar, alias kopi darat. Isi obrolan tidak melulu memuji isi buku atau saling merekomendasikan buku yang wajib dibaca, tapi juga kritik serta beragam pendapat yang dinilai kontroversial. Semua pendapat itu untuk penerbit nilainya sama: promosi gratis.

The Da Vinci Code anggitan Dan Brown (Serambi, 2004) adalah satu contoh buku yang laris manis justru karena dinilai kontroversial. Banyak pihak gemetar, skeptis, sekaligus tak kuasa menunggu untuk segera membantah klaim Brown bahwa semua deskripsi karya seni, arsitektur, dokumen, dan ritus rahasia dalam novel itu akurat. Brown dinilai anti-Kristus!

Kedua, efek *Kick Andy*-nya Metro TV. Unjuk bincang (*talk-show*) yang dipandu Andy F. Noya—Pemred Metro TV—itu tiap episodenya menampilkan orang-orang tak terduga. Orang-orang yang kisah hidupnya mampu menginspirasi penonton. Mereka tidak harus orang yang sudah terkenal atau sebelumnya telah menjadi tokoh, tapi juga orang-orang kecil yang wajah dan namanya tidak pernah tertulis di koran, tersiar di radio, atau terlihat di televisi.

Satu menu yang tak pernah ketinggalan di *Kick Andy* adalah pembagian buku di penghujung acara. Andy menggenggam buku dan menunjukkannya di depan kamera sambil berkata kurang-lebih begini, "Anda yang di rumah bisa mendapat buku di tangan saya ini dengan mengakses *website Kick Andy*. Namun, karena jumlahnya terbatas, maka akan kami undi. Sedangkan buat Anda semua yang hadir di sini, akan dapat satu-satu." Ucapan itu selalu disusul dengan gemuruh tepuk tangan penonton di studio. Buku yang dibagikan bisa berkaitan dengan tema yang dibicarakan sebelumnya, atau justru menjadi tema pembicaraan.

Nah, salah satu buku yang menjadi tema pembicaraan *Kick Andy* adalah novel *Laskar Pelangi.* Saat itu, Andy tidak saja membicarakan isi novel, tapi juga menghadirkan Andrea Hirata dan Bu Muslimah, guru yang disebut Andrea dalam novelnya. Saat murid dan guru itu dipertemukan, tak sedikit penonton yang menitikkan air mata.

Berdasarkan pengakuan Gangsar Sukresno, pimpinan penerbit Bentang Pustaka, setelah *Laskar Pelangi* tampil di *Kick Andy,* Bentang harus mencetak novel itu berulangkali. Bahkan hingga 30 kali. Tak heran, ketika Andrea ditanya berapa besar royalti yang telah diterimanya, ia menjawab singkat, "Cukup untuk bikin sekolah!"

Ketiga, resensi buku. Berbeda dengan *endorsement* yang isinya wajib memuji, resensi lebih sering berisi kritikan, tidak hanya terhadap buku yang tengah didaras, tapi juga terhadap konsistensi dan perkembangan pemikiran penulisnya. Itu sebabnya, resensi yang baik bukan hasil dari *copy-paste* isi buku, melainkan juga membandingkannya dengan buku lain yang sejenis. Baik yang ditulis orang yang sama maupun penulis lain. Informasi buku lewat resensi sangat dibutuhkan oleh penikmat buku yang tidak sempat pergi ke toko buku. Resensi sekaligus menjadi dasar pertimbangan mereka untuk membeli suatu buku atau tidak. Buat penerbit, resensi merupakan iklan gratis. Secara tidak langsung peresensi telah menjadi humas penerbit. Mengenalkan buku yang diterbitkan, sekaligus secara tersirat mengabarkan kepada publik pembaca tentang kecenderungan tema buku yang tengah diterbitkan.

Keempat, efek Gramedia. Meskipun sementara kerani perbukuan berjuang sekuat tenaga untuk menciptakan alternatif pilihan distribusi buku, tetap saja tidak bisa mengalahkan "dominasi" toko buku Gramedia. Selama ini, nama Gramedia sudah kadung melekat di benak pemamah buku. Tidak saja karena ragam buku yang dijualnya terlengkap, yang tak kalah penting dari itu, kenyamanan membeli serta kemudahan menjangkaunya.

Toko buku Gramedia tersebar di seluruh pelosok Indonesia, terutama di kota-kota besar. Tentu saja, bagi penerbit, jaringan toko buku yang demikian banyak dan luas itu sangat menguntungkan karena biaya distribusi buku jadi sangkil. Tak soal penjualan buku dengan sistem konsinyasi, yang terpenting tidak teronggok di gudang. Apalagi, sebagian besar penikmat buku membeli buku dari toko buku. Dan toko buku itu adalah Gramedia.

Kelima, display di toko buku. Jika Anda tergolong rajin ke toko buku, tentu dapat mencandrai adab toko buku sekarang ini. Demi menarik minat pembeli—ini yang paling kasat mata—mereka memajang buku ke dalam kategori seperti ini: *best seller*. Menariknya, tidak semua buku yang dipajang tergolong *best seller*.

Buku yang dinilai bakal laris dipajang di dekat pintu masuk dengan kover menghadap depan. Sedangkan, untuk buku yang tidak begitu laku, yang ditampilkan cukup bagian punggung sehingga orang sulit membacanya. Penting buat penerbit untuk meyakinkan pengelola toko buku bahwa buku terbitannya bakal laku keras.

36
Menjual Es Krim di Kutub Utara

Agus M. Irkham

Menjual es krim di Kutub Utara. Kalimat itu yang sepertinya paling tepat mewakili betapa susahnya menjual buku ke mahasiswa Semarang. Buku kuliah sekalipun. Mereka lebih memilih menjadi intelektual pembajak alias fotokopi. Tak salah jika sebagian penerbit mengatakan tradisi literer mahasiswa Semarang memprihatinkan—jika tak mau disebut rendah. Paling tidak dibandingkan dengan Bandung, Malang, dan Yogya. Tapi itu dulu. Awal tahun 2000-an, Togamas—toko buku yang menyasar mahasiswa—dibuka di Semarang. "Saya pilih Semarang karena ini kota besar terdekat yang saya tahu," ujar Vincent, pimpinan Togamas Semarang pada waktu itu. Semula ia berniat membuka Togamas di Salatiga, kota kelahirannya, tapi urung karena perhitungan bisnisnya tidak masuk.

Vincent menilai Semarang lebih menjanjikan ketimbang Salatiga, dilihat dari tingkat pendapat masyarakat dan jumlah perguruan tinggi. Pasar mahasiswa belum tergarap dengan baik, apalagi waktu itu belum ada toko buku diskon murni di sana. Padahal, buat para mahasiswa selisih harga adalah persoalan sensitif. Ada, sih, lapak-lapak yang menjual buku dengan harga miring, tapi aksesnya sulit, tidak nyaman, dan tingkat kelengkapan buku rendah. Vincent tidak sepenuhnya setuju dengan cap bahwa minat baca masyarakat Semarang, khususnya mahasiswa, sangat rendah.

"Oplah koran di Semarang termasuk cukup tinggi, jadi minat orang baca koran pasti tinggi," ucap Vincent. "Lihat saja koran gratis yang ditempel di tepi jalan, banyak tukang becak, sopir angkot, pedagang warung, termasuk mahasiswa, yang rebutan membacanya," tambahnya.

Karena sasaran pasarnya mahasiswa, Vincent memilih lokasi yang dekat dengan kampus, tepatnya di Jalan Singosari Raya No. 25 atau sekitar 500 m di sebelah selatan kampus Undip. Saat pertama buka, 31 Maret 2001, Togamas menyediakan 15.000 eksemplar buku. Dengan perbandingan buku kuliah dan umum 50:50. Untuk memenuhi angka sebesar itu, Vincent tidak menghadapi kendala yang berarti. Ia sangat diuntungkan dengan hubungan baik yang sebelumnya terjalin antara penerbit dengan Togamas Malang dan Yogyakarta. Bahkan, para penerbit sangat mendukungnya dengan memberi berbagai macam keringanan dan kerja sama khusus. Misalnya, kerja sama dengan 50 lebih penerbit untuk meluncurkan program Buku untuk Rakyat. Semua buku didiskon 40 hingga 70 persen. "Itu sangat membantu memperkuat *image* Toga sebagai toko buku diskon," tegas Vincent yang juga aktivis lingkungan itu.

Strategi apa yang dipakai Vincent untuk menggaet pembeli? Seperti yang berlaku di Togamas Malang dan Yogya, Vincent mengambil kebijakan harga—faktor yang masih sangat direwelkan oleh masyarakat Semarang, terlebih mahasiswa—diskon setiap hari. Namun, awalnya strategi diskon kurang mempan. Masyarakat justru curiga dan menganggap *diskon setiap hari* hanya slogan kosong alias bohong. "Untuk menyakinkan masyarakat, kami sampai harus membagikan brosur khusus berisi penjelasan dan juga memberi jaminan, kalau ternyata kami bohong, kami bersedia mengembalikan uangnya," jelas Vincent.

Hasilnya? Penjualan pada tahun pertama masih kecil. Bahkan, pada tahun kedua masih merugi sehingga harus ada penambahan modal. Untuk memenuhi tambahan modal tersebut, rumahnya di Salatiga dijual, istri dan kedua anaknya pun ia boyong ke

Semarang.

Setelah memasuki tahun ketiga, barulah Togamas mulai tumbuh pesat. Tiap tahun rerata pendapatannya di atas dua digit. Para pengunjungnya pun tidak hanya mahasiswa, kini lebih variatif: pelajar, orang tua, bahkan anak-anak. Cerita sukses Vincent sebenarnya mengabarkan kepada khalayak bahwa minat baca warga Semarang, khususnya mahasiswa, tengah mekar.

Gairah aktivitas literasi di Semarang kian menghangat. Selain Togamas, sedikitnya ada enam toko buku yang tergolong besar: Trubus di Jalan Pamularsih yang khusus menjual buku-buku pertanian, perikanan, dan tanaman; Gunung Agung di Citra Land, Simpang Lima, yang mempunyai stok majalah terlengkap; Merbabu di Jalan Pandanaran dan Matahari, Simpang Lima, yang juga menjual *stationery* termurah; Toha Putra di Kauman yang khusus menjual kitab kuning, alquran, dan buku-buku agama; Aneka Ilmu di Johar; dan Gramedia di Jalan Pandanaran dan Java Mall yang memiliki stok buku baru terlengkap. Semuanya ramai dan laku.

Selain toko buku, gairah keberaksaraan di Semarang juga dapat dicandra melalui keberadaan penerbit baru, diadakannya beragam pelatihan menulis, serta maraknya acara perbukuan. Toko buku sebagai gerai wisata adab pun kini tidak hanya berjualan, tapi juga menggelar acara perbukuan. Misalnya, peluncuran buku, temu penulis, dan bincang buku. Pameran buku yang sebelumnya belum tentu diadakan setahun sekali saja, sekarang minimal tiga kali digelar dalam setahun. Itu belum termasuk pameran yang diprakarsai kampus.

37
Datang, Serang, Menang!

Agus M. Irkham

Ada banyak peristiwa yang terjadi di dunia perbukuan selama 2008. Salah satunya, yang paling mengemuka, adalah maraknya pameran buku yang diselenggarakan *Event Organizer* (EO) perbukuan. Di Jawa Tengah, pameran tidak saja digelar di kota-kota besar macam Semarang dan Solo, tapi juga kota-kota kecil, seperti Wonosobo, Purwokerto, Pekalongan, Sragen, Jepara, Kudus, dan Batang.

Maraknya gelaran pesta buku yang digagas EO perbukuan itu melahirkan tiga lema penting: *datang, serang, menang*! Tiga lema tersebut menjadi modus aktivitas EO perbukuan. Mula-mula mereka mendatangi suatu daerah, melihat berbagai potensi dan kemungkinan pasar, menyerang—meyakinkan atau melobi beberapa pihak untuk menggelar pameran buku sambil menghitung tingkat keuntungan yang bakal dikantongi. Begitu pameran dibuka, mereka sudah bisa memastikan kemenangan. Bahkan, dalam beberapa kasus, kemenangan sudah bisa dihitung sebelum pameran dilaksanakan. Kemenangan itu berwujud keuntungan ekonomi (profit) dan suksesnya acara (benefit).

Dalam satu tahun, satu EO bisa menggelar pameran di satu daerah lebih dari sekali. Misalnya, di Semarang. Pada awal tahun 2000-an, boleh dikatakan Semarang masih sepi pameran buku. Setahun sekali saja belum tentu. Tapi, tiga tahun terakhir ini, hampir dapat dipastikan ada pameran buku. Malahan tidak hanya sekali, bisa tiga hingga empat kali, dengan dua atau tiga EO.

Munculnya EO perbukuan dapat dimaknai sebagai dampak langsung geliat industri perbukuan. Jumlah penerbit sudah ratusan, judul buku baru dalam satu bulan sudah ribuan, pilihan buku kian beragam, pertumbuhan pasar buku juga positif. Dalam situasi pasar yang demikian kompetitif itu tentu saja penerbit tidak bisa lagi sepenuhnya mengandalkan toko buku. Apalagi, toko buku sebagai saluran distribusi dan tempat jualan, tidak bisa mengelola semuanya dengan baik, terutama pelaporan dan pembayaran penjualan. Akibatnya, penerbit sering mengalami kesulitan likuiditas. Kemunculan EO perbukuan pun dapat dibaca sebagai bentuk empati serta tawaran solusi atas persoalan penerbit.

Balik Modal

Tentu saja, oleh penerbit uluran tangan itu disambut baik. Terbukti setiap pameran, terutama yang diadakan di kota besar, pasti diikuti oleh ratusan penerbit. Mereka saling mendahului membeli stan. Tak jarang, mereka harus gigit jari karena stan habis. Menariknya, stan habis bukan karena penerbit yang ingin ikut kelewat banyak, melainkan diborong oleh satu penerbit ataupun distributor. Mereka membeli tiga atau empat stan sekaligus dengan harga khusus. Stan-stan itu tidak dipakai sendiri. Satu atau dua stan saja yang mereka gunakan, selebihnya di jual ke penerbit atau distributor lain dengan harga lebih tinggi dari harga yang EO tawarkan.

Dalam praktik seperti itu, pada hari pertama pameran, penerbit atau distributor yang memborong stan sudah bisa balik modal. Selisih harga yang ia terima sudah cukup untuk membayar stan yang ia pakai. Modus seperti ini dapat disebut praktik gelap atau tidak, entahlah. EO hanya berkepentingan menjual stan pameran. Tak soal jika stan yang telah dibeli itu dioper ke pihak lain, bahkan kosong. Yang penting stan laku dan uang sudah masuk. Publikasinya pun tak perlu gila-gilaan. Maka, kita sering menjumpai pameran buku yang diikuti oleh banyak penerbit, stan penuh, namun sepi pengunjung.

Kondisi demikian tentu saja membuat penerbit kecewa. Sebagai peserta pameran, mereka berharap banyak pengujung yang datang, dengan begitu kemungkinan buku laku juga bertambah besar. Tingginya tingkat pengunjung pun mempengaruhi marak dan menariknya acara pendamping pameran. Oleh karena itu, kebanyakan penerbit besar menjadikan ada-tidak dan menarik-tidaknya acara pendamping sebagai bahan pertimbangan sebelum memutuskan untuk mengikuti pameran.

Ikut Menjual Buku

Praktik lain EO perbukuan yang menarik—untuk memuluskan modus *datang, serang, menang*—adalah turut serta menjual buku. Biasanya hal ini terjadi di pameran yang diadakan di daerah, bukan kota besar, dan EO yang menyelenggarakannya belum begitu terkenal. Daya tawar mereka masih rendah, baik ketika berhubungan dengan penerbit, distributor, maupun pihak terkait lainnya.

Untuk meyakinkan pemegang izin di daerah, sponsor, dan masyarakat, mereka mengelola sendiri stan-stan yang ada. EO meminta penerbit dan distributor untuk menitipkan buku-buku mereka dengan sistem titip jual. Buku-buku itu, oleh EO, ditaruh di stan-stan sesuai dengan nama penerbit, distributor, dan nama EO itu sendiri. Agaknya, frekuensi penyelenggaraan pameran juga harus diatur mengingat agresivitas EO perbukuan yang tinggi—berupa banjir pameran buku dalam rentang waktu sempit—telah dirasakan oleh sebagian pengelola toko buku sebagai sebuah ancaman.

38
Dari Kover Turun ke Hati
Agus M. Irkham

Ibarat orang, kover buku adalah wajah. Meskipun ada yang mengingatkan *don't judge by the look*, tetap saja wajah adalah masukan penting pertama yang sering dijadikan penilaian seseorang terhadap sesuatu. Itu sebabnya, untuk sebagian orang, mengurusi wajah sama pentingnya, bahkan lebih penting, ketimbang diri si pemilik wajah. Di dunia perbukuan juga berlaku demikian. Isi memang penting, tapi itu saja tidak cukup. Ada satu lagi yang tidak boleh tercecer, yaitu kover depan. Kover menjadi jembatan penghubung antara calon pembaca (baca: pembeli) dengan isi buku. Bagaimana mungkin orang mau membaca isi jika menyentuh kovernya saja enggan.

Sekarang ini, perkembangan desain kover buku berbunyi demikian nyaring. Seiring dengan nyaringnya capaian kemajuan di ranah teknologi publikasi. Meskipun begitu, teknologi—secanggih apa pun—hanyalah alat, bukan faktor penentu. Ternyata nama penulis—kompentensi, kredibilitas, keterkenalan, dan wilayah sosial—masih menjadi salah satu pertimbangan penting ketika menentukan model desain, yaitu yang menyangkut ukuran huruf, pilihan warna nama penulis dan judul buku, serta ilustrasi yang digunakan.

Berdasarkan ukuran-ukuran itu, saya membagi kover ke dalam tiga kategori. *Pertama,* kover buku penulis pemula. Ukuran pemula disandarkan pada jumlah buku yang sudah diterbitkan—atau derajat ke-"artisan"-nya. Nah, karena pemula, tentu ia harus tahu diri kalau namanya ditulis dengan ukuran huruf yang lebih kecil ketimbang judul buku. Bahkan, guna mendongkrak kualitas buku, penerbit merasa perlu meminta tokoh terkenal untuk memberi kata pengantar. Hasil akhirnya pun bisa ditebak. Nama penulis kata pengantar terpampang dengan ukuran huruf yang lebih besar, lengkap dengan pilihan warna yang mencolok, ketimbang nama penulisnya sendiri.

Jika Anda tergolong penulis pemula dan diperlakukan demikian, Anda tak perlu tersinggung, uring-uringan, apalagi pakai acara *ngambek.* Ambil saja sisi positifnya. Berbesar hatilah, anggap perlakukan itu sebagai tantangan untuk terus meningkatkan kualitas karya. Justru ketika buku Anda terbit padahal nama Anda dalam dunia perbukuan terdengar saja tidak, berarti tulisan Anda memang bagus. Pun ketika ada orang yang membeli buku Anda, dapat dipastikan ia membeli bukan karena nama, melainkan karya.

Kedua, kover buku penulis mapan. Simpul-simpul penanda kategori penulis mapan, diantaranya, jumlah buku yang diterbitkan sudah bertumpuk-tumpuk, sebagian besar karyanya *best seller,* memiliki spesialisasi, dan lebih sering diminta penerbit menelurkan buku ketimbang melamar penerbit. Penulis mapan juga mempunyai pembaca yang loyal sehingga buku-buku terbarunya senantiasa dinanti. Apa pun yang penulis buat akan selalu mereka beli. Tanpa syarat.

Nama penulis mapan di kover buku akan ditorehkan dengan ukuran huruf yang lebih besar ketimbang judul sehingga membuat bingung pembaca yang benar-benar awam. Kondisi demikian buat penulis, terutama penerbit, tentu sangat menggembirakan. Tak perlu khawatir buku tak laku. Penulis tinggal berkonsentrasi pada isi, sedangkan penerbit pada kualitas cetakan. Namun, kegembiraan itu bukannya tanpa cela. Karena kebanyakan pembaca membeli nama, bukan isi, konsumen irasional. Sikap tersebut akan melahirkan perilaku aji mumpung penulis yang berpengaruh pada kualitas karya. Pembaca memproduksi gaya hidup snobisme: membeli buku Nurcholish Madjid agar disebut cendekia, memborong buku Emha agar disangka berbudaya, menumpuk buku Habiburrahman agar dinilai beriman.

Ketiga, kover buku penulis kategori seleb, yang tidak saja mapan tapi juga telah menjadi ikon. Tidak saja dikenal sebagai *writer,* tapi juga *trainer, speaker* dan *er-er* lainnya. Kisah hidupnya diangkat di koran, majalah, dan televisi. Jika konsumen penulis mapan tergolong irasional—hanya membeli nama—maka konsumen penulis seleb sangat irasional. Penulisnya sekalian "dibeli". Agaknya fenomena itu sangat dipahami penerbit. Terbukti, kover buku penulis seleb tidak lagi bermain-main di besar-kecilnya ukuran huruf, tapi langsung menampilkan foto penulis sebagai ilustrasi kover depan.

39
Jakarta Melebihi Belanda
Gol A Gong

Gempa Literasi di Rumah Dunia, salah satunya, berupa pertunjukan seni. Bisa pementasan teater, musikalisasi puisi, monolog, ataupun pembacaan puisi. Dengan cara seperti ini, lewat seni pertunjukan, tanpa sadar warga masuk ke wilayah pembelajaran literasi. Metode seperti ini sangat menghibur. Transformasinya tak terasa dan tanpa beban. Sebetulnya ini juga bentuk dukungan TBM, seperti Rumah Dunia, kepada para penerbit agar buku-buku yang mereka terbitkan bisa dengan mudah sampai ke masyarakat. Sebuah buku, jika hanya dipajang di rak toko, tentu tak akan dikenal masyarakat.

Aceh Luka

Salah satu kegiatan pertunjukan seni itu adalah pembacaan buku puisi *Rencong* karya Fikar W. Eda. Aku ingat, aku mengenal Fikar W. Eda di "Ode Kampung 2: Temu Komunitas Sastra se-Nusantara" (Sabtu, 21/7/2007). Selama ini aku hanya mengenal namanya di buku-buku kumpulan sajak. Tangannya kokoh. Tubuhnya tegap. Dadanya bidang. Rambutnya panjang terurai. Rahangnya keras. Dia lebih mirip seperti seorang pemberontak ketimbang penyair. Ada magma di dadanya, yang kalau meletus bisa meranggas. Memakan segalanya.

Begitulah orang Aceh yang terluka akibat terlalu lama ditindas. Untungnya, Fikar seorang Muslim yang meyakini bahwa berjuang lewat pena lebih kencang dampaknya. Seperti kata Prof. Madya Dr. Siti Zainon Ismail di kover belakang bukunya, *suara penyair ini tetap lembut, walaupun menyampaikan hal yang sinis.* Sekali lagi, sebagai putra Aceh, nilai islami itu memang sarat dalam puisi Fikar. Bagi umat Islam, doa itu penting.

Di beberapa sajaknya, kata-kata yang Fikar pilih boleh lembut dan islami. Tapi, di sajak yang ditulisnya pasca-DOM, "Seperti Belanda", *nadanya langsung tanpa bersembunyi lagi,* begitu kata Siti Zainon Ismail dalam kata pengantarnya, *walaupun perang melawan Belanda sudah berakhir, kesan kemarahan itu masih berbekas. Dan, Belanda dan Jakarta tak ada bedanya.*

Lihatlah! Magma di dada Fikar—yang lahir di Aceh pada 1966—ini muncrat ketika berdiri di atas panggung Rumah Dunia, Sabtu malam, pukul 20.00. Fikar membacakan sajaknya, "Seperti Belanda", yang tergabung dalam antologi sajak *Rencong* dengan raungan singa terluka! Ada nyeri di dada, rasa marah, dendam, geram, luka nanah yang bercampur jadi satu. Bacalah.

seperti Belanda
mereka atur siasat
membuat kami takluk
bertekuk lutut
seperti Belanda
mereka rebut hati kami
dengan cahaya janji
sambil mengutip kitab suci
seperti Belanda
mereka suguhi kami anggur
hingga kami mendengkur
lalu dengan leluasa
mengeruk perut kami
gas alam, minyak, emas, hutan,
sampai akar rumput bumi

seperti Belanda
mereka pun menghunus sangkur
dengan senapan siap tempur
rumah-rumah digempur
masjid, meunaseh
dibuat hancur
melebihi Belanda
mereka perkosai istri-istri kami
mereka tebas leher putra-putri kami
mereka bunuh harapan dan cita-cita kami
melebihi belanda
itulah Jakarta!
Jakarta 1999

***

Ya, Jakarta memang melebihi Belanda. Dengan jargon pembangunan dan pendapatan asli daerah, mereka rampok kampung-kampung kita. Mereka berkongsi dengan penguasa dunia, merampoki harta-harta kita di Aceh, Dumai, Bontang, Buyat, Freeport, dan di seluruh sudut nusantra yang tak terpetakan!

Bagi saya, sajak "Seperti Belanda" semakin memperkuat perilaku kapitalis dan liberalis yang salah kaprah, yang dilakukan para pemimpin negeri ini. Mereka berkongsi dengan para pengusaha lokal dan dunia. Bahkan, celakanya, terselip penguasa yang pengusaha atau pengusaha yang jadi penguasa. Mereka lebih cocok jadi preman proyek daripada negarawan.

Banten bernasib sama. Wajah asli Banten dihancurkan, tidak secara politik, tapi ekonomi. Sawah-sawah yang sejak zaman Sultan Ageng Tirtayasa menjadi lumbung padi, kini irigasi-irigasinya dihujani limbah pabrik. Bahkan, sawah-sawahnya ditanami pabrik. Gedung bersejarahnya pun, bekas Makodim di Alun-alun Utara Serang, dirobohkan pada 2005 dan diganti dengan mal oleh pengusaha Jakarta. Rakyat dan para pahlawan Banten yang berdemo dipantati dengan angka-angka pertumbuhan. Ekonomi tetap jadi prioritas. "Rakyat tidak akan kenyang makan sejarah!" begitu dalih mereka.

Ya, Jakarta melebihi Belanda.

Lihatlah bagaimana warga Porong dijadikan tumbal lewat tragedi lumpur Lapindo. Ketika pengusaha sekelas Abu Rizal Bakri merugi, pemerintah menalangi hutang-hutangnya sementara rakyat menderita. Tapi, jika pengusaha untung besar, duit masuk ke kantong mereka sementara rakyat tidak sejahtera.

Ya, Jakarta melebihi Belanda!

40
Mendekatkan Sastra Lewat Televisi
Gol A Gong

Membedah buku seorang penulis dan mendiskusikannya juga bagian dari kegiatan Gempa Literasi. Penerbit terbantu karena calon pembaca mendapat informasi awal tentang produknya, demikian pula dengan si pengarang. Itu terjadi ketika aku membaca *Rinai Kabut Singgalang* (*RKS*) karya Muhammad Subhan. Aku ingin sekali membantu mengenalkannya kepada calon pembaca. Ini juga sebagai cara agar TBM atau komunitas baca yang kita kelola terus eksis. Tanpa ada kegiatan, TBM kita akan mati di tengah jalan.

Problem Sastra

Saat membaca buku tersebut, aku langsung teringat sinetron. Ini bahan yang bagus untuk membuat sinetron karena sangat cocok dengan selera pemirsa televisi di negeri kita yang gemar dengan kisah sendu. Dalam dunia sinetron, ada istilah *soap opera convention,* yaitu tema populer, seperti sindrom Cinderella, cinta terlarang, oedipus-kompleks, petualangan, konflik dua keluarga, persahabatan, dan perselingkuhan. Tema-tema keseharian ini digemari pemirsa sinetron di tanah air karena merasa sangat dekat dengan kehidupan mereka.

Lewat *RKS,* aku terlempar ke masa lalu, saat Buya Hamka menjadi pelopor cerita romantis jenis ini. Aku tahu, banyak penulis Minangkabau yang kini enggan menulis kisah-kisah seperti ini karena rata-rata sudah (merasa) melampauinya. Tidak apa-apa. Tapi, Subhan menuliskan kisah seperti semacam itu juga tak apa. Aku setuju dengan apa yang ditulis Damhuri Muhammad di kata pengantar buku ini, *RKS* adalah bentuk sastra yang mempertahankan identitas roman berlatar alam Minangkabau.

Harus tetap diingat, penulis menulis karya (sastra) bukan hanya untuk sesama penulis, melainkan ada tujuan yang lebih besar, yaitu puluhan juta masyarakat yang belum membaca buku (sastra). Dengan cara memilah pembaca buku (sastra), seperti halnya pemirsa di televisi yang dipilah berdasarkan peringkat penghasilan, *RKS* mencoba meraih mahasiswi, ibu-ibu, dan pembantu. Dengan cara seperti ini sastra, apa pun genrenya, suatu saat nanti tidak lagi berjarak dengan masyarakat.

Persoalannya, di negeri ini tidak semua masyarakat berpendidikan tinggi dan gemar membaca buku (sastra). Fakta ini memang tetap harus dipikirkan para penulis (sastra). Perihal sastra berjarak dengan pembacanya, dibuktikan dalam penelitian Taufik Ismail selama Juli hingga Oktober 1997 dengan mewawancarai pelajar tamatan SMA di 13 negara. Pertanyaan yang diajukan adalah: berapa judul buku sastra yang wajib dibaca selama 3 tahun bersekolah? Rata-rata pelajar di luar Indonesia merupakan pembaca sastra. Di Thailand Selatan, mereka membaca 5 judul buku sastra, Malaysia dan Singapura 6, Brunei 7, Rusia 12, Kanada 13, Jepang dan Swiss 15, Jerman Barat 22, Prancis dan Belanda 30, Amerika 32, dan Hindia Belanda 25. Sedangkan pelajar Indonesia nol. Mereka tidak pernah membaca sastra sejak 1950 sampai 2011.

Taufik membandingkan, kewajiban membaca buku siswa tamatan AMS (SMA) Hindia Belanda dulu sebanyak 25 buku dalam 3 tahun. Ada juga bimbingan mengarang seminggu sekali—berarti 36 pertemuan dalam setahun—sama saja mereka harus menulis 108 karangan selama 3 tahun bersekolah. "Hasilnya luar biasa. Generasi Bung Karno, Bung Hatta, Agus Salim, Natsir, Syarifudin Prawiranegara," cerita Taufik Ismail. "Sekarang, para siswa mengarang ketika mau kenaikan kelas saja. Sekali setahun, mirip sholat Idul Fitri," tambahnya prihatin.

Hal itu tampak nyata di negeri ini dengan hanya diterbitkannya 10 ribu judul buku per tahun dan hanya 1.000 judul yang diserap oleh penduduk Indonesia yang jumlahnya 200 juta lebih. Berapa orang di Indonesia yang senang membaca buku? Saya pernah mengalami buku karangan saya, *Balada si Roy*, dicetak lebih dari 100 ribu eksemplar (1990), Hilman Hariwijaya dengan *Lupus* lebih dari 1 juta eksemplar (1990), begitu juga pada era 2000 dengan *Laskar Pelangi* karya Andrea Hirata dan *Ayat-ayat Cinta* karya Habiburrahman El-Shirazy yang dicetak di atas 1 juta eksemplar—tapi tetap belum menembus 1,5 juta eksemplar. Bandingkan dengan jumlah penduduk di negeri ini. Jadi, jika sebuah judul buku bisa menembus angka keramat sebesar 2.000 eksemplar, penerbit sudah bernapas lega. Padahal, andai 1 persen saja penduduk yang rajin membeli buku—berarti 2 juta eksemplar—penulis akan kaya dan tentu lebih leluasa mengeksplorasi karyanya. Akan lahir karya-karya beragam dan terjadi komunikasi harmonis antara penulis-pembaca-penerbit.

Hiburan

Sastra pada dasarnya menghibur, seperti halnya sinetron. Perbedaannya, sinetron di Indonesia hadir setiap hari tanpa memedulikan logika cerita sehingga bikin perut mual, sementara sastra berada di ruang-ruang rahasia dan berjarak dengan masyarakat. Persoalannya itu tadi, tidak semua masyarakat senang membaca, apalagi membeli buku. Masyarakat yang berintelektual tinggi lebih sedikit dibandingkan yang berpendidikan rendah, sehingga mereka tidak tertarik pergi ke toko buku atau perpustakaan. Mereka merasa cepat pusing jika dihadapkan pada buku-buku sastra yang penggarapannya serius. Paling-paling membaca hanya sebagai hiburan.

Sebagai penulis, aku termasuk pembaca segala jenis sastra untuk menambah wawasan. Dalam proses membaca *RKS*, aku akan memakai pendekatan dari sisi film. Ketertarikanku dimulai ketika membaca Bab 1 ("Duka di Kampung Pesisir", hlm. 15). Subhan memulai cerita dengan sudut pandang "saya" yang hendak menceritakan kisah *RKS* ini. Siapakah "saya"? Kemudian, di akhir cerita, pembaca akan tahu bahwa "saya" adalah tokoh Yusuf, sahabat karib tokoh utama, Rifki. Teknik ini tidak baru. Sudah banyak ditulis. Multatuli dengan *Max Havelaar*, misalnya. Aku juga pernah. Tapi, cara penceritaan seperti ini tetap saja menarik, dan alurnya sangat filmis.

Jika aku menulis skenarionya untuk sinetron, aku akan menulis dengan pembukaan sebuah adegan tokoh Yusuf yang sedang memandangi tokoh Rahima—calon istri Fikri—yang hingga ajal menjemput tidak bersedia disentuh Yusuf saking cintanya kepada Fikri, yang meninggal akibat kecelakaan pesawat terbang. Teknik *flash back* yang akan kupakai, dan itu sudah sangat umum di dunia film (televisi atau pun layar lebar).

Kemudian, ada beberapa kelemahan intrinsik yang kutemukan. Misalnya, dalam alur cerita Fikri hendak dicelakai para pemuda kampung Kajai. Tokoh Yusuf disiksa oleh para pemuda (hlm. 93) hingga tak sadarkan diri. Di kuburan Mak Safri (paman Fikri), saat Yusuf menghibur Fikri, tidak disinggung sama sekali persoalan ini (hlm. 111). Begitu juga selama sebulan, polisi tidak berhasil mengendus kasus ini. Kasus pembunuhan Mak Safri, Subhan selesaikan di Bab 12 ("Mendapat Orangtua Angkat", hlm. 171) lewat surat Yusuf kepada Fikri, bahwa polisi sudah menangkap dua pembunuh Mak Safri yang juga menyiksa Fikri. Kalau aku jadi penulis, konflik ini akan kugarap sejak di Bab 7 ("Tragedi Berdarah", hlm. 95). Ah, itu soal selera kukira, dan itu tidak mengganggu alur cerita secara keseluruhan. Tapi tetap saja akan menarik jika disinetronkan, konflik ini akan jadi *plot point*—suatu peristiwa yang menggerakkan cerita—yang menarik. Seperti halnya film layar lebar *Merantau*, di mana eksplorasi kearifan lokal pencak silat ranah Minang mencuat di sini. Penonton kita (televisi atau layar lebar) masih senang dengan tontonan berbau laga.

Aku juga merasa terhibur ketika membaca *RKS* sepanjang perjalanan Serang-Palembang-Jambi-Tebo-Bukittinggi. Terutama karena penggambaran latar lokasi ranah Minang-nya. Aku merasa sedang dibawa berwisata oleh tokoh Fikri. Aku yakin *RKS* akan jadi semacam panduan pariwisata bagi para pelancong. Ini akan sesuai dengan kesepakatan para pengelola televisi, bahwa *on air look* di televisi itu harus indah. *RKS* tentu akan menyajikan panorama gambar yang sangat elok. Detail-detail alam Minangkabau akan enak di mata penontonnya. Aku yakin, DOP (pengarah gambar) akan tertantang memindahkan setiap kalimat keindahan Minangkabau di *RKS* ke pita filmnya.

Tentu saja *RKS* tidak sekadar menghibur. Subhan dengan cara populer mengemas amanat kepada pembaca lewat para tokoh rekaannya. Seperti halnya Ahmad Fuadi yang berasal dari Kampung Bayur, Maninjau, lewat novel *Negeri Lima Menara*—terjual 170 ribu kopi—menyampaikan amanat *man jadda wa jada* (yang bersungguh-sungguh akan berhasil) dan lewat *Ranah Tiga Warna*—terjual 70 ribu buku—dengan *man shabara zhafira* (yang bersabar akan beruntung). Dalam *RKS*, pembaca diingatkan bahwa bila terus bersikap sabar seperti tokoh Fikri, kita akan mendapatkan kebahagiaan, tidak di dunia tapi di akhirat. Lewat tokoh Fikri, secara verbal, pembaca yang dibidik diingatkan untuk terus berbagi kepada sesama. Ini akan jadi *ending* yang sangat disukai pengelola televisi: menguras air mata penonton.

Media Televisi

Untuk bisa bangkit dari keterpurukan memalukan sebagai orang yang tidak membaca sastra, kita harus saling mendukung. Sesama penulis tidak boleh diskriminatif terhadap karya penulis lainnya, tapi justru terus menyediakan bahan bacaan dengan menuliskannya untuk seluruh lapisan masyarakat di negeri ini. Cara mengenalkan sastra pun bisa di mana saja. Di perpustakaan, di komunitas, di toko buku, di sekolah, di kampus, di koran, bahkan di televisi.

Ya, kita harus belajar dari penyelenggara televisi. Selama ini kita—para penerbit dan penulis—sudah melupakan televisi (dan rumah produksi), yang sebetulnya sangat ampuh sebagai media penyampai sastra kepada para penonton. Kita justru sibuk menyalahkan televisi yang telah menyebarkan kebodohan lewat (logika) cerita sinetron. Aku yakin, jika pemirsa televisi tahu bahwa sinetron yang ditontonnya berdasarkan sebuah novel, mereka pasti akan membeli novelnya.

Lihat saja yang terjadi pada *Laskar Pelangi* dan *Ayat-ayat Cinta*, setelah dilayarlebarkan, oplahnya terus meningkat. Buku trilogiku, *Pada-Mu Aku Bersimpuh*, yang ditayangkan RCTI saat bulan puasa tahun 2001 pun ketika diterbitkan ulang dengan menggabung ketiganya dan diberi judul *Cinta-Mu Seluas Samudera* mampu memasuki cetakan keempat.

Sastra—apa pun itu genrenya—memiliki peluang merebut ruang dan waktu emas (*prime time*) televisi, jika para pelakunya mau melakukan itu dan tidak menganggap tabu televisi. Sastra bisa menjadikan para penonton televisi di negeri ini tercerahkan dan lepas dari kungkungan "mimpi di siang bolong". Sastra bisa menyediakan bahan baku cerita dengan logika cerita yang tertib bagi televisi, jika para pelakunya berbondong-bondong melamar jadi penulis skenario di televisi dan para penerbitnya berjejaring dengan televisi.

Arswendo Atmowiloto dan Dedi Setiadi pernah melakukan hal itu di TVRI (tahun 80-an). Kemudian, diteruskan pada era 90-an di beberapa televisi swasta, tapi tidak berlanjut. Aku menyebutnya "sastra televisi" untuk menyaingi "sastra koran" pada hari Minggu yang begitu dinanti kaum intelektual Indonesia.

Aku dan beberapa penulis juga pernah melakukan hal itu di Indosiar (1995). Ketika pakem rumah produksi adalah "menjual mimpi" di ranah sinetron lewat sinetron ala India dan Hongkong, aku mencoba berpijak ke bumi. Kemudian, aku menjadi salah satu tim kreatif di RCTI (1996–2008), mencoba menawarkan gagasan baru dalam bercerita di "sastra televisi" (untuk menyaingi sastra koran tadi), agar para penonton dari kelas CDE (menengah bawah) mendapat suguhan sinetron yang selain menghibur, juga tetap memaksa kaki mereka menapak di bumi. Bahkan, novelku yang berjudul *Pada-Mu Aku Bersimpuh* diangkat ke sinetron Ramadhan di RCTI dan mendapat penghargaan sebagai tayangan sinetron Ramadhan dengan cerita terbaik versi MUI pada waktu itu. Beberapa sinetron yang ceritanya berdasarkan novel juga pernah beredar di televisi, antara lain, *Lupus* karya Hilman (Indosiar, 1997), *Ali Topan Anak Jalanan* karya Teguh Esha (SCTV, 2000), *Al-Bahri* karyaku (TV7, 2002), dan *Sitti Nurbaya* karya Marah Roesli (TVRI, 1991).

Usaha ini kurasakan pula dalam *RKS*. Target pembaca yang dibidik Subhan adalah para pelajar dan mahasiswi putri yang senang menonton sinetron, pun ibu-ibu dan pembantu yang setia menunggu sembari nonton sinetron di rumah sampai suami atau majikan pulang dari kantor. Hal tersebut ditegaskan Damhuri Muhammad di kata pengantar, bahwa buku ini "sesekali berpola sinetronik".

Seperti yang kutulis di atas, *RKS* sangat sesuai dengan tema-tema yang diusung dalam *soap opera convention,* yaitu bercerita tentang cinta seseorang ala *cinderella syndrome*: si miskin lewat tokoh Fikri kepada putri kaya bernama Rahima, walaupun pada akhirnya Fikri meninggal dunia dan meminta Rahima menikah dengan Yusuf, sahabatnya.

Warna Lokal

Bagiku, *RKS* adalah sebuah karya yang harus didukung, asal kita paham target pembacanya. Penerbit harus mampu mengatur strategi pemasaran dan penjualannya, yaitu pembaca wanita, mulai dari mahasiswi, ibu rumah tangga, hingga pembantu. Penerbit juga gencar melobi PH atau televisi. Penulis *RKS* atau penulis lain yang menulis buku dengan genre populer tidak perlu merasa minder di depan penulis yang selalu menulis untuk pembaca yang memiliki intektual tinggi atau dikategorikan sastra serius.

Begitu juga penulis jenis karya itu tidak perlu merasa lebih unggul dari yang lain, karena ini persoalan pilihan. Yang harus dilakukan para penulis adalah menulis sesuai dengan pilihan hatinya tapi tetap memiliki satu tujuan: menghilangkan kebutaaksaraan terhadap buku (sastra) di negeri ini seperti yang dikeluhkan Taufik

Ismail. Dengan cara itu, saya yakin sastra tidak lagi berjarak dengan masyarakat.

Televisi adalah ruang yang harus diincar oleh penulis. *RKS* berpeluang menjadi sastra televisi karena memenuhi kriteria televisi, yaitu penderitaan tokoh Fikri yang terus-menerus sehingga mengakibatkan air mata pemirsa televisi terkuras, cinta sejati yang tersandung, intrik para tokoh, serta latar lokasi Minangkabau yang indah. Apalagi, sekarang pemerintah mengimbau agar tayangan sinetron menampilkan warna lokal. Beberapa FTV pun kini mulai rajin mengangkat cerita berlatar belakang kebudayaan lokal kita. *RKS* sendiri memiliki warna lokal yang kuat: kebudayan Minang yang matrilineal (garis ibu) lewat tokoh kakak Rahima, Ningsih, yang memisahkan Si Miskin Fikri dengan Rahima. Juga pemandangan Danau Maninjau, Gunung Singgalang, dan *local genuine* lainnya.

Kita doakan saja semoga ada televisi atau PH yang berminat mengangkat *RKS* menjadi sinetron di televisi. Insya Allah.

41
Bulan Celurit Api: Cermin Pilkada Banten

Gol A Gong

Aku sedang membaca berulang-ulang *Bulan Celurit Api* (*BCA*) karya Benny Arnas yang diterbitkan Penerbit Koekoesan (Oktober 2010). Aku mencoba memahami apa yang tersirat di dalamnya. Ini seperti ketika aku membaca *Robohnya Surau Kami* (A.A. Navis, 1955), di mana si pengarang memiliki pandangan jauh ke depan, bahwa di negeri ini begitu banyak masjid dibangun tapi kosong melompong dan orang solehnya sibuk dengan diri sendiri dan tuhannya, tapi lalai abai dengan lingkungan yang carut-marut. Yang kutangkap dan coba diungkap Benny dalam kumpulan cerpen *BCA*, kita seolah-olah diingatkan bahwa modernisasi dan demokrasi di negeri ini menyimpan bara api. Bahwa pemilukada secara langsung di negeri ini jadi biang kerok robohnya martabat negeri.

Warna Lokal

Di *BCA*, Benny dengan "centil" mengemas kekisruhan pemilukada langsung dan dampak buruk modernisasi lewat rangkaian kata demi kata. Peristiwa yang kerap terjadi di kampung kita tampil luar biasa "mewah" di kumpulan cerpen *BCA* ini. Sesuatu yang luput sia-sia, Benny terkam dan jadikan sebagai ide/inspirasi dalam cerpen-cerpennya. Ia mencoba berhati-hati saat memilih kata biasa menjadi pilihan kata yang luar biasa dan jarang kita pakai selama ini. Para pengarang dari Sumatra memang terkenal rajin mengorek-ngorek keajaiban kata. Saya jadi teringat Gus tf untuk urusan ini.

BCA terdiri atas 13 cerpen. Warna lokalnya kentara kuat. Sangat. Segala peristiwa yang terlupakan, keseharian di Lubuklinggau dan sekitarnya, diracik dengan kata sakti oleh Benny. Ia seolah jadi juru bicara Dinas Pariwisata dan Kebudayaan Lubuklinggau yang selama ini tidak mampu memosisikan diri sebagai agen kebudayaan kepada orang di luar daerahnya. Saya jadi membayangkan kehidupan orang kampung penyadap getah karet, tahu cerita rakyat "Bujang Kurap", teringat masa kecil di Banten tentang bunga Tanjung yang berhantu ("Kembang Tanjung Kelopak Tujuh"), dan cukup dibuat tertegun dengan kisah pengantin bisu-tuli ("Percakapan Pengantin")! Buat saya, cerpen "Percakapan Pengantin" cukup berhasil disuguhkan Benny lewat teknik menulisnya, yang jika lalai, pembaca akan tertipu.

Selama April 2011 saya sudah membaca tiga buku karya pengarang Sumatra saat mengikuti kegiatan Gempa Litrerasi di empat kota: Jambi Membaca (26/3/2011), Padangpanjang Membaca (3/4/2011), Babel Membaca (5/4/2011), dan Gelar Bangka Barat Membaca (7/4/2011). Yang *pertama*, kumcer *Negeri Cinta Batanghari* karya 25 penulis Forum Lingkar Pena yang mengangkat cerita rakyat dan kekinian sekitar Jambi. *Kedua*, Muhammad Subhan dengan *Rinai Kabut Singgalang* yang mencoba menggali keelokan alam ranah Minang. Dan *ketiga*, Benny Arnas dengan *BCA* lebih pada persoalan sosial-politik yang terjadi di kampung, yang menjadi cermin negeri ini. Saya tidak menangkap kesan keelokan bumi Lubuklinggau atau alam Sumatra Selatan digali Benny, tapi justru kisah-kisah tragis para penghuninya: warga Lubuklinggau yang notabene warga negeri ini.

Tapi, dari ketiga belas cerpen itu, saya lebih tertarik pada cerpen "BCA" yang dijadikan judul kumcer ini. "BCA" berkisah tentang kisah perempuan tua, Mak Muna, yang meraba ada gejala alam lewat bulan sabit mirip celurit di pucuk limas rumahnya. Ia membaca tanda akan ada huru-hara di kampungnya menjelang pemilukada. Ternyata benar. Rumah tuanya kebakaran, anaknya diarak keliling kampung karena berzinah, dan para tetua kampung yang berambisi jadi pemimpin terlibat perang saudara. Sudah rahasia umum jika tiap menjelang atau sesudah hajatan politik selalu terjadi keruh muram pertikaian perebutan takhta alias mahkota. Machieveli pasti tertawa-tawa karena mantranya diikuti.

Teror Baliho

Setelah membaca "BCA" itu, suatu malam, bulan celurit itu ada di atap balkon rumah kami. Aku, Abi (11), Odi (8), Azka (7) rebahan di sana. Mencoba menghitung bintang. Mencoba meraih bulan celurit itu. Ketiga anak kami memicingkan mata, seolah ada tangga cahaya dari bulan clurit yang menghampiri kami. Ketiga anak kami ingin meniti tangga cahaya itu. Tapi, hanya ilusi. Tiba-tiba terselip perasaan takut dengan kampungku, menjelang pemilukada langsung gubernur Banten periode 2012–2017. Baliho-baliho di tikungan jalan meneror kami. Tiba-tiba muncul muka-muka baru yang menyebut dirinya "baik" dan "peduli" kepada rakyat Banten. Begitu juga dengan wajah lama yang sudah "sukses" dan meminta meneruskan kepemimpinannya lagi.

Membaca "BCA" seolah diingatkan dengan situasi dan kondisi Banten terkini menjelang pemilihan gubernur tersebut. Ada perasaan takut dengan nasib keempat anak kami. Dengan masa depan anak-anak Banten. Tapi, ah, jangan paranoid! Apa hubungan "BCA" dengan Banten?! Ya, semoga kampungku aman-aman saja, tidak hangus terbakar seperti dalam cerpen "BCA", walaupun jawara Banten, menjelang pemilukada langsung, mulai meneror kami.

Lihat, di perempatan Kantor Pos Alun-alun Serang, ada baliho yang dengan sangat gamblang menginformasikan jika sebuah perguruan silat Terumbu (asli Banten dan kebanggaan kami) mendukung Gubernur Banten, Rt. Atut Chosiyah jadi Gubernur Banten berikutnya (2012–2017). Di baliho itu terpampang para tokoh perguruan silat Terumbu dengan sekitar 250 perguruannya yang tersebar di pelosok Banten.

Muncul rasa takut di kepala. Andai aku tidak mendukung Atut, apa yang akan terjadi kepadaku yang tak memiliki kemahiran apa pun dalam hal seni bela diri? Aku membaca yang tersirat di baliho itu, "Kami dari persilatan Terumbu mendukung Atut, kamu tidak mendukung Atut? Lantas punya ilmu silat apa kamu?"

Ketakutanku berlebihankah? Bagaimana kalau tiba-tiba ada baliho lain yang memunculkan perguruan silat TTKDH, Tae Kwon Do, INKAI, atau aliran lain mendukung calon lain? Apakah mereka sudah paham betul arti demokrasi, sehingga tidak akan terjadi baku hantam seperti tawuran pendukung sepak bola kita?

Semestinya, para pemegang seni bela diri atau tradisi agung ini tidak berpihak kepada penguasa. Aku ingat pesan Bapak yang guru olahraga, "Pesilat atau jago bela diri itu kalau merapat ke penguasa jadi *bodyguard*, dan kalau lapar tapi tidak punya kecakapan lain, jadi preman!" Sejatinya lagi, para pesilat Terumbu itu harusnya tetap menjadi penjaga nurani. Secara moral, mereka adalah pelindung rakyat seperti halnya tentara.

Menteri Wanita

Saat pemilukada langsung pada 2005, terasa betul teror yang disebarkan, "Jika Atut tidak terpilih, bakal banyak yang mati." Saat itu pasangan Zulkieflimansyah–Marissa Haque menang di atas kertas, tapi pada kenyataannya kalah. Ini sudah jadi rahasia umum, walaupun sulit dibuktikan.

Beberapa temanku ada yang jadi tim sukses Atut pada waktu itu dan sering mengabarkannya kepadaku tentang ini. Sungguh, siapa pun boleh jadi gubernur Banten. Itu hak politik kita. Tapi, sebetulnya aku lebih mendukung Rt. Atut Chosiyah jadi Menteri Pemberdayaan Perempuan, misalnya. Itu akan tercatat dalam sejarah karena Atut jadi perempuan pertama dari Banten yang menjadi menteri. Kalo Atut ngotot jadi gubernur, berarti tidak ada kemajuan dalam karier politiknya. Jadi gubernur terus, apa hebatnya? Kalau mau melanggengkan kekuasaan, kenapa Atut tidak berani memajukan anaknya, Andika Azrumi, jadi gubernur Banten? Itu lebih cantik dan hebat. Ibunya menteri, bapaknya anggota DPR, anaknya gubernur, menantunya anggota DPRD, adik iparnya walikota, ibu tirinya wakil bupati. Kita tentu bangga sebagai warga Banten, sebuah keluarga jadi pemimpin semua. Ini bisa tercatat dalam rekor MURI, bahkan rekor dunia.

Sekali lagi, siapa pun yang menjadi gubernur Banten tak masalah. Aku hanya ingin perubahan di Banten, ke arah yang lebih baik. Atut sudah memulai perubahan itu, lalu hendaknya memberi kesempatan kepada yang lain untuk meneruskan pembangunan Taman Budaya Banten dan perpustakaan megah, dengan begitu Atut bisa melenggang ke arena nasional.

Di Rumah Dunia (2006), Atut pernah berjanji akan menuntaskan pembangunan kedua bangunan itu, tapi hingga kini belum terwujud. Jadi, memberi kesempatan kepada yang lain itu penting. Provinsi Banten harus meniru Rumah Dunia. Aku cukup satu periode saja jadi presiden RD (2000-2005), kemudian Firman Venayaksa menggantikanku (2005-2010). Aku melenggang ke ranah nasional dengan menjadi Ketum Forum Taman Bacaan Masyarakat (2010-2015) dan Firman jadi Ketua 1. Kini posisi presiden Rumah Dunia sudah ada di periode ketiga, Ibnu Adam Aviciena (2010-2015). Nah, ide-ide melakukan perubahan jadi segar terus karena diisi oleh wajah-wajah baru dan wajah-wajah lama juga ikut mengawalnya dari arena lain, yang lebih tinggi.

PROSES KREATIF

42
Dari ATM hingga Spanyol

Agus M. Irkham

Tirulah yang baik-baik. Demikian bunyi nasihat orang bijak. Dan tampaknya petuah itu betul-betul dituruti sebagian kerani perbukuan. Terbukti novel-novel tiruan (epigon) tumbuh mekar bak jamur di musim hujan. Mereka mengekor novel-novel laris. Modus utama karya epigon adalah: amati, tiru, modifikasi (ATM), dan *separo nyolong* (spanyol). Bahkan pada beberapa kasus, epigon *banget*. Dari mulai penentuan judul, subjudul, pemilihan jenis dan ukuran huruf, nama penulis, tema dan alur cerita, termasuk ilustrasi kover buku. Penerbit dan penulis menjadi pembonceng gratis atas buku laris yang sebelumnya telah terbit.

Tergolong novel epigon, di antaranya: *Rumah Pelangi, Makrifat Cinta, Bait-bait Cinta, Dzikir-dzikir Cinta, Sabda-sabda Cinta, Syahadat Cinta,* dan *Kasidah-kasidah Cinta*. Judul yang pertama disebut adalah peniruan atas novel Andrea Hirata, *Laskar Pelangi*. Sisanya mengekor novel *Ayat-ayat Cinta*-nya Habiburrahman El-Shirazy yang mega *best seller* itu.

Macam-macam pendapat orang tentang fenomena epigonisme itu. Mulai dari sangkaan terhadap pengarangnya yang tidak lagi mempunyai idealisme, miskinnya daya cipta, malas baca, instan, hingga simpulan bahwa novel epigon itu adalah indikasi ketidakberdayaan pengarang di hadapan kepentingan penerbit. Termasuk tukasan sebagian pihak bahwa penerbit hanya berkepentingan menumpuk keuntungan ekonomi, bukan memperkaya ragam dan kualitas karya sastra di Indonesia.

Bukan Barang Baru

Dalam domain industrial, peniruan sebagai strategi mencuri kue pasar/konsumen bukanlah barang baru. Apalagi kalau dilihat dari skala ekonomi, luas pasar, dan jumlah orang yang terlibat, dunia perbukuan kini sudah menjadi industri. Otomatis pengekoran yang terjadi di dunia perbukuan menjadi sesuatu yang bisa diperkirakan. Terlebih lagi, di negeri ini belum ada regulasi yang secara khusus mengatur hak cipta buku. Semua berjalan berdasarkan mekanisme pasar.

Saya tidak bisa menyalahkan pengarang dan penerbit. Di satu sisi, daya cipta penulis membutuhkan energi, ruang, dan waktu, yang ketiganya dapat diartikan sebagai rupiah yang harus dikeluarkan. Di segi lain, agar dapat memanfaatkan peluang dengan optimal, penerbit membutuhkan percepatan siklus produksi.

Satu-satunya pihak yang relatif dapat mengerem—kalau tidak bisa mengentikan sama sekali—laju karya epigon adalah pembaca. Di tangan mereka nasib novel-novel epigon diputuskan. Mereka menjadi pihak terakhir penentu takdir hidup-mati penerbit epigon.

Pembaca Emosional

Mungkin benar apa yang dikatakan Andrea Hirata bahwa pembaca novel di Indonesia bersifat personal, sentimental, dan cenderung emosional *(Suara Merdeka, 21/9/2008)*. Menurut saya, ketiga sifat itu salah satunya dipicu oleh euforia yang tengah berlangsung di ranah penerbitan dan kepengarangan. Sekarang ini orang begitu mudah menerbitkan buku sekaligus mendirikan penerbit. Hingga ada seloroh yang beredar di antara para kerani perbukuan Yogyakarta, jika suatu malam ada tiga orang anak muda nongkrong di warung angkringan, terlibat permbicaraan yang serius hingga larut malam, dapat dipastikan esok hari akan muncul satu penerbit baru. Kemudahan menerbitkan dan mendirikan penerbitan itu sangat berarti bagi meningkatkan jumlah buku baru yang terbit tiap bulan.

Calon pembaca kebanjiran pilihan bacaan, gerak penerbitan pun kian dinamis dan kompetitif. Dalam situasi seperti itu, penerbit (baru) mencari jalan paling aman, yaitu mengekor produk laris penerbit mapan. Calon pembaca, terutama pemula menjadikan tema perguncingan banyak pembaca senior/mapan sebagai pertimbangan membeli buku. Yang ingin dikejar pembaca pemula adalah rasa aman secara sosial. Pada situasi seperti itu, karena terbatasnya pengetahuan dan informasi tentang perbukuan, mereka menjadi kurang selektif. Tidak mampu membedakan antara karya asli dan epigon. Dengan asumsi seperti itu, dapat disimpulkan terbelinya novel-novel epigon hanya bersifat kebetulan. Bukan kesengajaan.

Meskipun begitu, saya berkeyakinan umur epigonisme karya sastra tidak akan panjang. Seiring berjalannya waktu, pembaca akan tumbuh dewasa dan semakin kritis. Pembaca bukanlah entitas yang bersifat tetap. Mereka akan berubah. Mereka akan mengerti mana karya yang bermutu dan tidak. Mana yang berlaku sebagai penggerak utama (*prime mover*), mana yang sekadar jadi pengekor (*follower*).

Keyakinan tanpa keraguan itu saya sandarkan pada tesis bahwa membaca adalah aktivitas yang bersifat eksistensial. Aktivitas yang akan memampukan mereka melakukan kemungkinan-kemungkinan dan keberlangsungannya, melalui apa yang ia baca. Termasuk keputusan untuk selektif dalam membeli novel. Keputusan untuk tidak lagi membaca karya sastra epigon. Penerbit mapan pun tidak perlu khawatir, karena untuk selamanya produk tiruan tidak akan sesukses aslinya. Penulis juga tidak perlu uring-uringan, apalagi ngambek tidak mau menulis lagi karena novelnya dijadikan sasaran ATM dan spanyol. Praktik ATM dan spanyol justru akan semakin mengukuhkan keberadaan mereka sebagai penulis berkarakter.

43
Ketika si Ceriwis Menulis (Buku)

Agus M. Irkham

Naga-naganya, nasib penulis pemula akan semakin merana. Saat mereka suntuk mengasong naskah kian kemari, para pesohor/seleb dengan begitu mudah menerbitkan buku. Sebagai penampil, ternyata mereka tidak saja ceriwis, tapi juga "pintar" menulis. Bahkan, tak sedikit buku mereka yang laris manis.

Rieke Diah Pitaloka lewat *Renungan Kloset: Dari Cengkeh sampai Utrecht* (GPU), misalnya. Cetakan pertama (3.000 eksemplar) buku itu ludes hanya dalam dua bulan. Kumcer Melly Goeslaw, *10 Arrrrrgh...* (Gagas Media), telah diserap pasar hingga 10.000 eksemplar dalam waktu kurang dari setahun.

Yang paling membuat iri adalah *Kamus Bahasa Gaul* Debby Sahertian. Buku berisi lingo atau bahasa prokem komunitas gay terbitan Pustaka Sinar Harapan itu tak kurang dari 100.000 eksemplar telah terjual. Keberuntungan Debby bak pinang tak berbelah dengan *Supernova*-nya Dewi Lestari.

Barangkali itu sebabnya banyak seleb yang mengikuti jejak Rieke, dkk. Sys NS meluncurkan *Yesterday, Today, Tomorrow;* Inggrid Widjanarko merilis *Surat untuk Rumput;* Kris Biantoro menulis kisah pribadinya, *Manisnya Ditolak*; Katon Bagaskara memunculkan *Bulan Dibuai Awan*; Tamara Geraldine menerbitkan *Kamu Sadar, Saya Punya Alasan untuk Selingkuh kan*

Sayang?; dan Yon Koeswoyo membukukan pengalaman hidupnya, *Panggung Kehidupan Yon Koeswoyo*. Daftar tersebut masih dapat diperpanjang.

Polusi Perbukuan

Beragam tudingan muncul, menanggapi kecenderungan si ceriwis yang menulis itu. Mulai dari sangkaan bahwa seleb hanya menerapkan jurus aji mumpung. Penerbit, demi laba jadi abai kualitas. Hingga ada yang menyebut seleb *nulis* buku sebagai bentuk polusi di dunia perbukuan.

Tidak dapat dimungkiri, modal sosial berwujud ketenaran para seleb punya arti tersendiri bagi penerbit. Penggemar yang dimilikinya menjadi semacam *captive market*. Walaupun jumlah pasti seringkali tidak dapat ditentukan, minimal sudah dapat dijadikan dasar penghitungan kasar kisaran serapan pasar. Jadi, konsumen yang hendak dibidik adalah konsumen yang emosional. Mereka tidak saja membeli isi buku, tapi sekaligus penulisnya.

Wilayah sosial pesohor yang sangat karib dengan media massa (wartawan) juga memudahkan penerbit mengkreasikan promosi buku. Misalnya, ketika menggelar acara peluncuran buku. Jika pada penulis pemula wartawan/media diundang saja belum tentu datang, ketika penulisnya seleb, tanpa diundang pun besar kemungkinan media datang. Mengingat seleb yang menulis memang mempunyai nilai berita lebih tinggi dibandingkan penulis pemula.

Dengan begitu, apa dapat disimpulkan bahwa penerbit mengabaikan kualitas tulisan demi mengejar target keuntungan? Saya kira penerbit tidak akan gegabah dengan semata-mata memandang nama, bukan karya. Kualitas tulisan akan tetap jadi hal yang penting, hanya saja tidak terlalu penting. Tidak lagi menjadi syarat absolut, tapi relatif. Artinya, jika di sana-sini masih terdapat kelemahan dan kekurangan, sejauh tidak terlalu esensial, tak soal.

Buku Curhat

Kebijakan itu disandarkan pada beberapa pengertian. *Pertama*, bagi seleb, menulis hanya sebatas cara mengungkap rahasia kehidupan pribadi. Meskipun buku yang dihasilkan seolah-olah karya sastra, sesungguhnya itu merupakan karya biografi. Cuma wujud presentasinya yang melalui cara nonbiografis. Praktisi perbukuan, Frans M. Parera, pernah menyebut bahwa buku biografi lebih condong pada pengembangan provokasi tentang pesona kehidupan privasi. Sebaliknya, karya sastra ditujukan pada kemampuan menggugat dan memprovokasikan pesona kehidupan pribadi dan publik.

Dengan bahasa yang lebih gamblang, menulis buku bagi seleb sebatas curhat dan bentuk perayaan kesuksesan hidup. Tanpa dibebani oleh banyak pretensi, termasuk motif ekonomi (aji mumpung). Mereka menulis bukan untuk menjadi penulis, atau ingin disebut penulis. Kedirian mereka tetap seleb. Dan yang demikian sah-sah saja. Kalau sudah begitu, terhadap karya mereka, keseriusan macam apa yang masih dapat kita harapkan?

Kedua, misteri buku laku. Ternyata buku bagus tidak menjamin akan cepat ludes. Tidak jarang justru terkena angka kutukan 3.000 eksemplar. Dalam waktu satu tahun, tumpukan buku cetakan pertama berjumlah 3.000 eksemplar itu tak kunjung menipis. Kebalikannya, ada buku-buku yang disangka sebagian pihak jelek (seperti halnya buku karya para seleb), eh ternyata penjualannya bagus. Tingkat preferensi orang terhadap konsumsi buku yang sulit ditebak itulah yang membuat penerbit menjadikan kualitas tulisan bisa dinegosiasikan—dalam konteks seleb menulis.

Ketimbang pikiran dipenuhi syak wasangka, lebih baik tren seleb menulis buku kita tempatkan saja sebagai asnad bahwa dunia perbukuan demikian terbuka. Ada saja bilik-bilik yang belum terulik. Ini satu bukti juga bahwa keberaksaraan (literasi, buku) memungkinkan terjadinya desentralisasi pengetahuan, sekaligus menumbuhkan sikap kesetaraan kemanusiaan. Bukankah seleb juga manusia? Siapa saja bebas datang, masuk, atau meninggalkan dunia perbukuan, termasuk seleb.

44
Antara Penulis Hantu dan Politik Citra
Agus M. Irkham

Banyak jalan menuju Roma. Pun banyak cara agar dikenal dan semakin terkenal, salah satunya dengan menulis buku. Salah besar jika buku dianggap sebagai karya personal. Kini, ia sudah menjadi karya komunal, bahkan industri. Tidak hanya melibatkan satu, dua orang, tapi campur tangan banyak orang.

Maka tidak peduli apakah seseorang itu pesohor/seleb, pengusaha, penceramah, ibu rumah tangga, guru, atau juru masak sekalipun, semua bisa menerbitkan buku. Di dalam industri, menerbitkan tidak harus diartikan mereka yang menulis, tapi bisa saja hanya menjawab pertanyaan. Jawaban mereka direkam, ditranskrip, disunting, jadi deh satu naskah buku siap terbit. Atau hanya sekadar urun konsep besar, lantas dikembangkan dan ditulis dalam bentuk buku oleh orang lain. Orang yang menempatkan diri sebagai pengembang dan penulis macam itu lazim disebut sebagai *ghostwriter*. Sesuai dengan istilah yang digunakan, tentu saja nama *ghostwriter* tak perlu ikut-ikutan muncul menyertai nama pengonsepnya. Di buku biasanya cukup ditulis sebagai penyunting atau editor.

Buku, sebagai salah satu bentuk karya literasi, juga digunakan para politisi dan sosok yang berminat terjun ke wilayah politik praksis untuk menjual dirinya. Kecenderungan demikian akan terasa gairahnya ketika sudah mendekati pemilu. Minimal setahun sebelum pemilu legislatif dan presiden. Bahkan, untuk beberapa kasus, jauh-jauh hari sebelum pemilu, seperti yang dilakukan Barrack Obama. Obama dikenal secara luas oleh publik Amerika, bukan hanya saat mencalonkan diri sebagai presiden, tapi ketika ia menulis buku *Dream from My Father* dan *The Audacity of Hope* berisi kisah hidup dan pandangan politiknya yang simpatik nan inspiratif. Kedua buku tersebut menyita perhatian banyak media dan publik Amerika.

Lebih-kurang hal serupa terjadi pula di Indonesia. Menghadapi pilpres 2009, ada banyak sosok yang sudah "mendahului *start*", tak terkecuali SBY. SBY meluncurkan buku *Indonesia on The Move* (BIP, 2008). Buku yang ditulis dalam bahasa Inggris itu berisi banyak hal, khususnya politik, ekonomi, dan hubungan internasional.

Amien Rais, meskipun secara eksplisit tidak menyatakan ingin mencalonkan diri menjadi presiden, juga telah melahirkan buku terbarunya berjudul *Agenda Mendesak Bangsa: Selamatkan Indonesia* (2008). Sebelum itu, kita sudah bisa membaca karyanya yang lain, seperti *Perjalanan Menuju Kursi Presiden* (Paragon, 1998), *Memimpin dengan Nurani* (2004), dan *Mohammad Amien Rais Putra Nusantara* (2003). Wiranto tak mau ketinggalan. Pendiri Partai Hanura itu telah menghasilkan beberapa buku, antara lain, *Selamat Jalan Timor-Timur: Pergulatan Menguak Kebenaran, Penuturan Apa Adanya Seorang Wiranto* (Ide Indonesia: 2002).

Selain SBY dan Amien Rais, dari golongan muda muncul M. Fadjroel Rachman. Mantan aktivis mahasiswa yang oleh penguasa Orba pernah dijebloskan ke penjara ini akan mencalonkan diri sebagai presiden dari jalur nonpartai/independen. Fadjroel telah dikenal publik melalui buku-buku yang ia tulis, seperti *Demokrasi tanpa Kaum Demokrat* (Koekoesan, 2007), *Bulan Jingga dalam Kepala* (GPU, 2007), *Dongeng untuk Poppy* (Bentang, 2007), dan *Sejarah Lari Tergesa* (GPU, 2004).

Meskipun beberapa buku berisi gagasan besar kemajuan bangsa di ranah ekonomi, politik, hukum, dan kebudayaan—yang berarti mengandaikan para pemegang hak pilih tidak lagi berkiblat pada tokoh, tapi lebih kepada pemikiran, kapasitas, kompetensi, dan program yang ditawarkan capres—sebagian besar isi tulisan lebih dekat ke autobiografi. Oleh karena itu, buku yang dihasilkan lebih tepat disebut sebagai bentuk proyek kehumasan dan pemolesan citra—meminjam istilah Ignatius Haryanto. Seperti hendak menegaskan kepada khalayak bahwa tujuan menulis buku memang untuk menjual diri, bukan dalam rangka beriur pemikiran dan gagasan agar bangsa ini dapat segera bangkit dari keterpurukan. Apalagi sungguh sulit, jika tak mau disebut mustahil, menulis tentang diri sendiri, lebih-lebih yang bersifat personal dengan tetap bisa mengambil jarak sehingga mampu menilai diri sendiri secara objektif. Kecuali jika buku itu ditulis oleh orang lain *(ghostwriter).* Dan si "penulis hantu" ini secara pribadi tidak kenal dengan figur yang ditulisnya. Ketidakterlibatan secara emosional itu bisa membebaskannya dari perasaan rikuh. Karena tidak berkonflik kepentingan, ia dapat memberikan penilaian blak-blakan.

Menerbitkan buku sebagai bagian dari politik citra tentu sah-sah saja. Dan gejala ini dapat dicandra sebagai salah satu wujud kemajuan kehidupan berpolitik/berdemokrasi, sebagai alternatif media kampanye. Hanya saja, agar buku jadi lebih bernilai, hendaknya tidak sekadar berisi hal-hal yang bersifat personal, tapi lebih banyak memuat impresi-prakarsa inspiratif penulisnya yang berkaitan dengan kehidupan berbangsa, bernegara, dan masa depan kemanusiaan.

45
Dari Huruf ke Gambar Hidup

Agus M. Irkham

Marah. Protes. Ngomel. Beragam ekspresi keberatan seperti itu seringkali muncul ketika sebuah novel laris akan difilmkan. Alasannya bermacam-macam. Dari soal pemain yang tidak sesuai dengan karakter tokoh novel, hingga jalan cerita film yang dikhawatirkan tidak sama dengan isi novel. Contoh paling mengemuka adalah film *Ayat-ayat Cinta* dan *Laskar Pelangi.*

Beruntung, para pengarang dan sineas nekat, tidak menuruti keberatan para pembaca. Dan kenekatan itu sebagian besar terlunasi. Film adaptasi novel yang mereka putar didatangi jutaan penonton. Kemarahan, protes, dan omelan pun berganti jadi sanjungan dan acungan ibu jari.

Di Indonesia, adaptasi novel menjadi film sebenarnya telah berlangsung sejak dulu. Misalnya, *Kampus Biru* (Ami Priyono) diadaptasi dari novel Ashadi Siregar, *Cintaku di Kampus Biru; Salah Asuhan* (Asrul Sani) diangkat dari novel *Salah Asuhan* karya Abdoel Moeis; dan *Atheis* (Suman Djaya) diambil dari novel *Atheis* karya Achdiat K. Mihardja.

Dulu, kemunculan berbagai film adaptasi itu, alih-alih jadi bahan perdebatan, yang terjadi justru dinanti-nanti orang penuh gairah. Mengapa bisa begitu? Ada dua kemungkinan. *Pertama,* meskipun secara jumlah tidak terlalu besar, masyarakat pembaca sudah dewasa, pintar, dan mapan. Tidak bersifat personal, sentimental, dan cenderung emosional—meminjam istilah Andrea. Mereka sadar betul bahwa film adaptasi adalah sesuatu yang berbeda dengan bukunya. Film adaptasi bukanlah buku dalam bentuk film.

Kedua, masyarakat penonton saat itu bukanlah masyarakat pembaca. Karena belum membaca bukunya, benak mereka tidak dipenuhi oleh syak wasangka tentang film yang benar adalah begini-begitu. Mereka menempatkan film adaptasi itu sebagai film yang betul-betul baru.

Hubungan Mutualisme

Beberan asnad di atas memahamkan kita bahwa buku rupanya produk budaya yang tak steril dari pengaruh budaya lain. Namun, telah menjadi bagian dari budaya pop lain, layaknya musik dan film. Hubungannya pun bersifat mutualisme. Saling menguntungkan. Bisa saja karena sudah membaca bukunya, seseorang lantas penasaran ingin menonton versi filmnya. Maka, tak berlebihan jika angka penjualan buku sebelum difilmkan sering menjadi titik pijak produser ketika menghitung potensi jumlah penonton (keuntungan). Atau sebaliknya, orang tergerak membeli dan membaca buku seusai menonton. Pada kasus buku yang sudah laris, tambahan penjualan itu akan semakin membuat kacang goreng iri. Hal itu juga dapat dimengerti: film yang kerap disalah sangkai dengan sesuatu bersifat massal, dangkal, dan konsumtif, dapat dijadikan pintu masuk untuk meningkatkan minat baca buku (personal, dalam, dan produktif) pada masyarakat.

Secara ideal—dilihat dari kepentingan sineas dan pengarang—pun, buku dan film saling mempengaruhi. Di satu sisi, isi film ditentukan oleh isi buku. Film menjadi bersifat personal, ada kedalaman, inspiratif, dan menerbitkan semangat berkreasi. Dari segi lain, perkembangan tema, isi, dan gaya penceritaan buku dipengaruhi pula oleh budaya pop masyarakat yang terlipat dalam bentuk layar film maupun kaca.

Kemudian, yang terjadi adalah saling mengadaptasi. Kini, melipat buku ke dalam film atau mengemas film dalam bentuk helaian buku sudah menjadi sesuatu yang jamak. Pengarang membaca film, sineas menonton buku. Dengan begitu, justru semakin memperkaya keduanya. Film *Biola Tak Berdawai* karya Sekar Ayu Asmara dinovelkan Seno Gumira Ajidarma (Akur, 2004), *30 Hari Mencari Cinta* dinovelkan Nova Riyanti Yusuf (Gagas Media, 2004), film *Bangsal 13* dinovelkan FX. Rudi Gunawan (Gagas Media, 2004), dan masih banyak lagi.

Pembaca buku yang kemudian menonton film dan penonton film yang lantas membaca buku tanpa sadar juga melakukan proses adaptasi. Nikmati saja proses pelipatan berpuluh-puluh bahkan ratusan halaman kertas menjadi hanya 90 menit itu. Tidak perlu menonton sambil mencocok-cocokan dengan isi buku. Justru hanya akan membebani dan kita tidak bisa menikmati isi film. Jangan paksakan film yang sudah ada dalam bayangan kita—didapatkan saat membaca buku—mengganti film yang sedang ditonton.

Dekontekstualisasi Teks

Ketika satu buku diterbitkan, ia dengan sendirinya membawa serta dekontekstualisasi suatu teks, tulis Ignas Kleden dalam esainya, "Buku di Indonesia: Perspektif Ekonomi Politik tentang Kebudayaan" (1999). Nah, film adaptasi sejatinya merupakan hasil dekontekstualisasi itu. Hasil darasan itu diolah, lalu dihadirkan kembali dalam wadah (media) yang berbeda, yaitu film. Sineas, sebagaimana pembaca lainnya, mempunyai kebebasan penuh menafsirkan teks itu. Sesuai dengan peranti kebahasaan yang ia punyai (film), tanpa harus berkonsultasi dengan pembaca lainnya. Dengan begitu, sikap keberatan atas transformasi huruf ke dalam gambar hidup, saya kira, menjadi tidak relevan. Meskipun, taruhlah hasil adaptasi ternyata sangat berbeda dengan isi buku.

Dengan memberikan kebebasan kepada para sineas untuk menjajaki kemungkinan suatu buku diadaptasi ke dalam bentuk film, simpul saya justru akan meningkatkan produktivitas para pengarang dan sineas. Dan harapannya, tentu saja kualitasnya juga kian meningkat.

46
Membaca Buku tentang Membaca Buku
Agus M. Irkham

Membaca dan menulis. Dua lema itu ibarat dua sisi mata uang. Tanpa ada sisi yang menggenapi sisi lainnya, maka uang itu jadi tidak bernilai. Dengan banyak membaca, tentu bertambah banyak pula yang ingin dibagikan kepada orang lain. Bentuk berbagi itu adalah dengan tulisan. Demikian sebaliknya, untuk menulis, orang harus banyak membaca. Kalau tidak pernah membaca, lantas apa yang mau ditulis? Jadi, membaca dan menulis saling mempengaruhi.

Meski begitu, rupa-rupanya tidak semua orang yang gila membaca lantas jadi lancar menulis. Meskipun beragam dan bertumpuk buku telah dilahap, otak dan saraf tangan masih serasa berjarak ratusan kilometer. Bagaimana kenyaaan itu dapat dijelaskan?

Jawabannya adalah mendaras buku tentang membaca buku. Dalam hal ini, paling sedikit terdapat dua kutub. Pertama, buku yang menekankan pada aspek teknis membaca. Jadi, isi buku lebih banyak mengajarkan bagaimana cara membaca. Mengenalkan buku dari sisi yang tersurat: himpunan huruf yang membentuk kata, kalimat, paragraf, dan seterusnya. Yang diperlukan orang untuk melahap buku demikian hanya satu, yaitu terampil membaca secara teknis. Dalam bahasa Ignas Kleden disebut melek huruf secara teknis.

Satu contoh buku yang paling menonjol dalam varian pertama ini adalah *Speed Reading: Sistem Membaca Cepat dan Efektif* (Soedarso, GPU). Dalam buku yang sudah dicetak ulang hingga dua kali itu memaparkan berbagai pendekatan teknis cara membaca: *SQ3R, skimming,* dan *scanning.* Semua pendekatan itu digiring menuju satu titik, yaitu menghemat waktu yang dihabiskan untuk membaca dan maksimalisasi jumlah teks yang berhasil dilahap. Sehingga, tujuan paparan buku adalah pembaca memiliki keterampilan membaca cepat, memperoleh kemajuan membaca dari sisi jumlah halaman yang dapat dimamah.

Varian kedua dalam buku berkategori buku tentang membaca adalah lebih menekankan aspek manfaat membaca teks, terutama buku. Biasanya, dilengkapi dengan pendekatan personal seperti memasukkan pengalaman beberapa figur kunci yang sebagian besar kisah hidupnya terinspirasi dan dipengaruhi oleh aktivitas membaca buku. Pembaca diajak becermin, sejauh mana kemajuan bacaan dan posisi buku dalam kehidupan masing-masing. Buku dijadikan sarana pembelajaran untuk meng-*quantum*-kan diri.

Quantum sebagaimana ditulis Hernowo di buku *Quantum Reading: Cara Cepat nan Bermanfaat untuk Merangsang Munculnya Potensi Membaca* (MLC, 2003), dalam konteks membaca dan menulis sebagai salah satu bentuk interaksi dalam proses belajar, dapat dipahami sebagai interaksi yang mampu mengubah pelbagai potensi yang ada di dalam diri manusia menjadi pancaran atau ledakan-ledakan gairah dalam memperoleh hal-hal baru yang dapat ditularkan kepada orang lain.

Selain *Quantum Reading*-nya Hernowo, beberapa judul buku dengan genre demikian antara lain *Andaikan Buku Itu Sepotong Pizza* (Hernowo, Kaifa), *Remaja Gila Baca* (Izzatul Jannah, FBA), dan *Bukuku Kakiku* (GPU).

Di dalam buku yang terakhir disebut, terdapat 24 kisah orang-orang kunci yang memiliki otoritas di masing-masing bidang yang digeluti, tentang bagaimana buku mempengaruhi serta mengubah hidup dan cara pandang ke-24 tokoh tersebut. Termasuk betapa buku punya andil besar dalam karier (kepenulisan) mereka.

Untuk lebih dapat memberikan gambaran isi buku, saya kutip beberapa pernyataan: *Karakter dan cakrawala seseorang dijalin oleh tiga internalisasi, yaitu rumah, lingkungan pengalaman, dan buku-buku* (Mochtar Pabottinggi). *Buku merupakan salah satu sumber terpenting dalam pembentukan pandangan dunia, cara berpikir, karakter, dan tingkah laku saya sehari-hari* (Azyumardi Azra). *Membaca adalah kaki kita. Sesuatu yang bisa menyangga hidup kita. Dengan membaca buku kita bisa mengubah diri, bertobat, mencintai, berfantasi, dan berdoa* (Sindhunata).

Nah, berdasarkan bangunan deskripsi di atas, simpulan saya: salah satu sebab orang awas baca tapi lumpuh menulis karena membaca buku lebih ditekankan pada segi teknisnya saja. Memperbanyak judul buku yang telah dikhatamkan. Saat membaca, otak hanya berfungsi sebagai kotak penyimpan ingatan. Yang didapat dari membaca buku pun sekadar pengalaman akademik. Minus keterlibatan.

Membaca tidak dimaknai sebagai bagian dari upaya mencerap pengalaman yang bersifat fungsional dan budaya. Karena berdasarkan pengalaman tak berbilang penulis, dorongan menulis berbanding lurus dengan meningkatnya kesadaran dan tanggung jawab mereka terhadap hidup dan masa depan kemanusiaan. Kebijakan itu salah satunya diperoleh ketika mereka membaca buku tentang membaca. Buku yang merekam pengalaman batin, keterlibatan, dan kepedulian para penulisnya saat berkarib erat dengan buku.

Tak berlebihan kiranya kalau kenyataan itu dapat dijadikan isyarat buat para kerani perbukuan agar lebih banyak menelurkan buku tentang membaca buku yang tidak bertitik pada aspek teknis belaka.

47
Kotak Ajaib dalam Lipatan Buku
Agus M. Irkham

Dari pagi sampai malam
kami menghafal televisi,
kami cerna kelicikan, darah,
goyangan, dan semua jenis hantu
sambil mendebukan buku-buku...
(Abdurahman Faiz, 2004)

Kalau mau kita survei, apa yang paling akrab namun tabu dibicarakan antara orangtua dan anak di tengah keluarga? Barangkali jawaban terbanyak adalah televisi. Kehadiran televisi di ruang keluarga seperti sudah tidak lagi menyisakan celah untuk menjadi bahan pembicaraan. Apa yang ditawarkan televisi dianggap telah selesai sehingga tidak perlu lagi ada gremengan, apalagi saringan (*reserver*).

Hal yang sama naga-naganya juga tengah terjadi di dunia perbukuan. Dunia yang oleh banyak orang dicandra sebagai dunia yang menawarkan nalar kritis dan memungkinkan sebuah dialog nilai terjadi. Kalaulah ada, paling *banter* dalam satu tahun terbit satu judul. Buku sudah begitu tak mampu menciptakan gaung dan diskusi-diskusi yang lebih luas di ruang publik. Satu kenyataan yang berkebalikan dengan jumlah penonton dan stasiun televisi swasta yang tambah hari kian meningkat. Padahal, dari televisi tergelar begitu banyak sudut penulisan yang dapat dibukukan.

Sudah lama saya merindukan membaca buku tentang televisi yang tidak saja membeberkan soal dampak positif dan negatifnya menonton televisi, tapi juga menawarkan jalan keluar yang realistis. Alasannya sederhana, rasa-rasanya tidak mungkin saat ini kita hidup tanpa televisi.

Namun, sebagian besar buku tentang televisi, untuk tidak mengatakan semua, menggunakan pendekatan dekonstruksi, sementara lainnya justru meneguhkan keberadaan kotak ajaib itu. Ada juga yang menggunakan pendekatan analisis isi (program acara). Akibatnya, umur buku sangat pendek. Karena begitu program berakhir dan muncul program baru, buku tersebut jadi tidak bunyi. *Out of date.*

Beberapa buku itu di antaranya: *Menghibur Diri sampai Mati* (Neil Postman, Pustaka Sinar Harapan), *Bercinta dengan Televisi* (Deddy Mulyana dan Idi Subandy, Remaja Rosdakarya), *Televisi dan Prasangka Budaya Massa* (Veven Sp. Wardhana, ISAI), *Berani Nolak TV?!* (Kun Sri Budiasih, DAR! Mizan), *Potret Sinetron Indonesia: Antara Realitas Virtual dan Realitas Sosial* (Muh. Labib, MU:3 Books), *Buku Pintar Televisi* (Mila Day, Trilogos Library) dan *Matikan TV-mu: Teror Media Televisi di Indonesia* (Sunardian Wirodono, Resist Book), *Matinya Rating Tele*visi (Erica L. Panjaitan dan TM. Dhani Iqbal, Yayasan Obor Indonesia). Buku yang terakhir disebut, sepanjang pengetahuan saya, adalah buku tentang televisi yang terbit paling buncit, yaitu tahun 2006. Setelah itu sepi.

Padahal, memahami televisi sebagai sebuah kebenaran-kesalahan, hitam-putih, menyebabkan pembicaraan tentang televisi menjadi sesuatu yang tidak menarik. Faedah sosialnya pun jadi kecil. Saat membaca kotak ajaib dalam lipatan buku-buku itu, saya serasa tengah melihat televisi dalam kubang pusaran prasangka.

Hubungan antara televisi dan penonton disederhanakan sebagai hubungan yang berhenti pada lokus produsen-konsumen. Linear dengan model analisis (dekonstruktif) Marxian: pemodal-buruh. Padahal, pada konteks kekinian, analisis dekonstruksi, tanpa ada tawaran konstruksi ulang (solusi) hanya menjanjikan penyelesaian tanpa akhir (*never ending solution*).

Yang kita butuhkan adalah buku yang dapat memberikan bekal kepada penonton. Harapannya mereka jadi terampil ketika memilih dan memilah acara televisi lantaran sebesar apa pun pengaruh televisi terhadap penontonnya, tetap saja tali kendali di tangan penontonnya. Mudahnya, jika Anda takut, khawatir, marah, terhadap televisi, matikan saja televisi Anda. Selesai. Idealnya demikian. Beberapa keluarga teman saya ada yang sudah mempraktikkan. Tapi, pilihan itu barangkali menjadi pilihan yang tidak mudah bagi sebagian besar keluarga lainnya. Semakin tidak mudah jika penghuni rumah berjumlah banyak. Apalagi dengan variasi usia yang beragam: anak, remaja, dewasa, orangtua.

Paparan di atas sebenarnya sudah cukup menjadi dalih bagi sementara kalangan kritis untuk segera menulis buku tentang televisi—anak emas teknokapitalis itu. Tentu saja dengan sudut pandang berbeda, misalnya membedah tidak saja dari sisi tren perkembangan acara dan iklan, tapi juga dari segi bagaimana menjinakkan, merangkul, dan belajar bersahabat dengan televisi. Harapannya, dari buku tersebut tidak saja memaparkan plus-minus menonton televisi, tapi juga memberikan solusi, jalan keluar agar televisi menjadi jinak, tunduk terhadap penontonnya.

48
Menjadi Wartawan Lewat Buku

Agus M. Irkham

Dulu. Dulu sekali. Pada medio 80-an. Saat itu saya masih duduk di Sekolah Dasar. Suatu waktu, ibu guru bertanya kepada kami, para siswanya.

"Anak-anak, apa cita-cita kalian?" Maka tanpa dikomando kami berebut meneriakkan cita-cita kami.

"Saya ingin jadi guru, biar bisa seperti ibu. Kalau aku ingin jadi tentara. Kan, ke mana-mana boleh bawa senjata. Wah, kalau saya ingin sekali jadi dokter."

Namun, dari sekian banyak jawaban, tidak ada yang menjawab: "Aku ingin jadi wartawan!" Bukan karena kami tidak ingin jadi wartawan. Tapi cita-cita itu bagi kami sangatlah asing. Bahkan, kata *wartawan* tidak pernah kami temui di buku pelajaran. Kata itu juga tidak pernah tersiar di telinga, apalagi pernah kami ucapkan. Berbeda dengan dokter, guru, polisi, dan tentara.

Lain dulu, lain sekarang. Kini profesi wartawan sudah dikenalkan pada anak-anak sejak usia dini, di antaranya melalui penerbitan buku-buku jurnalistik. Seiring dengan tingginya tuntutan profesionalisme kerja wartawan dan meningkatnya kesadaran masyarakat terhadap pentingnya informasi, wartawan kini jadi pilihan profesi. Tidak lagi menjadi pilihan alternatif, tapi utama. Sejak dini, sebelum benar-benar terjun ke dunia jurnalistik, orang merasa perlu melengkapi dirinya dengan mengikuti berbagai macam pelatihan kewartawanan. Termasuk membaca beragam buku jurnalistik. Tujuannya hanya satu, memuluskan cita-cita menjadi wartawan.

Buku jurnalistik itu, antara lain, *Catatan-catatan Jurnalisme Dasar* (Luwi Ishwara, PBK), *Sembilan Elemen Jurnalisme* (Bill Kovach dan Tom Rosenstiel, ISAI), *Seandainya Saya Wartawan Tempo* (Bambang Bujono dan Toriq Hadad, ISAI), *Menulis Artikel dan Tajuk Rencana: Panduan Praktis Penulis dan Jurnalis Profesional* (A.S. Haris Sumadiria, Simbiosa Rekatama), *Jurnalisme Investigasi* (Septiawan Santana K., Yayasan Obor Indonesia), *Vademekum Wartawan: Reportase Dasar* (Parakitri T. Simbolon, KPG), dan *Bekerja Sebagai Wartawan* (Fitriyan G. Dennis, Erlangga). Dua buku yang terakhir disebut secara khusus ditujukan kepada pembaca yang tengah duduk di bangku SMP dan SMA, sebagai upaya mengenalkan profesi wartawan kepada publik sejak dini.

Wartawan Andal

Ketika seseorang telah banyak membaca buku jurnalistik, apakah lantas ia akan jadi wartawan andal? Jawabannya tentu saja tidak. Apalagi sistem rekrutmen media tidak membeda-bedakan antara calon wartawan berlatar belakang ilmu jurnalistik-komunikasi-ilmu publisistik—yang telah banyak mendaras buku jurnalistik—dengan yang tidak. Dan kenyataannya, sistem pembangunan profesi kewartawanan bukan sistem yang menghendaki tenaga-tenaga baru yang langsung matang. Tapi ditekankan pada model pembelajaran sepanjang waktu.

Meskipun begitu, paling kurang, melalui buku yang dibaca, seseorang akan menjadi semakin yakin dengan pilihannya dan lebih siap, baik secara akademis, fisik, maupun psikis saat benar-benar terjun ke dunia kewartawanan. Soal andal atau tidak, selebihnya ditentukan di lapangan, saat meliput peristiwa, mengumpulkan fakta, menulis, dan seterusnya.

Lagi, terlepas dari besar kecilnya pengaruh buku jurnalistik terhadap kualitas pendarasnya, maraknya penerbitan buku jurnalistik dapat juga dibaca sebagai bukti bertambahnya minat khalayak untuk bekerja sebagai wartawan sekaligus semangat media mengenalkan dapurnya (pengelolaan keredaksian dan profesi kewartawanan) kepada masyarakat luas.

Proyek Idealis Penerbit

Karena buku jurnalistik mempunyai segmentasi pasar sangat terbatas dan ceruk pasar yang sangat terbatas, pola-pola pemasarannya pun berbeda. Penerbit tidak bisa lagi mengandalkan toko buku, tapi harus bergerilya sendiri. Mereka masuk ke kantong-kantong komunitas wartawan, pengkaji, dan pemerhati media, sertamengadakan paket pelatihan jurnalistik, mensponsori kegiatan mahasiswa komunikasi/ilmu publisistik, dan mengadakan pameran buku di kampus.

Penulisnya juga sering kali oleh penerbit didaulat menjadi penjual, misalnya, dengan menjadi pembicara pelatihan jurnalistik/penulisan. Buku yang ditulis dapat dijadikan sebagai alat pelatihan. Karena pasar pembacanya sangat khusus, para penulis buku-buku jurnalistik juga sangat khusus. Kalau bukan dosen/akademisi, ya praktisi (wartawan aktif atau mantan wartawan). Dan sedapat mungkin, selain prigel menulis juga mahir berbicara.

Buku-buku jurnalistik boleh dibilang merupakan proyek idealis penerbit karena dari sisi penjualan sangat sedikit buku jurnalistik yang mampu membuat kacang goreng iri. Bahkan, tak jarang harus disubsidi keuntungan penjualan buku nonjurnalistik. Dalam setahun, cetakan pertama sebesar 3.000 eksemplar lebih sering tidak habis. Jika ada buku jurnalistik yang sampai cetak ulang, maka dapat dipastikan buku tersebut tergolong luar biasa. Dapat dipastikan pula, penulisnya bukan akademisi yang cenderung teoretis, melainkan praktisi.

49
Buku Berbalas Buku

Agus M. Irkham

Sudah jamak buku yang memicu perdebatan lantas dibalas dengan terbitan buku yang lain, hingga ada fenomena buku berbalas buku. Namun, sangat jarang perdebatan itu melahirkan buku tandingan yang intensitasnya menyamai novel *The Da Vinci Code* anggitan Dan Brown, seorang penulis Amerika. *The Da Vinci Code* diterbitkan pada 2003 oleh Doubleday Fiction.

Karya fiksi versi Indonesia-nya yang diterbitkan Serambi pada 2004 itu merupakan salah satu buku terlaris di dunia. Berdasarkan catatan saya, sampai dengan Agustus 2005, buku itu telah laku 36 juta eksemplar dan telah diterjemahkan ke dalam 44 bahasa, serta menjadi salah satu subjek studi kebudayaan (*cultural studies*).

"Semua deskripsi karya seni, arsitektur, dokumen, dan ritus rahasia dalam novel ini akurat," tulis Dan Brown membuka sapa. Penegasan yang semakin membuat banyak pihak gemetar, skeptis, sekaligus tak kuasa menunggu untuk segera membantahnya.

Maka, lahirlah beragam buku yang dimaksudkan sebagai revisi, bahkan menulis ulang apa yang sudah ditulis oleh Dan Brown dalam *The Da Vinci Code*. Anehnya, bantahan itu tidak dalam bentuk novel, melainkan buku serius alias nonfiksi: *Mematahkan Teori-teori Spekulatif dalam Da Vinci Code* (BIP) yang merupakan terjemahan *Cracking Da Vinci's Code* karya James L. Garlow dan

Peter Jones (Colorado Springs:Victor); *Fakta dan Fiksi dalam The Da Vinci Code* karya Steven Kellemeier (Optima)*; Da Vinci Code Decoded: Menguak Kebenaran di Balik Fiksi Da Vinci Code* karya Martin Lunn (Mizan); *Menjawab The Da Vinci Code* karya Ben Witherington III (Gradien Books)*;* dan *Pengakuan Maria Magdalena: Saat-saat Intim Bersama Sang Guru* karya Lie Chung Yen *(*Kanisius).

Tren buku berbalas buku itu paling tidak menerbitkan tiga pemaknaan. *Pertama,* tidak ada kebenaran tunggal atas satu atau banyak situs sejarah. Tidak ada pihak mana pun yang memiliki otoritas kebenaran. Buku berbalas buku sekaligus bentuk optimisme terhadap pencarian kebenaran sejarah. Wujud nyata dari perjuangan melawan lupa.

Kepemilikan tunggal atas klaim kebenaran sejarah seringkali memproduksi keberaturan yang meniadakan partisipasi dan kemerdekaan. Semua hendak didisiplinkan. Tidak hanya baju yang harus seragam, isi kepala pun juga. Buku berbalas buku adalah ruang (bagi) publik untuk menyatakan kebebasannya berpendapat. Entah dalam bentuk gunjingan, perdebatan, atau sekadar *nggereneng.* Ia menjadi ukuran pada tingkat mana sebenarnya kemerdekaan individu itu diakui.

Kedua, buku memungkinkan terjadinya perdebatan yang produktif. Perdebatan yang dilakukan tidak dengan semangat menyakiti. Sebaliknya, saling mengingatkan dan melengkapi. Ada keinsyafan betapa cara pandang terhadap satu persoalan itu begitu beragam. Wujud persaudaraan sebagai sesama makhluk Tuhan yang telah diberi bekal untuk mengaktualisasikan potensi kebenaran yang dimiliki tiap diri.

Ada yang mengatakan di bumi ini tidak ada peristiwa yang baru di muka bumi ini—karena jelujur kisah kehidupan sering kali berulang—sampai dengan seseorang bisa bersyukur atas apa-apa yang sudah diperoleh. Maka, pada sudut pandang ini, buku berbalas buku sebenarnya adalah bagian dari ungkapan rasa syukur itu.

Melalui menulis buku balasan, seseorang berjarak dengan apa yang sedang ia sebut sebagai masalah. Keberjarakan itu diperlukan agar ia terhindar dari situasi kalis, bisa lebih jernih dan merdeka ketika melihat sesuatu. Itu sebabnya, isi buku balasan bukannya cemooh, syak wasangka, dan ejekan-ejekan nyinyir yang ditonjokkan pada penulisnya, tapi pemikirannya. Isi bukunya.

Buku berbalas membuktikan kepada khalayak pembaca bahwa ternyata tema buku tidak akan pernah habis. Meskipun ada kesan semua tema dari a sampai z sudah pernah ditulis. Tapi, ternyata ada saja sela-sela tema, bagian, atau sudut pandang tulisan yang belum dimasuki, yang sebelumnya tidak terpikirkan oleh penulis lain.

Ketiga, dari sisi strategi pemasaran buku, buku berbalas buku adalah modus paling mudah untuk mendapatkan keuntungan ekonomi karena pasar sudah terbentuk sejak mula. Perdebatan yang muncul dapat dibaca sebagai potensi pasar yang masih terbuka lebar. Pada kasus *The Da Vinci Code,* penerbit Bhuana Ilmu Populer yang termasuk dalam Kelompok Kompas Gramedia, serta Kanisius yang posisinya sebagai pembonceng gratis tak perlu lagi bermain keberuntungan. Buku berbalas buku akan melahirkan istilah: penulis kejar tayang dan penerbit kejar setoran.

50
Meniru Buku Laris, Apa Salahnya?

Agus M. Irkham

Usai tandas mengunyah tulisan Jusuf AN tentang epigonisme karya sastra (*Jawa Pos*, 23/11/2008), saya menjadi tidak bisa menahan diri untuk segera menanggapinya. Paling kurang ada tiga sangkaan Jusuf yang mesti ditilik lebih jauh, apakah sangkaan itu berdasar atau tidak. *Pertama,* tren epigonisme tersemat sebagai sesuatu yang aneh dan konyol, mengingat buku merupakan produk intelektual. *Kedua,* epigonisme dipicu oleh karakteristik pembaca dan pembeli buku di Indonesia yang lebih melihat kover ketimbang isi. *Ketiga,* pendalaman pasar melalui peniruan dianggap tidak mendidik, dekat dengan pembodohan publik pembaca.

Jusuf mengatakan bahwa novel *Ayat-ayat Cinta* dan *Laskar Pelangi* telah menjadi sumber peniruan. Sesal, dari awal hingga akhir tulisan, Jusuf tidak menyebut satu pun judul novel yang dianggapnya tiruan itu. Padahal, pada era penuh keterbukaan seperti sekarang ini, harusnya lebih bebas. Penyebutan judul novel epigon akan memudahkan pembaca untuk mengecek apakah tudingan Jusuf benar atau salah. Dan saya kira, dilihat dari kepentingan penerbit serta penulis, penyebutan judul akan terasa lebih *fair*.

Tapi baiklah, meskipun Jusuf tidak menulis satu pun judul novel epigon, dugaan saya yang dimaksudkan Jusuf adalah novel-novel ini: *Rumah Pelangi, Makrifat Cinta, Bait-bait Cinta, Dzikir-dzikir Cinta, Sabda-sabda Cinta, Syahadat Cinta,* dan *Kasidah-kasidah Cinta*. Judul yang pertama disebut adalah peniruan atas novel Andrea Hirata, *Laskar Pelangi*. Sisanya mengekor novel

Ayat-ayat Cinta-nya Habiburrahman El-Shirazy yang laku keras itu.

Nah, berangkat dari berderet judul novel di atas, mari kita ulik satu per satu sangkaan Jusuf itu.

Produk Budaya

Pertama, bahwa buku merupakan hasil olah rasa, pikiran (intelektual), serta pengalaman personal penulisnya itu benar. Tapi jangan lupa, buku juga produk budaya. Sebagai produk budaya, salah besar jika buku disangka sebagai semata-mata karya individual. Kini, ia sudah menjadi karya komunal, bahkan industri. Untuk sampai pada penyelesaian proses pracetak saja, satu buku menuntut campur tangan banyak pihak. Mulai dari pemeriksa aksara, penata letak isi, desainer kover, ilustrator, hingga pembaca naskah (*proof*). Belum lagi proses cetak dan distribusi. Tiap tahapan proses butuh energi, ruang, waktu, dan tentu saja uang. Itu baru satu buku. Padahal, penerbit kelas menengah saja rerata per bulan bisa meluncurkan 5–10 buku. Apabila masing-masing buku dicetak minimal 3.000 eksemplar, silakan Anda hitung sendiri besaran rupiah yang harus dikeluarkan.

Besarnya skala ekonomi produksi dan modal yang diputar, luasnya pasar yang akan disasar, banyaknya orang yang terlibat, serta tingginya tingkat persaingan antarpenerbit mengharuskan diterapkannya logika-logika ekonomi industri pada usaha penerbitan buku.

Buku yang diterbitkan tidak lagi disandarkan pada idealisme (baru, beda, penting) belaka, tapi juga harus laku. Dihadapkan pada risiko besar, gagal atau berhasil, penerbit baru memilih main aman, yaitu dengan menjadi pembonceng gratis. Mencetak buku-buku yang serumpun dengan buku laris penerbit lain—yang biasanya sudah mapan.

Dalam domain industrial, peniruan sebagai strategi mencuri kue pasar/konsumen bukanlah barang baru. Dan itu sah-sah saja sejauh bukan pembajakan atau penjiplakan. Beberan beragam judul novel di atas—dalam konteks isi, bukan tampilan kover—bolehlah kita sebut sebagai karya epigon, tapi dalam pengertian saduran dan keterpengaruhan, bukannya penjiplakan. Dalam bingkai itu novel epigon bukanlah sesuatu yang aneh apalagi konyol. Sebaliknya, kehadirannya dapat diperkirakan dan justru semakin memperkaya pilihan bacaan—dalam gagrak yang sama.

Kedua, epigonisme ditumbuh-suburkan oleh karakteristik pembaca dan pembeli buku di Indonesia yang lebih melihat kover ketimbang isi. Tak jelas metode penelitian/survei seperti apa yang digunakan Jusuf sehingga menghasilkan simpulan yang menyudutkan pembaca itu. Meskipun demikian, taruhlah, sangkaan Jusuf itu benar.

Pertanyaan selanjutnya adalah, itu sebab (aksi) atau akibat (reaksi)?

Saya melihatnya sebatas akibat. Meskipun ada yang mengingatkan: *don't judge a book by its cover*, buku yang dibungkus membuat calon pembeli tidak bisa memastikan isi buku. Jadilah kover sebagai satu-satunya petanda isi buku. Dalam situasi demikian, tentu pembaca tidak bisa disalahkan.

Ketiga, terhadap tudingan Jusuf bahwa peniruan dianggap tidak mendidik, dekat dengan pembodohan publik pembaca, tangkisannya seperti ini: pembaca bukanlah entitas yang tetap. Kalau sudah bodoh, akan selamanya bodoh. Bukan seperti itu. Seiring berjalannya waktu, pembaca akan bertumbuh dan berkembang. Daya nalarnya akan meningkat dan kian kritis.

Karlina Leksono dalam esai berjudul "Membaca dan Menulis: Sebuah Pengalaman Eksistensial"—terkumpul dalam *Buku dalam Indonesia Baru* (1999)—menandaskan bahwa membaca memungkinkan terbentuknya persimpangan antara dunia kehidupan pembaca dan dunia teks, sehingga berlangsung tindakan eksistensial pembaca yang membuat makna sendiri atas teks. Pembaca mampu melakukan refleksi dan mulai memahami dirinya sendiri, kemungkinannya, dan keberhinggaannya lewat yang ia baca.

Dalam konteks para pembaca novel epigon, saya yakin pengalaman pertama membaca membuat mereka jadi terdidik untuk selektif saat membeli novel. Termasuk keputusan untuk (tidak) membaca lagi novel epigon. Jadi, berhentilah bersyak wasangka, Yusuf!

51
Buka Kalbu dengan Buku
Agus M. Irkham

Tubuh perlu santapan berupa bahan makanan penuh vitamin dan gizi. Otak pun perlu asupan suplemen, berwujud ilmu dan pengetahuan. Hati juga butuh nutrisi berupa petuah, nasihat, empati, dan khotbah-khotbah yang menggugah. Petitih yang mampu menjadi cambuk agar semangat hidup berkobar kembali, terbebas dari belenggu sepi, kosong, dan perangkap rasa keterasingan.

Nutrisi buat hati atawa kalbu sekarang ini tidak harus berwujud seorang guru, suhu, rahib, pendeta, romo, pedanda, ustadz atau kiai, yang mensyaratkan pertemuan fisik/tatap muka dan mengandaikan kepemilikan otoritas pengetahuan tertentu. Tapi juga bisa dalam bentuk buku. Buku tidak saja ditahbis sebagai hasil olah pikir atau produk intelektual, tapi juga hasil olah kalbu, pengalaman batin penulisnya. Buku menjadi sarana membuka kalbu.

Sekarang ini, para pencari kebenaran dan ketenangan hidup lebih memilih buku (substansi) ketimbang guru (ikon) sebagai mentor karier kesadaran kemanusiaan mereka. Beberapa sebabnya, antara lain, *pertama*, buku memberikan ruang dialog yang menyejajarkan. Para pendarasnya tidak perlu menyimpan rasa rikuh apalagi takut jika tidak sependapat dengan apa yang di-"nubuat"-kan penulisnya. Dan bukankah untuk sampai pada level kebenaran yang lebih tinggi, dialog menjadi sebuah kewajiban?

Kedua, buku memungkinkan tiap orang menjadi guru/penyeru—meskipun ia tidak bertujuan demikian—saat ia memutuskan merekam pengalaman batinnya ke dalam bentuk buku. Tidak soal jika ternyata si penulis tidak tergolong sebagai kelas masyarakat yang mempunyai otoritas mengeluarkan fatwa. Justru karena si penulis adalah orang awam, para pembaca mempunyai kepercayaan diri dapat mencapai suasana batin persis seperti yang telah dicapai penulisnya.

Petuah itu dipersepsikan secara positif dan dianggap sebagai tawaran jalan hidup yang realistis. Bahkan, tak jarang khotbah orang-orang awam tersebut dibaca dengan penuh hikmat dan keharuan. Anjuran-anjurannya diikuti dengan penuh kekhusyukan, dan tidak jarang lebih banyak menggetarkan hati dan mempengaruhi alam bawah sadar pembacanya ketimbang anjuran para pemilik otoritas kebenaran.

Tak Melulu Buku Spiritual

Buku yang mampu menggugah kalbu tidak harus buku ber*gagrak* agama atau bertema religiusitas, tapi juga meliputi sastra, humaniora, biografi/memoar, psikologi, politik, dan budaya. Tujuan membaca memang bukan untuk meningkatkan kesalehan individual berwujud pelaksanaan ritus ibadah, melainkan melejitkan kesadaran sosial dan tanggung jawab terhadap kehidupan. Memiliki makna kontemplatif sekaligus transformatif. Mengasah sensitivitas terhadap masalah-masalah kemanusian, yang sebelumnya bebal, tidak peduli. Menganggap semua yang terlihat kasat mata dianggap berlangsung secara alamiah—kausalitas natural—bukan hasil dari perkelahian kepentingan di belakangnya—kausalitas struktural.

Kali ini akan saya ajukan dua judul buku yang masuk kategori mampu membuka kalbu pembacanya. Ini hanya contoh, tentu judul buku lainnya masih dapat ditambahkan. *Pertama*, yang paling sering dibicarakan orang satu tahun terakhir, yaitu novel *Laskar Pelangi*. Novel biografis rekaan Andrea Hirata itu membuka pintu kesadaran banyak pembacanya.

Misalnya, Nico, mahasiswa pecandu narkoba asal Bandung. Seusai mengkhatamkan novel setebal 534 halaman itu, ditingkahi derai air mata keharuan, Nico berjanji pada dirinya sendiri untuk berhenti memakai narkoba, sekaligus bertekad menyelesaikan kuliahnya yang hampir *drop out*. Ia malu kepada Lintang, salah satu anggota Laskar Pelangi yang terpaksa berhenti sekolah karena harus bekerja setelah ayahnya meninggal, padahal ia sulung sementara adik-adiknya masih kecil. Di belakang Nico ada banyak orang yang mengaku turut pula terinspirasi oleh *Laskar Pelangi,* mulai dari guru, karyawan, ibu rumah tangga, pelajar, dokter gigi, hingga pelaku bisnis multilevel (MLM).

Buku yang *kedua*, contoh paling klasik, yaitu *Chicken Soup for the Soul*. Buku anggitan Jack Canfield, mantan guru SMA kelahiran Chicago tahun 1944 itu, berisi tuturan kisah orang-orang awam yang telah berhasil mengatasi masalah hidup: karier, pertemanan, olahraga, hubungan antar-anggota keluarga, prestasi di sekolah, hingga pernikahan.

Kumpulan kisah inspiratif itu berhasil menjadi pisau bedah bagi jutaan orang yang hatinya tengah tertutup. Didera rasa putus asa, kekhawatiran, keterasingan, kekecewaan, dan beragam perasaan tidak enak lainnya. Ditekuni, tidak saja oleh para orang tua dan dewasa, tapi juga ditaklik oleh anak dan remaja.

Buku yang pernah diasong penulisnya ke lebih dari 30 penerbit karena mengalami penolakan terus-menerus itu kini telah diterjemahkan ke dalam 54 bahasa, terjual lebih dari 100 juta eksemplar, paling kurang telah terbit 144 seri, dinobatkan sebagai buku yang pantas menjadi warisan, dan menempati peringkat ke-12 (dari 50) sebagai produk yang mengubah dunia.

Pemerian di atas meneguhkan simpulan banyak orang. Barangkali itulah yang disebut dengan spiritualitas buku. Buku tidak lagi ditempatkan sebagai air minum untuk menghilangkan dahaga ilmu dan pengetahuan, tapi juga air yang mampu membersihkan kalbu yang tengah berdebu.

52
Pemuda, Galilah Potensimu!
Gol A Gong

John F. Kennedy—Presiden Amerika tahun 1960-an—sebelum tewas ditembak *fans* beratnya pernah berujar, "Jangan tanyakan apa yang sudah negara berikan kepadamu, wahai anak muda! Tapi tanyakan kepada dirimu, apa yang sudah kamu berikan kepada negaramu." Bagi kita kadang itu jadi terbalik, "Negara sudah kasih apa sama kita?" Itu sebabnya kenapa anak muda di negeri ini loyo-loyo seperti kurang darah, mentalnya dididik jadi pengemis.

Mandek

Jadi pemuda haruslah seperti jalan setapak menuju mata air. Dia harus memiliki spirit menerabas alang-alang dan semak belukar di hutan agar orang-orang bisa mengikutinya ke arah kemajuan, kesuksesan. Namun, tidak ada orang yang kesuksesannya datang begitu saja ibarat durian runtuh. Membaca buku adalah proses menuju kesuksesan tersebut.

Hal itulah yang dilakukan oleh para petualang Eropa saat memetakan Afrika. Dr. Livingstone, misalnya, ia berhasil memetakan Sungai Nil yang membelah Afrika bersumber dari Danau Victoria. Atau ilmuwan seperti Newton yang memperhatikan buah apel jatuh sehingga muncullah teori gravitasi. Mereka yang hebat itu punya jejak rekam sebagai pembaca buku. Mereka terbiasa menenggelamkan diri di perpustakaan, menggumuli ilmu pengetahuan.

Lantas, kita sebagai anak muda Banten atau di kampung-kampung lainnya di pelosok negeri ini sudah melakukan apa? Rajin membaca buku sehingga banyak menemukan ide kreatif? Atau hanya menadahkan tangan, menunggu bantuan datang? Ketika mulai mengerjakan sesuatu, lantas mandek? Kecenderungan anak muda yang hanya mau melakukan sesuatu jika ada dana sudah menggejala sekarang. Mereka memoles diri, berdandan layaknya para pengusaha, menenteng proposal, kemudian memintai dana ke mana-mana, berdalih atas nama rakyat. Semoga kita tidak seperti itu, tapi justru menjadi pemuda yang penuh semangat dan memahami bahwa kesuksesan itu melewati sebuah proses.

Potensi

Kata Aa Gym, "Rezeki itu harus dijemput." Tentu kami sangat menyetujui ungkapan tersebut. Rezeki memang harus dijemput. Caranya? Berusaha dan berdoa. Sebagai pemuda, kita memiliki modal semangat dan ilmu.

Pernah mendengar kisah tentang teman-teman kita di Banten, yang usianya masih muda tapi mampu menggali potensi diri? Ada tiga nama yang kucatat sempurna di hatiku. Mungkin itu teman kalian juga.

Pertama, N.P. Rahardian, direktur Rekonvasi Bumi. Ia adalah contoh anak muda yang ketika jatuh terpuruk dihantam badai krismon tahun 1998, mampu bangkit dengan cara menggali potensi dirinya. Awalnya, Nana, panggilan akrabnya, terjun ke dunia bisnis konstruksi. Saat terpuruk, ia menjadi pemuda yang mencari-cari pegangan. Namun, ia tak patah semangat. Ternyata ia juga memiliki kemampuan mengelola lingkungan. Sekarang ia berkibar dengan LSM Rekonvasi Bumi, satu-satunya LSM yang konsisten mengawal lingkungan di Banten. Bahkan, Nana dan Rekonvasi Bumi sudah jadi bagian gerakan lingkungan hidup dunia. Silakan buktikan sendiri. Datanglah ke kantornya di Sengkele, Sempu, persis di belakang Kantor Kejaksaan, Serang. Kantor berlantai tiga tersebut diberi nama Graha Bumi. Sangat luar biasa bagi saya.

Pemuda *kedua* adalah Maulana Wahid Fauzi alias Si Uzi, Direktur Baraya TV, televisi lokal Banten yang mengudara dari pukul 10.00 hingga 22.00 WIB sejak Januari 2010. Mengawali karier sebagai kartunis lepas di beberapa tabloid nasional, seperti *Bola* dan *Nova*, serta majalah *Humor* dan *Kartini*, Si Uzi direkrut *Radar Banten* sekitar tahun 2001. Karikatur-karikaturnya di *Radar Banten* menggelitik kita semua, tersindir tapi tetap tersenyum. Ia adalah pemuda yang mampu mengenali potensi diri tanpa perlu merengek-rengek meminta fasilitas kepada negara. Kunci suksesnya, kenali potensi dan kreatif!

Pemuda *ketiga*, yaitu Andi Trisnahadi, Direktur SUHUD Mediapromo. Aku tahu persis bagaimana Andi membuat karcis, kuitansi, dan *leaflet* di masa awal bisnisnya tahun 1990-an. Ia adalah pemuda yang ingin maju, sukses, tapi tidak lupa berbagi. Jika ada anak muda seperti dirinya yang sedang membuat kegiatan, Andi tak segan membantu dengan membuatkan *leaflet* dan spanduk gratis. Ia pengusaha pas-pasan tanpa modal bank, tapi tetap mau membantu dan tidak takut bangkrut. Aku menilai itu sebagai investasi jangka panjang dari segi pencitraan. Hasilnya, SUHUD Mediapromo berkembang pesat sebagai perusahaan yang bergerak di bidang kreativitas.

Ketiga pemuda tadi: Nana, Uzi, dan Andi adalah profil anak muda Banten yang patut kita contoh. Mereka menjemput rezeki, menggali potensi diri, tidak merengek-rengek menadahkan tangan, tapi justru menerabas semak belukar, membukakan jalan kepada pemuda lain untuk sama-sama ikut menjemput rezeki yang bertebaran. Bukankah Rasul Muhammad SAW pernah bersabda, "Tangan di atas lebih mulia daripada tangan di bawah?"

Relawan

Mencontoh mereka kami pikir adalah hal terbaik. Lihat juga para relawan Rumah Dunia yang mencoba berbagi di sela-sela waktu luang mereka dan tidak lupa menjemput rezeki yang bertebaran, juga menggali potensi diri lewat menulis. Para relawan Rumah

Dunia setiap pagi sibuk mengisi waktunya. Ada yang bekerja di Banten TV, jadi dosen Untirta, kuliah di IAIN SMH Banten, kuliah di Unsera, kuliah di Untirta, sekolah di SMA, lantas siang hari membagikan waktu, pikiran, dan tenaganya kepada siapa saja yang datang ke Rumah Dunia. Para relawan Rumah Dunia mengajari anak-anak mengoperasikan program komputer, menulis fiksi, menulis berita, dan bermain teater. Para relawan Rumah Dunia juga melayani siswa-siswi sekolah yang berkunjung, memberikan pelatihan jurnalistik (majalah dinding), dan menggambar.

Nana, Uzi, dan Andi, di sela-sela kesibukan mereka mencari nafkah untuk keluarga dan mengurus karyawan, juga masih sempat menjadi relawan di Rumah Dunia. Mereka membantu tidak dengan materi, tapi dengan pikirannya, juga otoritasnya. Mereka bisa menggugah keluarga Banten dan kampung-kampung lain untuk maju. Spiritnya membangun kota dimulai dari rumah. Insya Allah akan menyebar luas ke seluruh penjuru kota. Buktikan saja!

53
Pelangi Jatuh di Kotaku

Gol A Gong

Saat istriku, Tias, sedang hamil anak kami yang pertama, sekitar akhir tahun 1997, perasan kacau berkecamuk di hati dan pikiranku. Situasi dan kondisi Banten sebelum menjadi provinsi pada masa itu sangat memprihatinkan. Tak ada toko buku, apalagi perpustakaan kota yang layak. Dominasi sebuah kelompok dengan label jawara pun membuatku berpikir keras, apa aku akan tetap berdomisili di Banten ataukah mengungsi ke Bogor, Bekasi, atau Depok? Mungkin juga Solo?

Aku sedih melihat jarak Banten yang dekat dengan Jakarta tidak serta-merta membuatnya maju. Di Banten, kualitas jalanan buruk. Banyak sekolah yang ambruk. Koran lokal tidak ada. Toko buku terbatas. Dana untuk memberantas buta aksara dikorupsi. Pun sepulang kerja di RCTI pada akhir pekan, tidak ada satu tempat pun yang bisa saya dan istri datangi sebagai tempat wisata kebudayaan, nonton pameran lukisan, misalnya, kecuali urusan perut saja.

Jiwa saya tertekan. Sebagai terapi, jari-jari saya bergerak, merangkai sebuah puisi. Bacalah!

MENCARI PELANGI
-untuk anak-anak masa depanku-
Kini giliranmu menikmati dunia

Barangkali akan lebih keras menderita
Atau lebih gembira
Tapi tak akan kujanjikan kamu
Bisa bermain-main air hujan
Karena mencari pelangi
Adalah siksaan tak terperi
Kini giliranmu menikmati hidup
Walau yang kuwariskan
Adalah jejak-jejakku
Silakan kamu mencari sendiri
Kini giliranmu menikmati semuanya
Pesanku: berilah ibumu kado pelangi
Karena kami rindu hujan!

Kampung Ciloang, Serang
Desember 1997

***

Banyak orang yang membaca puisi ini mengira isinya berupa sajak cintaku kepada Tias. Sebetulnya sajak ini kutulis ketika hatiku kacau, prihatin dengan situasi dan kondisi Banten, yang bagiku masuk ke dalam kategori tidak terliterasi. Warganya tidak saja banyak yang butu huruf, tapi belum masuk ke fase membaca.

"Pelangi" yang kumaksud di sini adalah sebuah cita-cita, utopia tentang masa depan Banten yang indah seperti saat kemunculan pelangi sehabis hujan!

Saat itu, aku membayangkan anak-anakku akan menderita jika tumbuh dewasa di Banten sebagai anak yang tak berwawasan karena tidak berada di lingkungan masyarakat pembelajar. Anak-anak biologisku, juga anak-anak sosiologis kelak, tidak akan pernah bisa menikmati "pelangi". Aku membayangkan Banten sebagai "rumah" yang tidak memiliki jiwa karena tanpa buku. Rumah yang tidak memiliki etika, apalagi estetika.

Lalu, timbullah kepasrahan dalam diriku. Allah pasti sudah mengatur semuanya. Aku hanya perlu menjaga amanah yang dititipkan Allah lewat anak-anak. Maka, komunitas literasi bernama

Rumah Dunia yang aku dan istri dirikan pada 2001 (efektif bergulir 3 Maret 2002), adalah juga karena kecintaan kami kepada anak-anak. Aku dan istri mencoba berbagi, barangkali Rumah Dunia bisa sebagai rumah bersama. Kami berharap, Rumah Dunia menjelma menjadi pelangi yang indah di Banten.

Nah, setelah 12 tahun sajak itu bergulir, apakah "pelangi" yang kumisalkan dengan Banten masa datang tampak akan terwujud? Lihatlah ke langit, adakah pelangi di sana? Melihat politik dan dinasti di Banten yang didominasi oleh sebuah keluarga saja, masih jauh buku dari rak. Tentang komposisi anggota DPR asal Banten, DPRD Banten, bahkan di tingkat kota Serang, Kabupaten Serang, Pandeglang, Lebak, dan Cilegon, tanggapan orang-orang seperti ini, "Kita serahkan saja semuanya kepada Allah SWT. Berdoa saja. Semoga mereka diberi hidayah!"

Saya melihat keluarga Hj. Rt. Atut Chosiyah, S.E., yang sekarang menjabat sebagai gubernur Banten, sangat irasional menyikapi perpolitikan di Banten. Mereka menyerbu semua posisi di legislatif, bahkan eksekutif Banten hingga legislatif di Jakarta. Atut jadi gubernur Banten; Hikmat Tomet, suami Atut, di DPR; putra mereka, Andika Hazrumy, DPD DPR RI; istri Andika baru saja dilantik jadi Wakil Ketua DPRD Kota Serang; dan masih banyak lagi. Saya pernah membaca tim sukses Andika berargumen di milis WongBanten bahwa pencalonan Andika sebagai anggota DPD DPR RI dari Banten adalah "hak politik" setiap WNI. Aku mengiyakan. Semua orang memang memiliki hak politik. Urusannya tinggal etika politik dan persoalan moral. Saat Andika diundang menjadi pembicara di Rumah Dunia dengan tema Politik dan Dinasti, dengan berbagai alasan, Andika tidak datang. Saat itu yang datang hanya Ali suro; Dr. H. Zulkieflimansyah, S.E., MsC.; Prof. Dr. Ibnu Hamad, dan Abdul Hamid, MSi.

Abdul Hamid, MSi., dosen Universitas Indonesia dan Untirta Serang asal Pandeglang, menyebut mereka *amphibi* alias *anak, mantu, papa, ibu, bibi* yang ngumpul di kantor pemerintahan dan kantor dewan. Aku hanya bisa berdoa kepada Allah SWT, semoga keluarga Atut lebih mementingkan rakyat Banten daripada keluaga atau kerabatnya.

Tapi kecemasanku tentang masa depan Banten yang tidak akan jaya terus bergulir. Ketika Firman Venayaksa memusikalisasikan puisiku ini dengan kelompoknya, Ki Amuk, dan diproduseri Lawang Bagja membuat album berjudul *Mencari Pelangi*, tetap saja muncul kecemasan itu. Firman menyanyikannya dengan suara rintihan, seolah menegaskan kekhawatiran saya bahwa Banten memang masih gelap gulita. Setiap Firman dan Ki Amuk latihan di panggung Rumah Dunia, aku makin tercenung mendengarkan lagu "Mencari Pelangi". Jangan-jangan Banten hanya "rumah" sekelompok orang saja?

54
Rabun Baca
Gol A Gong

Ketika aku menulis ini, seseorang berdiri di belakang dan mengatakan aku bukan warga negara yang baik. Orang itu mengingatkan, pesta lima tahun sekali ini harus dirayakan dengan sumringah dan penuh cinta kasih. "Kita harus bersyukur karena masih diberi umur panjang merasakan pesta rakyat lima tahun sekali," tambah orang itu yakin. "Belum tentu lima tahun berikutnya kita masih hidup!"

Merasa Benar

Aku bingung. Pesta yang mana? Pesta lima tahun sekali itu? Siapa yang berpesta? Aku sebagai rakyat tidak merasakan pesta itu. Aku tidak pernah membuat kartu undangan dan meminta orang-orang untuk datang ke pestaku. Apalagi dengan iming-iming kado atau *doorprize*. Yang kurasakan justru mereka memaksa-maksa aku untuk datang ke pesta mereka.

Dan aku juga bingung, kenapa si teman itu mengatakan aku bukan warna negara yang baik. Dari mana ukurannya? Selama ini aku rajin membayar pajak. Jika berbelanja, aku tidak pernah protes harus membayar lebih untuk pajak. Jika jalan rusak saat mengendarai mobil, aku tidak protes, padahal setiap tahun aku membayar pajak kendaraan bermotor. Jika lampu penerangan listrik mati, aku tetap berpikir positif sebagai bagian dari penghematan energi listrik. Jika aku mengurus keperluan ke kantor pemerintah, aku tidak pernah marah atau kesal karena tidak dilayani secara maksimal. Tapi, kenapa temanku itu mengatakan aku bukan warga negara yang baik?

Temanku dengan berapi-api membacakan judul "Jangan Nyoblos 9 April..." yang sedang kutulis. Katanya, "Itu, kan, sama saja dengan menghasut orang untuk jadi golput!" Aku lantas tertawa. Lho, apa yang salah dengan judul itu? Dengan tegas sambil mengutip kitab sakti versi Tuhan dan manusia, temanku itu mengingatkan aku akan panasnya api neraka. "Golput itu haram!" Wealah!

Aku menahan kesabaran. Temanku merasa paling benar, tapi lupa berbuat benar. Seperti halnya orang-orang yang membuat pesta dan mengundangku agar datang ke pesta mereka. Si pembuat pesta itu menyebarkan undangan secara terbuka, di mana saja yang mereka mau. Bahkan, tanpa merasa sungkan, di tempat-tempat umum. Mereka berdiri di depanku dan tamu undangan lain, mengatakan dirinya paling benar, tapi lupa berbuat benar. Misalnya, mereka sudah merasa benar membuat pesta, menyebarkan undangan, tapi lupa membersihkan sampahnya, sehingga orang lain yang kerepotan. Seperti temanku itu juga. Tanpa dipikirkan, karena membaca yang tersurat saja, langsung mengecapku sebagai warga negara yang tidak baik.

Di jalanan juga bertebaran orang-orang yang merasa benar, tapi lupa berbuat benar. Termasuk aku. Sekadar contoh, kita merasa benar sudah membeli tiket bus, duduk di kursi dan membiarkan orang tua berdiri. Kita merasa benar karena setelah menunaikan kewajiban membeli tiket, tempat duduk lantas jadi hak kita. Tapi, sebenarnya kita lupa berbuat benar dengan memberikan hak kursi kita kepada orang tua itu. Atau kita memarkir mobil di pinggir jalan, tapi lupa berbuat benar karena di tempat itu ada rambu lalu lintas yang melarang pengendara memarkir kendaraan. Kita sudah merasa benar berhenti di perempatan jalan saat lampu merah, tapi posisi kita sebenarnya menghalangi laju kendaraan yang hendak belok ke kiri.

Rabun Baca

Tentang temanku itu, dengan sabar aku menjelaskan agar ia kembali membaca judul tulisanku dengan seksama dan dalam tempo sesingkatnya. Temanku itu termasuk "rabun baca". Dia sudah melek aksara, tapi masih masuk dalam kategori belum memasuki fase "melek baca". Seperti contoh sebelumnya, sudah jelas tertera rambu dilarang parkir, masih juga parkir di tempat itu. Sudah jelas belok kiri boleh langsung, masih juga dihalangi. Sudah secara gamblang dikatakan bahwa korupsi itu haram dan menyengsarakan umat, masih saja dilakukan. Sudah jelas buku itu jendela dunia, eh, para caleg lebih suka melakukan investasi suara dengan cara bagi-bagi sembako.

Dengan sombong aku menceritakan sebuah strategi yang kulakukan kepada temanku, yang ternyata tim sukses seorang caleg. Aku adalah seorang pengarang. Cara yang kulakukan agar orang-orang membaca novelku bukan hanya dengan cara peluncuran atau bazar buku, tapi juga mengajari mereka membaca ke-26 abjad. Aku tidak begitu risau, setelah mereka bisa membaca apakah akan membeli bukuku atau tidak. Yang kulakukan adalah menulis buku sambil meningkatkan kualitas. Nanti pembeli akan datang sendiri. Tentu pembeli yang sudah bisa membaca. Tapi, temanku tidak memahami tamsilku ini. Dia tetap saja ngotot bahwa aku berbelit-belit. Dia tetap pada pendirian semula, bahwa aku sudah menyebarkan fitnah ke khalayak.

Aku jelaskan, penulisan judul itu sebagai cara murah pembelajaran politik, tanpa perlu menggerogoti biaya APBD, juga APBN. Bahkan, CSR pun bisa disalurkan tepat ke sasarannya. Ini cara hemat energi dan listrik, tidak perlu menyewa hotel mewah dan memakai LCD. Lewat judul itu, aku mengingatkan warga Banten agar tidak "mencoblos 9 April". Bahaya. Nanti hak politik kita mubazir. Aku justru sedang mengajak warga melek politik. "Jangan nyoblos 9 April, tapi nyontreng," tegasku persis di kupingnya.

Yuk, nyontreng. Yang dicontreng juga jangan "9 April", tapi deretan gambar partai dan nomor caleg yang sudah mengeluarkan uang puluhan juta, ratusan juta, bahkan miliaran rupiah. Begitu, lho! Kira-kira begini maksudku, "Jangan nyoblos 9 April, tapi nyontreng, yuk...!" Masak yang begitu dibilang golput! Tapi, ah, *gitu aja*, kok, repot!

55
Andai Buku Bisa Bicara
Gol A Gong

Ketika aku masih bujangan, sekitar tahun 1982–1995, hidupku selalu berpindah-pindah dari satu kos-kosan ke kos-kosan lain. Penghuni tetap di kamarku adalah buku-buku, televisi 14 inci, *tape* beserta kaset-kasetnya, mesin tik, dan komputer. Pada awalnya, buku-buku itu kubiarkan berserakan di lantai, ditumpuk ala kadarnya. Jumlahnya bisa mencapai ratusan. Jika sudah banyak, kumasukkan ke dalam dus bekas mi instan dan kufungsikan sebagai tempat duduk atau meja. Andai buku-buku itu bisa bicara, mereka pasti protes ketika disimpan di ruang sempit dan tak berudara. Apa boleh buat. Biasanya aku mengucapkan salam perpisahan saat menutup dus dengan plakban, "Tunggu tanggal mainnya, ya! Aku akan buatkan kamu rumah yang bagus dan besar nanti, di mana orang-orang akan datang untuk menemui kamu!"

Cita-Cita, Bukan Mimpi...

Jika aku pindah kos, inilah masa-masa terberat. Terutama berdus-dus buku yang harus kuangkut. Biayanya besar. Aku harus menyewa mobil. Kadang dus-dus buku itu merampas setengah badan mobil. Atau jika kosku sudah penuh oleh dus-dus berisi buku, tiap akhir pekan, dengan ransel aku mencicil mengangkut buku-buku ke kamarku di rumah orangtua di Serang. Setelah rak-

rak di kamarku penuh, dus-dus bukuku mulai memakan ruangan di paviliun. Kemudian, Bapak membikinkan rak dan paviliun itu dijadikan perpustakaan kecil. Pesanku kepada Emak dan Bapak, tidak boleh meminjamkan buku-bukuku kepada orang lain!

Setiap musim liburan di rumah Emak-Bapak, aku selalu memandangi buku-buku, di kamar dan ruangan paviliun. Di dalam hati aku berkata, tunggulah nanti jika aku sudah berkeluarga! Itulah cita-cita. Bukan mimpi. Aku ingin membuat sebuah taman bacaan seperti yang pernah N.H. Dini lakukan. Aku muda memang terobsesi membuat sebuah gelanggang remaja buah karya Ali Sadikin, Gubernur DKI era 1970-an. Selain aktivitas kesenian dan kreativitas lainnya, seperti kursus bahasa, bela diri, dan olah vokal, perpustakaan adalah salah satu penunjangnya. Konsep gelanggang remaja (Bulungan di Jakarta dan Merdeka di Bandung) sangatlah bagus. Para remaja bisa menyalurkan bakat-bakatnya di bidang seni. Para seniman dan budayawan pun mempunyai tempat untuk menyalurkan kreativitasnya.

Di Serang, Banten, ketika aku remaja (1970–1982), tempat menampung kreativitas seperti itu tidak ada. Aku baru bisa menemukan tempat seperti Gelanggang Gedung Merdeka di jalan Merdeka Bandung, ketika kuliah di Fakultas Sastra Unpad (1982–1985). Sesekali aku datang ke gedung itu hanya untuk menonton kegiatan anak mudanya. Aku masih merasa minder untuk bergabung karena tidak mempunyai kemampuan apa-apa di bidang seni. Aku hanya jadi penonton atau penikmat. Begitu juga di hampir setiap pertunjukan kesenian di gedung Rumentang Siang, Kosambi, Bandung. Aku tidak pernah melewatkannya. Selalu api memercik di hatiku saat itu, "Kelak jika Allah memberiku rezeki berlebih, akan aku bangun tempat seperti ini di Banten."

Waktu terus menggelinding. Kata Bob Dylan, "*...like a rolling stones.*" Sampai Desember tahun 2005, tempat seperti gelanggang remaja dan gedung kesenian yang aku dambakan belum juga dibangun Pemda Serang. Padahal, sejak Serang jadi Ibukota Provinsi Banten tahun 2000, janji akan membuat Taman Budaya Banten pernah didengungkan Dinas Pendidikan serta Dinas Pariwisata dan Kebudayaan Banten. Bahkan ide itu diseminarkan di Hotel Ferry, Merak, pada akhir 2002. Saat itu aku sudah memiliki miniatur gelanggang remaja, yaitu Rumah Dunia, seluas 1.000 m^2 di halaman belakang rumahku. Dibandingkan dengan rencana Taman Budaya Banten seluas dua hektar dan menelan biaya miliaran rupiah, jelas Rumah Dunia bukan saingan yang seimbang, Tapi, aku sengaja memprovokasi para peserta seminar dan petinggi di Banten, "Rumah Dunia akan saya posisikan sebagai taman budaya alternatif!" Dan itu kubuktikan. Setiap akhir pekan, di Rumah Dunia selalu ada kegiatan diskusi seni dan budaya, perbukuan, pendidikan, dan pertunjukan kesenian: baca puisi, teater, dan musikalisasi puisi.

Setidaknya, keinginan yang membludak sejak aku masih muda tentang sebuah rumah tempat aku menyimpan buku sudah terpenuhi. Bahkan, tempat yang kunamai Rumah Dunia itu tidak hanya jadi rumah buku, tapi juga rumah bagi anak-anak dan remaja untuk mengasah bakat mereka dalam berkesenian.

Warisan Buku

Setiap melihat buku-buku koleksiku di rak-rak Rumah Dunia, aku jadi ingat sepenggal kisah Ajip Rosidi, pengarang dan kolektor buku hebat. Buku-bukunya mencapai puluhan ribu buah. Saat remaja, Ajip sudah mengoleksi buku. Ajip muda juga pernah kerepotan menyimpan buku. Bahkan, buku-bukunya yang disimpan di dus-dus pernah hancur terkena rembesan air. Aku sendiri pernah mengalami hal itu. Beberapa ratus bukuku hancur termakan rayap. Itu terjadi sepulang aku melakukan perjalanan mengelilingi nusantara (1985–1987). Aku sangat marah ketika mendapati rayap memakan halaman-halaman novel pop Indonesia, seperti Eddy D. Iskandar; Teguh Esha; Mira W.; juga koleksi roman Balai Pustaka; album cerita bergambar; beberapa buku Karl May; buku-buku teori sastra; sejarah; seri olahraga, seperti Asean Games dan PON warisan dari Bapak; psikologi; sosiologi; filsafat; antropologi; buku-buku tua tentang pendidikan anak warisan Emak dan Bapak; dan manuskrip-manuskrip bakal novel dan sajak, sehingga buku-

buku berharga itu pada bolong. Juga semut dengan telor-telornya menyarang di kaset The Rolling Stones, The Beatles, God Bless, Deep Purple, Genesis, Pink Floyd, Super Kid, Ikang Fawzi, Fariz RM, Guruh Gipsy, dan Opera Ken Arok Harry Roesly. Saya hitung ada sekitar 200-an kaset hancur. Kuceburkan ke dalam ember berisi minyak tanah dan kubakar semuanya!

Ah! Andai buku itu bisa bicara, mungkin mereka akan protes karena aku sudah menelantarkannya! Ya, kadang kala aku suka menyesal jika ingat sudah teledor memperlakukan buku. Sebetulnya, hakikat buku adalah bukan pada bernafsunya kita mengoleksi buku sampai ribuan atau puluhan ribu judul berjejer di rak, tapi lebih pada bagaimana kita memperlakukan buku itu secara "manusiawi" dan bermanfaat. Buku untuk dibaca. Setelah selesai membacanya, janganlah ilmu yang tersembunyi di buku itu kita diamkan saja. Sebaliknya, sebarkanlah kepada orang lain.

Memang, ada pepatah yang mengatakan bahwa jika buku itu dipinjamkan tidak akan hilang, tapi juga tidak akan kembali. Pepatah menakutkan itu mesti kita akali. Itulah sebabnya kenapa aku membuat Rumah Dunia, sebuah pusat belajar dengan perpustakaan sebagai pendukungnya. Ribuan buku koleksi pribadi kusimpan di sana. Aku ingin masyarakat luas bisa membaca buku-buku yang pernah kubaca di tempat, tidak boleh dibawa pulang. Mereka juga berhak mendapatkan apa-apa yang pernah kita dapatkan. Tuhan sudah menyebutkan dalam kitab-Nya, bahwa apa-apa yang ada pada kita, juga ada hak orang lain di dalamnya. Kita harus mau membaginya. Begitu pula dengan ribuan buku yang kumiliki. Aku tidak ingin menyekap mereka dalam dus-dus kecil dan sumpek lagi. Aku pikir adalah cara terbaik dalam memperlakukan buku.

Buku-buku itu sebagian kubeli ketika aku masih kuliah tahun 1982-an. Ini ibarat warisan. Saat itu aku rajin mencari buku di Senen, Jakarta serta Palasari dan Cihapit, Bandung. Di Senen aku memborong buku Karl May. Buku ini sangat luar biasa, terutama *Winnetou*-nya. Karl May memberi banyak inspirasi padaku. Membuat aku bersemangat. Darah mudaku selalu mendidih dan memimpikan suatu saat aku akan menyusuri dunia. Kalau Old

Shatterhand dengan kuda, aku dengan sepeda. Itu kubuktikan, bersepeda menyusuri Kuala Lumpur–Bangkok selama satu bulan pada 1991. Pernah di kereta dalam perjalanan Agra ke New Delhi, India, aku mendapat teman perjalanan orang Jerman. Si Bule itu mengatakan bahwa Karl May adalah pembohong besar. "Karl May menulis Winnetou dan Amerika di penjara. Dia belum pernah ke Amerika," katanya. Tapi aku merasakan, si Bule itu bercerita dengan rasa bangga.

Ada juga buku-buku yang kubeli di perempatan Slipi, Palmerah, Jakarta. Aku sering memergoki Gusur Adhikarya, penulis remaja yang tergabung dalam gerombolan Lupus, asyik memborong buku-buku bekas di Slipi. Ketika aku ke kamarnya, masya Allah, penuh dengan buku dan majalah. Jika duduk, kami harus berebut tempat dengan buku. Kini, setelah berkeluarga, Gusur "terpaksa" harus membeli rumah tetangga di depannya karena rumah yang dia tinggali bersama istri dan anak-anaknya sudah penuh oleh buku dan majalah!

Setelah peristiwa mengenaskan itu—kehilangan beberapa koleksi buku dan kaset—aku berusaha membeli edisi terbarunya. Tapi, tetap saja ada peristiwa tidak mengenakkan yang terjadi terhadap buku-bukuku. Beberapa koleksi buku yang hilang tidak terhitung karena dipinjam dan tidak dikembalikan. Aku masih ingat koleksi kesayanganku yang raib: *Pengakuan Pariyem*, biografi Albert Enstein, *The Count of Monte Cristo* karya Alexandre Dumas edisi *hard cover* terbitan Pustaka Jaya, *Albert Camus*, *Petualangan Jim Bowie* karya Paul L. Wellman, *Papillon*, *Sosiologi* karya Max Weber, dan *Ali Topan Anak Jalanan* karya Teguh Esha. Andai buku itu bisa bicara, mereka pasti akan berteriak protes lagi, kenapa aku membiarkan orang lain mengambil mereka!

Aku masih ingat ketika temanku meminjam buku biografi Einstein sepuluh tahun lalu. Aku berterus terang sangat keberatan meminjamkan buku itu. Tapi, temanku memaksa terus. Aku mengingatkan bahwa buku bagiku seperti belahan jiwa. Dan aku mempunyai rencana panjang dengan setiap buku yang kumiliki. Buku, bagiku, belum selesai perjalanannya walaupun aku telah selesai membacanya. Kekhawatiranku terbukti, sampai sekarang temanku tidak pernah kembali lagi dengan buku itu. Setelah menikah, dengan waktu yang semakin terbatas untuk mengunjungi toko-toko buku, aku berhasil membeli lagi *The Count of Monte Cristo* di toko buku Gramedia; *Papillon* di komunitas Pasarbuku, Jakarta; dan *Ali Topan Anak Jalanan* di Ommunium Book, Bandung. Juga buku-buku Karl May edisi terbaru. Aku ketiban durian runtuh! Pandu Ganesha dari Paguyuban Karl May menghadiahiku edisi terbaru trilogi *Winnetou*! Tapi masih banyak buku-buku yang masih ingin aku cari lagi, misalnya *Pengakuan Pariyem* yang entah raib ke mana.

Ya, andai buku bisa bicara, mungkin mereka akan protes kepadaku, kenapa dibiarkan teronggok berdebu di rak-rak dan sumpek di dus-dus. Bahkan, ada yang kusimpan rapat di peti. Setiap aku berada di paviliun rumah orangtua, aku hanya bisa mengulang-ulang janji pada mereka, "Sabar, tunggu aku punya sebidang tanah dulu!" Kini aku bisa bernapas lega. Ajip Rosidi juga begitu. Kini Ajip bisa berbahagia di hari tuanya di Desa Pabelan, Magelang, Jawa Tengah. Sebelum dia pindah ke sana, buku-bukunya yang puluhan ribu lebih dulu mendapat tempat. Ya, buku-buku yang dulu kusekap sudah disimpan di rak-rak Rumah Dunia. Aku hanya perlu berpikir tentang rak-rak yang terlindung dengan penutup kaca agar tidak terkena tamparan angin dan hujan. Masalahnya, perpustakaan Rumah Dunia belum berpintu dan jendela alias terbuka. Raknya juga begitu. Sudah empat tahun buku-buku itu kepanasan dan kedinginan. Kadang air hujan bercipratan menimpa mereka.

Tapi, kenapa aku tega menyimpan buku-buku di dus, bahkan di peti? Buku bagiku adalah investasi. Ibarat biji tanaman, aku sedang menanamnya dan kelak anak-cucu memanen hasilnya. Andai saja kami bisa bercakap-cakap, akan kujelaskan pada mereka, bahwa aku mempunyai rencana besar, yaitu menularkan budaya membaca di tempat tinggalku kelak. Kenapa aku memasukkan mereka ke dus atau peti, itu supaya mereka aman dari tangan-tangan jahil. Buku-buku itu adalah modalku nantinya. Pekerjaan kultural yang kulakukan ini memang tidak populer. Itulah sebabnya aku harus berhati-hati merencanakannya. Dengan buku, aku bermimpi bisa melakukan sesuatu.

Suatu waktu aku membaca berita di koran bahwa Wanda Hamidah—artis dan aktivis partai—selalu menyimpan buku-buku yang sudah ia baca di peti. Bagiku itu sangatlah wajar. Ia pasti tidak ingin buku-bukunya mejeng mentereng di rumah yang setiap saat dicomot oleh rekan-rekannya yang datang berkunjung. Aku sering mengalami itu sejak masih mahasiswa. Kamar kosku penuh buku dan selalu saja ada buku yang hilang. Memang aneh sifat manusia. Sebetulnya mereka bisa membeli buku, tapi mereka memilih membeli jajanan yang nanti akan jadi kotoran. Mereka tidak membeli buku karena bagi mereka buku tidak bisa mereka nikmati kelezatannya.

Tapi, sebaiknya Wanda sudah harus meniru Marissa Haque. Buku-buku koleksi pribadinya disumbangkan ke Rumah Dunia. Bahkan, satu set ensiklopedi Amerika diberikannya pula. Kata Marissa, "Ensiklopedi ini mengantarkan saya menerima beasiswa S2 di Amerika. Saya ingin anak-anak Rumah Dunia juga seperti saya," katanya, seolah berat melepaskan buku-bukunya. Tapi, kini buku-bukunya sudah tersusun rapi di rak Rumah dunia. Bahkan, lewat sopirnya, pada kesempatan berikutnya, Marissa mengirimkan koleksi buku-bukunya lagi. Ada pula novel berbahasa Inggris dan Indonesia. "Daripada menumpuk di rumah. Anak-anak saya sudah membaca semua."

Aku yakin, buku bukanlah sekadar seonggok kertas tebal dengan huruf-huruf yang tercetak. Aku yakin di dalamnya ada gagasan-gagasan atau buah pikiran para penulisnya. Dari buku kita bisa belajar banyak tentang sosiologi seperti saat membaca trilogi *Ronggeng Dukuh Paruk* (Ahmad Tohari), tentang kebudayaan dalam *Pengakuan Pariyem* (Linus Suryadi), ideologi di Tetralogi Buru milik Pramoedya Anana Toer, kekerasan dan keteguhan hati di dalam biografi orang-orang hebat seperti Nabi Muhammad SAW, Mahatma Gandhi, Che Guevara, Thomas Alfa Edison, dan masih banyak lagi.

Wujud Cita-cita

Setelah menikah dengan Tias Tatanka, pada masa-masa awal kami sering meluangkan waktu mengunjungi pameran buku dan toko-toko buku. Kamar kontrakan kami yang kecil di Gang Mawar, Pejuangan, Kebon Jeruk, Jakarta Barat, pun akhirnya sumpek dengan dus-dus berisi buku. Bahkan, kami nekat membeli dua rak yang merampok ruangan depan kontrakan kami. Ruang kerja, tempat menyetrika, televisi, dan kamar pembantu saling berebut. Hampir tiap akhir minggu, kami plesiran ke mal dan selalu mampir di toko buku atau kaset dan VCD. Lagi-lagi pada akhir pekan kuangkuti dus-dus itu ke rumah orangtua.

Pada akhirnya, kami berhasil membangun sebuah rumah di Kompleks Hegar Alam 40, Kampung Ciloang. Ada banyak ruangan untuk kamar dan ruang kerja. Buku-buku yang tadinya teronggok di ruang paviliun rumah orangtua kami angkuti. Rak-rak kami jejerkan di ruangan di lantai atas. Tapi, tetap saja masih ada yang kami simpan di dus-dus. Saat itu juga aku resmi bergabung di RCTI sebagai penulis naskah. Praktis, waktu membacaku tergusur. Sepulang kerja, aku masih juga mengerjakan pekerjaan kantor. Menulis skenario seolah tidak pernah ada ujungnya, membutuhkan waktu panjang karena harus berkali-kali melewati proses revisi. Kata Joanne Brough, advisor kami dari Amerika, “Sebuah skenario yang baik adalah yang melewati berkali-kali revisi!”

BAGIAN KETIGA

TAMAN BACAAN MASYARAKAT

56
TBM Generasi Ketiga
Agus M. Irkham

"Yang utama sebenarnya bukan membaca, melainkan mengerti makna sebuah buku, kemudian didayagunakan untuk satu langkah karsa dan karya nyata produktif dan konstruktif."
(Jaya Suprana, *Sebuah Kontemplasi*, 2007)

Paling kurang ada dua lema yang terlebih dahulu harus saya bicarakan sebelum bercakap lebih jauh tentang implementasi pendekatan empati mitra pada pengembangan budaya baca. Dua masukan tersebut adalah *budaya baca* dan *empati mitra*.

Saya mulai dulu dengan lema pertama, budaya baca. Dalam konteks tujuan kampanye membaca (dan menulis), frasa budaya baca memiliki arti yang lebih tinggi dibandingkan dengan dua frasa lainnya, yakni kemampuan membaca dan minat membaca. Kemampuan membaca berpusat pada ikhtiar membuat orang yang sebelumnya buta aksara menjadi melek aksara—lazim disebut dengan keaksaraan teknis. Ini menjadi tahap pertama, dasar bagi kampanye membaca selanjutnya.

Generasi Pertama

Kaitan gelombang pertama kampanye membaca tersebut dengan peran TBM berupa aktivitas membaca, meminjam, dan mengembalikan buku. Itu saja. Untuk memudahkan pengidentifikasian, TBM berciri demikian kita sebut sebagai TBM generasi pertama. Sampai saat ini saya belum mengantongi data sahih tentang seberapa besar TBM generasi pertama ini. Tapi, dugaan sementara saya, TBM jenis ini menjadi irisan terbesar.

Bagaimana dengan minat baca?

Minat baca berarti masyarakat yang telah mampu membaca secara teknis berniat untuk mempraktikkan kemampuan itu. Rasa makna minat baca bersifat datar, sekadar menggambarkan tingkat ketertarikan seseorang terhadap teks. Medianya bisa bermacam-macam: buku, koran, majalah, dan lain sebagainya.

Bidikan gerakan peningkatan minat baca lebih tertuju pada dorongan atau motivasi membaca. Jadi, masih bersifat potensi. Maka varian kampanye yang dilancarkan pada fase ini adalah mengentalkan manfaat membaca. Pada titik ini, muncul konsep literasi fungsional.

Keaksaraan fungsional dapat dimengerti sebagai kemampuan seseorang mengenal aksara dan memanfaatkannya untuk meningkatkan perolehan materi. Dalam bingkai literasi fungsional, pengetahuan tentang sesuatu itu belum cukup. Masyarakat juga harus dibekali tentang melakukan sesuatu.

Mengapa harus membaca? Ada apa di balik sebuah buku atau teks? Seberapa besar sumbangan aktivitas membaca untuk perbaikan hidup (terutama ekonomi) pembacanya? Itulah beberapa pertanyaan filosofis yang menjadi titik pijak pembuatan program peningkatan minat baca. Jadi, lebih berpusat pada kegiatan-kegiatan yang bersifat kognitif dan afektif.

Buku sebagai Rujukan dan Mentor

Jika pengertian minat baca dipertalikan dengan aktivitas dan keberadaan TBM, pada tahapan *kedua* kampanye ini akan mendorong TBM untuk memasuki generasi kedua. Wujud aktual kegiatannya berupa program turunan perbukuan. Jika buku kita tandai dengan huruf A, maka program TBM generasi kedua adalah A' (A aksen). Bentuknya mulai dari pelatihan menulis, jumpa penulis, penandatanganan buku, peluncuran buku, diskusi minat baca, bedah buku, serta keaksaraan wirausaha yang berupa kegiatan usaha produktif (berekonomi) yang menjadikan buku (atau teks) sebagai rujukan sekaligus mentor.

Untuk lebih memberikan gambaran tentang TBM generasi kedua ini, saya akan memberikan beberapa contoh nyata, di antaranya TBM Bergema, TBM Warung Pasinaon, dan TBM Guyub. Bergema singkatan dari Bersama Geliat Masyarakat. TBM Bergema terletak di Desa Patak Banteng, Kecamatan Kejajar, sekitar 27 km sebelah utara Wonosobo atau hanya sekitar 2 km sebelum kompleks Candi Dieng, persis di Lembah Dieng.

Strategi gerakan minat baca yang dilancarkan Bergema adalah dengan menyediakan bahan bacaan yang dapat dijadikan rujukan bertani dan berkebun. Selain itu, Bergema juga bekerja sama dengan gabungan kelompok tani, sehingga secara periodik Bergema diberi kepercayaan menggulirkan sejumlah dana pinjaman mikro. Cara ini telah berhasil mengikis perlahan-lahan praktik *ijon* serta menjauhkan petani dari para lintah darat.

Setelah Bergema, ada TBM Warung Pasinaon. Pasinaon artinya tempat belajar. TBM ini berlokasi di Bergaslor, Kecamatan Bergas, Kabupaten Semarang. Sasaran utama Pasinaon adalah ibu-ibu paruh baya. Mereka membuat media bernama *Koran Pasinaon*. *Koran Pasinaon* terbit sebulan sekali. Sampai dengan edisi 22 April–21 Mei 2010 ketebalannya sudah mencapai 20 halaman. Padahal, di awal terbitnya, sekitar awal 2010, hanya 10 halaman.

Melalui *Koran Pasinaon*, secara tidak langsung TBM Warung Pasinaon mengabarkan kepada publik bahwa salah satu cara untuk mempertahankan sekaligus mengasah kemampuan membaca adalah dengan menulis. Dalam konteks pendidikan keaksaraan, TBM Pasinoan menjadi sarana pembelajaran dan hiburan masyarakat serta sarana untuk memperoleh dan memproduksi informasi.

Selanjutnya adalah TBM Guyub. Berbeda dengan Bergema dan Pasinoan, TBM yang beralamat di Jalan Raya Bebengan 221 Boja, Kendal, ini memusatkan aktivitasnya pada pendarasan karya sastra. Sasaran pembacanya pun kebanyakan adalah remaja.

Meskipun tidak sedikit orang tua dan anak-anak yang datang ke Guyub.

Meskipun Guyub berlokasi di desa, koleksi bacaannya tak kalah dengan koleksi perpustakaan perguruan tinggi. *Orhan Pamuk*, *The Satanic Verses* anggitan Salman Rushdie, serta buku karya Franz Kafka dan García Márquez pun dapat ditemui di Guyub. Daftar karya-karya kelas dunia itu dapat diperpanjang lagi.

Apresiasi karya sastra berupa *dramatic reading*, bedah buku, serta pelatihan menulis dan pementasan menjadi beberapa strategi Guyub untuk merawat minat baca para remaja. Dengan begitu, kegiatan mereka tidak melulu datang, membaca, meminjam, lantas mengembalikan buku.

Membaca sebagai Gaya Hidup

Tujuan *ketiga* kampanye membaca adalah agar kegiatan membaca (dan menulis) menjadi bagian dari kehidupan seseorang. Membaca menjadi gaya hidup. Inilah yang disebut dengan budaya baca. Aktivitas membaca sudah menjadi budaya. Menjadi bagian yang lekat dan mengikat keseharian seseorang. Pendek kata, tiada hari tanpa membaca! Nah, karena budaya baca bertalian erat dengan gaya hidup, modus kampanyenya pun harus menyesuaikan kecenderungan adab keseharian masyarakat. Berbicara tentang gaya hidup, kita tidak bisa lagi menutup mata bahwa kini ikon aktivitas budaya populer telah menjadi ritual keseharian sebagian besar orang. Tidak saja menyasar masyarakat golongan tengah dan atas, tapi juga bawah. Deretan ritual paling menonjol adalah: menonton film, *gadget*, mendengarkan musik, berbelanja, berjejaring sosial, kuliner, animasi, berkumpul, fotografi, *ngegame* (*online*), penjelajahan, *nginggris,* isu-isu lingkungan (*go green*), serta plesir. Biasanya budaya pop ini dipandang publik sebagai sesuatu yang secara absolut bertentangan dengan budaya baca, seperti yang terlihat pada Tabel 2.

Tabel 2
Matriks Perbedaan Budaya Pop dan Baca

Budaya Pop	Budaya Baca
Menonton, mendengar, berbicara, plesir, main, berbelanja.	Membaca, menulis.
Musik, animasi (*game*), film; *gadget*, *merchandise*.	Buku.
Selintas, dangkal, tidak serius, gaul.	Dalam, serius, kuper, kacamata tebal, sedikit teman.
Kemasan (konteks)	Isi (konten)

Dalam perspektif gelombang ketiga—tujuan gerakan membaca—TBM generasi ketiga, keberaksaraan (literasi) tidak semata-mata mencakup persoalan membaca dan menulis, namun bergandengan pula dengan aspek lain, seperti ekonomi, politik, hukum, teknologi, serta pendidikan, sejarah, dan gaya hidup.

Jika buku kita tandai dengan huruf A, maka program TBM generasi ketiga adalah A" (A aksen dua), yaitu berupa program kegiatan yang secara langsung tidak ada kaitannya dengan buku atau kegiatan membaca. Namun, sejatinya berhubungan erat. Contohnya sebagaimana yang sering dilakukan beberapa komunitas literasi, seperti Komunitas Historia Indonesia, IndoHogwarts, Foto-Stereo-ID, Indo-Startrek, Reading Bugs, dan Komunitas Jelajah Budaya.

Bersifat Pegas

TBM tidak berada dalam ruang vakum udara. Ia senantiasa berkaitan dengan kenyataan hidup. Oleh karena itu, ia mesti bersifat pegas terhadap perubahan zaman. Salah satu bentuk kelenturannya adalah kesediaan dan kesigapan TBM mengadopsi pola dan modus ikon budaya pop ke dalam aktivitas membaca. TBM, mau tidak mau, suka tak suka, harus masuk ke fase terakhir kampanye membaca, yaitu TBM generasi ketiga. Pengayaan geseran gerakan membaca secara sistematis dapat dilihat pada Tabel 3 berikut ini.

Tabel 3
Pergeseran Generasi Komunitas Literasi

Tahap Perkembangan	Tujuan Gerakan	Wujud Gerakan	Sasaran
Generasi pertama (1.0)	Kemampuan membaca (literasi teknis).	Perpustakaan (baca-pinjam)	Masyarakat kelas bawah.
Generasi kedua (2.0)	Peningkatan minat baca (literasi fungsional).	Program perbukuan.	Masyarakat kelas bawah dan menengah.
Generasi ketiga (3.0)	Terbentuknya budaya baca (literasi budaya).	Program nonbuku (adopsi budaya pop).	Masyarakat kelas bawah, menengah, dan atas.

Empati Mitra

Sekarang saya mengajak Anda memahami lema *kedua*: empati mitra. Empati mitra dapat dimaknai sebagai strategi TBM dalam melaksanakan agenda kegiatannya secara berkelanjutan guna mencapai kondisi ideal dengan melibatkan pihak di luar dirinya. Jadi, dalam tilikan empati mitra, kondisi TBM bukan dianggap sebagai kekurangan, melainkan kelebihan prestasi. Berbeda dengan pendekatan SWOT (seorang teman menyederhanakannya dengan istilah "kekepan"—kekuatan, kelemahan, kesempatan, dan ancaman) yang menganggap hidup adalah masalah, empati mitra menganggap hidup sebagai kenikmatan (kelimpahan dan berkah). Fokus perhatiannya pada setengah penuh (optimisme), bukan setengah kosong (pesimisme).

Pendekatan empati mitra menganggap TBM lain, lembaga sosial, institusi bisnis, maupun pribadi yang ada di luar TBM menjadi bagian yang turut pula membantu memuluskan tujuan TBM. Jadi, antar-TBM tidak mengenal persaingan. Sebaliknya, saling melengkapi. Tidak ada TBM yang melewati persaingan untuk memperoleh identitasnya, ungkap Goenawan Mohammad.

Langkah teknis empati mitra terdiri atas empat tahapan, yaitu informasi, impian, ikhtiar, dan ihsan. Kondisi nyata TBM dianggap sebagai informasi. Tidak disimpulkan sebagai kekurangan atau cacat yang justru bisa membuat ciut hati. Informasi tersebut digunakan sebagai pijakan untuk menetapkan impian atau capaian ideal yang diharapkan.

Ibarat daratan, informasi dan impian dipisahkan sungai. Maka, diperlukan jembatan untuk mempertemukan keduanya. Dalam pengamatan empati mitra, jembatan tersebut disebut sebagai ikhtiar. Pada langkah yang ketiga inilah TBM dituntut untuk berani dan lincah menentukan pihak mana saja yang dapat dijadikan mitra untuk mewujudkan impian itu. Juga bermakna ketekunan TBM mencari titik temu dengan *stakeholders* dan *shareholders* yang berbeda itu serta mengeksekusinya melalui beragam inisiatif program sinergis.

Sedangkan, tahap keempat, ihsan, adalah sebuah kondisi atau hasil yang mengandaikan adanya pertumbuhan antara aktivis (relawan, aktor, pelaku) dengan lembaga yang menaunginya—pada tiap-tiap pihak yang bermitra. Keduanya berkembang bersama. Lahir menjadi sesuatu yang sama sekali baru jika dibandingkan dengan sebelum pendekatan empati mitra diterapkan. Jadi, *personal building* dan *capacity building* antarlembaga yang bermitra mekar bersamaan.

Pertanyaan selanjutnya adalah, bagaimana implementasi empati mitra jika digunakan sebagai pendekatan untuk melakukan pengembangan budaya baca (TBM) yang sudah memasuki gelombang ketiga tersebut? Baik untuk penguatan internal TBM itu sendiri maupun dalam bentuk program keluar (eksternal)—kemasan program literasi.

Salah satu bentuk pengejawantahannya adalah berupa program residensi relawan—meminjam istilah yang diberikan aktivis TBM Rumah Dunia, Firman Venayaksa. Sesama TBM bisa saling belajar melalui program silang satu-dua pengelola. Waktunya bisa disepakati. Sebulan, dua bulan, atau lebih dari itu.

Dari program residensi relawan ini, keduanya bisa saling bertukar informasi sekaligus melihat secara langsung bagaimana suatu TBM dikelola, baik menyangkut manajemen relawan, sistem rekrutmen, strategi pendanaan, maupun kontinuitas program. Selain itu, mereka dapat juga bertukar data pihak ketiga (*stakeholders* dan *shareholders*) yang dimiliki dan telah bekerja sama dengan masing-masing TBM.

Masih tentang residensi relawan ini, sarana lain yang bisa digunakan sebagai wadah pelaksanaan pendekatan empati mitra dalam konteks pengembangan budaya baca adalah program peminjaman relawan, layaknya peminjaman pemain dalam sepak bola. Tujuannya, agar kapasitas TBM yang dipinjami meningkat, baik dari sisi lembaga maupun pengelolanya. Tentu "pemain" pinjaman tersebut harus memiliki kompetensi yang mumpuni. Baik dalam ranah personal, sosial, manajerial, maupun kewirausahaan.

Bentuk penerapan berikutnya berkaitan dengan pengelolaan dan penambahan koleksi serta strategi pendanaan dan sistem pelaporan. TBM bisa bermitra dengan institusi mapan yang memiliki kompetensi tinggi di bidang itu. Misalnya, perpustakaan daerah (provinsi, kabupaten, dan kota), (asosiasi) penerbit buku, kantor akuntan publik, dan lembaga donor (yayasan filantropi). Bentuknya bisa berupa anjangsana (presentasi), pelatihan, maupun pendampingan.

Lainnya?

Sesama TBM bisa saling tukar program, berkolaborasi, bahkan membuat perhelatan bersama yang bersifat masif. Pertukaran program bertujuan memberikan variasi program dalam suatu TBM sehingga akan selalu ada kebaruan. Gambaran teknisnya seperti ini: TBM x mengundang TBM y untuk menggelar acara di TBM x. Pada lain waktu, TBM x yang menggelar acara di TBM y. Kedua TBM tersebut hendaknya memiliki karakteristik berbeda, sehingga pamrih kesan kebaruan program dapat terlunasi.

Bentuk-bentuk lain rekayasa pendekatan empati mitra untuk mengembangkan budaya baca dapat digagas sesuai dengan kebutuhan, potensi, dan imaji atau impian masing-masing TBM, serta seberapa luas jejaring relasi yang dimiliki.

57
Mengapa TBM@Mall?

Agus M. Irkham

Lema paling mengemuka dalam konteks kampanye minat baca pada 2010 adalah wacana pendirian taman baca di pusat perbelanjaan yang disebut sebagai TBM@Mall. Pada bulan Mei, bertepatan dengan Hari Pendidikan, TBM@Mall diluncurkan. Kalau tidak salah ingat di Banten, Jakarta, Surabaya, Bandung, dan Makassar.

Pembukaan TBM di mal ini bertujuan mendorong minat baca pengunjung mal, yang mayoritas remaja. Asal tahu saja, skor minat baca remaja Indonesia saat ini adalah 393 atau di bawah rata-rata negara-negara anggota Organisation for Economic Cooperation and Development (OECD), yakni 492.

Kehadiran TBM@Mall diharapkan dapat memperluas minat baca masyarakat, sehingga mereka datang ke mal bukan hanya untuk berbelanja atau mencari hiburan, melainkan mencari ilmu, informasi, serta mengembangkan karakter dan jiwa wirausaha melalui beragam bacaan. Karena sasaran utamanya remaja, TBM@Mall diharapkan juga tidak melulu menyediakan buku bacaan, tapi juga berderet varian layanan lainnya, misalnya kafe, menonton film, internet, dan pelatihan. Dengan begitu, paling tidak TBM bisa menjadi tempat alternatif berkumpulnya para remaja.

Program ini menjadi bagian dari target Kemdiknas tahun 2010, yaitu membuka 561 TBM, yang terdiri atas 23 TBM@Mall,

2 TBM di rumah sakit, 36 TBM di Balai Belajar Bersama (TBM di ruang publik yang bukan di mal), 50 TBM untuk daerah terpencil guna mengantisipasi anak putus sekolah (peningkatan minat baca), serta 450 TBM keaksaraan (rumah singgah dan panti sosial). Sampai tulisan ini selesai disusun, saya belum mendapatkan informasi apakah target 561 TBM itu sudah tercapai.

Ketika awal pemrakarsaan TBM@Mall disosialisasikan, banyak yang merasa keberatan. Beberapa di antaranya menganggap program ini tidak pro-rakyat-kecil. Daripada digunakan untuk membuat dan membiayai TBM di mal, bukankah lebih baik digunakan untuk membuka TBM di pasar tradisional, pesantren, masjid, dan tempat lain yang lebih mewakili kebutuhan khalayak? Keberatan lain muncul karena mal dianggap lembaga yang melulu berorientasi pada keuntungan ekonomi. Mana mungkin bisa bersanding dengan taman baca yang mempunyai pamrih sosial. Apalagi, kata seorang wartawan *Koran Tempo*, ketika seseorang masuk mal, ia telah kehilangan dirinya. Mal-mal yang berpenampilan menarik dengan desain dan cat mencolok, menghidupkan kota bagai cahaya yang mampu menarik laron-laron terbang mengelilingi lampu yang bersedia jatuh dalam baskom berisi air sebagai perangkap untuk meniadakan mereka.

Maka, dalam pengertian yang moderat, TBM@Mall lebih tepat disebut sebagai *private space* karena menempati lokasi yang memiliki struktur kepemilikan yang jelas (swasta), dan dari *sono*-nya berorientasi profit ekonomi pula. Dalam definisi yang lebih progresif, TBM@Mall lebih cocok disebut sebagai *alternative space*. Sebuah ruang atau tempat yang memberi pilihan alternatif bagi komunitas dan individu untuk mengaktualisasikan dirinya lewat kegiatan atau program yang diselenggarakan di sana.

Makna Filosofis

Ada beberapa alasan filosofis yang patut dipahami mengapa TBM@Mall diluncurkan. *Pertama*, mal sekarang ini telah menjadi tempat tetirah banyak orang. Tidak saja bagi kalangan menengah (secara ekonomi dan pendidikan), tapi juga kelas bawah. Tidak pula memandang daerah asal, gender, dan usia. Semua lumer dalam kesibukan di mal. Merayakan kegembiraan di mal adalah hak setiap orang. Begitu kira-kira kalimat mudahnya.

Nah, dengan adanya TBM di mal, diharapkan ada internalisasi kesadaran yang kurang-lebih sama: membaca (buku) adalah hak setiap warga negara. Semua berhak mendapatkan kemudahan akses bacaan. Tiap warga negara memiliki kesempatan membaca dan memaknai apa yang dibaca itu untuk meningkatkan pemahaman terhadap situasi kehidupan, sekaligus meningkatkan kualitas hidupnya, baik sosial maupun ekonomi.

Kedua, mal identik dengan aktivitas membeli (konsumsi). Aktivitas tersebut dilakukan dengan segenap sukacita. Secara tidak langsung, mal juga menjadi ukuran identifikasi golongan menengah (mapan). Dalam ungkapan yang berbeda, saat seseorang pulang dari mal, citra diri dan gengsi diri meningkat. Tingkat penghargaan terhadap diri pun naik.

Mal juga menjadi salah satu ikon budaya pop. Selama ini, saat disandingkan dengan budaya konvensional, budaya pop kerap ditempatkan pada posisi saling menegasi. Dari titik itu, pintu makna filosofis yang kedua, kehadiran TBM di mal bisa diterima. Kehadiran aktivitas membaca (buku) di mal sama penting dan menggembirakannya dengan belanja di mal—sebagai salah satu bentuk budaya populer. Kesejajaran posisi itu yang hendak disasar.

Membaca buku adalah aktivitas bergengsi. Membaca buku tidak identik dengan kacamata tebal, kuper, tidak gaul, terasing, dan membosankan. Yang kemudian berlangsung adalah 2 in 1 (*two in one*). Dua jenis belanjaan dapat diperoleh dalam satu tempat. Belanja barang untuk pemenuhan kebutuhan fisik dan belanja (membaca) buku untuk pemenuhan kebutuhan otak dan hati. Keduanya tidak lagi ditempatkan dalam posisi saling menegasi, tapi saling melengkapi. Simbiosis mutualisme.

Gerakan membaca di Indonesia dapat saya kategorikan ke dalam tiga gelombang. Gelombang pertama (1.0) keaksaraan teknis.

Gerakan membaca ini bertujuan mengentaskan masyarakat dari ketidakmampuan mengenal huruf dan mengeja kata. Dengan kata lain, yang dikejar adalah perbaikan statistik angka melek huruf (kemampuan membaca). Gelombang kedua (2.0) keaksaraan fungsional yang menjaga agar kemampuan membaca (dan menulis) yang telah diperoleh sebelumnya, tidak hilang. Pada fase ini, prioritas program yang dihelat adalah mengembangkan minat baca masyarakat pada media teks. Gelombang ketiga (3.0) keaksaraan budaya. Inilah tujuan akhir gerakan membaca, yaitu agar aktivitas membaca menjadi bagian hidup keseharian masyarakat. Menjadi gaya hidup. Menjadi budaya.

TBM@Mall masuk kategori gerakan literasi gelombang ketiga (3.0). Ia secara kreatif harus mampu mengawinkan buku dan hobi—yang mencakup pengetahuan, bahasa, dan budaya—serta komunitas. Ia harus mampu mengejawantahkan makna bahwa literasi (keberaksaraan) menjadi bagian dari hidup. Oleh karena itu, kegiatan yang paling pas di TBM@Mall, menurut saya, adalah model kelas dan klub yang disesuaikan dengan karakter pengunjung.

Bagaimana arah dan strategi gerakan membaca pada 2011? Helatan program literasi lebih didominasi oleh gerakan literasi gelombang ketiga. Sasaran dan pegiatnya pun adalah yang semula di pinggiran, identik dengan masyarakat desa, kemudian bergeser ke pusat (urban). Gerakan membaca gelombang ketiga ini tidak melulu menjadikan buku sebagai pusat dan akhir perjalanan. Sebaliknya, buku sekadar menjadi pintu pembuka, awal perjalanan. Bergeser ke beragam aktivitas literasi rekreatif.

58
Lagi, TBM@Mall...
Agus M. Irkham

Kemendiknas akan merintis TBM di mal. Di kota-kota besar, mal memang menjadi tempat yang paling sering dikunjungi masyarakat. Tidak sekadar untuk berbelanja dan menjadi ukuran kelas sosial, tapi juga aktivitas lain. Mulai dari merayakan ulang tahun, pesta pernikahan, arisan, bertemu kolega, bertemu keluarga, rapat, berdiskusi, hingga sekadar nongkrong. Pendek kata, mal telah menjadi pusat kebudayaan. Mal menjadi salah satu ikon utama budaya pop yang bermagnet kuat, melingkupi seluruh rentang usia, gender, dan nirkelas ekonomi.

Berdasarkan beberan Direktur Pendidikan Masyarakat Direktorat Jenderal Pendidikan Nonformal dan Informal (Dirdikmas Ditjen PNFI) Kemendiknas, Ella Yulaelawati, 50 persen pengunjung mal adalah remaja, 25 persen berumur di bawah remaja, dan sisanya di atas remaja.

Ella menyebutkan, TBM@Mall akan dilengkapi dengan pojok anak (*kids corner*) sebagai balai belajar bersama. Tidak hanya itu, bisa juga dijadikan sarana unjuk karya, sebagai galeri anak-anak memajang hasil karyanya. Pada tahap awal, Kemendiknas akan merintis TBM@Mall di enam titik pusat perbelanjaan, yaitu Jakarta, Serang, Makassar, Bandung, Surabaya, dan Semarang.

Prakarsa Kemendiknas saya kira sejalan dengan gagasan yang sebelumnya telah mekar di antara teman-teman komunitas literasi. Terutama yang terhimpun dalam Gerakan Indonesia Membaca. Sebuah gerakan keberaksaraan yang difasilitasi dan dipromosikan Forum Indonesia Membaca (FIM). Kalau tidak salah ingat, sejak tahun 2002, FIM telah menyosialisasikan program pojok buku (*book corner*) di tempat layanan publik. Tidak hanya di pusat perbelanjaan, tapi juga di bengkel, ruang tunggu rumah sakit, apotek, bandara, lobi hotel, dan stasiun. Hanya saja, karena satu dan lain hal, ide pojok buku itu tak kunjung membiak.

Kini, ide itu muncul kembali, dan yang mengambil prakarsa adalah pemilik kuasa birokrasi dan anggaran, yaitu pemerintah. Tentu harapan kita, kalau boleh meng-"kita"-kan saya, ide itu betul-betul terlaksana dan berkelanjutan. Oleh karenanya, tak berlebihan jika ide tersebut perlu didukung oleh para pegiat budaya baca.

Apa pasal?

Saya mencatat paling kurang ada dua alasan mengapa TBM@Mall ini penting—dilihat dalam perspektif masa depan gerakan membaca di Indonesia. *Pertama*, di satu segi ada linearitas antara mal sebagai pusat kebudayaan dengan tujuan menjadikan aktivitas membaca buku—produk budaya—sebagai bagian tidak terpisahkan dari pemanfaatan jelujur waktu hidup keseharian seseorang. Publik luas lebih mengenalnya dengan istilah budaya baca.

Di segi lain, pemasaran budaya baca dituntut untuk terus mencari pola dan strategi baru, terutama menyangkut pengemasan aktivitas promosi dan helatan keaksaraan. Dengan hadirnya TBM di pusat perbelanjaan, secara tidak langsung kesan yang diharapkan muncul dari para pengunjung adalah: *oh, ternyata buku itu (aktivitas membaca) sama gaulnya dengan mal.* Sama-sama dapat dijadikan sebagai bagian dari gaya hidup. Pada titik ini, TBM@Mall adalah bentuk penindihan (baca: memanfaatkan) ikon budaya pop untuk memasarkan aktivitas membaca. Jadi, keduanya tidak harus ditempatkan dalam situasi saling menegasi. Sebaliknya, bisa bersinergi.

Dalih *kedua*, apa sebab inisiatif TBM@Mall ini penting? Lantaran berkaitan dengan upaya mengefektifkan gerakan keaksaraan fungsional. Secara sederhana, keaksaraan fungsional dapat diartikan sebagai kelincahan seseorang untuk mendaras bahan bacaan yang bertalian erat dengan profesi yang ditekuninya. Jika bukan profesi, paling kurang pekerjaan teknis yang akan, sedang, dan telah dijalani.

Sejauh ini pengunjung mal memang nirkelas ekonomi. Tapi, bahwa persentase terbesar adalah mereka yang masuk dalam kelompok ekonomi mapan juga tidak dapat diingkari. Dalam beberapa riset literasi, kelompok mapan ini—biasanya juga identik dengan tingkat pendidikannya yang tinggi—golongan masyarakat yang paling berkewajiban dan paling berpotensi menjadi pendaras buku, meskipun *gagrak* buku yang dibaca biasanya sangat spesifik, yaitu buku-buku yang memiliki faedah praktis dan instan (keaksaraan fungsional), bukan buku-buku "berat" yang berisi wacana pemikiran.

Pada segi itu, keberadaan TBM@Mall adalah bentuk fasilitas pendorong tumbuhnya kesadaran keaksaraan fungsional pada masyarakat kelas mapan. Apa, sih, perlunya... sudah mapan, tapi tetap saja harus difasilitasi dan didorong-dorong? Mungkin pertanyaan gugatan itu yang bakal muncul.

Tujuan fasilitas dan dorongan itu agar kebiasaan membaca buku pada kelas menengah (secara ekonomi) yang semula hanya potensial menjadi aktual. Sekurang-kurangnya keberadaan taman bacaan di mal akan memberikan wacana sanding, untuk tidak menyebut tanding, atas keberadaan beragam gerai yang identik dengan konsumerisme.

Capaian terjauh dari TBM@Mall adalah naiknya kualitas keaksaraan kelas menengah, yang semula hanya memiliki kecakapan keaksaraan fungsional, meningkat menjadi keaksaraan budaya. Karena yang sudah-sudah, aktor perubahan sosial—yang mengarah kepada perbaikan—seringnya adalah mereka, kelas menengah (dari segi pendidikan dan ekonomi) yang memiliki tingkat keaksaraan budaya yang tinggi.

59
TBM dan Kisah Sukses Triyan

Agus M. Irkham

Fitriyan Dwi Rahayu. Siswa SMP Negeri 1 Karanganyar, Kabupaten Kebumen, Jawa tengah itu tidak saja ditelepon Presiden SBY, tapi juga dicium Bibit Waluyo, Gubernur Jateng. Telpon dan cium itu didapatkan Triyan, sapaan akrabnya, lantaran ia memperoleh nilai Ujian Nasional (UN) tertinggi tingkat nasional tahun 2010. Nilai yang dicapai dari empat mata pelajaran hampir sempurna, yakni 39,8 atau dengan nilai rata-rata 9,95.

Apa rahasia Triyan hingga mampu mendapatkan nilai hampir sempurna?

Ini yang tidak banyak diungkap: salah satunya adalah karena ia rajin membaca. Membaca apa saja. Kebetulan rumah orangtuanya menjadi tempat perpustakaan umum (TBM) kelurahan. Tidak kurang 5.000 eksemplar buku dan majalah terdapat di TBM tersebut. Di sinilah Triyan banyak menghabiskan waktu menuruti kegemarannya membaca. Dan kebiasaan membaca tersebut membuat Triyan merasa lebih mudah mempelajari sesuatu. Apa pun itu, termasuk mata pelajaran sekolah. Bagi penyuka novel *Laskar Pelangi* ini, membaca sama dengan belajar.

Tulisan ini tidak hendak memperpanjang sebab musabab kesuksesan Triyan, alih-alih berbicara tentang (kontroversi) UN.

Saya lebih tertarik untuk melihat sisi lain kisah sukses Triyan ini, yaitu keberadaan TBM yang dihubungkan dengan capaian prestasi akademik siswa—Triyan sebagai representasinya.

Mendukung Pendidikan

TBM merupakan salah satu program aksi peningkatan dan pengembangan budaya baca. Program ini digagas sebagai bentuk sikap afirmatif pemerintah Indonesia terhadap Prakarsa Keaksaraan untuk Pemberdayaan (Literacy Initiative for Empowerment-LIFE) canangan UNESCO. Inisiatif tersebut dipahami sebagai kerangka kerja strategis global sebagai kunci mekanisme pelaksanaan untuk mencapai tujuan dan sasaran Dasawarsa Keaksaraan PBB (United Nations Literacy Decade-UNLD) pada skala internasional.

Secara khusus, TBM dimasudkan pula untuk mendukung program pendidikan keaksaraan sehingga para aksarawan baru tidak menjadi buta aksara kembali akibat ketiadaan sarana pendukung untuk mempertahankan kemampuan membaca mereka. Dengan deskripsi yang berbeda, TBM merupakan sarana pembelajaran dan hiburan masyarakat, serta sarana untuk memperoleh informasi. Harapannya, pada masyarakat akan tumbuh minat, kecintaan, serta kegemaran membaca dan belajar, sehingga dapat memperkaya pengetahuan, wawasan tentang perkembangan ilmu pengetahuan, pemahaman norma dan aturan, sekaligus dalam hal pemberdayaan masyarakat (Diknas, 2009).

Sampai dengan akhir tahun 2007, jumlah TBM di Jawa Tengah tak kurang ada 281. Cukup tinggi, mengingat di tahun 2003-2005 hanya ada sekitar 139 TBM. Peningkatan jumlah tersebut erat kaitannya dengan program pengentasan buta huruf yang digeber pemerintah provinsi. Dan ini wajar, karena angka buta huruf di Jawa Tengah masih terbilang tinggi.

Sampai dengan akhir tahun 2008, jumlah penduduk buta aksara yang berusia 15 tahun ke atas sebanyak 1.872.694 orang (laki-laki 674.170 orang, perempuan 1.198.524 orang). Jumlah total itu sekitar 7,80 persen dari total angka buta huruf nasional yang berjumlah 10.162.410 orang. Jumlah penduduk buta huruf tersebut, jika dilihat dari angka absolutnya—dibandingkan dengan 32 provinsi lain—Jawa Tengah menduduki peringkat kedua, setelah Jawa Timur. Padahal, berdasarkan riset literasi yang pernah dilakukan UNESCO, ada pertalian erat antara kebutahurufan dengan tingginya tingkat kemiskinan. Itu sebabnya, barangkali, angka kemiskinan di Jawa Tengah tidak kunjung menipis.

Nah, berdasarkan beberan perangkaan tersebut, fokus kegiatan TBM memang belum bisa dilepaskan dari program pengentasan buta huruf dan "merawat" yang sudah melek huruf agar tidak kembali menjadi buta huruf. Hanya saja, andai kedua fokus kegiatan tersebut 100 persen tercapai, pertanyaan besarnya adalah: program apa lagi yang harus diberikan ke masyarakat?

Pada titik itu, saya kira kisah sukses Triyan mendapati dasarnya. TBM harus pula memfasilitasi anak-anak sekolah (siswa), baik SD, SMP, maupun SMA, bentuknya berupa penyediaan buku-buku bermutu, inspiratif, memberdayakan, serta sesuai dengan kebutuhan (preferensi) para siswa. Ini penting, karena hanya pada siswa yang gemar membacalah, mata pelajaran rumit dapat lebih mudah dipahami.

Selain itu, banyak membaca akan memberikan beragam perspektif kepada siswa. Mereka akan mengenakan banyak "kacamata" saat memandang satu situasi. Dan yang tak kalah penting, melalui aktivitas membaca, mereka akan dihadapkan pada dunia yang penuh dengan kemungkinan, harapan, kesempatan, dan cita-cita (Rahmawati, *Ed.*, 2002).

Perluasan kelompok sasaran TBM ini sekaligus bisa melengkapi, untuk tidak menyebut menutupi, kebolongan sistem yang terjadi di pendidikan (sekolah) kita. Kebolongan itu berupa kondisi perpustakaan sekolah yang "hidup segan mati tak mau". Adanya tidak menggenapkan, ketiadaannya tidak mengganjilkan, dan perkembangan bacaan para siswa sonder sistem.

Satu contoh sederhana, kita tidak memiliki standar minimal bacaan wajib karya sastra yang harus dikhatamkan siswa di tiap jenjang pendidikan, entah itu berdasarkan jumlah (*quantity*) maupun judul-judul tertentu (*quality*).

Taruh kata, TBM benar-benar bisa mengambil peran yang ditinggalkan sekolah tersebut, dugaan kuat saya, kisah sukses Triyan tidak lagi menjadi sukses personal, tapi bergeser menjadi sukses komunal, bahkan sangat mungkin berubah menjadi sukses kolosal.

60
Tiga Ragam Pengelolaan TBM
Agus M. Irkham

Bahwa membaca itu penting, saya kira semua sepakat. Tapi, bagaimana strateginya agar kesadaran itu dapat berubah menjadi aksi nyata berupa meningkatnya budaya baca, itu yang tidak sama. Ada banyak siasat, salah satunya dengan mendirikan Taman Bacaan Masyarakat (TBM). Penggunaan kata *taman*, selain lebih menimbulkan kesan rekreatif, juga untuk menunjukkan bahwa TBM bukanlah sekadar tempat berkumpulnya buku layaknya perpustakaan, tetapi juga menyediakan beragam bentuk layanan, mulai konsultasi pertanian hingga klinik penulisan.

Di Jawa Tengah, sampai dengan awal tahun 2008 ada sekitar 300 TBM yang tersebar di tiap kabupaten. Jumlah tersebut dipastikan akan terus bertambah. Dari 300 TBM itu, pola pengelolaannya dapat saya bagi menjadi tiga ragam. Pola pengelolaan berkaitan dengan strategi yang digunakan TBM untuk memasarkan aktivitas membaca (dan menulis), atau yang biasa dikenal dengan istilah keberaksaraan (*literacy*). Untuk lebih memudahkan saya dalam memaparkan tiga ragam pengelolaan itu, saya akan langsung menyebut nama TBM sebagai contoh.

Pertama, TBM Bergema. Bergema singkatan dari Bersama Geliat Masyarakat. Bergema berada di desa Patak Banteng, Kecamatan Kejajar, sekitar 27 km sebelah utara Wonosobo, kurang lebih 2 km sebelum kompleks Candi Dieng. Terletak persis di Lembah Dieng.

Kedua, TBM Warung Pasinaon. Pasinaon bermakna tempat belajar. TBM ini berlokasi di Bergaslor, Kecamatan Bergas, Kabupaten Semarang. Warung Pasinaon menjadikan ibu-ibu paruh baya sebagai sasaran utama. Salah satu sebabnya, angka buta aksara ibu-ibu paruh baya di sana masih tinggi. Lantas, strategi apa yang ditempuh oleh Warung Pasinaon?

Mereka membuat media bernama *Koran Pasinaon*. Meskipun menggunakan kata *koran*, media tersebut berbentuk majalah. Kalau dilihat dari isinya, *Koran Pasinaon* pun lebih cocok disebut koran ibu, lantaran rubrikasi dan isinya ibu-ibu *banget*. Para penulisnya juga ibu-ibu.

Koran Pasinaon digunakan sebagai sarana untuk merawat kemampuan membaca yang telah dipunyai ibu-ibu, agar mereka tidak kembali menjadi buta huruf. Koran Pasinaon terbit sebulan sekali. Sampai dengan edisi 22 April–21 Mei 2010, ketebalannya sudah mencapai 20 halaman. Padahal di awal terbitnya, sekitar awal 2010, hanya 10 halaman.

Uniknya, sebagian isi *Koran Pasinaon* berupa tulisan tangan dari wartawannya. Tiap tulisan yang dimuat pun diberi honorarium sebesar 15 ribu rupiah. Kalau dilihat dari nominalnya memang sangat kecil, namun jika dilihat dari prosesnya, nilai uang tersebut sangat besar karena penulisnya ibu-ibu paruh baya yang sebelumnya buta aksara.

Melalui *Koran Pasinaon*, secara tidak langsung TBM Warung Pasinaon mengabarkan kepada publik luas bahwa salah satu cara mempertahankan sekaligus mengasah kemampuan membaca adalah dengan menulis.

Dalam konteks pendidikan keaksaraan, TBM Warung Pasinaon menjadi sarana pembelajaran dan hiburan masyarakat, serta sarana untuk memperoleh dan memproduksi informasi.

Ketiga, TBM Guyub. Berbeda dengan Bergema dan Warung Pasinaon, TBM yang beralamat di Jalan Raya Bebengan 221 Boja, Kendal, ini memusatkan aktivitasnya pada pendarasan karya sastra. Sasaran pembacanya pun kebanyakan para remaja. Meskipun yang datang ke Guyub tidak sedikit yang sudah sepuh dan masih anak-anak.

Apresiasi karya sastra berupa *dramatic reading,* bedah buku, pelatihan menulis (puisi) dan pementasan menjadi beberapa strategi Guyub untuk merawat minat baca para remaja. Dengan begitu, kegiatan para remaja tidak melulu datang, baca, pinjam, dan mengembalikan buku.

Demi menghilangkan kendala keadministrasian pengelolaan sekaligus menumbuhkan kesadaran moral untuk senantiasa jujur, Guyub meniadakan kartu anggota. Pengunjung diminta mengisi daftar buku yang hendak dipinjam. Masa waktu pengembaliannya pun fleksibel. Sama sekali tidak ada jaminan. Tidak pula harus menyerahkan fotokopi KTP atau Kartu Pelajar. Jaminannya hanya satu: moral.

Paparan tentang tiga ragam pengelolaan TBM di atas mengantarkan kita pada satu simpulan: hendaknya gerakan sosial, termasuk ajakan untuk gemar membaca, yang dalam wujudnya adalah TBM, harus berbasis pada kebutuhan masyarakat, bukan merujuk pada kebutuhan pengelola.

61
The Secret Millionaire
Gol A Gong

Saya paling senang menonton program *Secret Millionaire* (*SM*) di BBC Knowledge, salah satu saluran yang bisa diakses lewat televisi kabel. Banyak pelajaran berharga tentang kisah sukses para jutawan di Inggris yang masih mau berbagi kepada orang-orang yang membutuhkan dengan cara menyamar menjadi orang biasa. Kadang aku membayangkan bisa menjadi jutawan seperti Mo Chaudry, Emma Harrison, Gill Fielding, atau Gary Eastwood yang langsung mendermakan ratusan juta uangnya. Andai aku seperti mereka, Rumah Dunia yang kudirikan tidak perlu terseok-seok.

Jutawan Menyamar

SM adalah program *reality show* yang mengajarkan rahasia sukses para jutawan. Mereka berkeliaran dengan menyamar di kota-kota di Inggris, mencari orang atau lembaga yang peduli pada lingkungan di sekitarnya untuk mereka bantu. Ada O'Harra yang mengurusi anak-anak dengan sekolah dramanya, Nenek Wynn relawan di panti cacat, dan Dona's Dream House yang mengurusi keluarga miskin. Para jutawan itu membantu kelangsungan hidup lembaga atau perorangan dalam hal membayar sewa gedung, membeli peralatan, atau merenovasi gedung. Bahkan, para pengurus lembaga sosial itu dibantu urusan ekonominya. Luar biasa.

Dalam setiap episode, *SM* menghadirkan seorang jutawan yang menjalani hidup dalam penyamaran dan memakai identitas baru. Dengan begitu, sang miliarder dapat menjalani hidup dalam suatu komunitas yang kurang beruntung dengan aman. Selama sekitar sepuluh hari sang miliarder hidup berdampingan dengan mereka. Ia ikut merasakan masalah yang dihadapi individu atau komunitas itu. Misalnya, Mo Chaudry, yang pada usia delapan tahun sudah meninggalkan Pakistan menuju London, menyamar dan bergabung di komunitas Pakistan. Emma Harrison menolong seorang nenek bernama Wynn yang jadi relawan. Dan Gary Eastwood menolong para veteran perang.

Episode paling berkesan adalah saat Gill Fielding pulang kampung ke East End, London, setelah 30 tahun merantau di Sussex. Gill menyamar jadi pelayan restoran lalu mencari-cari orang atau komunitas yang bisa dibantunya. Tiba-tiba saja Gill berkenalan dengan Sabrina, yang sedang membuat sebuah laporan di restoran tempatnya bekerja. Gill pun kemudian mengajak Sabrina berbincang-bincang. Sabrina ternyata ibu dua anak dan saat itu pun tengah mengandung, tapi rela mengurusi para perempuan yang menjadi orangtua tunggal. Sabrina, tanpa laptop, menyusun rencana keuangan. Gill merasa terharu karena Sabrina, yang terbatas perekonomiannya dan masih menumpang di rumah ibunya, masih sempat memikirkan nasib orang lain. Lalu Gill memberi Sabrina hadiah laptop dan uang untuk membantu pemberdayaan para perempuan *single parent* sebesar 5.000 pound sterling. Bahkan, luar biasa, Gill menghadiahi Sabrina sebuah rumah. Kata Gill, "Kamu harus mengurusi dirimu dulu agar bisa maksimal mengurusi orang lain."

Di televisi lokal di Indonesia *variety show* seperti itu banyak, tapi tidak memiliki etika. *Variety show,* seperti *Bedah Rumah*, *Uang Kaget*, *Dibayar Lunas*, dan *Minta Tolong*, cenderung mengeksploitasi kemiskinan. Program-program itu tidak mendidik masyarakat untuk menghargai kerja keras. Program itu cenderung mendidik tangan di bawah alias meminta-minta seperti pengemis. Berbeda dengan *SM*, di mana kita bisa banyak mengambil hikmah tentang proses sukses seorang jutawan.

Rumah Dunia

Saat menonton *SM*, pikiranku melayang-layang ke TBM Rumah Dunia, pusat belajar yang aku, istri (Tias Tatanka), Toto ST Radik, dan para relawan lainnya, seperti Muhzen Den, Ibnu AA, Qizink La Aziva, Abdul Malik, Aji Setiakarya, Indra Kesuma, Langlang Randhawa, Rimba Alangalang, dan Firman Venayaksa dirikan di Serang, Banten, pada Maret 2002. Dananya dari uang royalti novel-novelku dan beberapa donatur yang tidak mengikat. Jujur saja, aku bukan jutawan seperti Emma Harrison, Gill Fielding, atau Gary Eastwood. Tapi, aku ingin sekali hidup ini bermakna seperti mereka. Aku ingin sekali bermanfaat bagi orang lain seperti mereka. Sekecil apa pun. Hampir seluruh uang royalti novel-novelku, setelah urusan keluarga tercukupi, aku investasikan di Rumah Dunia. Aku bahagia dengan Rumah Dunia.

Setelah Rumah Dunia menggelinding sembilan tahun, aku mulai keteteran. Biaya operasional Rumah Dunia, yang bergerak di bidang jurnalistik, sastra, film, dan teater membengkak dari tahun ke tahun. Beberapa donatur perorangan datang dan pergi. Tahun 2010, misalnya, kegiatan Rumah dunia, Change by Reading, membutuhkan dana operasional Rp6 juta/bulan untuk membayar listrik, internet, dua buah motor dinas, alat menggambar untuk anak-anak, perpustakaan keliling yang sebulan sekali *road show* ke kampung-kampung, diskusi di setiap akhir pekan, pertunjukan teater, dan program beasiswa pendidikan. Sekitar 50 persen dana sudah tertutupi dari para donatur tetap setiap bulannya, seperti Emye, Das Albantani, Mizan, Zainal "Teroris" Abidin, EZ, Nurhayati, Sofie Dewayani, Ganis Supriyadi, Aneka Swalayan, dan Lies YA/Huriyati.

Sebetulnya beberapa jutawan di negeri ini sudah datang ke Rumah Dunia. Mereka adalah *provider* XL, Netty dari Tupperware, Dr. Zulkieflimansyah S.E., MSc., Ahmad Mukhlis Yusuf, Herdy Prihanto, dan U. Saefudin Noor, yang menyumbangkan puluhan juta rupiah uangnya untuk pembebasan tanah Rumah Dunia tahap pertama. Bahkan, mereka menjadi donatur tetap setiap bulan.

Aku membayangkan ini agak utopia: para jutawan itu tersesat ke Indonesia dan mampir di Serang, Banten. Mereka menyamar menjadi relawan di Rumah Dunia. Kalaupun aku tahu, tentu aku akan pura-pura tidak tahu saja. Lalu uang mereka mengalir ke Rumah Dunia dan bisa aku pergunakan untuk membebaskan tanah tahap kedua seluas 1.873 m^2 di mana di atasnya akan kubangun gedung kesenian tempat para remaja berekspresi, lembaga pendidikan bernama SMA Generasi Baru, kios-kios untuk jajanan khas kampung, seperti nasi rabeg, nasi pecel, nasi uduk, ruang pameran lukisan, dan *playground*. Ah, jangan mimpi! Tapi, siapa tahu!

62
Perbedaan TBM dan Komunitas Baca
Gol A Gong

Aku masih ingat peristiwa pada Desember 2010 itu, tapi tanggalnya lupa. Yang jelas, tepat saat pemberian anugerah National Literacy Prize 2010 di Park Hotel, Jakarta. Saat itu, Ella Yulaelawati, M.A., Ph.D., Direktur Pendidikan Masyarakat, Direktorat Jenderal PAUD NI, Pendidikan Nasional RI, mengatakan kepadaku, "Kalau teman-temanmu ingin mendapatkan *block grant*, daftarkan segera ke Dindik setempat." Aku tahu apa yang dimaksud dengan "teman-temanmu", yaitu para penggiat literasi atau aktivis perbukuan yang tergabung dalam komunitas baca atau sanggar baca.

Manfaat Kegiatan

Pada awalnya, Rumah Dunia tidak kuniatkan sebagai Taman Bacaan Masyarakat (TBM), melainkan pusat belajar. Ada yang menyebutnya komunitas baca/literasi, sanggar baca, dan perpustakaan. Jika disebut perpustakaan, aku menolak karena di Rumah Dunia itu adalah bagian di dalamnya. Tapi, apa pun jenisnya, bagiku yang terpenting adalah kegiatan dan manfaatnya. Setelah empat tahun menggelinding, karena *blow-up* media (koran dan televisi nasional), akhirnya pihak Kemendiknas mencium keberadaan Rumah Dunia.

Kunjungan pertama para petinggi Pendidikan Nasional RI tahun 2004 yang menawarkan *block grant* masih aku tolak karena khawatir tidak amanah. Juga undangan sebagai narasumber di setiap acara Diknas: memberikan materi pengelolaan TBM. Aku jadi paham bahwa Rumah Dunia bisa dikategorikan sebagai TBM. Bahkan, pada 2010 Rumah Dunia mendapatkan anugerah TBM Kreatif dari Diknas RI.

Setelah berkecimpung secara aktif sejak terpilih jadi Ketua Umum Pengurus Pusat Forum TBM periode 2010-2015, aku mulai bisa memetakan kenapa teman-temanku yang mengelola komunitas baca/literasi tidak mendaftar ke Dindik setempat, bahkan cenderung menjaga jarak. Seperti ketika aku tur ke Jawa Timur, ada beberapa komunitas baca yang tidak peduli harus mendaftar atau tidak. Mereka juga tidak peduli akan mendapatkan bantuan dana dari pemerintah atau tidak. Rata-rata mereka bilang, "Seharusnya Dindik yang turun mendata! Masak kami yang harus mendaftar? Mereka sebetulnya tahu, kok, keberadaan kami."

Begitu juga saat aku berada di Sumatra. Jika aku menyebut "TBM", kesan yang mereka dapatkan adalah taman kanak-kanak atau PAUD (Pendidikan Anak Usia Dini). Kebanyakan dari mereka tidak ingin berurusan dengan Dindik setempat jika menyangkut dana karena sering merasa sakit hati. Stigma seperti ini, harus pelan-pelan kucairkan. Harus ada komunikasi yang baik di antara kedua belah pihak.

Penggalangan Dana

Ini persis seperti awal bergulirnya Rumah Dunia kurun 2000–2004. Aku juga sering merasa aneh, kenapa saat itu Dindik di Banten selalu mengatakan bahwa Rumah Dunia belum terdaftar. Menurutku waktu itu, "Lho, memangnya Rumah Dunia nama seorang anak yang akan masuk sekolah, harus dengan cara mendaftar segala?" Padahal, keberadaan Rumah Dunia sepanjang 2000–2004 sudah sangat dikenal, eksis. Aku juga tidak peduli akan mendapat *block grant* atau tidak. Rumah Dunia bisa beroperasional dengan spirit berbagi.

Caranya, kami mengisi kas Rumah Dunia sebesar minimal 2,5 persen dari honorarium tulisan: novel, esai, puisi, atau sebagai narasumber. Terkadang, malah bisa 50 persen hingga 100 persen, tergantung kepentingannya. Jadi, aku dan para relawan adalah donatur tetap Rumah Dunia. Spirit ini terus kami gelorakan di internet: milis, Facebook, situs www.rumahdunia.net, dan Twitter.

Spirit itu ternyata disambut positif, apalagi laporan keuangan kami buka seluas-luasnya, baik secara lisan maupun di internet. Tidak ada yang kami tutup-tutupi. Terutama ketika aku mendapatkan hadiah uang atau dana CSR atas usaha sendiri. Semuanya kusampaikan secara terbuka. Bahkan, kepada siapa pun yang bertanya, apakah itu tukang becak, tukang ojek, pejabat, LSM, juga anak kecil. Semua berhak tahu sumber keuangan Rumah Dunia didapat dari mana. Dengan cara seperti ini, di usianya yang ke-10, Rumah Dunia (2002–2011), tanpa kuduga, mendapat kepercayaan yang luar biasa. Aku sering mengatakan kepada orang-orang, "Di Rumah Dunia kami tidak mencari uang, tapi justru menjadi donaturnya. Jika Anda tertarik bergabung, ayo, segera!"

Donatur perorangan berderet, mulai dari teman dekat, teman baru, entah siapa, dan hamba Allah. Juga perusahaan seperti XL, Kompas Gramedia, Gagas Media, Tupperware, Zikrul Hakim, Antara, Mizan, BNI, IKAPI, Tiga Serangkai, LPPH, Aneka Swalayan, Suhud Media Promo, Radar Banten, Banten Raya Post, Baraya TV, Banten TV, Yayasan Tunas Cendekia, Yayasan Kesetiakawanan dan Kepedulian, serta masih banyak lagi.

Pemetaan

Akhirnya, saya mencoba memetakan TBM. Secara umum ada dua jenis TBM di Indonesia, *pertama*, TBM bentukan pemerintah (konvensional), *kedua*, TBM partisipasi masyarakat (mandiri) yang biasa dikenal dengan sebutan komunitas baca. Ini masih dugaan sementara yang saya harap akan berubah, terutama dalam hal kapasitas pengelolanya.

Tabel 4
Pemetaan TBM dan Komunitas Baca

<table>
<tr><th>JENIS</th><th>LOKASI</th><th>PENGELOLA</th><th>KOLEKSI</th><th>KEGIATAN</th><th>DANA</th><th>KOMPETENSI</th></tr>
<tr><td rowspan="3">TBM (Konvensional)</td><td rowspan="3">Di rumah atau di PKBM.</td><td rowspan="2">Pegawai Dindik, ibu rumah tangga.</td><td rowspan="3">Modul paket A,B, dan C; buku pelajaran, dan buku agama, minmal 100 judul buku dari sumbangan.</td><td>Mengadopsi pembelajaran.</td><td rowspan="3">Block grant atau iuran dari kegiatan berbayar, seperti PAUD atau Paket A, B, dan C.</td><td rowspan="3">Pendidikan formal dan nonformal.</td></tr>
<tr><td>Di taman kanak-kanak, monoton.</td></tr>
<tr><td>Kurang berwawasan.</td><td>Konsentrasi pada peningkatan budaya baca anak-anak dan pemberantasan buta huruf.</td></tr>
<tr><td>Komunitas baca/literasi</td><td rowspan="2">Di rumah atau nomaden.</td><td>Seniman, wartawan, pengarang, mahasiswa.</td><td rowspan="2">Beragam: nonfiksi dan fiksi, how to , komik, humaniora, minimal 200 judul dari koleksi pribadi.</td><td>Kreatif, inovatif, progresif, menyesuaikan zaman, bedah buku, paham think big, small act, move fast .</td><td rowspan="2">Iuran pengelola, iuran pelatihan, penjualan souvenir.</td><td rowspan="2">Pendidikan Informal: seni (sastra, film, teater, seni rupa) dan jurnalistik.</td></tr>
<tr><td>TBM Mandiri</td><td>Mengikuti perkembangan zaman, memiliki kemampuan menulis, dan minimal menghasilkan sebuah buku.</td><td>Memiliki kekritisan terhadap lingkungan, bahkan penguasa setempat.</td></tr>
</table>

63
Ideologi TBM dan Komunitas Baca
Gol A Gong

Kenapa aku membuat Rumah Dunia? Apakah untuk memperkaya diri secara materi? Mencari popularitas? Pencitraan diri agar ketika ada pemilukada bisa ikut mendaftar jadi calon kepala daerah setingkat provinsi dan daerah? Bukankah orang-orang yang datang ke Rumah Dunia bisa kumanfaatkan untuk mendukungku? Bagaimana dengan motif pengelola Taman Bacaan Masyarakat (TBM) dan komunitas baca lainnya?

Beragam

Ideologi lebih dipahami sebagai kumpulan ide atau gagasan dari para pengelolanya. Aku mencoba menggali ini. Ternyata ada yang memanfaatkan *block grant* semata, ada yang berkongsi dengan penguasa untuk menggalang massa pemilih, ada yang mengisi waktu luang, dan ada yang ingin membantu program pemerintah dalam hal pemberantasan buta huruf.

Shiho Sawai, mahasiswa Universitas Gadjah Mada/Tokyo University of Foreign Studies, dalam tulisannya berjudul "Komunitas sebagai Sebuah Ideologi: Komunitas Sastra sebagai Basis (Komunikasi) Ideologi Kesusastraan" yang disampaikan pada Kongres Komunitas Sastra Indonesia di Kudus, Jawa Tengah, pada 19–21 Januari 2008 menulis, *Rumah Dunia adalah jenis komunitas berbasis gerakan literasi.*

Hal yang sama juga dilakukan komunitas 1001buku dan Indonesia Membaca. Komunitas sejenis ini dimotori individu yang punya kepedulian tentang kekurangan akses buku bagi kalangan tertentu. Maka, mereka membangun rumah bacaan di masyarakat lokal, atau mencari donasi buku dari masyarakat untuk menyalurkannya ke rumah bacaan di berbagai daerah. Menurut Shiho, gerakan literasi ini dilatarbelakangi ideologi buku sebagai alat untuk mewujudkan keadilan sosial. Bagiku, visi (ideologi) Rumah Dunia adalah *membentuk dan mencerdaskan generasi baru lewat seni.*

Dua jenis TBM, bentukan pemerintah (konvensional) dan mandiri (masyarakat) memiliki ideologi berbeda, bagai bumi dan langit. TBM konvensional, yang biasanya didirikan menginduk ke PKBM (Pusat Kegiatan Belajar Masyarakat) memiliki ideologi seragam, yaitu membantu program pemerintah dalam hal pemberantasan buta huruf. Mereka tidak kritis menyikapi situasi dan kondisi perpolitikan di kotanya. Mereka tidak memosisikan TBM sebagai agen perubahan.

Sementara itu, TBM mandiri rata-rata berasal dari bentuk langsung partisipasi masyarakat. Memiliki ideologi ingin berbagi dan mendambakan perubahan di sekitarnya menuju ke arah yang lebih baik sebagai agen perubahan. Beberapa komunitas literasi menyatakan keberagaman ideologinya. Kubah Budaya pimpinan Wahyu Arya Wiyata di Serang, Banten, misalnya, yang memiliki ideologi *membangun peradaban melalui generasi yang literat dan humanis dengan media sastra*. Wahyu mencontohkan, "Di Kubah Budaya, kita sepakat harus mengubah budaya malas ke budaya kreatif, dari budaya lisan ke budaya tulis." Koleksi buku Kubah Budaya sekitar 500 judul, hasil dari iuran anggota yang rata-rata mahasiswa dan dosen Sastra di Untirta Banten.

Sedangkan Mildaini, pimpinan Komunitas Cinta Buku di Bengkulu, mengatakan, "Untuk pintar dan berubah harus dengan ilmu, dan ilmu bisa diperoleh lewat membaca." Koleksi bukunya mencapai 400 judul, juga hasil dari iuran pengelola.

Anas dari komunitas Sindikat Baca, Bojonegoro, Jawa Timur, mengatakan, "Saya meyakini, membaca dan menulis adalah jalan yang tepat untuk membawa masyarakat ke arah yang lebih baik." Tempatnya mengontrak di sebuah perumahan dan koleksi bukunya ada sekitar 500 judul. Komunitas Sindikat Baca diresmikan pada Februari 2010. Saya pun hadir untuk memberi sambutan dan memotong tumpeng. Anggotanya warga sekitar perumahan, guru, pelajar, mahasiswa, dan buruh pabrik.

Rahmi Alnadra dari komunitas Rumah Permata, Padangpanjang, Sumatra Barat, dengan tegas mengatakan, "Dakwah lewat pena!" Komunitasnya berafiliasi dengan Forum Lingkar Pena, kumpulan penulis yang mengusung sastra islami. Para anggotanya yang didominasi perempuan diberi pelatihan jurnalistik. Sekretariatnya berpindah-pindah dan koleksi bukunya 100 judul.

Menulis

Dalam sebuah obrolan di Hotel Global, Palangkaraya, 7 Juni 2011, Narsoyo, Kasi Sarana dan Prasarana, Direktorat Dikmas, Dirjen PAUD NI, Kemendiknas RI, menyebut ada 6.004 TBM di Indonesia. Kata Naryoso, "Kelemahan secara umum memang di kurang beragamnya koleksi buku, pengelolanya tidak kreatif, dan tidak memiliki visi-misi yang jelas. TBM cenderung bernapas hanya ketika ada *block grant.*"

Ini tentu tugas berat kita bersama. Aku dan pengurus pusat FTBM lainnya tidak mungkin mendatangi satu per satu TBM yang tersebar di negeri ini. Caranya, yaitu dengan membuat grup di Facebook, milis, dan situs (www.forumtbm.net). Kami memberi masukan kepada 33 Ketua Pengurus Wilayah Forum TBM, bahwa setiap TBM harus memiliki visi (ideologi) yang sama, yaitu sebagai agen perubahan. Keterampilan menulis yang selama ini tidak dianggap penting harus diprioritaskan.

Pengurus Pusat pun menyelenggarakan pelatihan menulis pada 21–23 September 2011 di Hotel Ratu Bidakara, Serang, Banten. Semua ketua pengurus wilayah didorong untuk bisa menulis. Mereka harus disadarkan bahwa, sebagai pengelola TBM, memiliki keterampilan menulis itu wajib! Tidak mesti jadi pengarang novel sepertiku, tapi itu menjadi sarana menularkan virus Gerakan Indonesia Membaca.

Ayo, bersemangat!

64
Antara Menu Kegiatan dan Relawan
Gol A Gong

Banyak orang bertanya bagaimana caranya Rumah Dunia bisa bertahan hingga usianya yang ke-10. Rahasianya adalah di menu-menu kegiatannya: ada menu reguler harian dan menu mingguan, serta kalender acara pada hari-hari besar yang melibatkan warga lebih luas lagi (se-Banten dan nasional). Jadi, penghargaan sebagai TBM Kreatif pada 2010 dari Kemendiknas RI adalah hal yang wajar. Kegiatan di Rumah Dunia memang sangat beragam.

Tidak hanya itu. Lokasi yang strategis dan luas—awalnya 1.000 m^2, sekarang 3.000 m^2—serta fasilitas yang komplit: perpustakaan, mushola, kafe baca, lapangan sepak bola mini, panggung, dan teater terbuka memungkinkan Rumah Dunia menyelenggarakan kegiatan berskala nasional seperti Ode Kampung, ruang bersilaturahmi para pegiat kesenian. Hal penting lainnya adalah konsistensi kegiatan dan komitmen para relawannya. Walau kegiatan disusun seperti apa pun, jika relawannya mata duitan, keberlanjutan TBM/komunitas baca tersebut akan terhambat.

Pertanyaannya, bagaimana caranya?

Relawan

Sebagai Ketua TBM/komunitas baca, tunjukkan kepada para relawan bahwa TBM bukan tempat yang cocok untuk mencari uang.

TBM adalah tempat mencari ilmu. Di TBM-lah, kita bisa mendapatkan kail untuk mencari pekerjaan. Yakinkan ke para relawan, jika belajar di TBM ilmu-ilmunya aplikatif, bisa menjadi solusi saat mencari pekerjaan. Maka, harus dibedakan menu kegiatan reguler dengan menu kegiatan yang sifatnya melibatkan warga lebih luas lagi (eksternal).

Untuk merekrut relawan, caranya adalah:

1. Cari mahasiswa atau pelajar yang kesulitan mencari tempat menginap. Biasanya mereka tidur di masjid kampus/sekolah, di sekretariat UKM, atau jadi marbot mushola/masjid kampung. Tawari mereka untuk mengurusi TBM. Beri garansi mereka bisa makan dan membaca gratis, serta mendapatkan ilmu yang dimiliki si pengelola TBM. Kalau versiku, semua ilmu kreatif yang kumiliki, kutransfer ke mereka.
2. Wawancarai mereka agar kita tahu kualitas akhlak/moral mereka. Jika mereka meminta bayaran, sebaiknya lupakan. Justru kita memberi mereka pancing sekaligus kail untuk modal mereka mencari pekerjaan nantinya. Berikan garansi kepada mereka, jika bergabung sebagai relawan di TBM yang kita asuh, relasi sosial akan bertambah.

Kegiatan Reguler

Penting bagi sebuah TBM/komunitas baca memiliki kegiatan reguler agar warga sekitar mencintai dan merasa memilikinya. Sebagai contoh, menu kegiatan reguler Rumah Dunia lebih ditekankan untuk anak-anak. Metodenya bermain dan penamaan kegiatannya pun menggunakan kata *wisata* agar ramah.

1. Wisata baca–Senin. Biarkan anak-anak bebas membaca. Tak perlu ditunggui. Arahkan saja agar tidak membaca buku-buku dewasa. Kita hanya perlu melengkapi koleksi buku di TBM kita dengan cerita bergambar atau komik yang sedang populer. Siapkan relawan untuk berjaga-jaga mengajari anak membaca, jika ada yang belum bisa membaca.

2. Wisata dongeng–Selasa. Cari relawan yang senang mendongeng. Umumkan di sekolah/kampus: *Dicari relawan tukang dongeng*. Siapkan buku-buku dongengnya. Atau berikan saja kesempatan sebebas-bebasnya kepada si relawan, yang penting dongengnya tidak mengarah ke pornografi.
3. Wisata mengarang untuk anak-anak–Rabu. Ini sederhana. Tiap anak yang datang ke TBM kita beri buku dan kita minta mereka untuk menamai bukunya. Tapi, buku itu tidak boleh dibawa pulang. Setiap anak dibebaskan menulis apa saja di buku itu, semacam curhat. Sesekali, bikin perlombaan juga. Pemenangnya bisa diberi hadiah makan mi ayam atau paket buku. Pasti asyik.
4. Wisata lakon (teater) untuk anak-anak–Kamis. Sederhana juga. Setiap anak diminta mengambil kertas di dalam gelas. Kemudian, mereka diminta menirukan perintah di kertas itu. Misalnya, *menangis* dan *sedih*. Setiap ada perayaan hari besar, ajak pula mereka untuk mementaskan pertunjukan drama anak. Sungguh, anak-anak akan sangat antusias.
5. Wisata menggambar untuk anak–Jumat. Kita harus menyiapkan kertas HVS yang banyak untuk memberi kebebasan si anak menggambar. Jangan diarahkan harus menggambar gunung atau mengorientasikan kegiatan ini sebagai perlombaan. Ini adalah cara bermain menggunakan warna. Boleh juga sesekali mengadakan pameran hasil karya mereka.
6. Klab diskusi untuk pelajar dan mahasiswa–Sabtu. Inilah Gempa Literasi. Sekadar contoh, buatlah diskusi mengenai pentingnya membaca. Narasumbernya bisa orang-orang yang datang ke TBM kita.
7. Kelas Menulis untuk pelajar/mahasiswa–Minggu. Setiap pengelola TBM harus memiliki keterampilan menulis. Jangan beranggapan itu berarti harus jadi

wartawan atau pengarang. Ini adalah keterampilan praktis yang akan terus kita gunakan. Misalnya, menulis kisah sukses TBM kita di blog/situs TBM.

8. *Nonton* bareng tiap malam Minggu. Kegiatan ini bisa dilakukan tiap malam Minggu atau sebulan sekali dengan memutar film anak-anak. Bahkan, *nonton* bareng pertandingan sepak bola.
9. Silakan ditambahkan.

Kalender Acara

Selain kegiatan harian, penting juga membuat kegiatan yang berdasarkan hari-hari besar. Tujuannya untuk menarik pengunjung di luar lingkungan TBM kita. Tentu ini disesuaikan dengan karakter sosial/budaya di lingkungan TBM kita. Contoh kegiatan yang kami selenggarakan di Rumah Dunia adalah:

1. Detik Akhir, Detik Awal—pergantian tahun—tiap 31 Desember malam untuk warga se-Banten. Menyambut pergantian tahun dengan merefleksikan isu-isu di kota kita. Biasanya melibatkan koran lokal. Kritik terhadap pemerintah yang sedang berkuasa kita lakukan di sini.
2. Pesta Rumah Dunia, tiap 3 Maret, merayakan ulang tahun Rumah Dunia. Tahun 2011, nama kegiatannya "Sembilan Pesta Rumah Dunia". Dan tahun ini nanti "Sepuluh Pesta Rumah Dunia". Menu kegiatannya tak lepas dari Gempa Literasi.
3. Pesta Anak, tiap 23 Juli, merayakan Hari Anak Nasional. Kegiatannya terbuka untuk umum.
4. ProklamArt, tiap 17 Agustus. Kegiatan ini lebih ke pertunjukan seni (teater dan musik).
5. Nyenyore, tiap puasa. Baru diselenggarakan sejak tahun 2010 di Rumah Dunia. Sambil menunggu berbuka puasa, ada pelatihan menulis. Terbuka untuk umum.
6. Kado Lebaran. Di Rumah Dunia kegiatan ini rutin diadakan tiap tahun menjelang lebaran. Anak-anak diajak mengikuti aneka lomba literasi dan hadiahnya uang untuk berlebaran.

7. Ode Kampung, tiap Desember. Ini hajatan besar yang diadakan sejak tahun 2006. Lebih diprioritaskan ke kegiatan kebudayaan: diskusi literasi, pertunjukan teater dan musik, penerbitan dan peluncuran buku, serta pembacaan puisi. Ini adalah pesta para seniman dan aktivis literasi berskala nasional. Silakan mencoba.

65
Manfaat TBM

Gol A Gong

Kenapa aku membuat Rumah Dunia, yang kemudian dikategorikan Kemendiknas sebagai Taman Bacaan Masyarakat (TBM), bahkan mendapatkan penghargaan TBM Kreatif pada 2010? Atau kenapa pula kamu mau bercapek-capek mendirikan TBM? Adakah manfaatnya bagi masyarakat di sekitarmu? Ataukah hanya menghabiskan dana *block grant*? Bagaimana dengan nasib para relawannya?

Manfaat Bagi Pengelola

Ketika kita mendirikan TBM, harus dipikirkan bagaimana menjalankannya. Jangan hanya mengandalkan dana bantuan atau *block grant* dari pemerintah. Cara-cara kreatif mempertahankan keberlanjutannya harus dicari. Pikirkan juga visi dan misi, pengelola, sumber dana, promo dan publikasi, relasi dan jejaring, serta program dan kegiatannya. Setelah hal-hal ini kita putuskan, tanpa kita sadari, manfaat TBM kepada para pengelola, bahkan masyarakat di sekitarnya, akan muncul.

Selama 10 tahun bergulir, tanpa disadari, para relawan Rumah Dunia banyak yang berhasil menggondol gelar sarjana dan memperoleh pekerjaan sebagai wartawan atau pengarang novel. Relawan yang mahasiswa berhasil membiayai kuliah dari kemampuannya menulis. Sebut saja Ibnu Adam Aviciena, pemuda asal Cibaliung, S1 di IAIN SMH Banten (2006) dan S2 (2008) di Leiden, Belanda. Sejak masih mahasiswa Ibnu menulis novel, esai, jadi wartawan tabloid *Metro Serang* dan *Indo Pos*. Aji Setiakarya, pemuda Barugbug, Ciomas, S1 Fisip Untirta (2008), kuliah sambil menulis esai, wartawan Xpresi *Radar Banten*, dan korlip Banten TV. Aji-lah mahasiswa pertama di Fisip yang berhasil menulis esai di koran, bahkan mendahului dosen Fisip-nya. Langlang Randhawa, wakil presiden Rumah Dunia, membiayai kuliahnya dengan menulis novel dan skenario. Dua novelnya diterbitkan Bentang Pustaka. Mereka berhasil memetik manfaat dari keterampilan menulis di kelas menulis Rumah Dunia. Ada Endang Rukmana yang menyabet penghargaan UNICEF Award for Indonesian Young Writer 2004 dan Yuanita Utama tahun berikutnya, 2005. Endang kini jadi penulis di Cyber Building dan Tami jadi PNS. Qizink La Aziva, Hilal Ahmad, dan Gading Tirta jadi wartawan Radar Banten Group.

Tentu masih banyak lagi. Tapi, yang paling membanggakan adalah Muhzen Den, mahasiswa FKIP Jurusan Sastra dan Bahasa Untirta, yang berhasil menyabet gelar sarjana (2011) setelah jadi relawan Rumah Dunia sejak duduk di bangku SMP (2000). Dedenlah, yang menemani kami, selain dua anak kami waktu itu (Bella dan Abi) meluncurkan Rumah Dunia. Deden menjadi sangat istimewa bagi kami, karena dia asli warga Kampung Ciloang, tempat Rumah Dunia berada. Ayah Deden, Pak Asman, seorang pemulung. Sebelum mampu menulis, Deden membiayai sekolahnya sambil mengumpulkan rongsokan. Deden bekerja sebagai pembuang sampah di rumah kami untuk biaya sekolahnya di SMP. Saat SMA, Deden mendapat beasiswa dari Rumah Dunia. Ketika awal dia menjadi mahasiswa, Rumah Dunia masih memberi beasiswa. Tapi, di pertengahan, Deden mendapatkan bantuan beasiswa dari Untirta. Dedenlah sarjana pertama dari Kampung Ciloang. Ironis, tapi itulah fakta. Kini Deden bekerja sebagai korektor di *Radar Banten*.

Jaga TBM@MALL

Kesuksesan Deden tahun 2011 diikuti Khusnul Aini, warga Ciloang yang sejak kecil mendapat beasiswa Rumah Dunia. Aini lolos seleksi masuk Untirta tahun 2011. Saat masuk SMP, kisah hidupnya memberi kami inspirasi menulis novel. Dari royalti novel *Lukisan Aini* yang berdasarkan kisah hidupnya, kami bisa memberi beasiswa kepada Aini. Kini, untuk kuliah di Untirta, Aini membutuhkan dana Rp3,7 juta. Para donaturlah yang membantunya menutup biaya kuliah itu. Aini juga menjaga TBM@Mall dan dari insentifnya itu ia bisa menambahi biaya kuliah.

Kemudian, Abdul Salam H.S., pelajar SMP PGRI 1, anak petani Waringin Kurung yang empat tahun lalu dititipkan ayahnya kepada kami, gagal lolos seleksi ke Untirta. Tapi, esai, cerpen, dan puisinya sering muncul di *Radar Banten* dan *Banten Raya Post*. Bahkan, Salam lolos seleksi Pertemuan Penyair Nusantara di Palembang, 16-19 Juli 2011. Kami meyakini, Salam adalah satu-satunya pelajar SMA tahun 2011 yang esainya dimuat di koran lokal. Pada 2004, dua relawan Rumah Dunia yang masih pelajar: Endang Rukmana dan Adkhilni M.S., juga mampu menembus koran lokal. Salam kini kuliah di Jurusan Sastra dan Bahasa Untirta, bareng dengan Aini.

Begitu juga Siti Sahauni. Kisah hidupnya pernah kami bukukan dengan judul *Mimpi Sauni*. Dari royalti novel itu, kami bisa memberi Sauni beasiswa. Tapi sayang, Sauni gagal lolos seleksi ke Untirta. Dia kini kuliah di Unbaja (Universitas Banten Jaya), FKIP Jurusan Sastra Inggris. Nathortul Ain pun membutuhkan biaya Rp1 juta untuk biaya menempuh semester IV di AIAB (Akademi Ilmu Al-Qur'an Banten).

Rumah Dunia selalu berusaha memberi mereka beasiswa. Itu bagi yang masuk ke perguruan tinggi negeri. Masih ada dua lagi: Siti Alifah dan Salihah. Keduanya anak yatim. Sejak SMP sudah ditangani Rumah Dunia. Kini mereka ingin meneruskan sekolah di SMA Daarul Fallah, di lingkungan Ciloang. Biaya per orangnya Rp400 ribu. Donatur Rumah Dunia membantunya dan dia, seperti temannya yang lain, juga jaga di TBM@Mall.

Jadi, TBM tidak sekadar berdiri dengan rak dan buku-bukunya. Harus ada program/kegiatan yang bisa membawa manfaat bagi para pengelolanya. Program/kegiatan itu harus aplikatif agar para pengelola bisa langsung mempraktikkannya dan mengambil manfaat, begitu pun warga di sekitarnya.

66
Program Kreatif TBM
Gol A Gong

Ode Kampung adalah sebuah ruang pertemuan bagi seniman atau komunitas seni yang diinisiasi Rumah Dunia, sebuah lini sosial di Yayasan Pena Dunia, yang didirikan Heri Hendrayana Harris alias Gol A Gong, berakta notaris Fachrul Kesuma Dharma, S.H., Nomor 006, 12 Juni 2006. Para pelaku seni itu tidak sekadar bertemu, tapi juga membicarakan kualitas karya serta masa depan antarkampung di negeri ini.

Spirit Ode Kampung

Rumah Dunia, sejak mula didirikan, berkonsentrasi untuk mencerdaskan dan membentuk generasi baru yang kritis dan mandiri di Banten, khususnya, dan syukur-syukur spiritnya mewabah di nusantara ini. Rumah Dunia yang berada nun jauh di Kampung Ciloang, Serang, Banten yang tak terpetakan, mencoba mengajak dan mengingatkan agar spirit kampung, seperti gotong-royong; di mana bumi dipijak, di situ langit dijunjung; dan ringan sama dijinjing, berat sama dipikul, terus hadir di antara kita yang mulai melupakan kampung karena disergap kebudayaan kota yang individual.

Spirit itu diwujudkan dalam bentuk kegiatan bernama Ode Kampung yang berskala nasional. "Ode Kampung #1: Temu Sastrawan se-Indonesia" (Februari 2006) dan "Ode Kampung #2: Temu

Komunitas Sastra se-Indonesia" (Juli 2007) cukup menghebohkan karena adanya konstelasi kesusastraan Indonesia, terutama dengan "pernyataan sikap" yang ditandatangani oleh lebih dari 200 sastrawan. Kemudian, "Ode Kampung #3: Temu Komunitas Literasi" (5-7 Desember 2008) mencoba menyebarkan virus Gerakan Literasi Lokal Menuju Indonesia Membaca. Rumah Dunia kembali menyelenggarakan hajatan Ode Kampung #4 yang lebih menitikberatkan pada pertunjukan seni sastra dan teater pada 9–12 Desember 2010, bertempat di Taman Budaya Rumah Dunia. Pada Desember 2011 ada pula Ode Kampung #5, temu *blogger* dan buruh migran senusantara.

Pelatihan Teater

Saya akan bercerita bagaimana serunya kegiatan Ode Kampung #4 (OK 4) yang selalu dimulai pada hari Jumat, tapi kini dimulai pada Kamis, 9 Desember. OK #4 terbuka untuk umum, dan para pesertanya boleh datang sejak hari Rabu, atau sehari sebelumnya. Panitia akan membantu menyalurkan mereka ke rumah-rumah warga sebagai penginapan. Tarifnya pun tetap sama dengan yang sudah-sudah, Rp25 ribu per malam untuk 1 orang. Jika mengikuti acara dari tanggal 9 hingga 12 Desember, dana yang harus disiapkan tiap peserta Rp100 ribu untuk penginapan dan sekitar Rp100 ribu juga untuk konsumsi.

Kegiatan pembuka OK #4 adalah pelatihan teater bersama Halim H.D. pada pukul 09.00–12.00 WIB. Pesertanya pelajar, mahasiswa, dan guru-guru kesenian perwakilan dari sekolah, komunitas, dan kampus. Mereka dipungut bayaran Rp20 ribu untuk konsumsi. Setiap sekolah boleh mengirimkan perwakilannya, minimal 2 orang dan maksimal 5 orang. Setiap peserta pun akan mendapatkan sertifikat.

"Saya akan menitikberatkan ke manajemen panggung. Judul pelatihan saya 'Manajemen Organik Kebudayaan'. Siapa saja boleh ikut. Mulai pelajar, mahasiswa, dan guru," Halim H.D., *networker* kebudayaan asal Serang yang kini menetap di Solo, menjelaskan. Pelatihan teater masih berlangsung pada pukul 13.00–15.00 WIB.

Kali ini tentang keaktoran bersama Iman Soleh, raja monolog dari CCL Bandung.

Selepas Ashar, bekerja sama dengan Gong Publishing, ada bedah novel *Guruku Malang Dibuang Jangan* karya Rahmat Heldy H.S., guru SMP A-Irsyad, Waringin Kurung, Serang. Pembedahnya: Arif Senjaya, M.Phil. dan Herfan F.R. yang merupakan dosen Untirta Serang. Selain bedah buku, ada dramatisasi novel oleh pelajar Yayasan Pendidikan Al-Irsyad. "Inilah pertama kalinya di Banten guru menulis novel!" Toto ST Radik, editor Gong Publishing mengabarkan.

Malam harinya, pukul 20.00–21.00 WIB, ada dua pertunjukan teater. Pertama dari Teater Gumelar, Jakarta. Naskah "Villa dan Sebotol Anggur" karya Abi Ellias yang sarat dengan idiom-idiom kesufian diyakini bukan hanya bisa ditafsirkan menjadi karya yang baik lewat media panggung, tapi juga sebagai proses untuk menjawab kegelisahan-kegelisahan dalam upaya menemukan kesejatian diri. Konsep pertunjukannya realisme simbolis, dibalut dengan keindahan kata, rupa, bunyi, dan gerak dalam pola pemanggungan prosenium dan arena.

Pementasan kedua, pukul 21.00–22.00 WIB, oleh Teater Studio Indonesia pimpinan Nandang Aradea. Teater ini mementaskan lakon "Bebegig Angin". Sejak awal Oktober 2010, mahasiswa Prodi Diksatrasia Untirta Serang sudah bergumul dengan gunungan bambu di Taman Budaya Rumah Dunia. Mereka menempa diri dan siap mewarnai OK #4.

Usai pementasan, ada diskusi yang memperbincangkan kedua pementasan tersebut. "Ini bagian dari pembelajaran untuk komunitas teater di Banten. Mereka harus punya perbandingan agar bisa mengukur kualitas karya mereka," Firman Venayaksa, Ketua Pelaksana OK #4, menjelaskan.

Menjelang tengah malam, acara disambung dengan "Xpresi". Peserta boleh baca puisi, dialog, monolog, bebas. Biasanya acara ini ramai peminatnya. Para penyair dari seluruh kota di Indonesia akan bersemangat naik ke panggung, membacakan puisi karya sendiri atau karya penyair ternama di negeri ini. Yang terpenting harus sopan karena banyak anak yang menonton.

"Unjuk Karya"

Di hari kedua, peserta baru masih boleh ikut bergabung dan tetap membayar Rp25 ribu/orang/malam. Makan peserta murah-meriah karena banyak warung di perkampungan Ciloang. Bahkan, di Taman Budaya Rumah Dunia ada Café Baca yang menyediakan bubur ayam, mie ayam, dan siomay. Tidak akan kelaparan, deh. Tapi, dilarang berhutang!

Kegiatan OK #4 hari kedua dimulai dengan bedah buku *Saatnya Baduy Bicara* karya Asep Kurnia dan Sihabudin pukul 09.00–11.00 WIB. Ada orang Baduy asli yang datang sebagai narasumber. Juga banyak cinderamata khas Baduy dijual, bisa untuk oleh-oleh.

Nah, saat bakda Jumat ada perayaan kolosal Ode Kampung #4. Ini seremoninya. Aku sebagai Ketua Umum Pengurus Pusat Forum Taman Bacaan Masyarakat menjelaskan bahwa ini merupakan bagian dari Gerakan Literasi Lokal Menuju Indonesia Membaca agar para peserta paham bahwa spirit OK #4 adalah mencerdaskan masyarakat.

Acara seremonial yang berbau literasi itu dimulai pukul 13.30–17.00 WIB. Serangkaian acara seremonial khas Ode Kampung digelar. Ada sambutan pejabat dari dinas terkait, peresmian atau pembukaan oleh Ketua RT Kampung Ciloang dan Kompleks Hegar Alam, tari selamat datang dari Sanggar Raksa Budaya pimpinan Maya Rani Wulan, parade pembacaan puisi anak-anak Kampung Ciloang dan wong cilik, pameran foto Rumah Dunia, pemberian penghargaan Rumah Dunia Literacy Award kepada koran *Radar Banten* yang telah mendorong budaya literasi di Banten, pengumuman lomba resensi buku-buku Gong Publishing bekerja sama dengan Kubah Budaya, wakaf buku dari warga Banten yang disumbangkan ke komunitas baca di Banten, juga bazar buku murah Gong Publishing.

Ada yang menarik di OK #4 ini, yaitu menu "Unjuk Karya" yang dimulai pada Jumat malam, 10 Desember 2010. Para peserta diberi ruang untuk menunjukkan karya, bisa berupa buku kumpulan puisi, kumpulan cerpen, atau novel yang diterbitkan secara *indie*, foto kopian, maupun oleh penerbit besar. Para peserta diberi waktu sekitar 10 menit untuk mengenalkan karyanya. Bukunya boleh dibagi-bagikan atau dijual. Diharapkan, dengan menunjukkan karya-karyanya, para pelaku seni memiliki karakter yang kuat untuk ikut membangkitkan semangat negeri ini, yang martabatnya sedang terpuruk, bahkan di kaki negeri jiran, Malaysia! Sebelum acara berlangsung, para peserta menghubungi panitia untuk penjadwalan waktu tampil. Acara ini gratis, ruang "Unjuk Karya" tidak memungut bayaran.

Usai "Unjuk Karya", ada pementasan teater pukul 21.00–23.00 WIB persembahan dari STIKP Setiabudhi Rangkasbitung pimpinan DC dan Mandar dari Makasar. Selalu ada diskusi seusai pementasan. Dan akhir acara ditutup lagi dengan "Xpresi".

Perang Puisi

Hari ketiga OK #4 meriah dan penuh warna. Banten Art Festival! Dimulai pukul 09.00–12.00 WIB. Ada Rampak Beduk Ki Wasiat dari Pandeglang, marawis dari At-Tabraniah Serang, seni debus dari Pandawa, UKM Untirta Serang, Angklung Buhun, dan Terbang Gede.

Lebih meriah lagi, ada acara setelah dzuhur, yaitu "Perang Puisi" antara Chavcay Saefullah dan Bode Ruswandi pada pukul 13.30–17.00 WIB. Kumpulan sajak *Pucuk Risau* karya Chavcay Saefullah dan *Mendaki Kantung Matamu* karya Bode Ruswandi dibedah oleh Sihar Ramses Simatupang (redaktur sastra *Sinar Harapan*) dan Ahda Imran (redaktur sastra *Pikiran Rakyat*). Moderatornya Mat Don, seniman asal Bandung. Kedua penyair itu juga membacakan sajak-sajaknya. Seru sekali. Chavchay memakai *keyboard* dan pemutaran film sebagai latar, sedangkan Bode memutar lagu-lagu dangdut.

Malamnya, pukul 20.00–21.00 WIB, acara dilanjutkan dengan "Unjuk Karya". Peserta OK #4 menyiapkan buku karya mereka. Inilah saatnya mereka menunjukkan anak rohaninya pada dunia. Disusul pementasan Teater Studio Indonesia (TSI) pukul 21.00–

22.00 WIB. Lakonnya masih "Bebegig Angin". Selesai pertunjukan, ada diskusi dengan TSI. Puncak acara adalah "Xpresi" pukul 22.00-23.00 WIB.

Bandeng Lumpur

Hari keempat OK #4 diisi dengan piknik dan mencicipi kuliner khas Banten. Ada "Wisata Ziarah" ke Banten Lama mulai pukul 09.00–11.00 WIB, disambung "Wisata Kampung" ke Eco Village di Teluk Banten pukul 11.00–15.00 WIB.

"Semua peserta saya jamu makan siang menu bandeng lumpur," kata DAs Albantani, yang diwarisi empang bandeng seluas 4.000 m^2 di Teluk Banten, Karanghantu. Usai makan siang yang gurih, arsitek jebolan ITB Bandung itu juga menggelar diskusi "Kampung Masa Depan". Narasumbernya dari komunitas arsitek Indonesia. Usai acara itu, semua peserta boleh ber-"Xpresi" lagi. Bahkan, mau *nyebur* ke empang juga tidak dilarang.

Sore menjelang, pukul 16.00 WIB peserta kembali ke Rumah Dunia dan mengepak barang untuk pulang ke tempat asal.

Donatur

Begitulah kegiatan tahunan di Rumah Dunia dengan skala nasional. Dengan cara begini, TBM yang kita kelola akan tetap eksis. Bahkan, para donatur perseorangan atau lembaga swasta akan tertarik membantu kita. OK #4 saja didukung pelaksanaannya oleh XL, *Antara News*, *Radar Banten*, *Banten Raya Pos*, *Kabar Banten*, *Pikiran Rakyat*, *Sinar Harapan*, Kompas.com, BR TV, Suhud Mediapromo, Aneka Swalayan, Gong Publishing, Untirta, Kubah Budaya, Banten TV, Forum Lingkar Pena, Depdiknas RI, dan Mizan.

Silakan meng-ATM (amati, tiru, modifikasi) program/kegiatan di Rumah Dunia atau perhatikanlah acara-acara di televisi. Kadangkala ada yang menarik dari televisi yang bisa kita selenggarakan di TBM kita. Misalnya, lomba cerdas-cermat.

Berani mencoba?

Tabel 5 dan 6

Program Kegiatan di Rumah Dunia

1. Reguler Senin hingga Minggu, Pukul 14:00–17:00 WIB:

NO	HARI	PROGRAM	KEGIATAN	TUTOR	PESERTA
1	Senin	Minat Baca	Wisata Baca	Salam HS	Anak-anak
2	Selasa	Minat Baca	Wisata Dongeng	Igun/Tias	Anak-anak
3	Rabu	Minat Baca	Wisata Mengarang	Wayang	Anak-anak
4	Kamis	Keterampilan	Wisata Gambar	Anas	Anak-anak
5	Jumat	Keterampilan	English on Friday	Iin	Pelajar/ mahasiswa
6	Sabtu	Klab Diskusi	Bedah buku dan diskusi politik, ekonomi, sosial-budaya, pertahanan dan keamanan.	Relawan	Pelajar/ mahasiswa/ umum
7	Minggu	Keterampilan	Kelas Menulis, Majelis Puisi, Liga Pembaca Sastra.	Gol A Gong, Toto ST Radik, Firman Venayaksa	Pelajar/ mahasiswa/ umum

2. Kalender Acara Hari Besar:

NO	WAKTU	PROGRAM	KEGIATAN	PESERTA	KETERANGAN
1	Januari	Refleksi budaya	Detik Akhir, Detik Awal	Umum	Diskusi dan pertunjukan seni musik, teater, puisi.
2	Februari	Hari Valentine	Lomba menulis sajak cinta	Umum	
3	Maret	Ulang tahun Rumah Dunia	Pesta Rumah Dunia	Anak-anak se-Banten	Aneka lomba, pertunjukan seni, bedah buku, pelatihan.
4	April	Hari Kartini	Wong Cilik	Tukang ojek, becak, sopir, PRT, ibu rumah tangga se-Banten	Menulis sajak tentang kehidupan pribadi *wong cilik* dan membacakannya.
5	Mei	Pengembangan Minat Baca	Hari Kebangkitan Buku	Umum	Sejak 2008 sudah yang ke-4: peluncuran dan bedah buku relawan Rumah Dunia, pertunjukan seni.
6	Juni	Pengembangan budaya baca dan tulis	Pameran Buku	Umum	Berlokasi di Rumah Dunia, buku-buku karya relawan Rumah Dunia dipamerkan.
7	Juli	Hari Anak Internasional	Pesta Anak Rumah Dunia	Anak-anak se-Banten	Sejak 2002 sudah yang ke-9: aneka lomba literasi dan pertunjukan seni.
8	Agustus	HUT RI	PROKLAM@RT	Umum Se-Banten	Sejak 2006 sudah yang ke-5: pertunjukan seni, lomba tradisional (balap karung, egrang), aneka lomba literasi, dan pertunjukan teater.
9	September	Puasa	Nyenyore dan Kado Lebaran	Anak-anak, pelajar, dan mahasiswa se-Banten	Nyenyore sejak 2010: pelatihan menulis selama seminggu sambil menunggu waktu berbuka.
10	Oktober	Puasa	Nyenyore dan Kado Lebaran	Anak-anak, pelajar, dan mahasiswa se-Banten	Kado lebaran sejak 2001: aneka lomba literasi. Pemenang diberi amplop berisi uang untuk Lebaran.
11	November	-	-	-	Libur. Hanya untuk kegiatan reguler.
12	Desember	Pengembangan budaya baca dan tulis.	Ode Kampung	Umum se-indonesia.	Sejak 2006: pertunjukan seni, pelatihan, diskusi dan peluncuran/ bedah buku.

67
Dari Membaca ke Menulis

Agus M. Irkham

Ada yang silap. Mengatakan bahwa komunitas baca mengampanyekan pentingnya kegiatan membaca (buku) tapi tidak disertai dengan pengaksentuasian budaya menulis. Bahkan, di kalangan para pegiatnya sekalipun, keprigelan menulis kerap dijadikan nomor ukuran sepatu—dalam prioritas penguasaan keterampilan yang harus dimiliki. Tak terkecuali para pengelola TBM. Mereka asyik mengumpulkan dan meminjamkan buku, mengajak khalayak membaca buku, menggelar beragam acara, tapi tertatih-tatih ketika diminta menuliskan beberan aktivitas literasi itu. Jarak otak dan tangan seperti ratusan kilometer. Meski hanya satu tulisan, butuh waktu lama sekali untuk merampungkannya.

TBM merupakan salah satu program aksi peningkatan dan pengembangan budaya baca. Program ini digagas sebagai bentuk sikap afirmatif pemerintah Indonesia terhadap Prakarsa Keaksaraan untuk Pemberdayaan atau *Literacy Initiative for Empowerment (LIFE)* canangan UNESCO. Harapan terjauh dari keberadaan TBM adalah menumbuhkan minat, kecintaan, serta kegemaran membaca dan belajar masyarakat, sehingga dapat memperkaya pengetahuan, wawasan, pemahaman norma dan aturan, sekaligus dalam hal pemberdayaan masyarakat (Diknas, 2009).

Secara nasional, sampai akhir tahun 2010, ada lebih dari 4.700 TBM. Dalam bingkai berpikir yang simplistis, artinya paling tidak ada 4.700 orang—asumsi paling pahit, satu TBM dikelola oleh satu orang—yang berpotensi menjadi pemasar budaya membaca melalui aktivitas menulis. Dapat dibayangkan gempa literasi yang bakal terjadi jika 4.700 pengelola TBM tersebut secara rutin menulis—taruhlah minimal sepekan sekali—dan tulisan itu diterbitkan di media. Dalam cakupan lokal, regional, maupun nasional. Tentu lema keberaksaraan (baca-tulis) akan jadi entri berita yang patut diperhitungkan.

Menulis adalah *membaca dua kali*, demikian bunyi nubuat para munsyi. Nah, para pengelola TBM sejatinya telah memiliki modal penting untuk memasuki dunia menulis, yaitu api peduli atau kecintaan mereka terhadap aktivitas membaca serta keterlibatan mereka dalam gerakan budaya membaca.

Guna memberikan bekal transformasi bagi pengelola TBM—dari pembaca ke penulis—Pengurus Pusat Forum Taman Bacaan Masyarakat (PP FTBM), pada akhir September 2011 menyelenggarakan pelatihan menulis bagi pengelola TBM. Ada 25 peserta dari 20 provinsi. Pelatihan berlangsung di Kota Serang, Banten. Deretan nama orang yang berkompeten di bidangnya kami hadirkan untuk memberikan materi kepada peserta. Salah satu orang yang kami hadirkan adalah Ali Muakhir, penulis cerita anak dan remaja yang sangat produktif. Tak kurang 300 judul buku telah ia tulis, hingga tahun 2010 pun ia tercatat memecahkan rekor MURI sebagai penulis bacaan anak paling produktif se-Indonesia.

Ada lagi, Faiz Ahsoul, pegiat TBM Gelaran Buku di Yogyakarta, yang telah sukses menggelar program Belajar Bersama Menulis Sejarah Kampung (Babersku), suatu program yang bertujuan menarik minat baca dan tulis warga (kampung) dalam satu helaan napas (berbarengan).

Hadir pula redaktur Opini Koran Tempo, yang secara khusus memberikan materi tentang bagaimana menulis kolom, terutama yang ditujukan untuk diterbitkan di media cetak. Menariknya, di sesi ini, dibahas pula esai-esai yang telah ditulis peserta sebelumnya. Kami menamai sesi itu sebagai *sesi pembengkelan karya*.

Pada akhir pelatihan ini, peserta diminta untuk merevisi kolom mereka, lalu mengirimnya lagi kepada kami untuk diseleksi dan diterbitkan menjadi satu kumpulan kolom tentang budaya membaca dan menulis, serta kiprah mereka di masing-masing TBM.

Pelatihan ini bertujuan memberikan asupan pengetahuan, motivasi, sekaligus segi-segi teknis menulis bagi para pengelola TBM. Tentu saja kami tidak sedang meminta mereka untuk menjadi penulis atau pengarang. Tapi, keterampilan menulis akan semakin mengefektifkan upaya penyebaran "virus" budaya baca pada khalayak luas, termasuk menciptakan bacaan sendiri. Jadi, para pengelola TBM tidak akan selamanya menjadi konsumen teks (bacaan, buku) tapi mampu pula menciptakan alternatif bacaaan yang telah disesuaikan dengan kebutuhan pengguna (pengunjung TBM). Ini bisa berupa buletin, *newsletter*, atau majalah.

Menulis juga akan menciptakan kesadaran baru pada tingkat yang lebih tinggi. Dengan begitu, karier—dari sisi kejiwaan—akan meningkat. Seperti yang diungkapkan Karlina Supelli (1999)—mengafirmasi pendapat Virginia Woolf—cara terbaik untuk membaca adalah dengan (juga) menulis. Dengan menulis, seseorang mencoba bereksperimen dengan kata-kata dan kesukarannya. Membaca bukan bagian terpisah dari menulis. Keduanya pembentuk jalan ke masa depan. Keduanya merupakan bagian yang memungkinkan perkembangan nalar individual, pemikiran kritis yang independen, serta pembangkit kepekaan terhadap kemanusiaan.

Keterampilan menulis juga akan memperkuat kapasitas individu—yaitu pengelola, yang pada gilirannya akan memperkuat pula kapasitas lembaga, karena saat para pegiat literasi berinteraksi dengan *stakeholders*, tak jarang mereka harus menulis. Entah berupa proposal program, laporan kegiatan, atau sekadar profil lembaga.

Apalagi, mulai akhir 2011, Direktorat Pembinaan Pendidikan Masyarakat Direktorat Jenderal PAUD-NI telah menggulirkan program TBM Elektronik. Melalui program ini, tiap TBM diharapkan memiliki akses internet dan dapat memanfaatkannya untuk melancarkan dan memangkus gerakan membaca dan menulis. Sebuah harapan yang mengandaikan adanya keterampilan menulis tiap pengelola TBM.

68
TBM Writerpreneurs
Gol A Gong

TBM Rumah Dunia adalah TBM generasi ketiga karena fase kemampuan membaca sudah terlampaui. Begitu juga minat membaca. Kehadirannya selama 10 tahun sudah membuahkan banyak perubahan di lingkungannya yang berdiameter satu kilometer, yaitu Kampung Ciloang, Kubil, Kesuren, dan Tegal Duren. Bahkan, sudah menjadi motivator bagi gerakan Banten Membaca. Kini, Rumah Dunia sudah memasuki fase budaya membaca, di mana kegiatan menulis, peluncuran dan bedah buku, serta pelatihan menulis jadi menu kegiatan sehari-hari. Tiada hari tanpa membaca dan menulis.

Kompetensi

Sejak 2004, para relawan sudah memasuki era *writerpreneurs* (meminjam istilah Bambang Trim). Mereka menulis esai, cerita pendek, novel, bahkan skenario televisi. Tidak hanya di media lokal, tapi juga nasional. Bahkan, Rumah Dunia lewat kegiatan reguler tiap hari Minggu, yaitu Kelas Menulis yang kukelola, sudah menjadi lumbung SDM wartawan andal bagi koran lokal di Banten. Artinya, orang-orang yang datang ke Rumah Dunia untuk membaca dan belajar menulis merasa yakin bahwa menulis bisa menjadi pilihan untuk mencari nafkah. Keterampilan menulis ternyata bisa menjadi kegiatan ekonomi yang menjanjikan.

Bagaimana itu bisa terjadi? Apakah karena aku sebagai pengelola yang berlatarbelakang sebagai penulis (wartawan, pengarang, dan penulis skenario televisi), sehingga Rumah Dunia berada sesuai di jalurku? Aku tidak bisa membantah. Tapi, jika si pengelola memiliki latar belakang disiplin ilmu ekonomi atau hukum, misalnya, apakah juga tidak akan menguasai keterampilan menulis?

Cara berpikir bahwa keterampilan menulis hanya untuk orang yang berprofesi wartawan atau pengarang harus kita buang. Keterampilan menulis harus disebarkan atau diajarkan ke semua orang, tak peduli apakah dia dokter, insinyur, guru, pengacara, polisi, tukang las, petani, ibu rumah tangga, tukang ojek, pembantu, atau buruh. Semua orang harus memiliki keterampilan menulis agar pikirannya terbuka, selalu terbuka untuk menerima informasi apa saja. Bayangkan jika kita datang ke toko buku dan mendapati buku-buku tips (*how to*) cara menanam jagung, las ketok *magic*, budidaya lele, bisnis kue brownies, serta pin dan bros, yang ditulis sendiri oleh si pelakunya, kita akan mengalami proses transformasi dari para ahli yang memang berkompeten di bidangnya.

Pelatihan

Jadi, ini adalah keterampilan, bukan kompetensi semata. Boleh saja seorang insinyur, seperti istriku, mengelola TBM dan memiliki keterampilan menulis, sehingga ketika diminta untuk menceritakan kisah suksesnya, ia tidak kesulitan. Istriku—Tias Tatanka—berlatih menulis dengan keras. Ia membaca buku-buku tips menulis, mengikuti pelatihan menulis, menghadiri bedah dan peluncuran buku. Kita tentu harus memaknai ayat pertama dalam surat pertama Al-'Alaq, *bacalah dengan nama Tuhanmu yang Maha Pencipta dan mengetahui*. Kita, di surat itu, tidak sekadar diharuskan membaca teks, tapi juga membaca dunia dan menuliskannya. Dalam pepatah Yunani, *menulis adalah membaca dua kali*. Jadi, siapa pun dia, jika sudah melakukan kegiatan membaca, maka juga harus melakukan kegiatan menulis.

Maka pengelola TBM harus memasukkan kegiatan menulis

di dalam menu regulernya. Di Rumah Dunia ada Kelas Menulis setiap hari Minggu, pukul 14.00–17.00 WIB. Kelas Menulis ini sudah berlangsung 18 angkatan—setiap tahun 2 angkatan, artinya sudah 9 tahun berlangsung.

Selain itu, Rumah Dunia rajin mengadakan pelatihan menulis. Tidak perlu berpikir narasumbernya harus penulis terkenal. Coba jalin relasi dengan penulis-penulis di sekitar kita. Bekerja samalah dengan koran-koran lokal. Misalnya, untuk TBM yang tersebar di luar Jawa, datangi saja biro-biro daerah Kantor Berita Antara atau Jawa Pos Group. Minta tolonglah kepada mereka agar memberikan pelatihan jurnalistik.

Biasanya, di setiap koran lokal, pasti ada halaman cerita pendek (fiksi), yang menampung para penulis setempat. "Rayu" mereka agar mau jadi relawan dengan memberikan pelatihan menulis cerpen atau novel. Jika ada uang, beri mereka uang transportasi. Namun, jika tidak, katakan saja sejujurnya. Penawaran kerja sa,a dengan kantor berita atau koran lokal bisa juga dicoba dengan timbal balik menyertakan logo perusahaan mereka di setiap bentuk promosi/publikasi TBM kita, di spanduk, brosur, liflet, situs, poster, atau papan nama TBM kita.

69
TBM Ajarkan Udin Menulis

Gol A Gong

Di Rumah Dunia, teori dan praktik berjalan bersamaan. Malah, komposisinya cenderung teori 40 persen, praktik 60 persen. Misalnya, di Kelas Menulis Rumah Dunia, praktik lebih mendominasi. Saya akan memberi contoh apa yang sudah terjadi pada Miftah Udin, pedagang gorengan yang bergabung jadi peserta kelas menulis angkatan ke-14. Di sini ada contoh tulisan Udin, yaitu tentang diskusi "Debus Haram?" yang diselenggarakan di Rumah Dunia pada 5/9/2009 lampau.

Bagi saya, tulisan Udin ini menarik juga dikaitkan dengan Hari Aksara Internasional. Padahal, di Indonesia persoalan membaca (apalagi menulis) masih saja menjadi isu sentral dan momok menakutkan. "Di Indonesia sebanyak 10,16 juta atau sekitar 6,22 persen penduduknya yang berusia 15 tahun ke atas masih buta aksara," Menteri Pendidikan Nasional, Bambang Sudibyo, menyatakan hal itu pada Hari Aksara Internasional 2009 di Art Center Denpasar, Senin (8/9/2009).

Masya Allah! Ironisnya, angka tertinggi tingkat buta aksara ada di pulau Jawa. Yaitu, secara berurutan, Provinsi Jawa Timur, Jawa Tengah, lalu Jawa Barat. Mendiknas waktu itu menambahkan dengan optimis, "Pemerintah menargetkan pada akhir 2009 jumlah itu akan turun menjadi hanya tinggal 7,7 juta, atau 5 persen saja.

Target ini enam tahun lebih cepat dibandingkan target negara-negara anggota UNESCO."

Sementara pada waktu itu masih ada sekitar 500.000 warga Banten yang buta aksara, yang paling menarik, kehadiran Rumah Dunia bisa membuat Udin melampaui teman-temannya, yang masih asyik-masyuk dengan yang disebut Ignas Kleden sebagai kelisanan sekunder (*secondary orality*). Teman-teman Udin semua penikmat televisi!

Maka, tulisan Udin ini bagiku adalah bentuk perlawanan terhadap buta aksara di negeri ini. Bagi saya, buta aksara tidak sekadar keadaan di mana seseorang tidak dapat membaca dan menulis, tapi juga tidak bisa memaknai kehidupan. Tulisan Udin menarik, karena lewat abjad a hingga z Udin belajar memaknai kehidupan di luar kampungnya, Ciloang. Terlebih-lebih di luar dirinya. Bacalah!

Diskusi Debus dan Buka Puasa Bersama oleh Miftah Udin

Debus merupakan salah satu kesenian Banten. Seni ini berkembang sekitar abad ke-16. Namun, akhir-akhir ini image-nya sempat meredup seiring dimuatnya kabar yang menyatakan debus mengandung unsur-unsur sirik dan hampir divonis haram. Tak pelak berita miring ini sempat menimbulkan beragam perdebatan, khususnya di kalangan komunitas debus di Banten. Namun, sebelum masalah ini lebih runyam lagi, Sabtu (5/9/2009), pukul 15.30 WIB, Lumbung Banten Rumah Dunia menggelar diskusi "Debus Haram?".

K.H. Aminuddin Ibrahim, Ketua MUI Banten, mengatakan debus di bagi ke dalam tiga golongan: 1) Kekuatan itu didapat dari wiridan Alquran atau yang disebut tasawuf. Ini masih dibolehkan. 2) Debus juga bisa memperagakan olah fisik, salah satu contohnya latihan pernapasan alias hiburan semata, ini juga boleh. 3) Menggunakan bacaan Alquran dengan mencampur bahasa Sunda kuno, jangjawokan, dengan Jawa kuno yang sudah diluar ajaran Islam. Ini sirik dan dilarang.

Apa yang diungkapkan Ketua MUI tersebut tak senada dengan praktisi debus, Tb. Romli Saif Lajir, pemilik padepokan

Manggala di Cilegon. Menurut Romli, tujuan debus adalah melindungi umat manusia dari pengaruh setan, jin, iblis. Selain itu, menyatukan umat dengan kasih sayang. Bahkan, Romli meminta Aminuddin Ibrahim dan MUI Banten untuk mengklarifikasi nama debus-nya. "Hilangkan debusnya! Pake nama lain!" usulnya.

Menurut Hudaeri, M.A., dosen IAIN SMH Banten yang juga salah satu peneliti debus tahun 2004, dalam sejarah Islam debus sangat hebat. Itu terbukti dari masa awal pendiriannya, ketika melawan penjajah, juga tuntutan pragmatis dan praktik debus yang jika di pentaskan bisa mendatangkan materi.

Pada saat sesi tanya-jawab, Toto ST Radik mengusulkan agar fatwa debus haram di cabut. "Sebelum MUI pusat menyetujui, tolong fatwa debus haram dicabut. Dan buku hasil penelitian tahun 2004 ini dibagikan kepada setiap pemilik padepokan agar buktinya lebih konkret dan jelas," tandas penyair yang juga pegawai Disporabudpar Kota Serang ini

Namun, pada akhirnya mereka sepakat debus yang memanggil atau mengundang roh-roh, jin, setan, dan lainya haram.

Turut hadir Gol A Gong, Firman Venayaksa, Sulaiman Djaya, Rahmat Rahel, H. Ahmad Matin, pengurus ponpes Darul Fallah Ciloang, dan puluhan mahasiswa dari IAIN SMH Banten serta Untirta Serang. Acara ini didukung oleh GMC, Suhud Mediapromo, Banten Raya Post, Dindik Banten, Aneka Swalayan, dan Banten TV.

Selepas acara, dilanjutkan dengan buka bersama es buah dan gorengan, yang merupakan menu pembuka. Usai sholat Mahgrib, nasi bungkus ala warteg pun diserbu. Saking banyaknya peserta, sebungkus dimakan berdua.

Ibnu Adam Aviecena, Ketua Pelaksana, memaparkan diskusi ini digelar sebagai bagian dari moto Rumah Dunia, yaitu mencerdaskan dan membentuk generasi baru. "Temanya amat menarik dan masyarakat butuh keterangan yang lebih jelas, apakah betul debus itu haram." Jadi, Limbad dan Deddy Corbuzier The Master haram nggak, ya?

Adaptasi

Nah, apa yang menarik dari tulisan tadi?

Aku akan bercerita tentang Udin. Aku mengenal Udin sebagai remaja kampung yang jualan gorengan. Udin biasa mangkal di sekolah-sekolah dasar atau di perumahan-perumahan.

Rumah Dunia bergulir sejak 2001 dan berjarak sekitar 50 m saja dari rumah Udin. Adik-adiknya, Roy, Dina, dan Rosa, sudah bergabung di Rumah Dunia sejak Rumah Dunia berdiri. Tapi, Udin belum bergabung.

Aku memergoki Udin sedang membaca tabloid *Bola*. Udin memang penggila bola. Lalu aku memintanya menuliskan laporan pertandingan bola yang ditontonnya. Udin membuat laporan dengan tulisan tangan, kemudian aku meminta dia mengetik dan menge-*print*-nya. Bahkan, mengirim lewat *email*. Dengan cara seperti itu, aku melatihnya beradaptasi dengan Rumah Dunia.

Setelah Udin bergabung, aku tanyakan kepadanya, "Kenapa terlambat bergabung?" Jawab Udin, "Malu." Dia minder karena menganggap yang bergabung di Rumah Dunia adalah orang-orang pintar, bergelar sarjana, dan rajin membaca buku. Sementara Udin menganggap dirinya bodoh dan tidak pernah membaca buku.

Aku pun memikirkan bagaimana caranya agar Udin mau bergabung dengan Rumah Dunia. Pintu masuknya lewat Gong Media Cakrawala (GMC), perusahaan yang bergerak di bidang penerbitan, program televisi, dan *EO*. GMC adalah lini usaha yang kuniatkan untuk menyubsidi operasional Rumah Dunia.

Program dan kegiatan di Rumah Dunia tidak berhenti di teori saja. Secara moral, aku harus bertanggung jawab agar ilmu atau keterampilan itu bisa diterapkan. Maka, GMC selain wadah praktik, tentu juga merupakan suatu cara kreatif penggalangan dana untuk keberlanjutan TBM Rumah Dunia.

Tabloid

Saat lulusan peserta kelas menulis melimpah, sedikit yang bisa ditampung di koran *Radar Banten* dan *Banten Raya Post*. Maka, ketika ada rezeki berlebih, aku lewat GMC menerbitkan tabloid *Kaibon*, media ramah keluarga Banten. Redaksinya dari lulusan Kelas Menulis. Udin kuajak mengurusi bagian rumah tangga redaksi. Jabatannya saat itu *office boy*. Udin setiap hari membereskan ruang redaksi, menyiapkan minum, sekaligus jadi loper: mengantarkan tabloid *Kaibon* ke para pelanggan. Saat itu juga, divisi Program Televisi GMC menjadi kontributor berita di Banten TV. Udinlah yang mengantar materi kaset ke Banten TV. Aku modali dengan sebuah motor. Udin bersemangat sekali bekerja. Tapi, aku mengingatkannya agar jangan hanya menjadi pesuruh. Aku memintanya belajar menulis. Udin pun bergabung di kelas menulis angkatan ke-14.

Kaibon hanya bertahan 1 tahun. Cukuplah untuk praktik. Jajaran redaksinya sekarang sudah banyak yang bergabung lagi di dua koran lokal serta sukses jadi penulis skenario dan novel. Lalu pada 2010, Udin kuajak hijrah ke sebuah kecamatan bernama Cipanas di perbatasan Jasinga, Bogor-Lebak, Banten selatan.

Aku mengontrak sebuah kamar dan Udin kuajak jadi teman sekamar. Aku pun langsung mengajari Udin menjadi wartawan yang baik. Generasi pertama anak didikku (1993), Taufik Rochman, kini jadi Direktur *Banten Raya Post*. Aku menyodorkan strategi pemasaran korannya di Cipanas. Aku janjikan sekitar 100 pelanggan untuk *Banten Raya Post* di Cipanas, asalkan diberi ruang menulis berita tentang Cipanas. Maka, jadilah Pojok Cipanas, berita tentang Cipanas yang dimuat seminggu tiga kali. Udin jadi wartawan sekaligus loper korannya.

Kamar kontrakan itu kujadikan TBM Kosala Library. IKMC (Ikatan Keluarga Mahasiswa Cipanas) kuajak bergabung. Paviliun rumah kontrakan itu jadi sekretariat IKMC. Jadilah Udin wartawan, loper koran, sekaligus relawan TBM. Pada Juli 2011, Taufik Rochman memberi apresiasi positif. Pojok Cipanas hadir setiap hari, Udin resmi diangkat jadi wartawan tetap, dan sudah ada sekitar 75 pelanggan koran *Banten Raya Post* di Cipanas.

Itulah kisah sukses seorang Udin, mantan pedagang gorengan, lulusan kelas menulis sebuah TBM bernama Rumah Dunia.

Secara formal, Udin hanya lulusan SMK jurusan mesin. Udin merasa salah mengambil jurusan dan hanya mengikuti keinginan orangtuanya yang menganggap sekolah bisa meninggikan derajatnya di mata Tuhan dan teman-teman. Tapi, setelah lulus, Udin tak tahu harus melakukan apa dan jadilah dia pedagang gorengan. Kini kehidupannya berubah setelah budaya membaca dan menulis menjadi bagian kesehariannya.

70
Rekrutmen Relawan TBM

Gol A Gong

Selalu saja ada orang yang bertanya kepadaku lewat *email*, SMS, atau datang langsung ke Rumah Dunia: ajari kami cara merekrut relawan! Menurut mereka, susah sekali mencari relawan yang benar-benar relawan, dalam arti tidak dibayar! Mana ada yang gratis sekarang? Gila apa, bekerja tidak dibayar!

Pelayan

Sejak Rumah Dunia didirikan pada 2001, yang jadi relawan adalah aku, istriku, dan kedua anak kami: Nabila (3 tahun) dan Gabriel (2 tahun). Sebagai pemimpin, orientasiku adalah tindakan. Jadi, jika kita membicarakan pentingnya kebersihan, maka aku harus mencontohkannya. Jika berbicara tentang manfaat membaca, aku harus membaca. Relawan adalah pelayan. Relawan adalah fasilitator: membantu orang-orang yang ingin belajar.

Maka aku dan Tias menyiapkan kursi-kursi, silabus pelatihan menulis, dan menjamu mereka dengan makanan dan minuman agar mereka bisa belajar dengan tenang dan nyaman. Kami memosisikan diri sebagai ayah-ibu, kakak-saudara. Aku sering menekankan, duduk sama rendah berdiri sama tinggi. Tak boleh ada yang merasa lebih pintar dari yang lain. Bahkan, aku sering mengatakan, “Saya akan membagi-bagikan ilmu yang saya punya karena saya pun akan mendapatkan ilmu dari Anda."

Jika aku sudah memberi contoh, yakinlah bahwa para relawan itu akan berdatangan. Aku sangat yakin jika ilmu tidak kita manfaatkan, diri kita akan terbelenggu di sebuah ruang gelap. Aku hanya memiliki ilmu menulis (jurnalistik, sastra, dan program televisi). Maka, hanya itulah yang kutawarkan. Aku embuskan semangat literasi. Aku yakinkan kepada orang-orang bahwa menulis bisa menjadi solusi terbaik untuk masa depan. Aku contohkan kepada orang-orang bahwa profesi menulis itu sama terhormatnya dengan profesi guru, dokter, dosen, dan insinyur.

Penuh Cinta

Pada akhir 2001, muncullah generasi pertama relawan Rumah Dunia: Muhzen Den, Ibnu Adam Aviciena, Piter Tamba, Endang Rukmana, Adkhilni MS, Najwa Fadia, Ade jahran, Qizink La Aziva, Budi Wahyu Iskandar, Mahdi Duri, RG Kedungkaban, dan lain-lain yang saya lupa namanya. Ketika mereka datang ke Rumah Dunia, kira-kira percakapannya seperti ini:

"Ada perlu apa ke Rumah dunia?" tanyaku.

"Ingin belajar menulis."

"Tidak gratis. Kalian harus membayar. Tidak dengan uang, tapi dengan membantu mengurusi Rumah Dunia."

Maka mereka adalah peserta Kelas Menulis Rumah Dunia angkatan pertama. Sepanjang pelajaran selama enam bulan, aku melihat dan menilai tingkah laku mereka, yang rata-rata adalah pelajar dan mahasiswa. Aku meminta pertimbangan Emak tentang akhlak mereka. Tias juga. Dapur kami terbuka untuk mereka. Malah, Tias menyediakan makan dan minum untuk mereka, seperti terhadap adik kami sendiri.

Selama enam bulan itu kami akhirnya memilih Muhzen Den dan Ibnu Adam Aviciena jadi relawan Rumah Dunia. Aku tawarkan kepada mereka, "Mau jadi relawan?" Mereka pun bertanya, "Apa itu relawan?"

"Relawan adalah seseorang yang membantu orang lain, bahkan orang banyak tanpa mendapatkan bayaran. Ini adalah kerja sosial. Ini adalah perwujudan dari spirit zakat. Bukankah di dalam diri kita ini sebetulnya ada hak orang lain? Jika kita belum mampu dalam hal harta, maka pikiran dan tenaga kita harus dibagikan kepada orang lain."

Maka Ibnu dan Muhzen Den tinggal di Rumah Dunia seperti halnya anak kos. Sesekali, pada akhir pekan, Piter, Budi, dan Mahdi menginap karena selalu ada kegiatan Gempa Literasi: pertunjukan seni, diskusi, pelatihan, dan peluncuran buku. Kami membagikan ilmu yang kami punya serta berbagi rezeki dengan mereka dalam hal makan-minum.

Ibnu dan Muhzen membantu mengurusi Rumah Dunia. Mereka menyapu halaman Rumah Dunia, memberesi buku-buku dan menyiapkan kegiatan-kegiatan yang seabrek-abrek di setiap Sabtu dan Minggu. Aku katakan kepada mereka, "Kalian makan apa yang kami makan. Tapi, kalian tidak boleh *numpang* tidur di Rumah Dunia. Bacalah semua buku yang ada di Rumah Dunia. Ikuti semua kegiatan yang saya buat. Itu adalah stimulus sekaligus praktik."

Jadi, kriteria jadi relawan bagiku adalah: (1) berakhlak baik, karena ini moral; (2) berniat menuntut ilmu; (3) mau berbagi; (4) selalu bersyukur atas apa yang didapat; (5) memiliki *sense of crisis* atau peduli terhadap lingkungan; (6) generasi pembelajar.

Tentu kriteria ini tidak akan sama di setiap TBM. Tapi, aku meyakini, inilah yang terbaik bagi Rumah Dunia. Setiap tahun, relawan datang dan pergi. Mereka berdatangan dari segala penjuru Banten. Ada yang mampu bertahan, ada pula yang tidak. Itu semua terus kami evaluasi. Tapi, dari semua itu, yang paling penting adalah semangat berbagi ilmu, rasa, dan cinta. Itulah ciri-ciri relawan Rumah Dunia.

71
Distribusi Buku ala TBM
Gol A Gong

Koleksi buku Rumah Dunia berawal dari perpustakaan pribadiku. Sekitar 3.000 buku kusimpan di rak-rak buku Rumah Dunia sejak 2004. Tiap hari buku-buku bertambah. Aku dan Tias pun tidak pernah berhenti belanja buku. Bahkan, ada juga orang-orang yang membuang "sampah" berupa buku pelajaran, majalah, dan diktat-diktat. Maka, kami terus menambah rak-rak dan Rumah Dunia dipenuhi buku. Perpustakaan di rumahku pun bertambah terus karena buku-buku baru yang aku dan Tias tulis terbit. Nomor-nomor bukti buku baru kami atau oleh-oleh saat pameran buku juga tak pernah berhenti.

Ibarat Darah

Jika diibaratkan darah, alangkah baiknya ada sekian cc darah dari tubuh kita yang dikeluarkan dan didonorkan kepada yang membutuhkan. Begitu juga buku. Sumbangan tiada henti dari orang per orang, lembaga seperti Perpusnas, Gramedia, Mizan, Zikrul Hakim, Tisera, para pengarang, dan Gagas Media terus bergilir membuat buku menggunung dan malah jadi kurang terawat.

Kami memutuskan agar buku-buku itu disebar ke TBM yang membutuhkan. Seperti pada Kamis (22/4/2010), Rumah Dunia menyumbang satu dus buku (terdiri dari buku cerita anak, majalah, komik, serta buku dari Martha Sinaga yang berjumlah 80 judul) untuk TBM Al-Jihad di Rangkasbitung. Ini bukan yang pertama. Sebelumnya, kami banyak menyumbang buku untuk para mahasiswa Untirta Banten yang sedang KKN.

Al-Jihad sendiri adalah nama sebuah masjid di Kampung Paju RT 11/03, Desa Pager Agung, Kecamatan Walantaka, Kota Serang. Area Masjid Al-Jihad itu akan dijadikan tempat TBM oleh tujuh belas mahasiswa dari Institut Agama Islam Negeri (IAIN) Serang, yang sedang melaksanakan kukerta (kuliah kerja nyata). "Arti Al-Jihad adalah perjuangan. Semoga perjuangan kita membuat TBM di Walantaka bermanfaat," kata Aripudin selaku sekretaris, yang datang ke Rumah Dunia bersama Samsudin, wakil ketua kukerta dan rombongan.

Samsudin menambahkan, selain Rumah Dunia, ia dan kelompoknya juga sudah meminta sumbangan buku pada Dinas Pendidikan Provinsi, Perpustakaan Daerah, dan Madrasah Pendidikan Agama (Mapeda). "Depag sudah *ngasih* 13 Alquran serta 10 buku agama," kata Samsudin, "semoga sumbangan buku dari Rumah Dunia ini bisa bermanfaat buat masyarakat khususnya anak-anak Walantaka," sambungnya.

Meski masa kukerta-nya hanya satu bulan lebih (1 April sampai 10 Mei), diakui Samsudin pihaknya akan membentuk pengurusan di masyarakat sehingga TBM Al-Jihad tetap ada ketika peserta kukerta sudah tidak lagi di sana. "TBM ini harus ada yang meneruskan. Jangan sampai mati, meski kami sudah tidak lagi di sana," harap Samsudin.

Ibnu Adam Aviciena, presiden Rumah Dunia sepakat dengan apa yang kukatakan, bahwa buku yang ada di Rumah Dunia harus seperti darah yang mengalir. Jika darah dalam tubuh tidak mengalir, tentu itu tidak sehat. "Begitu pula dengan buku yang ada di Rumah Dunia, harus dialirkan biar sehat." Kata Ibnu. Sumbangan yang didapat Rumah Dunia akan selalu diusahakan bisa bermanfaat bagi semua. Demi satu gerakan menuju Banten Membaca!

Jejaring

Begitulah seharusnya TBM. Jangan takut untuk datang ke penerbitan. Mintalah harga diskon jika hendak belanja buku. Biasanya penerbit memiliki stok buku-buku yang rusak tapi tidak parah, misalnya halaman sobek sedikit, kover yang warnanya tidak merata, atau ada halaman terbalik.

Jika TBM berhasil membina hubungan baik dengan penerbit, koleksi buku kita akan terus bertambah. Tapi, jangan selalu mengharapkan buku gratis. Harus *fair*. Jika TBM sedang memiliki dana *block grant,* hubungi penerbit dan belanjakan buku. Pasti harganya bisa lebih murah.

Nah, cara lain adalah dengan mengetuki rumah-rumah. Mintalah kepada mereka untuk membuang buku-buku pelajaran atau sampah majalah ke TBM. Nanti kita sortir dan kita distribusikan lagi pada TBM yang lebih membutuhkan.

Jadi, TBM tidak sekadar berisi rak dan buku seperti nasib perpustakaan sekolah. Tapi, TBM harus jadi tempat bergulirnya perubahan.

72
Memaksimalkan Potensi TBM
Gol A Gong

Sejak 2008, Rumah Dunia yang memiliki area seluas 1.000 m^2 dan berdiri di halaman belakang milikku terasa sudah sesak. Padahal, kegiatan kolosal semisal Ode Kampung atau Hari Kebangkitan Buku diakses oleh komunitas literasi/TBM seluruh Indonesia. Maka, aku dan relawan Rumah Dunia bersepakat menggulirkan penggalangan dana untuk membebaskan tanah seluas hampir 3.000 m^2 persis di depan Rumah Dunia. Ini untuk menghilangkan kesan bahwa Rumah Dunia identik denganku. Jika tanah itu berhasil dibebaskan dengan cara iuran, maka Rumah Dunia menjadi kenyataan: milik bersama!

Pelan-Pelan

Sejak 2001 hingga September 2011, tanah seluas 3.000 m^2 dengan perkiraan biaya pembebasan tanah Rp200 ribu/m (total Rp600 juta) itu kami lunasi pembayaran tahap akhirnya pada 1 Januari 2012, sebesar Rp150 juta. Berkat dukungan semua pihak, tanah itu berhasil kita bebaskan.

Pertanyaannya, kenapa Rumah Dunia bersikeras ingin membebaskan tanah di sekitar Rumah Dunia? Ini tidak lain untuk menjaga lingkungan Rumah Dunia agar kondusif. Warga Ciloang dan sekitarnya sangat berharap tanah seluas 3.000 m^2 dimiliki juga oleh Rumah Dunia, karena peruntukannya tidak untuk komersial. Terkesan rakus. Tapi, kami berusaha menepis keraguan itu. Ini amanah. Allah SWT yang akan menggerakkan hati teman-teman. Kami meyakini, semua karena Allah yang menggerakkan.

Di setiap pertemuan informal yang kami lakukan di panggung Rumah Dunia setelah kami bekerja, sekolah, dan kuliah, kami membincangkan harapan perubahan di Banten, yang tentu akan mendukung ke perubahan yang lebih luas lagi, Indonesia. Kami meyakini, jika hanya Jakarta yang jungkir balik bermimpi mengubah Indonesia menuju ke arah yang lebih baik sementara daerah atau kampung di mana kita tinggal hanya ongkang-ongkang, jangan bermimpi harapan itu terwujud.

Maka, Rumah Dunia yang sudah dinobatkan sebagai TBM Kreatif 2010 harus mengambil posisi sebagai agen perubahan. Sekarang di area itu sudah ada gedung perpustakaan (Rintisan Balai Belajar Bersama), teater terbuka, dan lapangan bola mini.

Tidak Sendirian

Kadang kami merasa gamang, apakah yang kami lakukan ini sesuai dan akan bermanfaat? Atau mengejar nafsu duniawi semata? Kata Emak, "Jika urusan kamu duniawi semata, maka duniawilah yang akan kamu peroleh." Apakah ini sesuai dengan apa yang diperintahkan Allah SWT? Biasanya, Emak yang menghibur dan meyakinkan kami. Kata Emak, "Bismillah. Terus semangat berjuang. Anak-anak Rumah Dunia Emak lihat tidak ada yang mengambil keuntungan sepeser pun secara materi. Kalian ada yang bekerja sebagai guru, dosen, wartawan, tim kreatif di Baraya TV. Para relawannya ada yang masih sekolah dan kuliah. Kalian berjibaku tanpa dibayar. Emak sudah tanya satu-satu kepada para relawan, tidak ada satu pun dari kalian yang meminta honor dari perluasan tanah Rumah Dunia ini. Malah tenaga, pikiran, dan uang kalian berikan juga ke Rumah Dunia. Jangan takut kalian dikatakan mengemis-ngemis untuk urusan tanah ini, karena kalian sendiri adalah donatur Rumah Dunia. Emak lihat yang menyumbang Rumah Dunia juga ikhlas. Mereka juga ingin berbuat baik, ingin bersedekah. Kalian di Rumah Dunia harus berani memberi kesempatan atau peluang kepada mereka untuk berbuat baik. Untuk bersedekah."

Jika Emak sudah berpetuah begitu, kami kembali bersemangat. Menggulirkan gerakan sedekah pembebasan tanah seluas 3.000 m^2 tahap pelunasan. Ini tentu tidak mudah. Ada pro dan kontra. Sebagai Ketua Yayasan Pena Dunia yang menaungi Rumah Dunia, aku harus mengambil keputusan. Ya, digulirkan lagi. Bismillah, agar kita tidak merasa sendirian.

Sekarang, solidaritas penulis terbangun. Para penulis menyumbangkan tulisannya di mana royaltinya disumbangkan untuk pembebasan tanah Rumah Dunia. Inilah cara penggalangan dana yang kreatif. Karena kompetensiku di bidang tulis-menulis, aku memaksimalkan potensi itu: teman sesama penulis dan para penerbit. Mereka semua merasa yakin dan percaya, karena TBM Rumah Dunia pada akhirnya jadi warisan kita untuk generasi yang akan datang.

Aku percaya masing-masing TBM/komunitas literasi memiliki keunikan dan kompetensi masing-masing. Maksimalkan saja agar tidak melulu tergantung pada *block grant*.

Dukung Masyarakat

Kami mencoba membaca tanda-tanda itu dari masyarakat yang membutuhkan. Apakah Rumah Dunia ini akan sia-sia atau bermanfaat. Saat aku jadi mandor membuat taman bermain, tiba-tiba Toni, tukang asal Trondol yang sedang memasang ban-ban bekas, mengungkapkan perasaannya, "Masa kecil saya tidak bahagia di kampung di Serang utara. Saya jadi anak jalanan, pengamen. Itu karena tidak ada tempat bermain seperti Rumah Dunia. Semoga anak-anak yang bermain di Rumah Dunia bahagia dan semangat bersekolah. Apalagi di Rumah Dunia juga banyak buku."

Jujur saja, aku kaget. Aku balik bertanya kepada Toni, "Akang *ngerti* apa yang sedang Rumah Dunia buat ini?"

Toni menangguk. "Supaya Banten maju." Saat mengungkapkan perasaannya, aku melihat Toni berbicara dengan hatinya. "Kami mendukung," kata Toni lagi.

Kami melihat warga Ciloang dan sekitarnya adalah potret orang kampung pada umumnya di Indonesia. Mereka memang tidak berdaya dalam hal ekonomi. Itu berdampak pada kualitas pendidikan yang harus mereka terima. Mereka serba pas-pasan menikmati hidup. Mereka pas-pasan dalam hal sandang-pangan, bahkan kekurangan. Mereka juga pas-pasan mengenyam pendidikan.

Mereka sangat mendukung kehadiran Rumah Dunia. Itu sudah mereka katakan sejak Rumah Dunia enam bulan berdiri. Aku ingat, suatu malam Ketua Pemuda dan RT datang ke rumah. Mereka menanyakan, "Apakah betul Rumah Dunia tetap gratis?"

Aku jawab, "Iya."

"Jika tetap gratis selamanya, kami warga Ciloang sangat mendukung," mereka memastikan dengan tegas.

Aku jadi lega.

73
Aspek Kultural dalam Kegiatan dan *Landmark* TBM

Gol A Gong

Saat SMA (1980–1982), setiap malam minggu aku pasti *gonjlengan* bersama teman-teman. Setelah masing-masing mengurusi wakuncar (waktu kunjug pacar), sekitar pukul 00.00 kami menuju markas rumah seseorang yang sudah ditunjuk. Biasanya, Sabtu siang kami sudah patungan untuk membeli ayam, beras, dan bumbu-bumbu. Pokoknya, apa saja yang ada di rumah dibawa untuk makan-makan. Nasinya diliwet, walaupun kalah lezat dengan nasi liwet Solo. Bagi anak muda Banten, tradisi *gonjlengan* jadi keharusan: *ngumpul ngebakar* ayam kampung, *ngeliwet,* dan *ngobrol ngalor-ngidul* tentang apa saja.

Diskusi

Tradisi *gonjlengan* ini aku lestarikan di TBM Rumah Dunia. Dalam sebulan, bisa sekali atau dua kali kami *gonjlengan*, tergantung siapa yang sedang mendapatkan rezeki berlebih. Waktunya fleksibel, bisa kapan saja. Tidak mesti malam Minggu. Topik diskusi biasanya tentang Banten. Ini stimulus berpikir agar para relawan di Rumah Dunia tidak membuang waktu dengan percuma. *Gonjlengan* ini seperti diskursus Habermas versi Rumah Dunia. Segala isu sosial-politik kami bincangkan. Setelah puas berdiskusi, biasanya kami membuat konsep agar masyarakat ikut terlibat dan bisa memberikan solusi.

Warisan kultural yang sudah beberapa waktu berjalan di Rumah Dunia ini kemudian kami ATM-kan (amati, tiru, modifikasi) dalam bentuk kegiatan yang lebih rutin. Setiap Sabtu pukul 14.00 WIB, Rumah Dunia memiliki kegiatan Gonjlengan Wacana. Kami menawarkan tema-tema diskusi kepada narasumber yang beragam, mulai dari pelajar, mahasiswa, dosen, tukang ojek, ibu rumah tangga, pejabat tinggi setingkat kepala dinas, hingga ketua RT. Inilah yang disebut transformasi.

Pernah pada 2005, kami berdiskusi kenapa Serang Mall harus dibangun dengan menghancurkan gedung tua Makodim di alun-alun Kota Serang. Bahkan, diskusi ini tidak berakhir di Gonjlengan Wacana saja. Para peserta sepakat untuk berunjuk rasa. Kemunculan diskusi pentingnya membangun gedung perpustakaan dan gedung kesenian di Banten dengan segera pun bermula dari *gonjlengan*. Walaupun suara kami kalah, kami bisa menunjuk hidung para penguasa kampret itu dan menyatakan bahwa sebagai rakyat kami tidak suka dengan keputusan mereka. Yang membanggakan bagi kami saat itu, tuduhan-tuduhan bahwa kami didukung oleh kepentingan tertentu, misalnya pengusaha yang kalah tender, tidak terbukti. Itulah gunanya TBM, selain tempat belajar, juga membentuk kita untuk kritis.

Hampir di setiap *gonjlengan* kami makan menggunakan daun pisang, nasi disebar dan dua ekor ayam bakar dibagi rata. Semua relawan Rumah Dunia duduk memanjang, saling comot nasi dan ayam, serta lauk lainnya, seperti tahu, tempe, dan tentu saja sambal. Aku, sebagai pemimpin Rumah Dunia kala itu atau sebagai yang dituakan, terus mengajarkan para relawan Rumah Dunia tentang prinsip sama tinggi saat duduk dan berdiri, begitu juga saat makan. Kalau perlu diberi suplemen kentut juga tidak apa-apa. Ini bagian dari pendidikan karakter agar satu sama lain saling menghargai. Bahkan, anak-anak kami juga dilibatkan. Kebahagiaan dan kegembiraan yang tiada terkira.

Landmark TBM

Di tulisan ini, aku akan bercerita tentang suasana *gonjlengan* pada Senin malam, 16 November 2009. Sudah cukup lama, tapi masih indah dikenang. Kami membincangkan *landmark* tempat tinggal kami. Para relawan Rumah Dunia rata-rata berasal dari kampung. Ibnu Adam Aviciena yang pada 2009 menyelesaikan S2 di Leiden, Belanda, berasal dari Cibaliung, Banten selatan. Gading Tirta dan Ahmad Wayang berasal dari Warung Selikur, Pontang, Serang Timur. Abdul Salam dari Waringinkurung, Serang barat, dan Rimba Alangalang dari Munjul, Menes, Pandeglang. Rata-rata mereka kebingungan menjawab ketika ditanya: "Apa *landmark* Banten?", semisal saat kita difoto, hasilnya diperlihatkan kepada teman-teman dan tanpa diberitahu mereka bilang, "Wah, ini di Banten, ya!" Langlang Randhawa, wakil presiden Rumah Dunia yang berasal dari Kronjo, Balaraja, *sami mawon,* bingung. Piter Tamba, relawan Rumah Dunia dari Palembang yang kini jadi produser di Baraya TV nyeletuk, "Jembatan Ampera, semua orang sudah tahu itu Palembang. Saya pernah difoto dengan latar belakang Jembatan Ampera, semua orang mengenalnya," ceritanya tertawa.

Aku jadi teringat sekitar tahun 2005 di Serang yang sekarang jadi ibu kota provinsi, pernah ada patung-patung di sudut kota. Jika keluar dari pintu tol Serang timur, kita akan langsung disambut patung keluarga sejahtera: ayah-ibu-dua anak. Di perempatan Kebon Jahe-Lingkar Selatan ada patung Sultan Ageng Tirtayasa. Tapi, kedua patung itu dihilangkan! Kami membincangkannya di Gonjlengan Wacana. Anak-anak kami saja sempat seharian bersedih karena sudah merasa sebagai dua anak di patung itu.

Lantas, bersama seniman dan budayawan Serang kami memprotes, kenapa patung yang membuat anak kami bahagia digusur. Alasan Bupati Serang waktu itu, Bunyamin, "Tidak islami." Setelah berdialog dengan para anggota DPRD Kabupaten Serang terbongkarlah "udang di balik batu" Bunyamin. Ternyata, supaya LPJ 2005 Bunyamin lolos, DPRD Serang meminta syarat patung-patung itu dilenyapkan dengan alasan tidak islami. Bunyamin menyanggupi. Anehnya, patung di alun-alun Serang yang biasa disebut Monumen Daerah masih kokoh berdiri. Juga patung Esa

Hilang Dua Terbilang di Makorem, Royal, dan patung harimau di Mapowil, alun-alun selatan Serang, masih bertahan saat panas dan hujan. Patung-patung itu ternyata lolos dari kriteria "tidak islami". Ketika kami minta Pemkab Serang untuk menggusur patung-patung itu, tak ada reaksi. Hmmm... militer kok dilawan. Ya, mungkin begitu.

Landmark adalah penanda sebuah wilayah, ciri khas, atau bisa juga identitas. Bahkan, lebih dari itu, *landmark* adalah ciri peradaban. Kita bisa mengukur kualitas penghuninya dari *landmark*. Di Jakarta, kita bisa berfoto dengan latar belakang Monas dan semua tahu itu Jakarta. Semua tahu kualitas kepemimpinan Bung Karno dari sana. Di Bandung, berfotolah di depan Gedung Sate, dan orang tahu jelas itu Bandung, bukan Amerika. Di Palembang ada Jembatan Ampera, di Magelang Candi Borobudur, di Solo patung Slamet Riyadi, walau masih perlu terus dipublikasikan. Di Bukittinggi pun ada Jam Gadang. Tanpa sadar, saat kita menunjukkan foto-foto dengan berbagai latar belakang di Nusantara, terbangun rasa percaya diri dan kebanggaan tersendiri. Apalagi jika latar belakangnya Piramida Mesir, Menara Pisa Italia, Eiffel di Paris, Big Ben di London, dan Taj Mahal di India.

Lantas, kita mesti berfoto dengan latar belakang apa, agar saat foto itu dikirim ke kerabat jauh dan dipamerkan kepada orang-orang, mereka tahu, "Oh, di Banten, nih! Wah, bagus amat!" Ayo, di mana *landmark* Banten? Susah *nyarinya*?

Sebetulnya peluang itu ada di Menara Banten Lama atau Menara Mercu Suar Anyer. Tapi, kedua *landmark* dengan sejarah hebat itu terlalu jauh dari pusat kota. Pemerintah Provinsi Banten belum maksimal mengemasnya sebagai bagian dari media promosi/publikasi Banten. Menara Masjid Banten Lama dan Mercu Suar Anyer teronggok sebagai bangunan saja. Padahal, Bung Karno pernah mengingatkan kita dengan ungkapan *jas merah* alias *jangan sekali-kali melupakan sejarah.* Kita sudah melupakan sejarah, maka Banten carut-marut. Kalau ingat sejarah, kita tidak memaknainya, termasuk tidak memaknai gedung-gedung bersejarah yang sebetulnya memiliki potensi menjadi sebuah *landmark*, kebanggaan *wong* Banten.

Belum lagi kita bicara tentang *landmark* di tiap kota dan kabupatennya, mulai dari Tangerang, Serang, Cilegon, Pandeglang, hingga Lebak. Di Serang sendiri, setelah patung-patung "hebat" itu dimusnahkan, rasa-rasanya sulit menemukan *landmark*. Di Cilegon juga *sami mawon*, walau sebetulnya ikon Cilegon dengan Krakatau Steel bisa dibentuk. Peluangnya hanya ada di Cilegon, walaupun bisa diperdebatkan, misalnya saja kita bisa ke Masjid Raya Cilegon dengan "seribu" menaranya. Sayang, Krakatau Steel tidak membuat sebuah monumen kolosal dengan cita rasa seni tinggi, misalnya, sehingga semua orang yang berwisata ke Selat Sunda akan berhenti dan berfoto ria dulu di sana. Begitu juga di Pandeglang dan Lebak.

Aku punya cita-cita, kenapa tidak TBM Rumah Dunia suatu saat dijadikan *landmark* Banten?

Kita lihat saja nanti!

KOMUNITAS LITERASI

74
Pengalaman Membangun Komunitas
Agus M. Irkham

April 2007, oleh Perpustakaan Kota Magelang, saya diminta menjadi instruktur (*trainer*) menulis di program Klinik Baca Tulis. Program tersebut menjadi salah satu varian layanan perpustakaan. Kebetulan, perpustakaan memiliki satu ruang khusus untuk kegiatan, terutama bagi pengunjung/pemustaka, yang disebut ruang belajar. Ruang tersebut cukup untuk menampung 20 orang. Klinik Baca Tulis berlangsung dalam delapan kali pertemuan. Lantaran peserta yang ikut banyak, kurang lebih 40 orang, pelatihan dibagi menjadi dua kelompok. Pagi dan siang. Peserta berasal dari berbagai latar belakang sosial dan profesi: guru, polisi, bidan, wirausahawan, mahasiswa, atau ibu rumah tangga.

Pelatihan selama sebulan itu diadakan tiap pekan dua kali, durasinya satu setengah jam. Karena peserta tidak memiliki kemampuan menulis yang sama, maka materi pelatihan saya masuki dengan persoalan paling mendasar, yakni tentang motivasi. Mencari dorongan paling kuat dan emosional yang menyebabkan mereka harus menulis (*willingness to write*). Selain tentang kepenulisan, terutama menulis artikel, peserta juga saya latih menggunakan *email*, dari membuat *email*, mengirim surat, membuka surat, hingga mengunggah dan mengunduh lampiran. Pendek kata, segala hal yang berkaitan dengan proses pengiriman tulisan melalui *email* ke media massa.

Dalam pelatihan tersebut, saya juga mengembangkan pola komunikasi yang partisipatif. Melalui pendekatan pendidikan untuk orang dewasa, peserta saya libatkan di setiap subjek pembelajaran: motivasi, definisi, aturan teknis, dan seterusnya hingga kesadaran banyak hal tentang filosofi menulis (konstruksi) mereka hasilkan sendiri. Suasana kelas saya kelola sedemikian rupa sehingga tiap peserta saling mengenal lebih dekat dan akrab. Relasi yang terjalin antara saya dengan mereka dan di antara mereka sendiri pun berlangsung guyub. Kami merasa punya ikatan emosional meskipun banyak di antara peserta yang baru saling kenal saat pelatihan.

Yang paling seru adalah saat sesi pembengkelan karya. Secara acak saya mengambil contoh artikel yang telah dibuat peserta untuk kemudian saya bedah di kelas. Sesi ini menjadi sesi paling mendebarkan sekaligus *ger-geran*. Saya tak segan-segan mengkritik sekaligus mencandai artikel yang tengah saya bedah. Saat pelatihan berlangsung, saya juga mengatakan bahwa belajar menulis itu pada akhirnya tidak harus menjadi penulis. Tapi, kegiatan menulis bisa membantu melancarkan aktivitas atau profesi yang dijalani karena memiliki banyak manfaat yang sifatnya tidak kentara. Misalnya, membuat berpikir dan berbicara lebih runtut, lebih fokus, mampu memetakan persoalan dan mencari beragam pilihan jalan keluar, dan berani berbicara di depan banyak orang.

Singkat cerita, pelatihan berjalan dengan sukses. Sejauh ini, sebatas pengetahuan saya, ada dua peserta yang aktif mengisi kolom opini di koran. Dua peserta tersebut adalah Nur Khafid dan Budi Sulistiyono. Yang pertama disebut adalah seorang pendidik sekaligus wirausahawan, sedangkan Budi bekerja sebagai polisi.

Oh, iya, perlu saya tambahkan, ada salah satu peserta yang kebetulan memiliki usaha cetak sablon. Ia berinisiatif membuatkan kaos untuk saya dan seluruh peserta. Kami tinggal mengganti ongkos kainnya saja. Kalau tidak ingat biayanya hanya Rp10.000,-. Bagian belakang kaos itu tertulis: *Magelang Membaca, sekarang atau tidak sama sekali*. Sedangkan bagian depan: *KLINIK BACA TULIS Perpustakaan Kota Magelang*. Kaos tersebut di kemudian hari menjadi seragam resmi para peserta pelatihan saat menjadi panitia acara bedah buku. Tentang ini, akan saya ceritakan lebih lengkap di belakang.

Sepekan sebelum pelatihan usai, saya mencermati deretan nama peserta yang tertulis di daftar hadir. Saat membaca nama demi nama, ingatan saya langsung tertuju pada suasana kelas (pelatihan) yang penuh kegembiraan. *Sayang sekali kalau keakab-an itu terhenti setelah pelatihan selesai*, pikir saya dalam hati. Lantas seketika terbetik di benak saya untuk menawarkan pada seluruh peserta untuk membentuk komunitas penulisan. Anggota-nya seluruh alumni peserta pelatihan.

Kontan saja, ide saya itu disetujui oleh seluruh peserta. Ti-dak hanya itu, ide pembentukan komunitas penulisan juga saya perdengarkan kepada Kepala Perpustakaan Kota Magelang, Ibu Sugiarti. Saya katakan kepada beliau bahwa teman-teman peserta pelatihan ini nanti akan menjadi pengunjung loyal perpustakaan sekaligus mitra perpustakaan saat akan menggelar beragam acara internal. Mereka juga akan menjadi agen pemasaran perpustakaan, mengabarkan kepada publik kota Magelang tentang keberadaan, variasi, dan kualitas layanan Perpustakaan Kota Magelang. Dan di awal saya minta kesediaan beliau untuk menjadikan salah satu ruang perpustakaan sebagai tempat untuk kopdar alias *ngumpul* bareng.

Gayung bersambut. Ibu Sugiarti menerima usul saya. Tepat pada hari terakhir pelatihan, seluruh peserta dan beberapa staf perpustakaan, termasuk Ibu Sugiarti, berkumpul di perpustakaan Desa Buku, Taman Kyai Langgeng, Magelang. Pengelolaan Desa Buku kebetulan masih menjadi tanggung jawab Perpustakaan Kota Magelang. Untuk lebih memberikan gambaran kepada pe-serta pelatihan tentang komunitas penulisan, secara khusus saya mengundang salah satu generasi awal Forum Lingkar Pena (FLP) Yogyakarta, Ika Nugrahaini. Mengapa saya pilih Yogyakarta? Karena Yogyakarta tahun 2005 pernah terpilih menjadi wilayah terpuji se-Indonesia. Sebab lain, secara geografis lebih dekat dengan Kota Magelang, dibandingkan, misalnya, Semarang atau Solo.

Melalu Ika inilah, teman-teman peserta pelatihan semakin paham arti penting berkomunitas. Berkomunitas membuat semangat mereka semakin terteguhkan. Mereka dapat saling memberikan informasi penting, bahkan tawaran solusi ketika ada yang tengah menghadapi masalah dan kesulitan seputar menulis. Teman-teman di komunitas menjadi semacam *mastermind*. Jadi, semangatnya akan terus terjaga. Ini dapat mempercepat kemajuan kualitas dan kuantitas artikel yang kita hasilkan.

Setelah sesi presentasi Ika selesai, saya tawarkan lagi kepada peserta, apakah akan membentuk komunitas sendiri atau menggunakan wadah yang sudah ada, yakni FLP. Karena kebetulan sekali FLP Kota Magelang belum ada. Akhirnya, semua sepakat untuk berhimpun ke FLP dan secara khusus meminta Ika (FLP Yogyakarta) menjadi mentor FLP Kota Magelang. Alhamdulillah permintaan itu diiyakan oleh Ika. Dengan demikian, hari itu menjadi hari lahirnya FLP Kota Magelang.

Sampai satu hingga dua bulan usai pembentukan komunitas, FLP Kota Magelang tidak langsung saya lepas. Saya turut memberikan masukan mengenai apa-apa saja yang mesti dikerjakan setelah komunitas terbentuk. Beberapa di antaranya adalah pembentukan pengurus atau stuktur organisasi sekaligus pembagian kerja dan program jangka pendek. Untuk program jangka pendek, saya usulkan segera bersilaturahmi ke penulis. Dekat saja, yang tinggal di Yogyakarta dan Magelang. Lantas tersebutlah nama Joni Ariadinata dan Ajip Rosidi. Joni tinggal di Gamping, Yogyakarta. Sedangkan Ajip tinggal di Pabelang, Magelang. Joni dikenal sebagai Presiden Cerpen Indonesia. Ia mantan penarik becak yang saat ini bekerja sebagai redaktur majalah *Horison*. Ajip terkenal sebagai ahli sastra Sunda, pendiri penerbit Pustaka Jaya, mengajar bahasa Indonesia di Jepang, dan berderet label lainnya.

Mengapa saya usulkan berkunjung ke penulis? Ada dua sebab. *Pertama*, untuk mengetahui kepribadian si penulis menyangkut kebiasaan dan pandangan hidupnya, terutama dalam berkarya (menulis). *Kedua*, ini merupakan bagian dari ikhtiar membangun jaringan (koneksi). Pada hari yang ditentukan, FLP Kota Magelang, meskipun tidak semua, mengunjungi Mas Joni dan Pak Ajip.

Sampai sekarang, saya masih menyakini organisasi atau komunitas akan tetap eksis jika punya kegiatan atau proyek. Kegiatan juga bisa menjadi ajang mempererat ikatan kerja sama dan emosi antareksponen atau anggota komunitas. Atas dasar pemahaman yang demikian, saya melobi Ibu Sugiarti agar perpustakaan mengadakan bedah buku. Saya yakinkan kepada beliau bahwa perpustakaan cukup menyediakan tempat, *sound system*, dan kursi, lainnya akan ditanggung oleh FLP. Setelah agak ragu, akhirnya beliau berhasil saya yakinkan.

Saya segera meminta teman-teman FLP Kota Magelang berkumpul. Saya wacanakan tentang rencana bedah buku yang telah disetujui pihak perpustakaan—kegiatan ini rencananya akan bertempat di perpustakaan. Semua diam. Tanda setujukah? Tidak! Mereka bingung karena usulan saya itu betul-betul hal baru. Mereka bingung harus memulai dari mana. Bagaimana caranya mencari buku yang akan dibedah, menghubungi penulisnya, menggaet sponsor, mencari pembicara kedua (pembedah), hingga mengonsep acaranya.

Demi mengatasi suasana beku tersebut, pertemuan itu saya gunakan secara khusus untuk memberikan pengetahuan, informasi, dan strategi mengadakan bedah buku. Tak lupa memberikan contoh proposal kegiatan bedah buku yang bisa mereka tiru dan modifikasi. "Untuk saat ini, saya yang akan menanggung honorarium pembicara kedua, menghubungi penerbit, sekaligus mengatur teknis kedatangan penulisnya. Teman-teman hanya bertanggung jawab mempersiapkan tempat acara, undangan, dan publikasi. Niatkan acara ini sebagai sarana belajar mengorganisasi kegiatan, membuat jaringan, dan meningkatkan kapasitas FLP Kota Magelang," ujar saya.

Akhirnya mereka setuju. Buku yang dibedah berjudul *Dunia Tanpa Sekolah* (*DTS*). Acara yang berlangsung di panggung Perpustakaan Kota Magelang ini sukses—untuk ukuran pemula.

Panitia sampai kehabisan kursi. Saat sesi tanya-jawab pun banyak guru dan siswa yang merespons. Dari sini, rasa percaya diri para anggota FLP Kota Magelang mulai muncul. Saya katakan kepada mereka, saat menghelat acara apa pun, termasuk bedah buku, jangan pernah hanya menjadi penonton atau panitia tanpa ikut berpartisipasi mengisi acara. Maka, saat bedah *DTS*, mulai dari pembawa acara, moderator, pengisi *dramatic reading*, hingga pembacaan puisi, saya harap semua dilakukan oleh para panitia. Kemudian apa yang saya sarankan mereka jalankan.

Kegiatan tidak berhenti di situ. Untuk kali kedua, saya wacanakan ulang tentang bedah buku. Tapi, kali ini lebih besar. Tempatnya pun tidak di dalam lingkungan perpustakaan, tapi di luar. Kemasannya juga agak lain dengan konsep pertama. Konsep bedah buku kedua saya beri tajuk "Ziarah Diponegoro".

Bangsa besar adalah bangsa yang menghormati para pahlawannya. Tapi, bukan berarti generasi sekarang harus terus mengelus-elus hingga mengkilat sejarah masa lalu, bukan itu. Jauh lebih penting adalah menjadikan sejarah itu sebagai cermin diri sehingga kita bisa melihat diri lebih dekat dan dalam. Mengukur diri sejauh mana karier peradaban yang sudah kita capai. Pada titik itu kebijakan hidup akan hadir. Kebijakan yang dibentuk bukan dari kepingan-kepingan masa lalu, melainkan tanggung jawab kita atas masa depan

Ada yang mengatakan apa yang terjadi di bumi ini tidak pernah baru karena jelujur kisah kehidupan sering kali berulang sampai seseorang bisa bersyukur atas apa yang sudah diperoleh. Maka, menghormati jasa para pahlawan sebenarnya adalah bagian dari rasa syukur itu. Namun itu tak cukup, perjalanan harus dilanjutkan dengan berbagai kegiatan yang memberi manfaat pada khalayak.

Penting bagi kita mencari cermin diri di tengah pikuk kehidupan yang tidak banyak memberikan kesempatan melakukan jeda, kontemplasi. Maka, "Ziarah Diponegoro" sebenarnya bagian dari upaya menciptakan ruang publik untuk bersama-sama melakukan perenungan atas karier kemanusiaan masing-masing diri.

"Ziarah Diponegoro saya rencanakan berisi bedah dan diskusi novel *Glonggong* karya Junaedi Setiyono, *dramatic reading* penggalan isi novel *Glonggong*, aksi teatrikal penangkapan Diponegoro, pembacaan puisi *Diponegoro* karya Chairil Anwar oleh pelajar SMA, ziarah Museum Diponegoro, bedah lukisan Pieneman dan Raden Saleh tentang peristiwa penangkapan Diponegoro. Novel *Glonggong* sendiri adalah novel yang berlatar belakang masa Perang Diponegoro, awal hingga akhir. Novel tersebut diterbitkan oleh Serambi dan merupakan pemenang Sayembara Novel Dewan Kesenian Jakarta tahun 2006.

Bedah buku kali ini menarik karena membahas novel tentang peristiwa penangkapan Diponegoro; bertempat di serambi eks-kediaman Residen Magelang, tempat Pangeran Diponegoro ditangkap—yang kini sebagian ruangannya dijadikan Museum Diponegoro; berlatar persis lukisan Pieneman dan Raden Saleh tentang peristiwa penangkapan Diponegoro; dan berlangsung pada 28 Maret 2008, bertepatan dengan tanggal penangkapan Diponegoro, 178 tahun yang lalu.

Meskipun jalannya acara tidak sepenuhnya sesuai skenario, secara umum kegiatan ini berhasil memberikan wacana sanding kepada publik Magelang. Acara bedah buku yang identik dengan keseriusan ternyata dapat disandingkan dengan wisata sejarah yang dekat dengan kesan pendidikan dan keriangan. Tidak kurang 300 peserta memenuhi tempat duduk yang telah disediakan panitia.

75
Heboh Sastra Islami dalam Perspektif Komunitas Literasi dan Industri Perbukuan

Agus M. Irkham

Berbicara tentang heboh sastra islami, kita akan dihadapkan pada dua bentuk pemantik kehebohan. *Pertama*, kehebohan yang dipicu karya sastra yang menghadirkan (praktik) islam sebagai pegangan yang belum selesai. Spasi interpretasi yang selanjutnya menumbuhsuburkan kontroversi. Kontroversi inilah yang memproduksi kehebohan. Banyak kontradiksi, oleh karenanya harus didekonstruksi.

Karya sastra demikian biasanya karya invidual, bukan komunal. Bukan pesanan pasar melalui penerbit, melainkan karya "idealis". Tak jarang penerbitnya tergolong teman sendiri. Meskipun heboh, penjualan karya sastra islami jenis ini tidak terlalu tinggi. Paling banter hanya sampai cetakan ke-3 karena membeli dinilai sama dengan menyetujui isi karya—yang seringkali secara sosial justru mengudang rasa tidak aman. Hal yang sama kemungkinan besar juga dirasakan oleh media dan penerbit. Oleh karenanya, karya sastra islami kontroversial tidak mampu menjadi *trendsetter* tema buku.

Sebagaimana umur kehebohannya yang pendek, orbitnya pun tidak terlalu luas. Biasanya hanya terbatas pada kelompok tertentu (terbatas dan tertutup). Misalnya, komunitas pembaca sastra, kelompok pengajian (*halaqoh*), atau gerakan keagamaan (*haroki*).

Jumlah orang yang heboh pun tidak identik dengan jumlah pembaca, alih-alih serapan pasar (pembeli). Termasuk ke dalam jenis ini adalah novel *Kabar Buruk dari Langit*; *Tuhan, Izinkan Aku Menjadi Pelacur*; *Adam-Hawa*; dan *Perempuan Berkalung Sorban*.

Islam Siap Telan

Kedua, kehebohan yang dipantik karya sastra yang menghidangkan (praktik) Islam sebagai sajian yang siap telan, tanpa perlu lagi mengunyahnya. Menempatkan karya sastra sebagai media mengafirmasi konsep-konsep Islam.

Meneroka kehebohan jenis ini, "dosa besar" bagi saya jika tidak menyebut komunitas Forum Lingkar Pena (FLP). Forum ini lahir tahun 1997, namun baru tahun 2002 karya-karya anggota FLP—mayoritas cerpen dan novel islami—diterima (baca: dibeli) publik pembaca secara luas.

"Saat itu begitu mudahnya menerbitkan buku," aku salah satu eksponen FLP yang tidak mau disebut namanya. "Banyak penerbit baru bermunculan dan langsung mengikatkan diri ke FLP, menjadi penerbit yang hanya menerbitkan karya-karya anggota FLP," tambahnya. Pada gelombang pertama kejayaan inilah kehebohan sastra islami lebih ditentukan oleh pengarang, dan penerbit.

Tidak berlebihan jika ada yang mengatakan industri perbukuan Indonesia berutang besar kepada (pengarang-pengarang) FLP. Bagaimana dengan media? Media belum menempatkan FLP (karya dan eksponennya) sebagai pemantik liputan yang memiliki nilai berita tinggi. Itu sebabnya barangkali, meskipun kue pembaca sastra islami terbukti besar, hanya segelintir penulis non-FLP yang turut meramaikannya. Demikian pula toko buku. Meskipun kuantitas karya sastra islami dari FLP terus menggelontor, *maqom*-nya dinilai masih rendah. Terbukti *display* atau penempatannya masih terpisah dengan rak buku berisi karya sastra *mainstream*.

Gelombang pertama kejayaan karya sastra islami FLP berjalan tidak lama. Memasuki tahun 2004, serapan pasar karya fiksi islami turun drastis. Apa pasal? Di satu sisi FLP dipaksa menelurkan karya dengan jumlah melampaui dari yang semestinya dihasilkan—tidak ada waktu belajar dan berproses secara intens. Karya anggota FLP pun jadi sangat homogen. Mereka menghasilkan karya yang gampang ditebak. Tidak hanya isi, tapi juga kemasan. Misalnya, kover depan yang dapat dipastikan berisi ilustrasi perempuan berjilbab. Kebanyakan berupa buku kumpulan cerpen, baik ditulis sendiri maupun antologi. Kalaupun ada novel, dilihat dari sisi ketebalannya masih sedikit yang layak koleksi. Umumnya tipis. Di segi lain, ternyata para pembaca karya-karya FLP adalah pembaca yang belajar. Tingkat kebutuhan kualitas bacaan sastra mereka meningkat, sementara penambahan pasar baru tidak sebesar jumlah pasar lama.

Menyadari adanya pergeseran preferensi pembaca sastra islami yang demikian, FLP bukannya merespons dengan semakin serius menggarap karya fiksi islami, tapi justru menggeser pusat perhatiannya ke karya nonfiksi dalam bingkai "islam formal". Boleh dikatakan memasuki tahun 2004 hingga bulan November di tahun yang sama, sastra islami mengalami kematian (suri) sampai akhirnya "diselamatkan" oleh munculnya novel *Ayat-ayat Cinta* pada Desember 2004. *Ayat-ayat Cinta* meledak! Selama tahun 2005, novel ini mengalami cetak ulang sembilan kali! Dan terus dicetak ulang (per Maret 2008 sudah mencapai cetakan ke-33).

Kesuksesan *Ayat-ayat Cinta* memicu merebaknya karya-karya sejenis (2005–2007) yang dapat dicandra dari tanda yang ada: masjid, gurun Mesir, perempuan bercadar, *El*, dan cinta. Sekadar menyebut contoh: *Lafaz Cinta, Makrifat Cinta, Bait-bait Cinta, Dzikir-dzikir Cinta, Sabda-sabda Cinta, Syahadat Cinta,* dan *Kasidah-kasidah Cinta*. Dari berderet judul itu, beberapa di antaranya ada yang *best seller*. Bahkan, ada yang diangkat ke layar lebar.

Meledaknya *Ayat-ayat Cinta* dan banyaknya novel yang membuntutinya memunculkan dua pertanyaan penting. *Pertama*, apakah kecenderungan demikian dapat dibaca sebagai bentuk bangkitnya kembali sastra islami? Bangkit dari keterpurukan di gelombang pertama kejayaan? Artinya, dalam perspektif komunitas, para anggota FLP mau belajar dari "kesalahan" masa lalu? Adakah upaya memindah kesuksesan individual dan tanpa sengaja yang dicapai *Ayat-ayat Cinta* menjadi kesuksesan komunal yang disengaja?

Kedua, serapan pasar yang sedemikian luas dan dalam atas *Ayat-ayat Cinta* dan karya sastra islami pengekor apakah dapat disamaartikan dengan sudah diterimanya sastra dakwah sebagai salah satu *gagrak* karya sastra oleh masyarakat luas?

Kebangkitan Sastra Islami?

Karya sastra islami bangkit kembali. Benar begitu?

Sepintas memang demikian. Tapi, kalau ditelisik lebih jauh, jawabannya akan lain. Ternyata, mayoritas pengekor *Ayat-ayat Cinta* justru bukan datang dari FLP, tapi para pengarang di luar FLP yang "ahistoris" dan terhitung pendatang baru. Penerbit yang turut bermain pun bukan penerbit yang sebelumnya dikenal karib dengan karya-karya FLP.

Yang muncul kemudian, bukannya membuat bangunan sastra islami semakin kokoh dan mapan, tapi malah sebaliknya, memunculkan beragam syak wasangka. Mulai dari sangkaan terhadap pengarangnya yang tidak mempunyai idealisme, miskinnya daya cipta, malas baca, instan, hingga simpulan bahwa novel islami epigon adalah indikasi ketidakberdayaan pengarang di hadapan kepentingan penerbit. Sebagian pihak pun menukas bahwa penerbit hanya berkepentingan menumpuk keuntungan ekonomi, bukannya memperkaya ragam dan kualitas karya sastra (islami) di Indonesia. Pada titik ini, hebohnya karya sastra islami jilid dua lebih merupakan peristiwa industrial ketimbang pamrih mengangkat khazanah sastra islami itu sendiri.

Dominasi karya sastra islami dari luar FLP sekaligus menjadi bukti bahwa FLP tidak belajar dari kesalahan masa lalu. Sepinya pasar fiksi islami tidak dijadikan kesempatan untuk menggarap diri dan membenahi organisasi, melakukan penjelajahan-eksperimentasi *angle* cerita yang beragam, serta meningkatkan capaian kualitas kebahasaan—malah sibuk memasuki lahan baru:

menulis karya nonfiksi. Itu sebabnya, begitu *Ayat-ayat Cinta* muncul, ia melenggang sendiri. Dan ketika secara tak terduga diterima publik pembaca dan membuka jalan bagi masuknya pasar baru yang begitu besar, FLP tidak mampu memanfaatkannya. Setelah Kang Abik, tidak ada yang lain. Begitu *Ayat-ayat Cinta* selesai dibicarakan, selesai pula pembicaraan tentang karya sastra islami (FLP).

Ini sekaligus menjadi bukti bahwa apa yang dicapai Habiburrahman dengan *Ayat-ayat Cinta*-nya semata-mata bersifat personal, bukan komunal. Kontinuitas itu ada, tapi tetap terpusat pada Kang Abik. Maka, ketika media melansir pemberitaan tentang *Ayat-ayat Cinta* dan karya-karya Kang Abik, yang diekspose bukan FLP (sebagai penggerak utama gagrak sastra islami, tempat Kang Abik "bernaung"), melainkan posisi Kang Abik sebagai seorang novelis dan sarjana Al-Azhar, Mesir. Bahkan, ketika Kang Abik diminta menulis di beberapa media, inisialnya bukan "Anggota Majelis Penulis Forum Lingkar Pena", tapi "Budayawan Muda". Tak pelak, kehebohan sastra islami (*Ayat-ayat Cinta* dan epigonnya) merupakan ironi buat perkembangan sastra islami itu sendiri.

Kemenangan Nilai Tanda

Dalam perspektif industri perbukuan, hebohnya karya sastra islami lebih dimengerti sebagai besarnya serapan karya jenis itu sampai-sampai menyita perhatian pembaca buku (umum) dan mengundang banyak media untuk melansirnya.

Berdasarkan preseden yang berulang kali terjadi pada buku-buku kategori *best seller*, media menjadi satu dari lima faktor penentu (saluran pemasaran) buku laku. Faktor lainnya adalah obrolan-obrolan yang terjadi di komunitas-komunitas literasi, baik secara *online* (milis), maupun *offline* (bedah buku, jumpa penulis), termasuk acara *Kick Andy*; adanya resensi sebuah buku; faktor penerbit; dan *display* di toko buku.

Hasil pembacaan saya terhadap karakteristik pembaca (baca: pembeli) buku di Indonesia, mereka tidak secara tegas menyatakan ke(tidak)sukaannya terhadap satu jenis buku; cenderung mau main aman; lebih sering tidak disengaja; gampang berpindah-pindah sesuai keinginan; kebanyakan masih bersifat fungsional; sensitif terhadap harga; menuruti apa kata media; bersifat personal, sentimental, dan cenderung emosional.

Bukti terdekat adalah apa yang telah dicapai *Ayat-ayat Cinta*. Jika klaim FLP benar—bahwa mereka mempunyai anggota aktif hingga 8.000 orang, dan taruhlah seluruhnya membeli *Ayat-ayat Cinta*—jumlah itu masih sangat kecil dibandingkan dengan pembeli di luar FLP yang mencapai ratusan ribu. Dan sebagai pembaca karya sastra islami, mereka tergolong pemula. Mereka menjadikan tema perbincangan banyak pembaca senior/mapan sebagai pertimbangan untuk membeli buku. Yang ingin dikejar pembaca pemula adalah rasa aman secara sosial. Pada situasi seperti itu, karena terbatasnya pengetahuan dan informasi tentang perbukuan, mereka menjadi kurang selektif. Tidak mampu membedakan antara karya asli dan epigon. Dengan asumsi seperti itu, dapat disimpulkan hebohnya karya sastra islami (dari sisi serapan pasarnya) hanya bersifat kebetulan, bukan kesengajaan.

Ditambah lagi, secara sengaja oleh penerbitnya, *Ayat-ayat Cinta* diarahkan sebagai "bacaan wajib" umat muslim. Dibangun sebuah kesan, belum beriman jika belum membeli novel Habiburrahman. Besarnya perhatian media terhadap karya sastra islami (dengan *Ayat-ayat Cinta* sebagai pemantiknya, terutama setelah beredarnya kabar jadwal pemutaran versi filmnya yang diundur) pun telah benar-benar berhasil memancing para pembaca emosional keluar.

Dalam alam bawah sadar para pembaca pemula, membeli dan membaca novel islami (tidak hanya *Ayat-ayat Cinta*, tapi juga epigonnya), sama dengan membeli kitab suci. Untuk memperoleh surga, haram hukumnya menawar. Harga menjadi tak layak direwelkan. Membeli dan membaca buku yang semula lebih mengedepankan aspek nilai guna, bergeser menjadi nilai tanda.

Soal tipis-tebalnya kesan Islam di setiap lembar novel-novel itu, mereka tidak peduli asal penulisnya alumnus Kairo, Mesir; di kovernya terdapat sosok perempuan Timur Tengah bercadar, dan judulnya mengandung kata "cinta"—jelas sudah itu pasti karya sastra islami. Rupa-rupanya adagium *masifikasi melahirkan pendangkalan* pada akhirnya menyapa karya sastra islami juga.

Tapi, pembaca bukanlah entitas yang bersifat tetap. Seiring dengan berjalannya waktu, mereka akan tumbuh dewasa, semakin kritis, dan rasional, mengingat membaca adalah aktivitas bersifat eksistensial. Aktivitas yang akan memampukan pelakunya menentukan pilihan berdasarkan pertimbangan-pertimbangan nilai guna.

Memasuki tahun 2009, bahkan 3–4 bulan sebelum itu, boleh dikatakan umur kehebohan sastra islami habis. Baik secara kuantitas (judul buku baru) maupun kualitas (serapan pasar). Di pameran dan toko buku, novel islami berebut diskon gede-gedean. Pertanda burukkah itu?

Jawabannya bisa ya bisa tidak. Ya, jika dilihat dari kepentingan penerbit dan komunitas. Tidak, jika dilihat dari kepentingan pembaca. Usainya kehebohan sastra islami justru menunjukkan bertambah dewasanya pembaca buku di Indonesia. Respons paling tepat atas *mandeg*-nya sastra islami adalah: anggap saja dunia perbukuan (relasi antara pembaca-penerbit-penulis) tengah mencari titik keseimbangan baru. Harapan kita, tentu saja titik ekuilibrium tersebut posisinya lebih tinggi dibandingkan titik sebelumnya.

Catatan Akhir

Dalam perspektif komunitas (proses kreatif) dan dunia perbukuan (penerbit-pembaca), ada banyak dampak postif yang ditimbulkan oleh hebohnya karya sastra islami. *Pertama*, melahirkan banyak komunitas kepenulisan. Komunitas yang dapat dijadikan wadah berproses ketimbang tukang stempel. Menjadi semacam *mastermind*. Ajang saling ledek, memprovokasi, menyemangati, sekaligus belajar menulis. Isi (anggota) dan wadah (komunitas) tumbuh bersamaan.

Kedua, kehebohan sastra islami memunculkan teriakan kesadaran bahwa semua bisa menulis sastra. Sastra menjadi lahan terbuka, tidak lagi milik sebagian golongan yang mengklaim diri sebagai pemegang otoritas kebenaran sastra. Sastra menjadi semakin karib dengan pembacanya. Sastra menjadi lumer.

Ketiga, karena ada "kepastian" diterbitkan, motivasi pengarang untuk berkarya pun bertambah kuat. Pada akhirnya, turut pula meningkatkan jumlah judul buku baru pertahun secara signifikan, selama peningkatan produktivitas itu diikuti pula oleh peningkatan kualitas. Tentu ini menjadi kabar baik buat pamrih memasarkan kegemaran membaca dan menulis di wilayah publik yang lebih luas.

Keempat, heboh sastra islami turut pula memunculkan optimisme dunia kepenulisan dan kepengarangan (secara finansial). Menjadi penulis-pengarang mulai diperhitungkan sebagai pilihan profesi utama. Menerbitkan buku kesannya menjadi demikian gampang. Sekarang ini, hampir tiap pekan dapat dipastikan muncul penulis-pengarang baru.

Kelima, heboh sastra islami membuat intensitas hubungan antara penulis dengan penerbit kian kental. Akibatnya, para penulis tambah pintar. Kini penulis-pengarang memiliki posisi tawar tinggi saat berhubungan dengan penerbit. Dalam konteks, misalnya, menentukan sistem pembayaran (apakah dengan sistem sewa, royalti, atau jual putus); memberikan masukan dan materi untuk desain kover, *layout* isi, usulan model pemasaran, hingga mencari *endorser* dan ikon yang akan dimintai kata pengantar. Saking pintarnya, tidak sedikit penulis dan pengarang yang akhirnya direkrut oleh penerbit. Malahan ada yang mendirikan penerbitan sendiri.

76
Komunitas Literasi Generasi Kedua

Agus M. Irkham

Komunitas literasi. Dua lema itu menjadi frasa yang demikian lekat dengan dunia perbukuan, terutama dari segi minat baca. Yang lain menghubungkannya dengan perpustakaan, sebagai basis bagi gerakan memasarkan aktivitas membaca dan menulis.

Benarkah demikian? Komunitas literasi sama dengan buku dan perpustakaan? Pertanyaan ini dapat kita jawab setelah mengetahui batasan konsepsi tentang *komunitas* dan *literasi* itu sendiri.

Salah satu definisi *komunitas* yang disepakati sebagian besar penggerak literasi adalah sekelompok orang yang peduli satu sama lain lebih dari yang seharusnya sehingga terjadi relasi pribadi yang erat antar-anggotanya karena kesamaan minat. Dengan kata lain, komunitas adalah suatu bentuk identifikasi dan interaksi sosial yang dibangun dengan berbagai dimensi kebutuhan fungsional. Kekuatan pengikat suatu komunitas, terutama, adalah kepentingan bersama dalam memenuhi kebutuhan sosial yang umumnya didasarkan atas kesamaan latar belakang budaya, sosial, dan hobi.

Sementara itu, makna *literasi* menurut Laxman Pendit (2007), mengutip batasan yang diberikan Freebody dan Luke dalam buku *Literacy Lexicon* (2003) adalah mencakup semua kemampuan yang diperlukan oleh seorang atau sebuah komunitas untuk ambil bagian dalam semua kegiatan yang berkaitan dengan teks dan wacana (diskursus). Keberaksaraan juga dilihat sebagai sebuah rentang (*extent*) yang mengandung berbagai tingkatan ukuran, seperti fasih, efektif, dan kritis. Menjadi orang yang literer (*literate*) berarti mampu berpartisipasi secara aktif dan mandiri dalam komunikasi tekstual, termasuk dalam komunikasi menggunakan media cetak, visual, analog, dan juga media digital.

Dua Pandangan

Kini muncul dua pandangan tentang literasi (keberaksaraan), *pertama*, pandangan universalis: keberaksaraan bersifat tunggal dan mengandung satu teknik penggunaan bahasa yang seragam. Oleh sebab itu, keberaksaraan dianggap sebagai sesuatu yang secara jelas dan pasti memiliki dampak terhadap perkembangan kultur dan kemampuan berpikir. Pandangan ini berkembang dari kajian sejarah tentang perkembangan teknologi cetak dan keyakinan bahwa keberaksaraan adalah bagian dari teknologi intelek.

Kedua, pandangan relativis (sosiokultural): keberaksaraan secara intrinsik bersifat beragam. Setiap sistem aksara memiliki sejarah dan variasi kebudayaan serta praktik-praktik yang beragam sehingga tidak ada keberaksaraan yang seragam. Pandangan ini pada umumnya didukung oleh penelitian-penelitian antropologis dan para sejarawan penganut pandangan kritis yang meragukan hubungan sebab-akibat yang jelas dan pasti antara perkembangan intelektualitas dan keberaksaraan di sebuah masyarakat.

Saya lebih condong kepada amatan kedua. Dalam bingkai tilikan relativis, keberaksaraan bukan hanya berkaitan dengan teknik membaca dan menulis, melainkan bergandengan pula dengan aspek lain, seperti ekonomi, politik, hukum, dan pendidikan. Keberagaman dalam kebudayaan, gaya hidup, dan kepentingan berbagai masyarakat akhirnya juga harus dipakai untuk melihat, menerjemahkan, dan menerapkan sistem keberaksaraan.

Kini, keberaksaraan dilihat tidak hanya dalam konteks multibahasa, tetapi juga dikaitkan dengan berbagai aspek kehidupan, sehingga ada macam-macam keberaksaraan, mulai dari keberaksaraan informasi dan komputer, keberaksaraan ekonomi, hingga keberaksaraan moral (Laxman Pendit, 2007). Lebih-lebih, adanya pengaruh kemajuan teknologi informasi, terutama internet, benar-benar mengubah corak gerakan dan ragam bentuk komunitas literasi. *Pertama,* pertemuan fisik tidak lagi dominan. Hanya untuk kerja-kerja besar yang sifatnya selebrasi dan membutuhkan mobilisasi fisik saja para eksponennya bertemu.

Kedua, pola gerakan yang semula memusat (konvergen), terikat pada tempat, waktu, dan ikon tertentu berubah menjadi menyebar (divergen). Tidak terikat ruang dan waktu. Tiap eksponennya mampu menjadi ikon. Terjadi desentralisasi manajerial komunitas.

Ketiga, literasi tidak terbatas pada buku (taman bacaan, pondok baca, perpustakaan), tapi sudah kian variatif, ada film, teater, seni lukis, animasi, kajian sejarah, kelompok hobi dan *game online*. Contoh paling dekat adalah yang baru-baru ini terjadi di World Book Day Indonesia 2009 (17/5).

Tiap tahun, WBD Indonesia selalu memberikan anugerah literasi sebagai tanda apresiasi atas usaha yang dilakukan diri dan kelompok masyarakat dalam meningkatkan gairah aktivitas keberaksaraan di Indonesia. Berbeda dengan tiga tahun sebelumnya—anugerah diberikan kepada ikon (sosok)—tahun ini diberikan kepada komunitas, yaitu IndoHogwarts, komunitas penggemar Harry Potter. Mereka, kebanyakan pelajar SMP dan SMA, membangun sebuah sistem *game online* berupa permainan karakter dalam bentuk tulisan. Harry Potter hanya digunakan sebagai pintu masuk, setelah itu mereka tinggalkan. Persis bunyi *tagline* mereka: *empowering, netwriting and get value.*

IndoHogwarts merupakan representasi komunitas literasi generasi kedua yang naga-naganya akan mendominasi bentuk dan arah gerakan komunitas-komunitas literasi pada masa mendatang. Dengan demikian, paparan ini menjadi elakan atas sangkaan arti komunitas literasi yang dipersamakan dengan buku dan perpustakaan.

76
Komunitas Literasi 3.0
Agus M. Irkham

Membaca buku semula bersifat personal, tapi kini jadi komunal. Para penggila buku berhimpun dalam sebuah komunitas, kelompok, paguyuban, atau apa pun namanya. Mereka saling berbagi pengalaman membaca, bertukar informasi perihal buku baru, dan lain sebagainya. Kelompok ini biasa disapa dengan sebutan komunitas literasi. Kata *komunitas* digunakan untuk menunjukkan himpunan orang-orang yang disatukan oleh kesamaan hobi dan nilai, sedangkan *literasi* merujuk pada makna baca-tulis (buku).

Komunitas literasi ini lahir, tumbuh, dan berkembang tidak di lingkungan yang vakum. Siklus dan gaya gerakan mereka senantiasa bertalian dengan aktivitas dan perubahan yang terjadi di masyarakat. Itu sebabnya, komunitas literasi juga mengalami perubahan bentuk dan gaya akibat upaya mengakomodasi, dan mengimitasi, perubahan itu.

Dalam hitungan saya, komunitas literasi telah mengalami tiga kali gelombang pergeseran, jika tidak mau disebut sebagai perubahan. Boleh juga disebut sebagai tiga generasi. Generasi pertama, komunitas literasi yang semata-mata berbasis pada perpustakaan. Kegiatannya melulu meminjam, membaca buku, mengembalikan. Sudah itu saja. Inilah sekurang-kurangnya kegiatan yang dapat dihelat oleh komunitas literasi generasi pertama (1.0). Karena aktivitasnya bersifat sangat teknis, birokratis, dan formal, sifat keanggotaannya memiliki angka *turn over* (keluar-masuk) tinggi. Aktivisnya selalu gonta-ganti. Keberadaannya pun sering kali *on off,* masih sangat tergantung pada satu tokoh yang biasanya, selain menjadi ujung tombak, juga menjadi ujung tombok.

Komunitas literasi generasi pertama ini masih bisa dijumpai, terutama di desa-desa. Hal itu masih terjadi karena memang terbatasnya sumber daya, fasilitas, askes informasi, jaringan, dan sarana-prasarana. Komunitas literasi masih sama dengan perpustakaan. Kalau makna komunitas literasi generasi pertama ini mau kita perluas, khususnya dari segi model kegiatannya, perpustakaan pemerintah—baik yang berada di kecamatan, kabupaten, maupun provinsi—yang operasinya hanya berdasarkan pinjam, baca, mengembalikan, masuk ke dalam kelompok komunitas literasi generasi pertama. Semua aktivitas berjalan dengan sistem temu langsung atau tatap muka.

Itu komunitas literasi generasi pertama. Bagaimana yang kedua (2.0)?

Komunitas literasi generasi kedua adalah komunitas baca tulis yang telah memperluas kegiatan/varian layanannya tidak semata-mata pinjam buku, baca, dan mengembalikan. Ada banyak acara yang digelar untuk menambah efektivitas gerakan pemasyarakatan minat baca, mulai dari peluncuran dan bedah buku, jumpa penulis, pelatihan kepenulisan, hingga lomba membacakan buku cerita. Pendek kata, komunitas literasi 2.0 ini telah menyadari betul bahwa buku, meskipun sebagai produk budaya yang bersifat sangat superior (unggul) sekaligus mulia, jika tidak dipasarkan, atau dipasarkan tapi dengan cara-cara kuno (tradisional/lama/inferior), maka tidak ada atau hanya sedikit orang yang mau "membeli"-nya.

Varian layanan itu didasarkan pada satu kausa mendasar, yaitu adanya kesadaran: isi (*content*) buku itu penting, tapi belum cukup. Agar konsumen (pengunjung) tertarik dan mau membeli (membaca), isi tersebut harus dikemas secara menarik (*context*). Jadi, (aktivitas membaca) buku tidak "dijual" tapi "dipasarkan". Buku itu harus dipasarkan dengan beragam kegiatan yang mengarah pada mobilisasi massa, populer, dan *nyatai*, tanpa harus kehilangan substansi.

Di Indonesia sekarang ini aktivitas komunitas literasi yang demikian (generasi kedua) telah menjadi kecenderungan umum. Seperti yang bisa kita baca di katalog program World Book Day Indonesia 2010. Katalog bertajuk *Kepergok Membaca* yang dikeluarkan oleh Forum Indonesia Membaca tersebut memuat kurang lebih 50 komunitas literasi. Mereka berasal dari beragam daerah: Jakarta, Wonosobo, Muntilan, Serang, Surabaya, Solo, Bandung, Sumedang, hingga Manado.

Ada banyak bentuk dan strategi memasarkan budaya baca. Tapi, sekian banyak siasat itu mayoritas masih bertemu pada satu lokus, yaitu menjadikan buku sebagai pijakan awal gerakan, untuk kemudian dikemas dengan beragam program kreatif. Di dalam komunitas literasi generasi kedua ini, dari segi modus kontak para eksponennya agak berbeda dengan komunitas literasi generasi pertama. Selain dengan bertatap muka (*offline*), mereka juga melengkapinya dengan model komunikasi maya (*online*).

Terakhir, komunitas literasi generasi ketiga (3.0). Komunitas ini memaknai entri literasi tidak terbatas pada baca-tulis apalagi "buku". Lebih luas dari itu, literasi mereka artikan sebagai kemampuan yang diperlukan seseorang atau suatu komunitas untuk ambil bagian dalam semua kegiatan yang berkaitan dengan teks dan wacana. Dengan deskripsi yang berbeda: literasi tidak semata-mata mencakup persoalan membaca dan menulis (*performative*), namun bergandengan pula dengan aspek lain, seperti ekonomi, politik, hukum, teknologi (*fuctional*), serta pendidikan, sejarah, dan gaya hidup (*informational-epistic*).

Maka, ciri paling kentara dari komunitas literasi generasi ketiga ini adalah menjadikan ikon budaya pop—musik, *nonton*, jalan-jalan, bermain, film, fotografi, internet, *game online*, animasi, *ngobrol*—sebagai titik pijak gerakan. Semuanya bisa digerakkan secara *online*. Artinya, eksponennya tidak harus saling bertatap muka. Dan, tampaknya ke depan, komunitas literasi generasi ketiga inilah yang bakal mendominasi, baik dari segi kelahiran (munculnya komunitas baru), magnet perhatian publik, maupun publikasi aktivitasnya.

78
Lima Reposisi Komunitas Literasi

Agus M. Irkham

Yang utama sebenarnya bukan membaca, terang Jaya Suprana dalam esai berjudul "Buku: Sebuah Kontemplasi" (2007), *melainkan mengerti makna sebuah buku, kemudian didayagunakan untuk satu langkah karsa dan karya nyata produktif dan konstruktif.*

Jadi, dalam pandangan pakar kelirumologi itu, letak persoalan minat baca bukan pada tinggi-rendahnya, namun sejauh mana (isi) suatu bacaan bisa mempengaruhi hidup pembacanya. Membantu proses perbaikan kualitas hidup—terutama ekonomi—pendarasnya.

Lima Pergeseran

Ikhtisar itu pula yang menjadi entri *pertama* perubahan posisi komunitas literasi—relasinya dengan gerakan keberaksaraan. Buku bukan menjadi tujuan akhir, tapi sekadar alat, atau tujuan antara. Maka, yang dikejar bukan jumlah koleksi buku yang dimiliki, banyaknya eksponen yang bergabung, atau bilangan peminjam berjebah, melainkan sejauh mana buku yang tersedia dekat dengan aktivitas keseharian pemustaka. Reposisi ini melahirkan satu gerakan: keberaksaraan fungsional. Pengetahuan tentang sesuatu (*declarative knowledge*) tidak lagi cukup, masyarakat harus memiliki pula pengetahuan melakukan sesuatu (*procedural knowledge*). Bergema (Bersama Geliat Masyarakat) di Wonosobo dan Tobucil (Toko Buku Kecil) di Bandung dapat saya ajukan sebagai representasi penanda (ikon) reposisi itu.

Input *kedua*, perubahan posisi komunitas literasi menyangkut label atau nama yang digunakan, yaitu tidak lagi terbatas pada penggunaan kata *taman baca* dan *perpustakaan*, tapi sudah sangat variatif. Sekadar menyebut contoh: Rumah Pelangi, Taman Pintar, Jala Pustaka, Mentari Pagi, Rumah Cahaya, Teras Puitika, Cahaya Lentera, Kandangpati, Lentera Kalbu, Rumah Belajar, Istana Rumbia, Rumah Dunia, dan Gandok Sari Lempeni.

Keragaman itu didasarkan pada dua kausa mendasar, yaitu, adanya kesadaran bahwa isi itu penting, tapi belum cukup. Agar menarik konsumen, isi tersebut harus dikemas menarik. Kausa selanjutnya didasarkan pada sejarah—lebih bersifat sosio-antropologis—dan potensi yang dimiliki tiap tempat (kearifan lokal). Dengan begitu, komunitas literasi yang berada di daerah bukan kepanjangan tangan dominasi Konsepsi Jakarta ihwal bentuk, isi, dan strategi gerakan literasi di tingkat lokal.

Lema *ketiga*, reposisi gerakan komunitas literasi terletak pada bentuknya yang tidak harus dimulai dengan membuat perpustakaan. Komunitas Historia Indonesia, SterEO Foto Id, komunitas *open source* Athenaeum Light, dan Fosca (Forum of Scientist Teenagers) adalah contoh komunitas literasi yang tidak menjadikan buku (perpustakaan) sebagai ayunan langkah pertama saat masuk ke gerakan keberaksaraan. Memang pada akhirnya mereka akan tiba juga pada kegiatan (membaca) buku, tapi melalui jalan yang melingkar. Jalan yang semula terkesan tidak ada sangkut pautnya dengan buku.

Tilikan *keempat*, reposisi komunitas literasi mencakup luasan wadah, yaitu dua dunia: *online* dan *offline*. Ada komunitas yang wadahnya hanya *online* (pasarbuku, penulislepas, pasarnaskah), ada juga yang hanya *offline* (ini berlaku pada sebagian besar komunitas literasi). Gabungan dari keduanya pun ada (1001buku, Indonesia Buku, Forum Lingkar Pena). Biasanya, sarana yang dipakai untuk berinteraksi, berkomunikasi, dan berelasi adalah milis.

Masukan *kelima* reposisi komunitas literasi berupa penindihan terhadap ikon budaya pop. Kalau kita mau sederhanakan, aktivitas paling menonjol dan populer saat ini—penanda atau ikon budaya pop—antara lain, menonton (film), *nge-game* (*online*), *ngobrol*, bermain, kecenderungan menghabiskan waktu libur/luang dengan jalan-jalan (*travelling*), musik, animasi, dan kuliner.

Penanda aktivitas populer itu dalam pandangan para eksponen komunitas literasi bukan menjadi sesuatu yang harus dicaci dan dijauhi. Sebaliknya, harus didekati, kalau perlu "dikawini". Ada banyak komunitas literasi yang aktivitasnya kawin campuran. Kawin campuran antara buku sebagai situs budaya "tradisional" yang identik dengan keseriusan dan budaya pop yang lekat dengan kedangkalan dan remeh-temeh. Manis, melayani, selintas, puas—meminjam istilah yang disangkakan oleh Garin Nugroho.

Jejak telah terjadinya "kawin campuran" dapat kita candra melalui munculnya Komunitas Jelajah Budaya, IndoHogwarts, BritZone Speaking Club, Komunitas Yoyo Indonesia, Komunitas *Indo-StarTrek*, dan Komunitas Layang-Layang Indonesia.

Perspektif Literasi

Pertanyaannya? Apa yang menyebabkan terjadinya pergeseran posisi tersebut?

Pergeseran posisi itu disebabkan, paling kurang, oleh dua faktor. *Pertama*, perubahan situasi dan kondisi lingkungan. Baik yang menyangkut orang (persona) maupun teknologi (informasi). Jadi, kelima "posisi baru" di atas dapat dibaca sebagai bentuk penyesuaian diri (akomodasi, adopsi, imitasi) komunitas literasi atas perubahan kurun.

Kedua, pergeseran posisi komunitas literasi didorong oleh munculnya kesadaran atas pemaknaan entri *literasi* itu sendiri. Literasi tidak lagi dimaknai sebagai "kemelekhurufan" semata, tapi meluas menjadi "keberaksaraan".

Literasi mencakup semua kemampuan yang diperlukan oleh seorang atau sebuah komunitas, ungkap Peter Freebody dan Allan Luke dalam *The Literacy Lexicon* (2003), *untuk ambil bagian dalam semua kegiatan yang berkaitan dengan teks dan wacana (diskursus).*

Berdasarkan pengertian itu, menjadi orang yang literer berarti mampu berpartisipasi secara aktif dan mandiri dalam komunikasi tekstual, termasuk menggunakan media cetak, visual, analog, dan media digital. Literasi tidak semata-mata mencakup membaca dan menulis, tapi juga bergandengan dengan aspek lain, seperti ekonomi, politik, hukum, teknologi, pendidikan, sejarah, dan gaya hidup. Begitu.

79
Mabulir, Budaya Baca, dan Kita

Agus M. Irkham

"*Minjami kok buku, mana bisa bikin kenyang. Minjami itu mbok yao uang, kan bisa untuk makan,*" demikian ucap Dauzan Farook menirukan komentar orang-orang ketika pertama kali ditawari pinjaman buku. Mbah Dauzan, demikian ia karib disapa, adalah pendiri perpustakaan keliling Mabulir di Kauman, Yogyakarta. Mabulir singkatan dari Majalah Buku Bergilir. Mbah Dauzan, meskipun telah berusia 80 tahun lewat, tetap bersemangat menyebarkan virus membaca bahkan hingga hari-hari terakhir sebelum malaikat maut menjemputnya (6/10/2007). Mabulir dijalankan melalui—sesuai dengan namanya—sistem *multilevel reading*. Sistem itu dipilih lantaran menurutnya minat baca masyarakat kita tergolong rendah, mereka masih harus disuapi.

Tidak main-main, lebih dari 100 kelompok baca telah ia bentuk. Tiap kelompok baca beranggota 4–20 orang. Tiap kelompok mendapat satu kardus buku. Setiap dua minggu, isi kardus diganti dengan buku yang baru. Tidak ada syarat apa pun untuk menjadi anggota kelompok baca perpustakaan Mabulir. Jangankan uang, fotokopi KTP pun tidak. Tak soal jika buku yang ia pinjamkan hilang.

"Mengelola perpustakaan keliling adalah bisnis dengan keuntungan abstrak. Landasannya kepercayaan, sehingga aturannya tidak perlu birokratis. Dagangan Tuhan. Tidak perlu ada KTP atau apa. Sesama manusia saudara, harus bisa dipercaya," ujar Mbah Dauzan dalam sebuah perbincangan dengan Ahmad Arif (2004). "Risiko mati saja berani, kok, (apalagi) cuma kehilangan buku," tambahnya.

Tak dapat disangkal, Mbah Dauzan menjadi sosok yang menginspirasi dunia literasi di Indonesia. Perjuangan tak kenal lelah selama 25 tahun memasarkan budaya membaca mengantarkannya menerima beberapa penghargaan, seperti Nugra Jasadarma Pustaloka dari Perpustakaan Nasional tahun 2005; Paramadina Award 2005; Lifetime Achievement Award dari Sabre Foundation, sebuah NGO di Massachusetts, Cambridge; dan Reksa Pustaka Bhaktitama dari Gubernur DIY Sri Sultan HB X. Lalu, pada April 2007 di Jakarta, saat perhelatan World Book Day Indonesia, Mbah Dauzan mendapat gelar sebagai Pejuang Literasi Indonesia.

Keberadaan Mabulir memahamkan kita pada beberapa kenyataan: *pertama,* minat baca masyarakat masih rendah. Memang minat baca terkait dengan kesadaran masyarakat terhadap arti penting informasi, sehingga tidak bisa dibanding-bandingkan dengan negara lain. Meskipun begitu, tetap saja secara faktual minat baca masyarakat kita masih rendah.

Beberapa besaran yang dapat dijadikan bukti atas simpulan itu: akses masyarakat terhadap koran hanya 2,8 persen. Rasio jumlah penduduk dengan surat kabar hanya 1:43. Jumlah judul buku sastra yang dibaca siswa SMA setiap tahunnya nol. Sekolah Dasar yang memiliki perpustakaan hanya sekitar 1 persen, sedangkan SMP dan SMA sekitar 54 persen. Jumlah buku baru yang diterbitkan pun hanya 0,0009 persen dari total penduduk. Dan, menurut sebuah survei tahun 2003, minat baca masyarakat Indonesia berada di urutan ke-3 dari bawah. Survei yang diprakarsai UNDP itu melibatkan 41 negara.

Tentu harapan memperoleh kemajuan akan mustahil selama minat baca masyarakat masih rendah. Terlebih, ini era informasi. Jalan yang memberikan kesempatan melakukan mobilitas vertikal—misalnya dari keluarga prasejahtera ke agak sejahtera, lantas beralih menuju sejahtera—nyaris semuanya bergayut erat dengan kemampuan keberaksaraan (literasi). Satu di antaranya berupa kegemaran membaca (buku).

Kepergian Mbah Dauzan mewasiatkan kita untuk tidak berhenti memasarkan budaya baca kepada masyarakat, terutama masyarakat tingkat akar rumput, yang merupakan irisan terbesar struktur bangsa ini.

Kedua, kesadaran masyarakat terhadap manfaat membaca masih rendah. Semuanya masih diukur dengan perolehan ekonomi (uang). Jika membaca tidak mendatangkan materi, *ya* membacanya nanti dulu. Jika ada hasilnya dan itu berwujud, dapat dinikmati seketika itu juga, baru mau membaca. Komentar orang yang ditirukan Mbah Dauzan di awal tulisan ini bisa menjadi sedikit bukti.

Kondisi ini secara tidak langsung memberikan rekomendasi kepada kita, khususnya para pegiat literasi, untuk "membumikan" gerakan membaca. Aktivitas membaca secara langsung harus berhubungan dengan kegiatan keseharian masyarakat, terutama kegiatan ekonomi. Pada titik ini, memfungsikan taman baca sebagai rumah belajar masyarakat menjadi jalan yang tak dapat ditawar lagi.

Tobucil dan Klabs di Bandung, juga Rumah Belajar Bergema di Wonosobo sama-sama memosisikan buku sebagai alat atau sarana mengembangkan keterampilan, hobi, dan profesi anggota/pengunjungnya: mendesain kartu ucapan, merajut, membuka klinik pranata acara, atau pelatihan membuat telur asin.

Jadi, tanpa perubahan strategi pemasaran, kampanye budaya baca hanya akan dicibir, diremehkan, atau tidak dianggap penting. Sikap fatalis dapat muncul di masyarakat karena ditawarkan kepada mereka jauh panggang dari api. Kondisi keseharian mereka tidak akrab dengan buku. Mudahnya, kalau dulu ada pameo di lingkup para aktivis pergerakan mahasiswa: *makan tidak makan yang penting baca buku,* untuk kepentingan kampanye buku sekarang pernyataan itu harus dibalik: *baca buku biar bisa makan.*

Ketiga, masih sangat diperlukan inisiatif gerakan/kampanye membaca buku yang tumbuh dari dalam masyarakat sendiri dengan sistem *gethok tular* (*multilevel reading*). Sistem yang digagas dan sudah diujicobakan Mbah Dauzan melalui Mabulir selama 25 tahun. Sistem jemput bola memungkinkan orang yang semula tidak butuh buku jadi butuh. Pemasar budaya baca menjadi semacam *salesman*-nya.

Modusnya kira-kira seperti ini: menyemangati satu orang untuk membentuk kelompok baca. Setelah terbentuk dan jalan, pada jangka waktu tertentu para anggotanya didorong untuk membentuk kelompok baca lagi dengan merekrut anggota yang berbeda. Demikian seterusnya.

Terakhir, besar harapan saya, kepergian Mbah Dauzan bukan berarti kematian pula buat Mabulir, satu-satunya "anak ideologis" Simbah.

80
Komunitas Literasi Rumah Dunia

Gol A Gong

Setelah berjalan satu tahun sejak 2010, Gong Publishing, lini penerbitan Rumah Dunia, mulai menunjukkan eksistensinya. Hasil dan manfaatnya signifikan: bermunculannya penulis lokal yang menembus pasar nasional. Setiap kali buku terbit, pasar di Banten menyerap minimal 500 eksemplarnya. Sisanya, 1.500 eksemplar, bersaing di pasar nasional.

Pasar Komunitas

Pada era sekarang, pasar komunitas memang sangat potensial. Grup Cendolers di Facebook, yang dikomandani Mayoko Aiko, Donatus Nugroho, dan Putra Gara dengan anggota hampir 5.000 jadi contoh terkini. Cendolers juga bisa menerbitkan buku dan tabloid serta menyelenggarakan kemah sastra. Buku dan tabloid mereka diterbitkan dan diserap komunitas mereka sendiri. Luar biasa. Komitmen, loyalitas, toleransi, dan solidaritas di antara mereka sangat tinggi sehingga anggotanya jadi berdaya guna. Ini hampir sama dengan Forum Lingkar Pena pada awal tahun 2000-an. Forum Lingkar Pena bahkan tidak sekadar melahirkan penulis baru, melainkan juga penerbit baru.

Setelah Gong Publishing menggelinding satu tahun, aku tawarkan sebuah gagasan. Ini adalah komunitas literasi yang lintas batas. Komunitas ini mengusung nilai-nilai gotong-royong, toleransi, dan solidaritas kepada sesama penulis, calon penulis, dan para pembeli buku. Jika bergabung di komunitas ini, kita akan mendapatkan kemudahan mendapatkan buku dari para penulis dengan latar belakang budaya lokal yang kuat tanpa perlu sibuk ke toko buku, peluang karya kita diterbitkan pun lebih besar.

Investasi

Gagasan itu membentuk Komunitas Literasi Rumah Dunia (KLRD). Anggotanya minimal harus 500 orang. Kalau bisa lebih, luar biasa. Siapa saja boleh jadi anggota. Lintas kota, lintas provinsi, warga dunia. Dia bisa penulis, calon penulis, pembaca buku, aktivis buku, dosen, apa pun, yang penting peduli pada perubahan di Banten. Persyaratannya, tiap anggota berkewajiban menginvestasikan uang sebesar Rp300 ribu setahun. Pembayarannya boleh lunas, boleh dicicil enam kali, artinya sebulan hanya membayar Rp50 ribu. Ringan bukan?

Uang itu akan Gong Publishing jadikan modal bergulir untuk menerbitkan enam buku per tahun. Keenam buku itu tentu karya dari para anggota. Pada tahun kedua, investasi berlanjut. Tidak akan naik. Justru bisa saja berkurang jadi Rp250 ribu. Kemungkinan berkurang itu ada jika anggota bisa lebih dari 1.000 orang. Jika kita mau bergotong-royong, kita termasuk yang ikut membuka peluang kerja: editor, desain grafis, staf pemasaran, dan lain sebagainya. Setiap judul buku akan dicetak 2.000 eksemplar, 500 buku diserap anggota dan sisanya didistribusikan ke toko-toko buku besar.

Dengan uang sebesar itu, setiap anggota KLRD akan mendapatkan kartu anggota dengan fasilitas beragam.

Beragam Fasilitas

Salah satu fasilitasnya adalah kartu anggota dengan tawaran menggiurkan: diskon belanja di Aneka Swalayan Serang dan diskon untuk pembelian buku di Tiga Serangkai Serang dan Cilegon. Untuk lingkup Indonesia, jika anggota lebih dari 1.000 orang, fasilitas diskon belanja buku di TB Gramedia akan diupayakan.

Setiap anggota akan mendapatkan enam buku karya para anggota secara gratis per tahun. Komposisi buku itu berupa novel (2), antologi cerpen (1), puisi (1), buku *how to* (1), dan kisah inspiratif (1). Ini tentu peluang besar karena Gong Publishing lebih memprioritaskan karya anggotanya. Jika anggotanya mencapai 1.000 orang, setiap judul buku bisa dicetak hingga 3.000 eksemplar.

Setiap anggota juga berpeluang mendapatkan pelatihan menulis dari Gong Publishing, bertempat di Rumah Dunia atau di sebuah kota yang banyak anggotanya. Juga menghadiri peluncuran dan bedah buku dengan narasumber penulis nasional. Anggota yang berdomisili di Banten akan mendapatkan fasilitas pinjaman buku gratis di Rumah Dunia.

Setiap orang yang tertarik bisa mendaftar lewat *email* ke gongpublishing@yahoo.com dengan menyertakan biodata, foto, dan fotokopi identitas. Bisa juga datang langsung ke Rumah Dunia, menemui Muhzen Den atau Anas Nasrudin. Setelah itu, transfer sejumlah uang ke BCA Serang, nomor rekeningnya: 2451790121, atas nama Heri Hendrayana Harris. Konfirmasi bisa dilakukan ke Tias Tatanka di 081906311007.

Begitulah, Rekan, yang aku tawarkan lewat Gong Publishing adalah peluang dan kemudahan. Dengan cara bergotong-royong seperti ini, kita bisa eksis di dunia kepenulisan di Indonesia. Insya Allah. Bagi yang berdomisili di Banten, kita tidak perlu jauh-jauh menerbitkan buku. Yang berdomisili di luar Banten pun memiliki peluang bergabung di Gong Publishing. Dengan cara ini, secara tidak langsung kita ikut memperbaiki Indonesia dan kampung halaman yang kita cintai. Rumah Dunia sebagai agen perubahan di Banten yang sudah menggelinding selama 10 tahun, menembus batas geografis, akan memiliki unit usaha yang sehat untuk menopang operasional dan agenda kegiatannya.

Secara pribadi, aku memohon agar gagasan ini mendapat dukungan dari warga Banten atau siapa saja yang peduli pada dunia literasi, di mana pun domisilinya. Tak cukup lagi hanya dengan doa, dukungan perlu ditingkatkan dengan doa dan tindakan. Seperti pepatah lama, *kita memetik panen dari apa yang kita tanam 30 tahun yang lalu*. Itu berarti, kita sedang berupaya menanam buah literasi secara bersama-sama dan panennya akan kita petik 30 tahun kemudian.

81
Pernyataan Sikap Sastrawan di Ode Kampung #2
Agus M. Irkham

Rumah Dunia berawal dari komunitas baca atau literasi, tapi ketika dikategorikan sebagai Taman Bacaan Masyarakat, saya tidak menolak. Penamaan itu masih ramah dan sesuai dengan visi-misi kami: mencerdaskan dan membentuk generasi baru yang kritis dan mandiri. Penamaan TBM pun terdengar lebih akrab dan familiar daripada perpustakaan. Konsep Rumah Dunia memang bukan perpustakaan. Rumah Dunia lebih informal. Perpustakaan hanya satu bagian pendukung di dalamnya. Bahkan, TBM saya jadikan satu program di dalam wadah besar bernama Rumah Dunia. Saya malah memisalkan Rumah Dunia kelak seperti Taman Ismail Marzuki, sehingga siapa saja boleh datang untuk belajar, membagikan ilmu, atau membuat pertunjukan. Pada akhirnya nanti, Rumah Dunia akan jadi fasilitator.

Sikap Sastrawan

Hal itu sudah kami lakukan sambil belajar sejak kehadirannya tahun 2001. Kami memfasilitasi keinginan komunitas teater pelajar se-Banten. Kami selenggarakan kegiatan bernama Panggung. Mereka satu per satu tampil. Selain itu, ada juga kelompok musikalisasi, pembacaan puisi para penyair Banten, grup marawis dan kasidahan, hingga komunitas film. Semua kegiatan yang bernapaskan seni kami tampung. Itu baru skala lokal, Banten.

Pada 2006, kami mencoba menyelenggarakan hajatan tingkat nasional, yaitu Ode Kampung. Ini adalah Gempa Literasi: pertunjukan seni (musik, puisi, dan teater), pelatihan menulis, serta bedah dan peluncuran buku.

Hajatan "Ode Kampung #1: Temu Sastrawan se-Nusantara" digelar pada Februari 2006. Para sastrawan (penulis puisi dan prosa) nasional se-Indonesia berdatangan ke Rumah Dunia untuk bertegur sapa, berbagi ilmu, dan bertukar informasi seputar karya. Ahmadun Yossy Herfanda, Helvy Tiana Rossa, Pipiet Senja, Asma Nadia, Kurnia Effendi, Saut Situmorang, Chavchay Saefullah, Jamal D. Rahman, Moh. Wan Anwar (alm.), dan Gus tf datang dengan sangat antusias membagi-bagikan ilmu menulis puisi dan prosa kepada para peserta. Bahkan, ada Doel C. Alisah dan Fikar W. Eda dari Aceh, Thompson dari Medan, ada juga yang dari Makassar, Surabaya, Bandung, Semarang, dan beberapa kota lainnya.

Sukses dengan yang pertama, digulirkanlah "Ode Kampung #2: Temu Komunitas Sastra se-Nusantara" pada 20–22 Juli 2007. Selain pembacaan puisi, dibuat peluncuran antologi sajak *Ode Kampung*, juga diskusi. Pada saat diskusi, muncullah "Pernyataan Sikap Sastrawan Ode Kampung #2", yaitu:

> *Kondisi Sastra Indonesia saat ini memperlihatkan gejala berlangsungnya dominasi sebuah komunitas dan asas yang dianutnya terhadap komunitas-komunitas sastra lainnya. Dominasi itu bahkan tampil dalam bentuknya yang paling arogan, yaitu merasa berhak merumuskan dan memetakan perkembangan sastra menurut standar estetika dan ideologi yang dianutnya. Kondisi ini jelas meresahkan komunitas-komunitas sastra yang ada di Indonesia karena kontraproduktif dan destruktif bagi perkembangan sastra Indonesia yang sehat, setara, dan bermartabat.*
> *Dalam menyikapi kondisi ini, kami sastrawan dan penggiat komunitas-komunitas sastra memaklumatkan Pernyataan Sikap sebagai berikut:*
> *1. Menolak arogansi dan dominasi sebuah komunitas atas komunitas lainnya.*

2. Menolak eksploitasi seksual sebagai standar estetika.
3. Menolak bantuan asing yang memperalat keindonesiaan kebudayaan kita.

Bagi kami, sastra adalah ekspresi seni yang merefleksikan keindonesiaan kebudayaan kita di mana moralitas merupakan salah satu pilar utamanya. Terkait dengan itu sudah tentu sastrawan memiliki tanggung jawab sosial terhadap masyarakat (pembaca). Oleh karena itu, kami menentang sikap ketidakpedulian pemerintah terhadap musibah-musibah yang disebabkan baik oleh perusahaan, individu, maupun kebijakan pemerintah yang menyengsarakan rakyat, misalnya tragedi lumpur gas Lapindo di Sidoarjo. Kami juga mengecam keras sastrawan yang nyata-nyata tidak mempedulikan musibah-musibah tersebut, bahkan berafiliasi dengan pengusaha yang mengakibatkan musibah tersebut. Demikianlah Pernyataan Sikap ini kami buat sebagai pendirian kami terhadap kondisi sastra Indonesia saat ini, sekaligus solidaritas terhadap korban-korban musibah kejahatan kapitalisme di seluruh Indonesia.

Bagi saya, sastrawan adalah pejuang literasi. Maka, Rumah Dunia harus menampung kegelisahan mereka. Saya memosisikan Rumah Dunia sebagai fasilitator. Siapa saja boleh mengemukakan pendapatnya.

Begitulah selayaknya TBM, mau membuka diri bagi perubahan terbaik di negeri ini.

82
9 Rekomendasi Literasi Ode Kampung #3

Agus M. Irkham

Rumah Dunia sejak 2006 meluncurkan kegiatan program peningkatan budaya membaca lewat seni. Ini gerakan kebudayaan. Maka, kami membuat kegiatan bernama Ode Kampung (OK). Setiap peserta datang dengan modal sendiri: tidur di rumah-rumah penduduk dengan membayar Rp25 ribu/malam dan makan dengan menu Kampung Ciloang, tempat Rumah Dunia berada. Pada OK #1 fokusnya adalah Temu Sastrawan se-Nusantara. OK #2 bertema Temu Komunitas Sastra se-Nusantara. OK #3 menetapkan Temu Komunitas Literasi se-Nusantara sebagai temanya (2008). Setelah vakum setahun (2009), pada Desember 2010, OK #4 mengangkat tema pertunjukan seni, yaitu dengan diselenggarakannya Banten ArtFestival.

Taman Literasi

Pada lembar ini, saya akan membahas OK #3 saja, yang berlangsung pada 5–7 Desember 2008, dengan tema Temu Komunitas Literasi se-Nusantara. Sejak Kamis (4/12/2008) pagi, para peserta "Ode Kampung #3: Temu Komunitas Literasi se-Nusantara" mulai berdatangan. Bahkan, Halim H.D. dari Solo serta dua rekannya dari Surabaya sudah datang sejak Rabu pagi. Halim meminta menginap di area Rumah Dunia. Untung ada Gedung

Jendral Kecil (sekarang Perpustakaan Dewasa Surosowan). Halim di tempatkan di sana. Saya pun mengutarakan keinginan Rumah Dunia membebaskan lahan seluas 3.000 m^2 di depan para anggota Rumah Dunia.

"Mimpi kami di lahan itu nanti akan dibangun 1.000 m^2 untuk area olahraga dan bermain, ada lapangan basket, *playground* (perosotan, ayunan, jungkat-jangkit); 1.000 m^2 lagi untuk kegiatan kesenian, ada kios-kios karya seniman serta gedung kesenian; sisanya untuk penyerapan air." Halim H.D. bersemangat sekali mendengar mimpi anak-anak Rumah Dunia. Tapi, Halim tertegun ketika mendengar harus ada uang sekitar Rp500 juta untuk membebaskannya. "Kira-kira (dibutuhkan) Rp1 miliar untuk bangunan sederhana!" Halim menatap saya.

Saya langsung memaparkan strategi galang dana gotong royong. Kata Firman Venayaksa, saat itu masih Presiden Rumah Dunia kedua, donatur akan menyumbang Rp2 juta hingga Rp5 juta. "Nanti nama-nama mereka ditulis di prasasti. Yang Rp5 juta wilayahnya *gold* dan Rp2 juta di *silver*!" Firman menerawang, "Ada 200 orang saja dengan besar sumbangan Rp5 juta, terwujud sudah Taman Budaya Rumah Dunia!"

Halim jadi bersemangat lagi. "Bikin saja rencananya. Nanti saya bantu menyebarkankan ke para donatur. Apalagi Rumah Dunia bernaung di bawah bendera Yayasan Pena Dunia. Pasti bisalah!"

Rumah Dunia sangat ingin memiliki Taman Budaya Banten yang lokasinya tidak jauh dari Rumah Dunia agar kegiatan-kegiatannya semakin variatif dan inovatif. Kelak tempat ini bisa diakses oleh siapa saja. Rumah Dunia menjadi fasilitator sekaligus penanggungjawabnya. Ini adalah taman budaya alternatif karena Pemprov Banten masih setengah hati. Bayangkan, uang sudah keluar Rp12 miliar, tapi baru berhasil membeli tanah serta membuat fondasinya saja. Itu tujuh tahun yang lalu. Sudah tiga kali ganti kepala dinas. Ya, Taman Budaya Banten adalah keharusan.

Saat itu, secara simbolis saya langsung mengeluarkan uang dari dompet. "Simbolis, saya memulai mimpi 'gila' membangun Taman Budaya Rumah Dunia sebagai donatur pertama. Rp5 juta!

Siapa menyusul? Kata Firman, nanti kita presentasikan rencana ini ke publik. "Bahkan, rekening banknya harus dibikin khusus, atas nama Rumah Dunia, agar semua percaya."

Sementara itu tamu-tamu peserta Ode Kampung #3 mulai berdatangan dan mimpi anak-anak Rumah Dunia tentang taman budaya alternatif semakin membumbung. Nah, lihatlah sekarang. Allah selalu bekerja dengan caranya yang misterius. Tanah itu sudah kami miliki per Februari 2011. Pada 1 Januari 2012, ada pembayaran terakhir alias pelunasan, sekitar Rp150 jut. Ini semua berkat spirit gotong royong. Kami tak pernah merasa malu menyebarkannya di milis, Facebook, Twitter, dan situs www.rumahdunia.net karena sekali lagi, itu bukan untuk kami. Itu untuk semua. Kami juga jadi donatur, maka kami juga mengajak semua jadi donatur. Semangat menyebarkan virus literasi ini adalah tanggung jawab bersama, maka mari kita tanggung bersama-sama. Sekaranglah saatnya berorientasi lewat tindakan.

Rekomendasi Literasi

Maka, pada OK #3 kami mengeluarkan rekomendasi yang menitikberatkan pentingnya membangun perpustakaan, taman bacaan, komunitas literasi di mana saja. Ada sekitar 200 komunitas literasi berkumpul di Rumah Dunia.

Berikut bunyi rekomendasi itu:

Kami, para peserta "Ode Kampung III: Temu Komunitas Literasi se-Indonesia" 2008 bersepakat bahwa literasi adalah hak kunci untuk mendapatkan hak berekonomi, bersosialisasi, partisipasi politik dan pembangunan, khususnya dalam masyarakat berbasis pengetahuan. Literasi merupakan kunci peningkatan kapasitas seseorang, dengan memberikan banyak manfaat sosial, di antaranya cara berpikir kritis, meningkatkan kesehatan dan perencanaan keluarga, program pengurangan angka kemiskinan, dan partisipasi warga negara. Literasi bukan hanya persoalan individu, tapi juga menyangkut persoalan komunitas dan masyarakat luas. Literasi bukan sekadar melek huruf, tapi merupakan dasar penopang bagi pembelajaran di masa datang. Literasi memberikan peranti, pengetahuan dan kepercayaan diri untuk meningkatkan kualitas hidup, untuk lebih dapat memberikan kemungkinan berpartispasi dalam aktivitas bermasyarakat dan membuat pilihan-pilihan informasi yang akan dikonsumsi.

Untuk mewujudkan hal tersebut, kami mengajukan sembilan rekomendasi:

1. *Mendesak pemerintah pusat untuk segera menyusun regulasi yang lebih teknis terkait dengan UU No. 43 Tahun 2007 tentang Perpustakaan.*
2. *Mewajibkan pemerintah daerah untuk membangun perpustakaan yang representatif, meningkatkan pelayanan yang optimal, dan menyediakan tenaga pengelola perpustakaan yang profesional.*
3. *Menjalin kemitraan antara perpustakaan daerah dan perpustakaan komunitas, serta membangun kerja sama antara perpustakaan komunitas lokal dan daerah lainnya.*
4. *Mewajibkan lembaga pendidikan dan lembaga pemerintahan yang memiliki perpustakaan agar memberikan pelayanan bagi masyarakat luas.*
5. *Mewajibkan pengembang kompleks perumahan/pengelola pusat perbelanjaan untuk membangun perpustakaan sebagai bagian dari fasilitas umum.*
6. *Mewajibkan penerbit menyumbangkan buku-buku kepada perpustakaan komunitas dan mengadakan peluncuran buku terbaru serta pelatihan menulis bersama para penulis buku.*
7. *Mendorong warga masyarakat untuk mendirikan perpustakaan komunitas di setiap desa/ kelurahan.*
8. *Mewajibkan perusahaan mengalokasikan tanggung jawab sosial perusahaan* (Corporate Social Responsibility) *untuk perpustakaan komunitas.*

9. *Menumbuhkan kebiasaan membaca dengan menyediakan bahan bacaan di lingkungan keluarga, lembaga pendidikan, dunia kerja, instansi pemerintah, tempat ibadah, dan fasilitas umum lainnya.*

Perubahan

Demikian sembilan rekomendasi ini diajukan kepada khalayak. Semoga mendapat dukungan dari semua elemen demi mewujudkan kejayaan Indonesia di masa mendatang.

Rekomendasi itu terus melekat di benak saya. Coba saja tengok. Di UUD No. 43 Tahun 2007 tentang Perpustakaan, Forum TBM didorong untuk idealnya menyelenggarakan satu TBM di setiap desa, sementara perpustakaan di kampus-kampus secara umum kurang diminati. Ada 72 ribu desa di negeri ini. Sekarang, di Indonesia baru ada 6004 TBM. Apa mungkin? Lalu, Permendiknas No. 48 Tahun 2010 berkompromi hingga tahun 2014, minimal tiap kabupaten/kota cukup 10 TBM dulu.

Nah, begitulah. Bagi saya, Rumah Dunia bukan sekadar TBM atau komunitas literasi, melainkan juga rumah perubahan. Jadi, untuk mengubah negeri ini, mulailah dari tingkat paling kecil, yaitu diri sendiri, setelah itu rumah, kemudian lingkungan, dan seterusnya. Menembus batas diri dan wilayah.

83
Tim Anti-nonliterasi

Agus M. Irkham

Yang miskin jangan bersedih
yang kaya janganlah bangga
derajat manusia di sisi Tuhannya
bukan karena hartanya...

***

Syair di atas adalah penggalan lagu dari Rhoma Irama, raja dangdut sepanjang masa. Bagaimana realitasnya di tanah para sultan (Banten) ini? Jauh panggang dari api. Ternyata yang miskin, dipaksa-paksa tidak bersedih juga tetap saja bersedih. Bagaimana tidak sedih, kalau masuk sekolah masih saja mahal. "Anak saya gratisnya cuma masuk SD *doang*. *Pas* ke SMP, mesti *nyediain* duit ratusan ribu. Coba, *gimana nggak* sedih jadi orang miskin!"

Jabatan

Terus, yang kaya apa dilarang berbangga diri? Boleh-boleh sajalah. Bang Rhoma ini bagaimana, sih? Kita cari uang, kan, untuk jadi kaya. Setelah kaya, kita boleh dong, menikmati hasilnya! Pamer sandang dan pangan serta selera kelas atas. Kalau perlu mengubah penampilan dengan operasi plastik agar tampak kinclong. Kalau sudah selesai urusan primer dan sekunder, boleh dong ke urusan lainnya! Untuk apa kita kaya raya, kalau pekerjaannya cuma duduk ongkang-ongkang kaki. Mending kalau kekayaan itu dari hasil pekerjaan profesional kita, tapi kalau kaya gara-gara ketiban komisi? Tidak enak juga, kan. Nanti dikiranya kita kaya gara-gara memelihara tuyul. Hualah!

Nah, sekarang, kan, sedang musim pemilukada langsung. Boleh dong yang kaya mencalonkan diri jadi kepala desa, bupati atau gubernur? Jadi, kekayaan yang kita miliki ada manfaatnya, bisa memberi nafkah kepada penjual jasa konveksi (spanduk, stiker, kalender, dan kaos), memberi tambahan penghasilan kepada para aktivis atau akademisi (jadi tim sukses), dan syukur-syukur harta kita memberi manfaat kepada orang banyak. Kalau misalnya nanti terpilih jadi gubernur, terus kekayaan kita semakin bertambah, ya wajar-wajar sajalah. Namanya juga hukum dagang. Ada modal, pasti ada keuntungan.

Perpustakaan

Tapi, kadang kita lupa, apakah dengan kekayaan yang kita miliki, kita sudah memberikan banyak kontribusi kepada masyarakat banyak dalam hal pendidikan? Misalnya, membangun sekolah atau memberikan beasiswa. Kontribusi sosial ini saya pikir sangatlah perlu dikemukakan terkait dengan pilkada di Banten ini. Sering mengemuka tim antikorupsi melakuan amanahnya dengan mencatat daftar kekayaan para calon pejabat. Rata-rata yang berniat jadi pemimpin sekelas bupati atau gubenur memang orang kaya. Artinya, kekayaan yang dimiliki oleh seseorang signifikan dengan jabatan politis yang diemban.

Nah, pernahkan terlintas, bahwa selain ada tim antikorupsi, juga ada tim anti-nonliterasi? Apakah itu? Literasi dan terasi, wahai, adakah hubungannya? Tentu saja ada. Literasi dan terasi sebenarnya selalu hadir tanpa kita sadari. Terasi, pasti selalu ada di antara deretan bumbu-bumbu masak lainnya, seperti garam, gula, merica, dan cabe rawit. Terasi ada tapi tiada. Begitu juga dengan literasi (aksara). Dia selalu kita gunakan setiap hari, tapi sebetulnya tidak kita pedulikan.

Contoh nyata, literasi mau tidak mau, selain harus berumah di institusi pendidikan semisal sekolah dan perguruan tinggi, juga berumah di gedung yang dinamakan perpustakaan, entah itu perpustakaan setingkat kantor, UPTD, masjid, masyarakat, maupun perpustakaan pribadi di rumah kita.

Punyakah kita yang kaya raya ini rentetan aksara yang terkumpul di dalam buku dan berumah di perpustakaan?

Indonesia Cerdas

Terkait dengan para cagub dan cawagub Banten, bahkan di seluruh Indonesia, yang tentu kaya raya, bisakah selain daftar kekayaannya kita catat dan laporkan, juga buku-bukunya kita catat pula? Punyakah mereka perpustakaan pribadi di rumah? Punyakah mereka buku-buku di kantor atau ruangan kerjanya? Buku apa saja yang mereka baca? Membaca sastrakah mereka? Jika mereka bepergian membawa tas, apakah mereka selalu bawa buku? Jangan-jangan di tas para calon kepala daerah perempuan hanya ada alat kosmetik! Jangan-jangan di mobil para calon kepala daerah itu tidak ada buku! Jangan-jangan di ruang kerja mereka cuma ada sofa, lukisan kaligrafi Allah dan Muhammad, tapi tidak ada rak berisi buku.

Apa hubungannya para cagub dan cawagub dengan buku? Oh, ada banget!

Silakan saja kita kaji kinerja para pemimpin di Pemprov Banten generasi pertama ini dan seluruh pemimpin di 33 provinsi di negeri ini (periode 2000–2004) mulai dari gubernur yang dinonaktifkan, Plt gubernurnya, para pejabat setingkat asda, dan kabironya. Juga para bupati di seluruh wilayah itu, kepala dinas, ketua DPRD Banten dan DPRD Kabupaten!

Cobalah kita bentuk sebuah tim yang berisikan orang-orang yang kompeten dan sepakat buku adalah kunci kesuksesan. Tim itu kita namai Tim anti-nonliterasi. Tim ini bekerja mendatangi rumah-rumah para calon pemimpin itu. Kita tidak mencatat daftar kekayaaan materialnya, seperti jumlah uang di rekening mereka dan daftar merek mobilnya, tapi mencatat daftar kekayaan bukunya! Adakah di rumah mereka perpustakaan pribadi?

Kok, ngotot sekali dengan perpustakaan pribadi?

Pernah mendengar cerita tentang Abraham Lincoln, Presiden Amerika abad yang lewat? Dia adalah presiden yang peduli pada bangsa kulit hitam, yang hanya lulusan SD. Dia bisa jadi presiden dengan merangkak dari bawah. Awalnya dia kurir. Karena rajin membaca buku, dia ditawari menjaga perpustakaan. Semua buku dibacanya, hingga setiap presiden punya masalah, dialah yang sanggup menasihati presiden dan mencarikan jalan keluarnya. Dia bisa begitu karena membaca buku. Kemudian, orang-orang menyuruhnya ikut pemilihan presiden. Terpilihlah dia. Di negeri kita, Adam Malik juga contoh nyata. Dari kegemarannya membaca, dia jadi menteri luar negeri, lalu jadi wakil presiden. Thomas Alfa Edison juga lulusan SD, tapi karena getol membaca, akhirnya bisa menciptakan lampu atau bohlam.

Di Banten atau di kota-kota provinsi lainnya, tampak sekali para pemimpinnya tidak menyukai buku. Padahal, gelarnya berderet-deret dan aneh-aneh. Contoh nyata, saat awal Banten jadi provinsi, para petinggi di DPRD Banten ogah membangun gedung perpustakaan. Bahkan, sekarang pun, rencana pembangunan gedung perpustakaan dibatalkan. Plt gubernur dan ketua DPRD-nya setali tiga uang. Lihatlah juga kebijakan-kebijakan publik atau politis yang mereka putuskan, jauh rak dari buku. Lembaga setingkat dinas pendidikan saja tidak becus membangun SMA UNGGULAN yang kini berubah jadi SMA CMBBS. Kalaulah pendidikan tidak mereka jadikan sebagai proyek, tentu ceritanya jadi lain. Tapi itulah, cara berpikir mereka masih menggunakan "budaya berhitung", bukan "budaya berpikir".

Terus, apa tujuannya membentuk tim anti-nonliterasi? Maunya kita jadi tahu siapa yang layak jadi pemimpin. Jika di rumah-rumah yang saya sebutkan di atas itu tidak ada perpustakaan pribadi, berarti mereka tidak pernah membaca buku. Kalau kenyataannya begitu, bagaimana bisa mereka menjadi pemimpin kita? Itu artinya mereka termasuk yang antiliterasi alias anti-menuju Indonesia cerdas.

Kalau sudah begitu, *ngapain* kita memilih mereka jadi pemimpin?

Terus, terus, siapa yang jadi tim anti-nonliterasi?

Tanyakan saja sama KPUD, panwaslu, dan LSM! Mereka, kan, orang-orang pintar. *Eits*, jangan-jangan malah di rumah mereka juga tidak ada perpustakaan pribadi. Duh!

84
Gempa Literasi hingga Timur Tengah

Gol A Gong

"Indonesia adalah salah satu dari tiga negara terbesar yang mengirimkan Tenaga Kerja Wanita ke Timur Tengah untuk pangsa pasar *unskilled labour* sekelas Eritrea dan Sudan!" Ujar Pak Wahid Supriyadi, Duta Besar RI untuk persatuan Emirat Arab pada saat memberikan pengantar dalam acara "Peluncuran Buku Tamasya ke Masjid" yang ditulis Jaya Komarudin Cholik, relawan Rumah Dunia dan alumni Kelas Menulis Rumah Dunia angkatan ke-7, yang sejak 2006 berprofesi sebagai pekerja migran di Abu Dhabi.

Ubah Paradigma

Ungkapan Pak Wahid, mantan Konjen Melbourne, di depan para warga Indonesia yang tergabung dalam Komunitas Masyarakat Muslim Indonesia (KMMI) Abu Dhabi ini memang terasa pahit. Bagi bangsa besar di Asia Tenggara dengan sumber daya intelektual manusianya yang tidak dapat dianggap remeh, justru lewat kebijakan yang tidak populer dan memperburuk wajah bangsa, Indonesia menjadi tidak lebih dari negara pengekspor pembantu!

Padahal, negara yang mendapat julukan Negara Duta Para Bangsa karena merekrut tenaga kerja di lebih dari 130 negara—bisa dibilang buruh Skandinavia hingga tentara bayaran yang dipungut dari pegunungan Himalaya—ada di Persatuan Emirat Arab (PEA).

"Gerakannya gesit dan lincah alias kecil-kecil cabe rawit!" Begitu warga Indonesia di Abu Dhabi menyebut Dubes-nya. Pak Wahid memang tidak main-main dan bertekad mengubah paradigma serta citra bangsa lewat lobi dan terobosannya dari berbagai aspek, termasuk meningkatkan kerja sama di bidang ekonomi, yang sebelumnya hanya bernilai 200 ribu US$ saja. "Itu pun ketika dicek hanya berupa ruko di Jakarta," ungkap Pak Wahid. Kini, dalam kurun waktu 2 tahun saja, usaha Pak Wahid sudah terbang ke angka jutaan dolar. "Indonesia negara besar di Asia Tenggara, tetapi dari segi kerja sama ekonomi masih jauh dari Malaysia dan Thailand. Saat semua negara membukukan nilai kerja sama ekonomi jutaan dolar dengan 'kembang'-nya Timur Tengah, kita masih saja disibukkan dengan jasa pelayanan konsuler!" ungkap Pak Wahid miris.

Maka, peluncuran buku *Tamasya ke Masjid* (Gong Publishing) pada 25 Juni, pukul 20.00–23.00 WIB, di aula serbaguna kedubes RI untuk PEA—dihadiri lebih dari 30 orang—disambut dengan sukacita karena buku ini juga milik semua warga Indonesia di PEA. Setelah para pekerja migran di Hongkong yang tergabung dalam Forum Lingkar Pena melahirkan para penulis, disusul Jenny Ervina, buruh migran di Taiwan asal Petir, Serang, yang menulis kumcer *Gadis Bukan Perawan* (Gong Publishing) Timur Tengah akhirnya menyusul. Peluncuran buku di PEA ini semoga menjadi awal perubahan paradigma baru seiring dengan bertambahnya jumlah para tenaga terlatih (*skilled labour*) dan menggantikan porsi pekerja tenaga tak terlatih (*unskilled labour*) yang menurut data sementara masih ada di kisaran 40 persen.

Tamasya ke Masjid dan Gempa Literasi

Buku *Tamasya ke Masjid* yang ditulis Jaya Komarudin Cholik ini memang didukung penuh oleh dua komunitas warga Indonesia di PEA, yaitu KMMI Abu Dhabi dan Indo Emirat, sebuah komunitas warga Indonesia di Ruwais. Misi yang dibawa memang tidak sekadar menyajikan sebuah buku, tetapi lebih pada menularkan budaya literasi, membaca dan menulis. Kedua komunitas tersebut menyambut baik peluncuran buku ini dan berharap ke depannya akan hadir forum pencinta literasi.

Buku *Tamasya ke Masjid*, menurut Joko Priatmoko, wakil ketua KMMI, bukan sekadar memoar, melainkan juga menghadirkan wajah baru bagi setiap pembaca dalam memandang masjid. Masjid bukan hanya rangkaian bentuk fisik karena menyimpan kekuatan dari setiap individu yang berinteraksi di dalamnya.

Pak Wahid juga mengomentari gaya bahasanya—beliau sudah tiga kali memberikan *endorsement*, dua buku sebelumnya diterbitkan di Australia. Gaya penulis, menurut Pak Wahid, mampu menghadirkan bahasa yang mengalir, sederhana, mudah dimengerti serta sarat informasi dan referensi. Mengingatkannya pada jargon *Koran Tempo*: enak dibaca dan perlu.

"Memoar ini tidak hanya berisi pengalaman pribadi, tetapi juga memberikan pelajaran bahwa menulis memoar pun harus menggali berbagai sumber. Pesan yang disampaikan pun tidak menggurui, walaupun sepertinya tidak mempunyai keberanian untuk menyatakan sesuatu secara tegas", ujar Bambang, pengusaha restoran Sari Rasa yang ikut hadir dan sudah membaca buku *TKM*. Namun, beliau masih penasaran dengan kisah "Cinta dari Bilik Mihrab" yang menjadi bagian buku ini. "Kisah ini sangat berbanding terbalik dengan kenyataan para remaja sekarang", ujarnya.

Rencananya, setelah Abu Dhabi, *TKM* juga akan diluncurkan di Ruwais, kota para tenaga terlatih untuk minyak dan gas; kemudian di Jakarta pada saat Pesta Buku Jakarta; dan selanjutnya di Kota Serang, Banten, sebagai bagian dari gerakan Banten Bangkit dengan *tagline*: *saatnya otak, bukan otot*, yang digaungkan oleh Gong Publishing. *TKM* sendiri buku ke-7 yang diproduksi Gong Publishing, yang mewadahi para penulis di bumi para jawara ini.

Gempa Literasi yang digulirkan oleh Gol A Gong di Rumah Dunia—meliputi pertunjukan seni, pelatihan, diskusi, bedah dan peluncuran buku, hibah buku, dan aneka lomba literasi—memang membawa semangat lokal pada perubahan kultur rakyat Banten.

Jaya Komarudin Cholik, yang kini bekerja di PEA ini dulu juga merupakan produk lokal Banten yang bekerja di salah satu pabrik petrokimia di Cilegon, dan tiap akhir pekan jadi relawan di Rumah Dunia sambil belajar menulis di Kelas Menulis Rumah Dunia.

Tanya-jawab mengalir dengan hangat dan harapan dari peluncuran buku *TKM* ini adalah hadirnya komunitas baca-tulis di PEA, agar ke depan lahir kembali buku-buku yang menambah dahsyatnya gempa literasi yang sudah terasa hingga ke Timur Tengah ini.

85
Antara Rumah Rakit dan Pelatihan Menulis

Gol A Gong

Ketika Trini Haryanti Usman, Direktur Yayasan Pengembangan Perpustakaan Indonesia (YPPI), menawariku mengisi pelatihan di Sudut Baca Bayung Pustaka, Kecamatan Bayung Lencir, Musi Banyuasin, Sumatra Selatan, aku langsung mengiyakan. Uang honorarium dan transportasi dengan Garuda ke Jambi kupecah untuk kubelikan dua tiket Lion Air. Aku sudah lama berjanji mengajak Tias Tatanka plesiran ke Sumatra. Untuk urusan hotel, aku meminta tolong kepada pembaca berat novel serialku, *Balada si Roy*, Marvin Sitorus, yang juga pengelola www.hargahotel.com. Aku dan Tias menyusun tur Jambi dan Palembang. Eyang Putri, ibu mertuaku, yang sedianya berkunjung ke Serang awal Januari, kami minta untuk segera datang dari Solo, menemani keempat anak kami.

Dijemput Mobil Perpustakaan

Jumat, 17 Desember 2010, pukul 05.30 WIB, Alfan Travel menjemput kami di Taman Budaya Rumah Dunia. Bella (12 th) dan Abi (11 th) kami bangunkan. Aku berjanji kepada mereka, sepulang dari Sumatra akan mengajak mereka liburan sekolah dengan cara *backpacker*. Kedua anak kami yang lain, Odi (7 th) dan Azka (6 th), masih tidur pulas. Kami berpamitan pada Bella dan Abi. Wajah mereka tampak bersedih, tapi ibu mereka meyakinkan lagi bahwa suatu hari nanti mereka akan diajak piknik bersama.

Sepanjang perjalanan menuju bandara Soekarno-Hatta, telepon genggam istriku berbunyi terus. Rupaya kedua anak kami, Odi dan Azka, sudah bangun. Tias menghibur mereka dengan berjanji akan membawa oleh-oleh. Wajah istriku kemudian berubah penuh penyesalan. Dalam kondisi seperti ini, hati perempuan selalu lebih peka. Aku membiarkannya saja hingga emosinya stabil.

Jalan tol Serang–Cikupa rusak parah. Itulah wajah Banten. Di seluruh Banten, jalan penghubung antarkota banyak yang rusak. Jalanan rusak jadi masalah sepanjang kepemimpinan Hj. Rt. Atut Chosiyah (2000–2011). Jalanan di Kota Serang sebagai ibu kota Provinsi Banten saja banyak yang rusak. Para Kepala Daerah saling lempar tanggung jawab. Semua menyatakan itu bukan kewenangan mereka. Pihak kota melempar ke kabupaten, pihak kabupaten ke provinsi, dan provinsi ke pusat. Kemudian, rakyat hanya bisa menggerutu. Pernah sebuah ruas jalan dibetulkan, tapi tidak lama kemudian rusak lagi.

Travel yang mengangkut kami pun akhirnya tiba di bandara sekitar pukul 08.30 WIB. Kami terbang menggunakan Lion Air sekitar pukul 12.35, setelah mengalami penundaan dua kali. Selama perjalanan ke Jambi, hati kami terbelah dua. Selalu ingat keempat anak kami. Aku berkata kepada Tias, bahwa perjalanan ke Sumatra ini adalah bagian dari pelajaran penting, karena pada akhirnya kami akan berpisah dengan keempat anak kami. Suatu saat mereka akan kuliah di berbagai kota pilihan masing-masing. Kalau sudah begini, aku jadi ingat sajak-sajak Kahlil Gibran tentang orangtua yang harus melepaskan anak-anak ke masa depan.

Persis pukul 14.00 WIB kami tiba di Bandara Sultan Taha, Jambi. Kedatanganku ke Jambi ini adalah yang kedua kalinya. Yang pertama pada akhir Oktober 2010 ketika mengisi pelatihan di Forum Lingkar Pena Jambi dan Tebo Art Community. Sementara bagi Tias, ini adalah perjalanan pertamanya ke Sumatra. Aku melihat ekspresi wajahnya mulai berseri-seri melihat wilayah baru.

Setelah urusan bagasi selesai, kami keluar bandara. Apri Tangga, relawan Yayasan Pengembangan Perpustakaan Indonesia dan Berlian Santosa dari Forum Lingkar Pena Jambi menjemput. Aku menyerahkan 10 buku *Balada si Roy* pesanan Berlian. Berlian pulang. Lalu, menggunakan mobil perpustakaan keliling, kami meluncur menuju Bayung Lencir, Musi Banyuasin, Sumatra Selatan. Aku jadi ingat Bajay Library sumbangan XL Care dan Yayasan Nurani Dunia, yang kini rusak dan jadi hiasan di Taman Budaya Rumah Dunia. Mobil *off road* berwarna kuning bertuliskan *mau baca jadi pintar* ini sangat mengundang selera. Andai Rumah Dunia memiliki mobil perpustakaan keliling ini!

Tempat duduknya hanya ada di depan. Aku duduk di tengah sehingga posisi pinggang miring. Karena posisi badanku menyelip di tengah dan aku mesti memiringkan badan, posisi tulang belakangku berubah. Baru setengah perjalanan, aku merasakan sakit di tulang belakang, persis di lumbar. Aku pun meminta mobil berhenti agar bisa meluruskan badan. Lalu, aku meminta pindah mobil. Apri memaklumi. Ada travel lewat dan ia menyetop travel itu. Aku dan Tias mengungsi ke sana. Lumayan, rasa sakit di lumbar teratasi walaupun sesekali muncul kejut listrik di betis kaki kiri.

Setelah satu jam perjalanan arah ke Palembang (70 km), pukul 16.00 WIB lewat kami tiba di Sudut Baca Bayung Pustaka, persis di depan RSUD Bayung Lencir. Perjuangan sebagai Ketua Umum Pengurus Pusat Forum TBM sedang aku mulai. Aku berdiri melihat ke ruko yang berjejer tiga buah. Tias mengambil gambar. Aku lihat sebuah perpustakaan mungil di sebuah ruko. Aku berjalan masuk, melepas sepatu. Ada dua rak membentuk huruf L.

Aku periksa koleksi bukunya. Ada buku pelajaran dan novel-novel serta komik. Cerita bergambar untuk anak-anak juga ada. Novel karyaku ada di sini. Senang sekali mendapati buku karya kita terpajang di rak buku perpustakaan atau taman bacaan. Inilah mestinya koleksi TBM, beragam. Trini sendiri tidak mau menyebut tempat binaannya sebagai TBM, tapi pustaka. Bagiku tidak apa-apa. Aku sendiri pada awal mendirikan Rumah Dunia menyebutnya Pustakaloka Rumah Dunia. Tapi, karena kemudian disingkat jadi PRD dan dihubungkan dengan sebuah partai, kuputuskan cukup menamainya "Rumah Dunia" saja.

Sayang, Apri memberi kabar semua hotel di Bayung Lencir penuh. Maka, kami bermalam di belakang rak buku. Ada kasur yang biasa dipakai staff YPPI. Di sinilah aku mesti salut memiliki Tias Tatanka. Selalu mengikuti apa kata suami. Ketika aku katakan tidur di perpustakaan, dia menurut saja. Jika menurut suami itu baik, maka baik pula bagi dirinya. Aku diposisikan sebagai imam. Tentu aku menjaga kepercayaan ini.

Tias langsung membereskan kasur, yang tentu bekas tidur para lelaki di Sudut Baca Bayung Lencir Pustaka. Kain yang dibawanya dipakai untuk menutupi sprei. Bantal ditutupnya dengan handuk bersih. Lalu dia rebah melepas lelah. Aku memandanginya dengan aneka rasa. Semoga kebahagiaan merasuki hatinya, karena yang kutahu keinginannya adalah selalu bersamaku.

Nobar *Mimpi Sauni*

Selepas sholat Isya, anak-anak kecil di sekitar Bayung Pustaka, yang rata-rata pendatang atau berasal dari kampung transmigran, berdatangan. Aku dan Tias menyalami mereka. Kami jadi merasa seperti di Rumah Dunia. Hal seperti ini sudah sangat akrab dalam keseharian kami. Kata Apri, anak-anak di Bayung Lencir tidak memiliki pilihan selain datang ke sini untuk membaca buku selepas sekolah. Inisiatif Trini dengan Yayasan Pengembangan Perpustakaan Indonesia yang disokong BP Migas, Pertamina Talisman patut mendapat acungan jempol. Tempat ini sangat bermanfaat bagi masyarakat.

Aku sudah berencana akan memutar film dokumenter Rumah Dunia. Rekan-rekan di Bayung Pustaka menyiapkan layar dan *LCD*. Sekitar 20-an anak kecil duduk lesehan melingkar. Mereka sangat menikmati film yang dibuat oleh Jaya Komarudin alias Lawang Bagja, alumni Kelas Menulis Rumah Dunia angkatan ke-4 (2004), yang kini jadi buruh migran di Dubai, UEA.

Anak-anak sangat menikmati suguhan film dokumenter itu. Bahkan, ketika film *Mimpi Sauni* kami putar, wajah anak-anak tampak bersedih. Film ini aku rasa mewakili dunia mereka yang terpinggirkan. Film ini diangkat dari novel kami dengan judul yang sama (diterbitkan Senayan Abadi, 2004), menceritakan bocah kampung bernama Sauni yang menjual kerupuk mi untuk menambah biaya sekolahnya. Uang keuntungan dari menjual mi ditabungnya untuk biaya masuk SMP. Setelah selesai berjualan, Sauni sering datang ke sebuah TBM untuk membaca buku dan berlatih puisi. Suatu hari, uang tabungannya mesti diserahkan kepada ayahnya yang butuh ongkos untuk bekerja di Sumatra. Sauni pun harus merelakan uang tabungannya.

Film *Mimpi Sauni* diproduksi tahun 2005 oleh sebuah rumah produksi. Pernah ditawarkan ke RCTI, tapi ditolak dengan alasan terlalu pilu. Departemen program RCTI beralasan rakyat Indonesia sudah susah, tidak usah diberi tontonan yang susah pula. Rakyat mesti dihibur dengan tontonan glamor dan artifisial. Terlebih lagi, di film itu ada adegan Sauni menyalakan lampu tempel. Orang-orang di RCTI tidak bisa menerima. Mereka tidak yakin di era modern ini masih ada rakyat Indonesia yang supermiskin seperti Sauni. Akhirnya film itu aku bawa setiap memberi pelatihan menulis atau pengelolaan TBM. Film itu selalu aku putar sebagai selingan. Tanggapan mereka selalu sama: mereka berharap ada televisi swasta yang mau menayangkannya!

Setelah memutar film, Tias membuat permainan. Anak-anak ditantang untuk maju dan menceritakan film tadi, mulai dari tokoh, karakter, hingga sinopsis. Ada hadiah sebuah pulpen bagi yang berani. Aku dan Tias cukup kagum karena mereka kritis, cerdas, dan kreatif. Ini adalah proses pembelajaran yang biasa dilakukan di Rumah Dunia. Di atas panggung, anak-anak Rumah Dunia diajak untuk mengenal empat keterampilan berbahasa: berbicara, mendengar, membaca, dan menulis. Cara ini juga berguna untuk mengenal lebih dekat para pengunjung yang datang ke Rumah Dunia.

Suatu hari, ketika anak-anak satu per satu naik ke panggung Rumah Dunia menceritakan kisah menarik tentang kehidupannya—di sekolah atau di rumahnya—kami jadi tahu bahwa mereka memiliki cerita hidup yang unik. Ada anak yang ayahnya tukang ojek, anak yatim yang akan dinikahkan selulus SD (dan sekarang sudah menikah), anak yang ditempeleng ayahnya, dan anak yang tidak sekolah (lalu kami beri beasiswa).

Setelah anak-anak itu selesai bercerita, kami memberi mereka hadiah makanan seperti pisang goreng dan kue bolu atau alat-alat tulis seperti pulpen dan buku. Acara ini sangat diminati anak-anak. Mereka merasa jadi anak hebat ketika berada di atas panggung, karena mereka berdiri lebih tinggi dan menjadi pusat perhatian. Ini adalah pendidikan karakter di usia dini karena kami sebagai orang dewasa memberinya penghargaan. Anak-anak itu merasa dihargai dan dimanusiakan, dari bukan siapa-siapa menjadi seseorang.

Bagi kami, peristiwa malam itu di Sudut Baca Bayung Lencir Pustaka sangat menyenangkan. Ya, berada di antara mereka, anak-anak masa depan negeri ini, kami seolah sedang berada di dalam gua harta karun. Aku yakin, mereka akan tumbuh dan menjadi pemimpin yang baik di lingkungannya atau bahkan di negeri ini.

Malam merembet naik. Pintu ruko aku tutup. Lampu digelapkan. Kami tidur kelelahan dan mengawang ke dalam mimpi, seolah sedang tidur di kamar sebuah hotel berbintang.

Rumah Rakit dan Pelatihan

Selepas subuh, kami buka pintu ruko. Gerimis tidak begitu rapat. Kebiasaanku jika berkunjung ke sebuah kota adalah melihat pasar tradisional karena di tempat itulah kita bisa melihat kebudayan asli penduduk setempat. Itu kulakukan sejak masih sekolah (1982). Begitulah aku memanfaatkan perjalanan sebagai bagian riset lapangan untuk memperoleh ide bagi bahan-bahan novelku.

Aku lihat kalender yang menunjukkan hari Sabtu, 18 Desember 2010. Masih pukul 07.00 WIB. Aku mengajak Tias ke Sungai Lalan menaiki motor becak. Aku memberi tahu Tias, di Sungai Lalan ada perkampungan rumah terapung. Orang-orang Sumatra menyebutnya rumah rakit. Kami menembus gerimis. Tujuan kami, Pasar Baru, persis di bawah jembatan. Kami turun. Tukang motor becak bersedia menunggu. Seperti biasa, pasar tradisional selalu membuatku bergejolak. Melihat buah-buahan yang ditata apik, ikan segar yang dijejerkan, pisang-pisang hijau yang ditumpuk, pisang-pisang kuning keemasan yang digantung, cabe merah yang menyerupai bukit.

Aku ajak Tias ke pinggir sungai. Ini penting buat wawasan kreatifnya karena seminggu sekali serial yang kami tulis, "Backpacker Surprise", muncul di tabloid *Gaul*. Itulah alasannya kenapa aku mengajak Tias ke Jambi dan Palembang, agar latar lokasi ceritanya beragam. Serial "Backpacker Surprise" sudah ditulis sejak November 2009. Para pembaca sangat menyukainya, terbukti sekitar 90 SMS masuk ke *inbox* telepon genggamku sebagai wujud apresiasi.

Aku ajak Tias turun ke Sungai Lalan meniti papan. Tapi Tias takut. Tias menunggu saja di sebuah rumah penduduk, mengawasi setiap langkahku. Aku sudah sejak lama ingin bertualang di jalan-jalan terapung yang menghubungkan rumah rakit satu dengan rumah rakit lainnya.

Aku berhenti di sebuah teras rumah rakit. Di sisi lain, dua perempuan sedang mencuci di belakang rumah rakitnya. Sungai ini airnya cokelat dan cukup lebar. Aku merasa seperti sedang berada di Thailand saja. Di sana ada pasar apung (*floating market*), daerah tujuan para turis mancanegara untuk mengenal budaya lokal. Ini sebetulnya berpotensi besar menjadi peluang pemasukan kas daerah, terutama di sektor pariwisata.

Lalu, pemiliknya keluar. Aku berkenalan dengan si pemilik rumah rakit. Namanya Syarifudin. Ia dilahirkan di rumah rakit ini. Syarifudin bercerita bahwa satu rumah rakit harganya sekitar Rp6 juta. Rumah rakit milik neneknya ini berusia hampir 50 tahun. Neneknya, Maimunah, masih hidup dan tidak mau tinggal bersamanya di daratan. "Nenek sangat mencintai rumah rakit buatan kakek," jelas Syarifudin yang bekerja di Pertamina dan sudah memiliki rumah sendiri di daratan. Ia kini tinggal bersama istrinya.

Feeling-ku tentang potensi pariwisata di Sungai Lalan ini ternyata sehati dengan Syarifudin. Pemuda berusia 24 tahun ini mengungkapkan mimpinya, "Saya ingin membuat rumah rakit yang khusus untuk pariwisata. Butuh modal Rp50 juta untuk satu unit rumah rakit, perahu ketek atau sampan, dan kapal motor."

Aku meminta izin masuk ke dalam rumah rakit nenek Syarifudin. Hanya ada ruang tamu tanpa perabotan, kecuali televisi dan lemari es. Ada dua kamar dan satu dapur. Kegiatannya semua dilakukan lesehan. Untuk buang hajat ada jamban-jamban terpisah. Sedangkan untuk mandi, mereka langsung menceburkan diri ke sungai. Aku menanyakan penyakit apa yang biasa menyerang warga di rumah rakit. Tidak ada, jawab Syarifudin. Aku merasakan lantai dari kayu yang lembab, tapi ternyata itu tidak membuat mereka terkena penyakit paru-paru. Semua sangat menyenangkan, katanya.

Aku melihat Tias melambaikan tangan, memanggilku untuk segera kembali ke Sudut Baca Bayung Lencir. Pukul 11.00 WIB ada pelatihan menulis cerpen. Sekarang sudah pukul 10.00 WIB. Tidak terasa. Aku berpamitan pada Syarifudin. Aku hanya bisa mendoakan semoga cita-citanya tercapai. Suatu saat kelak, jika aku ke Bayung Lencir lagi, akan mampir ke rumah rakit milik Syarifudin.

Aku bergegas menemui Tias dan segera kembali ke motor becak yang dengan setia menunggu di Pasar Bawah. Kami mampir sarapan dulu di rumah makan Soto Solo. Tanpa santan tentu. Itu menu pantangan. Aku harus disiplin soal makanan, tidak boleh santan apalagi daging merah. Padahal, aku penikmat kuliner.

Pelatihan

Kembali ke Sudut Baca Bayung Lencir, Apri sudah menyiapkan tempat. Aku dan Tias *ngebut* membacai cerpen-cerpen para peserta. Satu per satu pelajar dan guru berdatangan. Ada 20-an pelajar dan 5 guru yang dengan tekun mengikuti paparanku tentang tips menulis cerpen. Mereka adalah peserta lomba menulis "Dari dan untuk Bayung Lencir Kami Menulis" yang diselenggarakan Sudut Baca Bayung Pustaka.

Aku dan Tias secara bergantian membahas cerpen-cerpen peserta. Ada sekitar 40-an naskah yang masuk. Kebanyakan masih lemah di persoalan ejaan, pemilihan kata, dan pengolahan ide.

Kataku, "Cerita pendek itu kekuatannya di konflik. Kita harus mampu mampu mengelola konflik." Tapi, ide yang mereka munculkan sangat menarik. Terutama ide dengan latar lokasi sungai Lalan, tempat rumah rakit berada.

Tanya-jawab pun berlangsung seru. Rata-rata mereka bingung menentukan sudut pandang, menggunakan sudut pandang orang pertama (aku) atau orang ketiga. Rata-rata menyukai "aku", karena mudah menuliskannya. Mereka juga bingung bagaimana memulai kalimat pembuka. Aku sarankan agar mereka memahami ilmu jurnalistik. Unsur berita dengan resep 5 W plus 1 H adalah jawaban manjur. Mereka bisa memulai menulis dengan memilih salah satu unsurnya: *where* (tempat), *when* (waktu), atau *who* (tokoh).

Aku senang karena kedatangan kami ke sini bermanfaat. Mereka mengungkapkan, setelah mendapatkan tips mudah menulis cerpen, mereka semakin tahu kesalahan mendasar mereka sekaligus mendapatkan solusinya. Pelatihan menulis memang kegiatan Gempa Literasi yang jadi primadona. Saat muda aku berikrar kepada Tuhan, jika aku sukses menjadi seorang penulis, akan aku bagi-bagikan ilmu menulis ini kepada siapa saja yang ingin belajar.

Di Rumah Dunia, sejak 2002, aku membuka Kelas Menulis. Pada 2011 ini sudah ada 18 angkatan. Pelatihannya gratis. Para peserta hanya menyumbang satu buku untuk menambah koleksi perpustakaan di Rumah Dunia. Ketika ada yang memintaku untuk memberikan pelatihan di luar Banten pun, jika pihak yang mengundang kesulitan mencari dana untuk honorariumku, aku membantu mencarikan solusinya. Untuk ilmu pengetahuan, semua bisa dinegosiasikan.

Pelatihan usai pukul 14:30 WIB. Kami berkemas. Sorenya, pukul 16.00 WIB, kami meninggalkan Bayung Lencir, kembali ke Jambi diantar seorang warga yang kebetulan hendak ke Jambi. Menjelang Maghrib, kami tiba di Jambi. Kami *check in* di Novotel Jambi dengan harga diskon berkat bantuan pembaca novelku, Marvin Sitorus dari www.hargahotel.com. Kami ke Jambi bukan untuk sekadar plesiran, tapi memberi pelatihan menulis kepada 60-an guru di Yayasan Pendidikan Attaufiq. Ini kali kedua pelatihan di sana setelah Oktober 2010 aku memberi pelatihan kepada murid-muridnya. Sambil memberi pelatihan, aku jualan buku *Be a Writer: Ledakkan Idemu, agar Kepalamu Nggak Meledak* (Gong Publishing). Dari penjualan buku inilah aku bisa mengongkosi perjalanan Gempa Literasi.

Wisata Batanghari

Kami harus berterima kasih kepada Marvin Sitorus karena sudah mengurusi penginapan. Hal ini pun dia lakukan di Palembang nanti. Setelah dari Jambi, pada Senin 20 Desember 2011, kami akan meluncur lewat jalur darat ke Palembang. Marvin sudah mengurusi penginapan kami di Novotel juga.

Melihat kamar hotel yang lebih *lux* ketimbang di Sudut Baca Bayung Lencir Pustaka, kami merasa bersyukur. Kami rindu mandi air panas karena tubuh terasa pegal. Kami bersenang-senang.

Setelah mandi, kami mengubek-ubek kota Jambi. Sholat di masjid 1.000 menara. Mengisi malam Minggu dengan menyusuri Sungai Batanghari dan menikmati kuliner. Beruntung sekali warga Jambi karena diberi anugerah Sungai Batanghari. Tuhan memang adil. Kotaku diberi anugerah pantai, walaupun para pengusaha dan orang kaya dari Jakarta merampas pantainya dengan menyulapnya jadi vila dan hotel. Di Jambi, di sepanjang pinggiran dibuat trotoar, pedagang makanan dan minuman berjejer. Para turis domestik bisa menuruni anak tangga dan duduk di bibir sungai menikmati senja.

Hanya saja, turis mancanegara tidak aku lihat. Ketika aku tanyakan kepada rekan wartawan *Antara* Jambi, Fahmi, jawabannya cukup mengejutkan juga, "Di Jambi, warga lokalnya belum bisa seratus persen menerima pendatang. Apalagi harus melayani turis mancanegara. Padahal, pariwisata identik dengan senyuman." Aneh juga. Saat jalan-jalan menyusuri pusat kota, tidak tampak satu pun turis bule. Ketika mendengar jawaban Fahmi, akhirnya aku memaklumi. Hampir sama dengan di Banten. Kecuali Pantai

Selat Sunda, wisata sejarah di Banten Lama sepi dari bule karena persoalannya memang sama dengan di Jambi. Apalagi di ibu kotanya, Serang. Nyaris tak pernah ada bule mampir. Padahal ada kota tua di daerah Kaujon; wisata kuliner seperti sate bandeng atau nasi sum-sum; serta gedung-gedung bersejarah di alun-alun Kota Serang, seperti Gedong Joang, Gedong Negara, dan pendopo Kabupaten Serang. Tapi, melihat amburadulnya penataan kota, harap maklum jika Serang tidak akan mampu jadi "titik kejut" pariwisata.

Guru Sastra

Minggu pagi, 19 Desember 2011, kami dijemput Rudi, Ketua Yayasan Pendidikan Attaufiq. Kami dibawa ke sekolah yang serbabiru dengan kombinasi warna kuning. Guru-guru, sekitar 70 orang, sudah berkumpul di sebuah kelas.

Di setiap pelatihan menulis, hal pertama yang selalu aku tanyakan adalah, "Siapa yang punya koleksi di atas 50 buku? Di bawah 50? Di bawah 25 buku? Di bawah sepuluh? Atau ada yang tidak punya buku?" Ini memang memprihatinkan, apalagi jika ada yang tidak memiliki koleksi buku kecuali buku pelajaran. Biasanya, aku memberikan hadiah novel karyaku kepada orang itu sambil berkata, "Ini koleksi pertamamu. Mulai sekarang, beli rak buku dan isi buku. Mulailah membeli satu buku setiap bulan, misalnya."

Ini memang ironis. Banyak sekali guru-guru bahasa Indonesia yang tidak rajin membeli buku di luar disiplin ilmunya. Mereka hanya berkutat dengan buku pelajaran. Bahkan, mereka tidak terampil menulis. Rheinald Kasali pernah menulis bahwa di Indonesia itu yang ada hanya "guru kurikulum" yang lebih pandai mencetak para juara di kelas atau juara perlombaan matematika, tapi miskin rasa. Mereka bahkan jadi tidak manusiawi ketika bersinggungan dengan kehidupan. Golongan ini lebih suka dengan statistik daripada melihat kenyataan. Mencari "guru inspiratif" sangatlah susah.

Pelatihan menulisku ini tidak sekadar mengajari mereka menulis, tapi juga membagikan pengalaman bahwa menulis itu pada dasarnya adalah pengabdian. Penulis harus mau berbagi karena karya yang ditulis seorang penulis tidak berdiri sendiri. Banyak melibatkan orang. Bahkan, idenya pun berasal dari luar dirinya. Aku pernah mendapat ide menulis novel dari seorang anak yang berjualan kerupuk bernama Siti Sahauni. Jadilah novel *Mimpi Sauni* yang aku tulis bersama Tias Tatanka. Dari royalti novel itu, aku bisa membantu Sahauni masuk ke SMP.

Menu pelatihanku ada tiga: Gempa Literasi, cara mengelola Taman Bacaan Masyarakat, dan menulis itu gampang. Biasanya, aku putar film dokumenter Rumah Dunia untuk menghangatkan suasana. Juga ada pembacaan puisi setelah paparan teori, seperti menggali ide lewat kaidah jurnalistik (5 W plus 1 H), unsur intrinsik (ide, tema, amanat, sinopsis, alur, plot, tokoh, karakter, dialog, konflik, latar tempat, latar waktu, sudut pandang, gaya bahasa, dan *ending*), juga ekstrinsik (sosial, ekonomi, dan budaya). Tentu praktik lebih penting. Para peserta aku minta menuliskan contoh dari unsur intrinsik tadi. Kalau di Kelas Menulis Rumah Dunia yang sudah sampai angkatan ke-18, pelatihannya tidak di dalam ruangan, tapi di pasar, alun-alun, juga mal. Mereka langsung riset lapangan dan mencari ide di sana, kemudian menuliskannya.

Pelatihan selesai menjelang ashar. Kami kembali ke hotel dan istirahat karena Senin, 20 Desember 2011, harus ke Palembang lewat jalur darat! Aku bisikkan ke Tias bahwa Palembang memiliki wisata kota yang indah, yaitu Sungai Musi.

86
Wisata Sungai Musi dan Ummi Award

Gol A Gong

Dari honor yang aku peroleh di Sudut Baca Bayung Lencir dan penjualan buku *Be a Writer: Ledakkan Idemu, agar Kepalamu Nggak Meledak* di Jambi, aku bisa membawa Tias Tatanka *travelling* lagi ke Palembang. Sudah merupakan janjiku, aku akan memudahkan setiap orang yang hendak belajar menulis. Aku akan memberi pelatihan menulis di Forum Lingkar Pena Palembang. Jadi, begitulah caranya. Jika ada lembaga yang memiliki sponsor mengundangku untuk memberi pelatihan, aku akan sebar di Facebook, milis, atau situs. Aku tawarkan kepada mereka untuk menyelenggarakan pelatihan. Mereka bisa berhemat biaya transportasi pesawat dan penginapan. Tapi, aku tawarkan kepada setiap peserta untuk membeli bukuku. Si panitia tentu mendapat bagian untuk kas. Tapi, tidak pun tidak apa. Aku siap datang. Berapa orang pun, aku akan memberikan semua ilmu menulis yang aku punya.

Wisata Sungai

Pada Senin pagi yang cerah, 20 Desember 2011, travel menjemput kami di Novotel Jambi. Jalanan kecil tapi mulus, tidak begitu berkelok. Kami meluncur menuju Palembang. Tak ada yang istimewa di sepanjang perjalanan, kecuali kelapa sawit dan karet. Setelah sekitar lima jam perjalanan, kami sampai di Palembang.

Kami *check in* di Novotel. Lagi-lagi aku harus berterima kasih kepada Marvin Sitorus karena semua sudah diatur. Harga juga 50 persen diskon untuk dua hari di kamar *super deluxe*! Kami seolah sedang berbulan madu lagi! Sebetulnya ini juga bagian dari pelunasan utangku kepada Tias, yaitu membawanya *travelling* sebagai mas kawin! Untung Eyang Putri datang dari Solo, menemani keempat buah hati kami di Banten.

Maka, selepas ashar, aku mengajak Tias ke Sungai Musi. Tepatnya di Benteng Kuto Besak. Aku mengajaknya naik angkutan kota agar seru. Jika naik taksi hotel, Tias tidak akan mendapatkan apa-apa. Ini adalah pelajaran "riset lapangan" bagi Tias untuk menulis novel.

Sesampainya di Musi, aku kaget. Aku pernah ke Palembang, yaitu saat masih bujangan, era 90-an. Saat itu, dari Lampung aku naik kereta. Area di Sungai Musi kala itu masih sesak dan kumuh. Sekarang sudah ditata rapi. Pinggiran sungai dibentengi dan diberi trotoar, semacam plaza, seperti di Losari, Makassar. Seperti di sungai Nil, Kairo. Seperti di Sungai Gangga, Varanasi, India. Jambi dengan Sungai Batanghari dan Samarinda dengan Mahakam pun boleh bersaing. Inilah kota-kota yang oleh Tuhan diberi anugerah sebuah sungai.

Tias betul-betul menikmati perjalanan ini. Beberapa kali Tias berpose dengan latar belakang Jembatan Ampera. Di Batanghari, Jambi, kami pun mengambil gambar di atas perahu dengan latar belakang jembatan. Aku pikir, Jembatan Ampera ini sudah jadi *landmark* Palembang. Begitu juga jembatan di Batanghari, Jambi. Beruntunglah warga di kedua kota itu. Sedangkan di kampung halamanku, apa yang mesti aku banggakan? Punyakah Banten sebuah *landmark*? Jakarta memiliki Monas, Bandung dengan Gedung Sate, Yogya dengan Maliboro, Palembang boleh bangga dengan jembatan Ampera! Sementara Banten? Sebetulnya ada peluang dengan menara Masjid Banten Lama.

Kata Tias, "Sudah, jangan *mikirin* Banten! Sekarang, nikmati Palembang!" Maka aku dan Tias menikmati senja dengan mengunyah empek-empek. Gurih nan romantis.

Setelah itu, aku mengajak Tias sholat mahgrib di Masjid Raya, Palembang. Aku melihat begitu banyak perubahan. Masjid ini jadi tampak besar karena area di sekitarnya dikosongkan. Masjidnya dikelilingi jalan melingkar sehingga keberadaannya tampak agung. Memang masih kalah dengan Masjid Raya Baiturrahman di Banda Aceh. Kata orang, perbaikan ini terjadi saat Megawati jadi Presiden ke-4 Republik Indonesia (2005). Taufik Kiemas, suami Megawati, berasal dari Palembang. Jadi, tidak ada salahnya saat menjabat jadi orang nomor satu ia mendandani kampung halaman suami.

Setelah sholat mahgrib, tanpa sengaja kami bertemu dengan panitia yang akan mengadakan pelatihan menulis besok, Selasa 21 Desember 2011, di selasar masjid. Mereka adalah para penulis dari Forum Lingkar Pena (FLP) Palembang. Ternyata tempat pelatihannya di seberang masjid, di gedung DKM. Mereka juga sekaligus menyelenggarakan Muswil, memilih Ketua Pengurus Wilayah Sumatra Selatan dan merekrut anggota baru. Kehdiranku, selain sebagai mentor pelatihan menulis, juga sebagai Dewan Pembina Pengurus Pusat FLP yang akan melantik kepengurusan baru. Sekali dayung, tiga pulau terlewati.

Selasa pagi, 21 Desember 2011, aku dan Tias ke Musi lagi. Kami menunggu teman-teman dari FLP yang akan mengajak menyusuri Sungai Musi hingga Pulau Komoro. Kami menyewa satu perahu. Bagiku, menyusuri Musi seperti sedang naik gondola di Venesia saja. Aku belum pernah ke Italia. Tapi, aku pernah ke Gangga, Varanasi, India. Atmosfernya berbeda. Kalau di Gangga, di sepanjang sungai dibangun *ghat*—seperti trotoar. Banyak turis mancanegara berleha-leha di sana. Ritual keagamaan pun menyeruak. Di Sungai Musi hanya keseharian saja yang terasa: orang mandi dan berangkat kerja menggunakan perahu.

Plagiat

Pukul 14.00 WIB pelatihan dimulai. Ruangannya kecil. AC tidak berfungsi dengan baik. Peserta melebihi kapasitas ruangan, sekitar 70-an. Panas. Tidak apa, perjuangan menyebarkan virus menulis berjalan terus. Aku memutar film dokumenter Rumah Dunia. Lalu berlangsung tanya-jawab seputar pengelolaan Taman Bacaan Masyarakat atau komunitas baca. Kemudian, aku menyosialisasikan Gempa Literasi. Aku memotivasi FLP Palembang untuk menyelenggarakan "Palembang Membaca".

Di setiap pelatihan, materi yang aku sampaikan relatif sama. Tapi tetap selalu bermanfaat bagi para calon penulis. Kebiasaan yang sama masih terjadi, mereka selalu antusias duduk di depan komputer mengetik cerita pendek, lalu ketika *writer block* mereka kebingungan, tak tahu bagaimana jalan keluarnya. Persoalan-persoalan seperti ini sudah sangat umum.

Aku sering mengatakan, jika ingin menjadi penulis harus mau membeli buku, menghadiri bedah dan peluncuran buku, membeli buku dan meminta tanda tangan si pengarangnya, kalau perlu berfoto bersama, dan bergabung di sebuah komunitas baca agar menambah wawasan. Begitulah, karena itu akan memberi motivasi kepada kita.

Setelah membagi-bagikan pengalaman empirisku tentang betapa pentingnya memahami unsur intrinsik dan ekstrinsik, membuat kalimat pembuka, membangun karakter tokoh, menciptakan latar lokasi dan waktu, mendistribusikan dialog ke para tokoh untuk menguatkan konflik, merancang alur dan plot ibarat arsitek, serta menentukan *ending*, para peserta semakin antusias. Itu tampak ketika sesi tanya-jawab dan simulasi dalam bentuk tulisan.

Tapi, ada hal yang terus aku gelorakan, yaitu betapa tabunya melakukan plagiat atau menyontek. Lebih baik jadi epigon daripada menjiplak karya orang. Seperti di awal kemunculannya, *Ayat-ayat Cinta* banyak ditiru (epigon) oleh para penulis lain. Mereka menuliskan novel dengan judul yang senapas, bahkan kemasan desain kover plus nama pengarangnya juga senada. Itu tidak apa-apa, daripada menyontek. Haram hukumnya. Itu persoalan etika. Moral.

Sekitar pukul 17.00 WIB pelatihan menulis selesai. Rehat sholat maghrib dulu. Aku dan Tias beristirahat. Ada kamar untuk meluruskan badan. Selepas isya ada Muswil FLP, pemilihan Ketua FLP wilayah Sumatra Selatan hingga pukul 23.00WIB.

Forum Lingkar Pena

Sekadar *flash back*, aku berkenalan dengan Forum Lingkar Pena, organisasi kepenulisan yang mengedepankan visi sastra untuk kemanusiaan dan mengusung genre fiksi islami tahun 2000. Saat itu aku sedang vakum menulis sejak 1996 karena merasa menulis tak ada tujuan dan tak ada artinya. Apalagi, saat itu sedang bingung karena banyak orangtua yang menyuratiku, mengatakan bahwa novel serial yang aku tulis, *Balada si Roy*, lebih banyak membawa dampak negatif kepada anak-anak mereka. Mereka menulis bahwa banyak anak yang keluar dari sekolah, memilih naik gunung atau jadi *backpacker*, melakukan perjalanan dari satu kota ke kota lainnya.

Aku ingat, Boim Le Bon, gengnya *Lupus* dan rekan kerja di RCTI, menunjukkan majalah *Annida*. Aku bacai cerpennya. Bagus-bagus. Mengusung tema kemanusiaan dan mencerahkan. Tidak lama, Helvy Tiana Rossa, pemimpin redaksi majalah *Annida* waktu itu, menghubungiku lewat telepon. Helvy mengaku pembaca karya-karyaku. Kemudian Helvy menawariku menulis di majalah *Annida*. Saat syuting serial komedi *Sang Prabu* di Puncak—dimainkan oleh Project Pop—Maimoon Herawati alias Imun, penulis novel serial *Pingkan* juga meneleponku agar aku mau menjadi narasumber peluncuran novelnya. Kemudian, menyusul Halfino Berry dari penerbit Asy-Syaamil (sekarang Sygma), Bandung, yang memintaku menulis novel. Menurut mereka, novel-novelku memiliki napas fiksi islami dan mengusung nilai-nilai kemanusiaan.

Berkenalan dengan FLP, tiba-tiba saja aku merasa sudah menemukan sesuatu yang selama ini aku cari. Bagiku, FLP sangat menarik karena memiliki semangat yang sama denganku, yaitu menyebarkan virus menulis di kalangan remaja. Ternyata FLP memiliki perwakilan di seluruh Indonesia, bahkan di beberapa negara. Pertemuanku dengan FLP mengubah karier kepenulisanku. Aku bergabung jadi Dewan Penasihat di kepengurusan FLP pusat. Cerpenku yang berjudul "Nyanyian Perjalanan" muncul di majalah *Annida* dan dibukukan bersama cerpen lainnya, berduet dengan

Helvy Tiana Rossa. Royaltinya disumbangkan untuk perjuangan Palestina.

Kemudian, novel trilogiku: *Pada-Mu Aku Bersimpuh, Biarkan Aku Jadi Milik-Mu,* dan *Tempatku di Sisi-Nya* diterbitkan Dar! Mizan (2001) dan menjadi *best seller*, bahkan diproduksi Indika Entertainment untuk bulan puasa 2001 dan jadi sinetron Ramadhan terbaik versi MUI. Novel *Al-Bahri: Aku Datang dari Lautan* (As-Syaamil, 2001) juga jadi mini seri di TV 7 (Indika Entertainment). Dari royalti kedua novel itu, aku bisa membangun Rumah Dunia.

Ummi Award

Rabu pagi, 22 Desember 2011, persis di Hari Ibu, kami pulang naik Lion Air. Ada sedikit masalah di bandara. Tiket kami tidak berlaku. Aku menghubungi travel tempat aku membeli tiket. Setelah berdialog cukup seru, akhirnya kami pulang. Repot juga kalau harus ditunda keesokan harinya, karena nanti malam di Hotel Pan Pasific ada penyerahan Ummi Award. Tias salah satu yang mendapat penghargaan itu untuk kategori pendidikan dan kebudayaan.

Mendarat di bandara, tas-tas berisi pakaian kotor kami titipkan ke travel langganan kami, Alfan Travel. Tas-tas itu pulang ke Rumah Dunia, sementara kami menuju Hotel Pan Pasific di kawasan Thamrin, Jakarta Pusat. Semoga tas-tas itu mengobati rasa kangen bagi keempat anak kami, karena ada banyak oleh-oleh di dalamnya.

Kami *check in* dan menerima kiriman paket dari rumah yang berisi pakaian bersih. Selepas isya, kami harus menghadiri acara Ummi Award, yaitu sebuah penghargaan dari majalah *Ummi* yang diberikan kepada ibu sejati yang mampu mengokohkan identitas muslimahnya, menjadi cahaya dalam rumahnya, juga menebar manfaat bagi lingkungannya. Inilah berkah dari Allah yang kami dapatkan. Aku merasa ini adalah balasan dari Allah atas segala pengabdian istriku di Rumah Dunia. Allah langsung membalasnya di dunia, tanpa perlu menunggu di akhirat nanti.

Di sebuah ruang pertemuan, aku bertemu dengan Taufiq Ismail dan Muhamad Yulius dari majalah *Annida online*. Taufiq Ismail sangat respek dengan apa yang aku lakukan di Rumah Dunia. Penyair besar di negeri ini membuktikannya dengan datang ke Rumah Dunia, membagi-bagikan kisah suksesnya sebagai penyair.

Aku memilih duduk di kursi belakang, memberi kesempatan kepada Tias untuk membangun relasi sosial seluas mungkin. Di panggung acara pun dimulai. "Ummi Award ini sebagai bentuk penghargaan bagi para ibu sejati yang dengan tulus ikhlas berhasil memberdayakan dirinya sehingga bermanfaat bagi pengembangan dirinya, keluarga, dan masyarakat," kata Komisaris Utama PT Insan Media Pratama, Setiawan Budi Utomo.

Di panggung, ada lima perempuan yang meraih Ummi Award 2010 karena dianggap menjadi *inspiring mother* atau inspirasi para ibu dari majalah *Ummi* dalam rangka peringatan Hari Ibu. Mereka yang menjadi inspirasi tersebut adalah Tri Mumpuni di bidang pemberdayaan masyarakat; Ira Puspadewi bidang peningkatan kesejahteraan dan kesehatan masyarakat; Leony Agus Setiawati sebagai inspirator pengembangan ekonomi masyarakat; Hj. Wirianingsih sebagai inspirator bidang pendidikan masyarakat dan juga menjadi pilihan favorit pembaca; serta istriku, Tias Tatanka di bidang seni dan kebudayaan. Betapa bahagianya aku melihat istriku berdiri di panggung, disalami banyak orang.

Terima kasih, Tuhan. Rasa lelahku selama seminggu di Sumatra terbayar sudah.

87
Gempa Literasi Guncang Sumatra
Gol A Gong

Sejak muda, aku bermimpi menyusuri Sumatra, terutama Ranah Minang-nya yang indah, dengan cara *liften* atau menumpang kendaraan truk. Tapi, Timur memanggil-manggilku. Jawa, Bali, Nusa Tenggara, Timor Timur, Papua, Sulawesi, dan Kalimantan kususuri. Banyak kisah yang kualami kutuangkan di novel-novelku, terutama *Balada si Roy*. Beberapa kota di Sumatra pernah kusinggahi, tapi menggunakan pesawat. Kini, justru di usia 47 tahun mimpi itu terwujud. Aku menyusuri separuh Sumatra lewat darat. Aku memulainya pada 24 Maret dari Merak dengan bus malam Pelangi tujuan Jambi. Ini bukan sekadar *travelling* biasa. Di Jambi, pada 26 Maret 2011 ada acara "Jambi Membaca".

Jalur Darat

Hampir 20 tahun aku tidak melakukan perjalanan jalur darat, *ngebus*. Jiwaku merasa menghirup sesuatu yang selama ini hilang: bau debu jalanan, angin, bau laut, orang jahat dan orang baik. Itu terasa sekali ketika bus mesti antre di Pelabuhan Merak. Truk-truk mengantre hingga 12 km ke jalan tol Merak–Jakarta. Kapal motor yang beroperasi hanya 50. Santer terdengar, ini adalah satu cara yang direkayasa agar pembangunan jembatan Selat Sunda segera dilaksanakan. Tentu megaproyek ratusan triliun rupiah. Siapa yang tidak tergiur mengais rezeki megaproyek ini.

Pukul 21.30 WIB bus Pelangi mendapat giliran masuk ke KM Masthika Kencana. Hampir tiga jam, akhirnya kapal merapat di Bakauhuni. Pukul 00.00 WIB bus meluncur menuju Palembang. Saat sholat subuh di Lampung Tengah, aku hampir ketinggalan bus. Setengah hari bus merayap pelan di jalur Lampung–Palembang. Ada banyak dus menumpuk di lorong. Aku iseng bertanya, "Ini dus isinya apa?" Penumpang di sebelahku menjawab, "Cat." Aku periksa, ternyata di setiap dus ada logo "Cat" (*caterpillar*). Aku pun tersenyum. Lalu aku jelaskan bahwa "Cat" ini adalah logo sebuah perusahaan alat berat, bukan cat yang biasa digunakan untuk memperindah rumah.

Di luar Palembang, bus mogok. Sudah pukul 14.30 WIB, hari Jumat. Sebagai Ketua Umum Forum Taman Bacaan (FTBM) Indonesia, aku punya rencana bertemu dengan anggota FTBM Jambi pukul 20.00WIB. Aku pun langsung mengambil keputusan pindah bus karena bus pengganti bisa 2 atau 4 jam lagi tibanya. Ada bus Jatra tujuan Jambi. Kata kernet Pelangi, aku harus bayar lagi Rp80 ribu. Aku ingin menikmati perjalanan, apa pun yang terjadi. Aku terima saja. Aku bayar. Dua kernet bus itu berbagi. Kernet Pelangi membayar Rp50 ribu ke kernet Jatra. Artinya, kernet Pelangi mengantongi keuntungan Rp30 ribu.

Pukul 16.00WIB bus berhenti di Rumah Makan Musi Indah di pinggir jalan Palembang–Jambi. Setelah makan, aku sholat. Sebelumnya aku berpesan kepada penjaga mushola agar mengingatkan bus Jatra untuk menungguku jika hendak melanjutkan perjalanan. Tapi, apa yang terjadi? Bus meninggalkanku! Aku mencoba tenang, melaporkan kepada pemilik rumah makan. Kata pemilik rumah makan aku harus tenang. Nanti aku tinggal mengambil tasku di terminal di Jambi. Dia menanyakan isi tasku. Aku jawab tidak ada barang berharga, kecuali sebuah surat yang harus kusampaikan kepada temanku dari orangtuanya, ini amanat. Aku memang berbohong. Sebetulnya ada laptop di tasku. Jika aku katakan ada laptop dan kamera di tas, bisa memancing pikiran negatif. Justru dengan alasan surat amanat itulah dia menghubungi sopir bus Jatra. Aku langsung berlari ke jalan. Sekitar tiga motor aku coba setop, tapi tak ada yang mau berhenti. Untung ada minibus. Sekitar 15 menit, bus Jatra berhenti di tepi jalan menungguku. Lega sudah.

Pukul 21.30WIB, bus Jatra berhenti di depan Polsek Kota Baru. Ketua FTBM Jambi, M. Tabi'i menjemputku. Tapi pertemuannya batal. Para pengelola Taman Bacaan Masyarakat se-Jambi sudah pulang. Aku masih berharap keesokan harinya, Sabtu (26/3), bisa bertemu dengan mereka di acara "Jambi Membaca", bertempat di aula STIKBA, Jambi.

"Jambi Membaca"

Sekitar 500 tamu undangan memenuhi aula STIKBA (Sekolah Tinggi Kesehatan Baiturrahim) Lebak Bandung, Jambi. "Sekitar 50-an orang lagi kami tolak," kata Berlian Santosa, Ketua Forum Lingkar Pena Jambi. Pukul 09.00WIB, staf ahli Gubernur Jambi membuka acara. Kemudian, gempa literasi pun dimulai, yaitu pertunjukan seni berupa pembacaan puisi karya Hasan Haspahani oleh Dani, seorang penulis kumcer *Negeri Cinta Batanghari*; operet "Cincin Pintopinto" dari anak-anak SD dan SMP Nurul Ilmi; serta tarian persembahan dan lagu tradisional Jambi yang dibawakan mahasiswa dari UKM Kesenian STIKBA.

Usai pertunjukan seni, ada peluncuran novel *Negeri Cinta Batanghari* yang diterbitkan Gong Publishing, karya 25 penulis muda Forum Lingkar Pena, yang dimulai dengan penyerahan buku kepada para penulis, perpustakaan, dan tokoh masyarakat, serta budayawan Jambi. Kemudian, bersama Benny Arnas, seorang cerpenis produktif, aku memberi pelatihan singkat penulisan novel. Beberapa peserta menanyakan tips dan proses kreatif. Benny Arnas memberi wawasan bahwa tema lokal bisa menjadi daya tarik cerpen atau novel yang akan kita tulis. "Jambi dengan Sungai Batanghari adalah ladang ide yang tidak akan habis digali. Seperti juga kekuatan di kumcer *NCB* ini."

Gempa literasi di Jambi cukup sukses. Gempa literasi ini meliputi pertunjukan seni (musik, teater, tarian), lomba literasi (menggambar, menulis cerpen, novel, esai), bedah dan peluncuran buku, pelatihan, wakaf buku, dan diskusi. Dengan kegiatan ini diharapkan tumbuh generasi baru yang cerdas dan kritis. Inilah gempa pertama di tanah Sumatra. Selama ini kita mengenal gempa yang menghancurkan. Tapi, mulai sekarang kita mengenal gempa literasi sebagai peristiwa yang membangunkan masyarakat dari kebodohan. Gempa literasi bisa saja menghancurkan, tapi yang dihancurkan adalah kebodohan.

Malamnya, aku diculik Ramayani Riance dan suaminya, pendiri Tebo Art Community, serta Fahmy, wartawan *Antara* biro Jambi, untuk menikmati kuliner di kawasan Ancol, Sungai Batanghari. Sayang, makanan enak itu bersantan. Aku hanya memesan teh jahe dan roti bakar. Kami membicarakan cara mengelola Taman Bacaan Masyarakat Rumah Dunia yang sudah bertahan selama 10 tahun. "Saya sudah membeli tanah di pinggiran Kota Tebo," kata Ramayani. "Di sana akan kami buat Taman Bacaan Masyarakat seperti Rumah Dunia juga," harapnya. Aku mengingatkan, membangun tempat seperti Rumah Dunia tidak sekadar dengan uang, tapi juga harus dengan cinta.

Oh, menikmati sepenggal malam di bantaran Sungai Batanghari membuatku teringat kampungku, Banten, yang tidak memiliki sungai. Jambi beruntung memiliki Sungai Batanghari, seperti halnya Palembang dengan Sungai Musi dan Kota Samarinda dengan Sungai Mahakam. Kota-kota besar di Indonesia ini sangat beruntung bisa menikmati anugerah terindah dari Allah SWT berupa sungai. Sedangkan, pantai di Banten, di sepanjang Selat Sunda, sudah dikuasai perorangan dan swasta sehingga tertutup oleh bangunan-bangunan hotel, vila, dan *cottage*. Padahal, undang-undang sudah mengatur bahwa bangunan harus berjarak 200 m dari garis sepadan pantai. Di Anyer, bangunan bahkan didirikan di pantai dengan menguruknya, sehingga hanya orang berduit saja yang bisa menikmati senja di Selat Sunda.

Ranah Minang nan Eksotis

Minggu (27/3), aku meneruskan getaran gempa literasi ke Ranah Minang. Pukul 15.00 WIB, dengan bus Family Raya, aku menuju Bukittinggi. Bus berhenti. Aku bertanya kenapa dan sopir menjawab, "Sholat mahgrib dulu," Aku kaget. Di Jawa, bus berhenti untuk makan, tapi kalau ada yang mau sholat dipersilakan. Aku turun dan bus berhenti di depan Masjid Nurus Sholihin, Kelurahan Simpang, Sungai Rengas, Kecamatan Maro Sebo Ulu, Kabupaten Batanghari. Sekitar pukul 22.00 WIB, bus berhenti di RM Sederhana, Tebo. Makan dan sholat isya. Sopir jadi imamku. Aku terkesan dengan sopir bus ini. Saat subuh pun bus berhenti di masjid, Padang Luar. Usai sholat, penumpang diberi waktu *ngeteh* panas plus makan nasi ketan merah. Pukul 06.00 WIB, bus berhenti lagi di Simpang Tiga. Aku turun. Bus meneruskan perjalanan ke Padang.

Aku injakkan kedua kakiku pada Senin 28 Maret 2011 di Minang. Akan kucatat dalam sejarah hidupku. Inilah Bukittinggi. Kota tempat lahirnya orang-orang hebat. Bung Hatta, Agus Salim, dan Taufiq Ismail. Aku *check in* di Hotel Yogya. Usai mandi, langsung ke Jam Gadang di pusat kota, sekitar 200 meter dari hotelku. Aku berdiri memandangi Jam Gadang, *landmark* Bukittinggi yang melegenda itu. Aku teringat masa kecil dulu, saat Bapak (alm.) menghadiahi kartu pos Taj Mahal, Mount Everest, Eiffel, Piramida, Jam Gadang, Borobudur, dan Big Ben. Satu-satu gambar di postcard itu aku kunjungi. Kini tinggal Eiffel dan Big Ben yang belum. Semoga Allah SWT memberiku kesempatan.

Di Bukittinggi aku ditemani Gus tf Sakai, sastrawan yang memilih bertani di Payakumbuh. Aku diajaknya ke rumah H. Agus Salim di Koto Gadang. H. Agus Salim adalah Menlu RI di zaman kemerdekaan. Aku tercenung di rumahnya. Seorang mahasiswi yang menjagai rumah Agus Salim merasa bangga diberi kesempatan menjagai rumah orang hebat ini. Kemudian, Gus tf mengajakku ke Gua Jepang, Benteng Fort de Kock, dan makan siang di dataran Ngarai Sianok (lembah sunyi). Luar biasa pemandangannya. Tenang, hening, dan tentu sejuk. Menu ikan asin balado tanpa santan membuat makan siangku bersemangat.

Aku berada di Bukittinggi dua hari. Aku pun menyempatkan jalan-jalan menyusuri daerah Orchid, Pecinan, kawasan turis seperti Jalan Jaksa. Hotel rata-rata berkisar antara Rp70 ribu–Rp150 ribu per malam. Cocok buat kantong para *backpacker*.

Padangpanjang Membaca

Rabu, 30 Maret, giliran Muhammad Subhan—pengarang novel *Rinai Kabut Singgalang* yang akan kubedah di Rumah Permata, Padangpanjang pada Minggu, 3 April—menemaniku. Kami singgah di rumah Bung Hatta, proklamator kita. Merinding tubuhku ketika memasuki bagian dalam rumahnya, kamar tempat Bung Hatta dilahirkan, dan ruang membacanya. Penjaganya seorang perempuan tenaga honorer dari Disbudpar.

Usai itu, Subhan membawaku ke Rumah Puisi milik penyair Taufiq Ismail, yang terletak di antara Kota Bukittinggi–Padangpanjang. Mulutku ternganga, mataku terbelalak ketika merasakan atmosfer Rumah Puisi, yang diapit gunung Singgalang dan Marapi. Ini luar biasa. Puisi-puisi Taufiq Ismail dipajang di setiap sudut. Ada arus yang menyedotku. Andai Rumah Puisi ini dibangun di setiap ibu kota provinsi. Ah, di kampungku, Banten, sudah 10 tahun berjalan, janji membangun gedung perpustakaan yang megah dan Taman Budaya Banten, tinggal janji.

Semalam saja aku di Rumah Puisi. Kamis, 31 Maret, aku ke Padang untuk menghadiri pertemuan dengan Minangkabau FC, peserta Liga Primer Indonesia. Juga bersilaturahmi dengan Yusrizal KW, sastrawan Padang yang juga redaktur budaya *Padang Express*. Kami membincangkan gerakan Gempa Literasi ini. "Sangat relevan," kata Yusrizal. Pada 30 September 2009, gempa menghancurkan Padang. Terutama perpustakaannya. "Sekitar 700 ribu buku musnah," Yusrizal menyesali nasib. "Pemprov belum memprioritaskan pembangunan perpustakaan," sesalnya. Dia berharap Gempa Literasi ini bisa menggugah kesadaran warga Padang bahwa membangun perpustakaan itu sangat penting.

Aku juga menyempatkan berkunjung ke rumah A.A. Navis, pengarang "Robohnya Surau Kami" yang kesohor itu. Aku bertemu putrinya, Ranti, dan istrinya. Kemudian, dia mengajakku ke perpustakaan A.A. Navis. Kata Ranti, "Bapak berpikirnya panjang." Aku pun terkenang omongan A.A. Navis, "*Alam takambang jadi guru* (alam luas adalah guru yang baik)." Aku berpikir mengapa para *backpacker* itu sekadar jalan-jalan menikmati keindahan alam, padahal seharusnya juga berwisata rohani, dengan "ziarah" ke rumah orang-orang hebat jika mengunjungi sebuah kota. Dengan mengenal tokoh mayarakat, seperti Bung Hatta di Bukittinggi atau penulis lokal setempat, hati kita terisi oleh suatu energi yang tidak akan kita temui di bangku sekolah atau kampus. Kita menyerap spirit para jenius di setiap kota yang kita datangi dan itu membuat kita merasa memiliki saudara yang mengharapkan Indonesia ini satu: *bhinneka tunggal ika*.

Hari Sabtu (2/4) aku menonton pertandingan LPI Minangkabau FC versus PSM Makassar di Stadion Agus Salim. Sebelum pertandingan dimulai, selain menyebarkan informasi tentang Gempa Literasi, aku juga memberi tips ringan kepada sekitar 10 penulis muda yang tergabung di Sanggar Baca Pelangi di tribun kehormatan. Mereka juga mengelola www.inioke.com. Penonton di tribun stadion sempat heran memperhatikan kami, karena kami mengadakan pelatihan menulis di stadion, menjelang pertandingan sepak bola.

Perjalanan yang menyenangkan: menyebarkan virus Gempa Literasi sambil nonton bola. Aku selalu mendapatkan akses mudah untuk menonton pertandingan bola di LPI karena juru bicara LPI, Abi Hasantoso, adalah sahabat seperjuangan ketika masih di majalah *Hai* (1990). Ini adalah yang kedua setelah aku menonton Bojonegoro FC versus Bali Devata di Bojonegoro pada Maret lalu. Skor akhir 1-0 untuk Minangkabau FC.

Bubar pertandingan, memakai taksi, aku ke Padangpanjang. Sekitar pukul 19.00 WIB taksi tiba di Padangpanjang. Panitia menyediakan fasilitas menginap di Pangeran Hotel. Rekan sekamarku adalah sastrawan dari Aceh, Arafat Nur, penulis FLP dari Lhokseumawe, yang baru saja memenangkan lomba penulisan novel Dewan Kesenian Jakarta (2010). "Judul novelku *Lampuki*, yaitu tentang kemarahan rakyat Aceh terhadap ketidakadilan militer," terang Arafat.

Merangkak ke malam Minggu, bersama Subhan, Arafat, dan para seniman Padangpanjang, aku menikmati teh telor di pasar malam. Sesekali aku mendengarkan kegelisahan mereka sebagai penulis yang tidak memilih berdomisili di Jakarta. Mereka tetap berusaha menulis dan menembus hegemoni Jakarta. Banyak penulis dari Ranah Minang yang tetap sukses menulis dan nama serta karyanya merambah seluruh pelosok negeri, seperti A.A. Navis dan Gus tf Sakai.

Minggu, 3 April 2011, "Padangpanjang Membaca" pun digelar oleh Komunitas Rumah Permata, pimpinan Rahmi Alnadra, yang pernah belajar menulis di Taman Bacaan Masyarakat Rumah Dunia sekitar 2005–2006. Bertempat di Graha Serambi Mekkah, 100 peserta mengikuti acara Gempa Literasi ini. Kadis Dindik Padangpanjang membuka acara. Kemudian, Jujur, pemusik setempat menyanyikan lagu "Rinai Kabut Singgalang", yang terinspirasi dari novel Muhammad Subhan yang akan dibedah olehku dan Arafat Nur.

Saat acara berlangsung, aku hanya bisa mengucap rasa syukur karena Gempa Literasi mengguncang Sumatra juga.

88
Membangun Kembali "Padang Membaca" Pascagempa

Gol A Gong

Di Padang (1/4/2011) aku bertemu dengan Yusrizal KW, sastrawan yang juga redaktur *Padang Express*. Inilah pertemuan keduaku dengan Yus. Pertama saat acara "Ode Kampung #2: Temu Komunitas Sastra se-Nusantara" di Rumah Dunia sekitar tahun 2007. Aku sudah mengenal Yus saat masih jadi redaktur di tabloid *Warta Pramuka* (1990). Puisi-puisi Yus sering dimuat di rubrik budaya.

Wakaf Buku

Yus mengajakku makan malam di kawasan protokol. Kami tidak sekadar makan, tapi juga membicarakan Gerakan Indonesia Membaca. Yus sangat prihatin dengan sikap pemerintah provinsi yang tidak segera membangun kembali perpusda yang hancur akibat gempa berkekuatan 6 skala Richter pada 30 September 2009. "Ada 700 ribu buku yang hancur. Saya dan teman-teman ingin sekali menghidupkan lagi perpustakaan."

Aku mengusulkan agar Yus menyelenggarakan Padang Membaca yang di dalamnya juga ada kegiatan wakaf buku: orang-orang menyumbang satu atau lebih buku, yang nanti dikumpulkan untuk membangun kembali perpustakaan di Padang.

Setelah aku pulang, Yus mengabarkan beberapa hari kemudian, tepatnya 24 April 2011, bahwa ia mendeklarasikan Komunitas Padang Membaca (KPM). Kemudian, pada 17 Juli 2011, pukul 14.00WIB, KPM menggelar diskusi bersama Suryadi, dosen dan peneliti di Leiden University Institute for Area Studies (LIAS): Buku, Membaca, dan Arsip (sebuah dialog menjadi bangsa yang membaca dan menghargai arsip). Acaranya di Museum Adhityawarman.

Saat diskusi muncul keluhan bahwa pemerintah Sumatra Barat masih kurang perhatian terhadap upaya penyelamatan naskah kuno serta arsip Sumbar lainnya. Hal itu terbukti dengan banyaknya naskah kuno serta arsip milik Sumbar yang diboyong ke Leiden, Belanda.

"Pemerintah harus mengambil kebijakan tentang upaya penyelamatan naskah kuno dan arsip milik Sumbar. Sebab saat ini banyak naskah yang justru disimpan dengan apik di Leiden," kata Suryadi.

"Banyak jenis dan bentuk arsip yang telah diboyong pemerintah kolonial Belanda dari Sumbar. Seperti foto, naskah, surat kabar, jurnal serta beberapa catatan penting tentang Sumbar. Semuanya telah dibawa ke Belanda. Saat ini, semua arsip tersebut telah diupayakan penyelamatannya, seperti di Koninklijk Instituut voor Taal-, Land-en Volkenkunde (KITLV) dalam bentuk cakram kompak dan *microfilm*," tambah Suryadi.

Selain itu, budaya arsip tersebut bisa membantu pemerintah dalam mengambil kebijakan, seperti di bidang ekonomi. Bila memiliki arsip tentang jumlah kreditur di Sumbar tahun 2011, pemerintah pasti tahu langkah ekonomi apa yang harus diambil. Melihat semua itu, harusnya telah ada kebijakan pemerintah untuk menyelamatkan naskah kuno dan arsip Sumbar. Apalagi, saat ini teknologi sudah makin maju sehingga upaya penyelamatan benda-benda berharga itu bisa dilakukan.

"Jadi, sudah saatnya pemerintah punya kebijakan perihal pengarsipan. Bila tidak, bagaimana seorang peneliti 50 tahun mendatang bisa mengetahui apa yang terjadi di Sumbar tahun 2011," jelas alumnus Sastra Daerah Program Studi Bahasa dan Sastra Minangkabau itu. Sementara itu, tentang keberadaan naskah kuno di Sumbar, Suryadi mengatakan naskah kuno sebenarnya bisa ditemukan di Surau. Sebab, pada masa lalu naskah kuno banyak disimpan di surau-surau.

Dibahas juga rangkaian wakaf buku dan pendaftaran keanggotaan komunitas. Kegiatan wakaf buku itu terus berlangsung. KPM menerima wakaf sebanyak 662 buku dari Gramedia Padang. Kini, dua toko buku besar di Padang, Anggrek dan Gramedia, sudah menjadi bagian dari gerakan Padang Membaca.

Membangun Buku

Keinginan membangun Indonesia dimulai dari lingkungan sendiri sedang jadi tren. Orang-orang ramai mendirikan Taman Bacaan Masyarakat (TBM) atau sanggar baca. Mereka memulainya dengan modal sendiri, memanfaatkan garasi rumah atau teras rumah. Ada juga yang membangun TBM berupa gubuk atau pendopo di halaman rumah. Buku-bukunya pun dari koleksi di perpustakaan pribadi mereka. Jika kita tanyakan kepada mereka motivasi melakukan itu semua, jawabannya sederhana, "Agar semua pintar!"

Tapi, beberapa kali aku kedatangan tamu yang selalu minta diajari membuat proposal pembuatan TBM. Mereka adalah para mahasiswa. Mereka menduga, aku mendirikan TBM bernama Rumah Dunia dengan membuat proposal. Aku katakan kepada mereka, Rumah Dunia tidak dibangun dengan proposal, tapi dengan kata-kata. Juga, Rumah Dunia tidak dibangun dalam waktu satu malam. Aku memberi resep yang tentu mudah mereka lakukan, yaitu membangun TBM dengan penuh rasa cinta.

Tidak perlu dimungkiri, rata-rata pendiri TBM berlatar belakang pengarang, wartawan, atau guru. Sastrawan N.H. Dini ketika pulang ke Semarang prihatin melihat anak-anak di kampungnya yang tidak gemar membaca. Maka ia mendirikan Pondok Baca N.H. Dini. Yus sendiri mendirikan Pustaka Sanggar Baca Pelangi. "Koleksi bukunya seribuan," kata Yus.

Apa yang dilakukan Yusrizal KW beserta teman-temannya perlu kita dukung. Di setiap kota di Indonesia juga atau di kotamu, jika ada teman-teman wartawan, pengarang, atau guru mendirikan TBM, bergabunglah dengan menjadi relawannya. Dengan cara begitu, perpustakaan-perpustakaan yang kurang diminati akan mendapat motivasi karena tidak sendirian lagi, terutama pustakawannya.

Beruntunglah kita yang masih memiliki perpustakaan. Walaupun kurang lengkap koleksi bukunya, setidaknya bangunannya masih utuh berdiri, tidak terkena gempa. Sementara itu, perjuangan Yus dan kawan-kawan masih sangat berat. Tidak hanya buku yang musnah, tapi juga gedungnya.

89
Antara Bangka Belitung, Bengkulu, dan Natuna

Gol A Gong

Aku menempuh perjalanan panjang untuk mencapai Pangkal Pinang, Bangka Belitung. Senin subuh, 4 April 2011, dari Padang-panjang, Sumatra Barat, aku mencarter taksi menuju Padang. Jarak sekitar dua jam kubayar dengan Rp200 ribu. Pesawat ke Pangkal Pinang *take off* pukul 09.00 WIB, tapi harus transit dulu di Jakarta. Sekitar pukul 16.00 WIB, aku mendarat di Pangkal Pinang. Suparman, Ketua Forum Taman Bacaan Masyarakat Bangka Belitung, bersama Dani, sekretarisnya, menjemputku. Aku dibawanya ke Wisma Jati Wisata, persis di depan alun-alun. Kami rehat sambil menikmati sup buah di trotoar alun-alun. Segar rasanya.

Babel Membaca

Malamnya aku dijamu di kafe Piti-Pitipo di selatan alun-alun kota. Menu lempah kuning, ikan yang tenggelam di kuah dengan bumbu rempah-rempah dan kunyit mengundang selera. Ihsan dari Perpusda Bangka Belitung yang mengundangku sebagai pemateri di seminar "Meningkatkan Budaya Membaca di Babel" tertawa membocorkan rahasia, "Perempuan di sini berkulit kuning langsat karena kuah kunyit ini."

Hmm. Satu porsi lempah kuning aku habiskan. Nikmat sekali. Inilah berkah melakukan perjalanan.

Hari Selasa (5/4) aku memanfaatkan waktu dengan mengisi Babel Membaca bersama Forum Lingkar Pena. Sekitar 100-an peserta SMP-SMA, mahasiswa, dan guru-guru se-Bangka Belitung memadati aula gubernuran. "Gempa literasi ini menarik dan harus terus digaungkan karena mengajak kita berpikir kritis lewat membaca dan menulis," kata Nina Fadila, Ketua Forum Lingkar Pena Babel dalam sambutannya. Itu sebabnya, Bank Muamalat dan Pemprov Babel mendukung.

Ninda Fitri, Humas FLP Babel yang jadi pembawa acara dan pernah bemain di sinetron *Ketika Cinta Bertasbih* (RCTI), memandu acara dengan menarik sehingga pelatihan sejak pukul 09.00WIB hingga 16.00 WIB berjalan santai. Diawali dengan pembacaan puisi oleh Faulia dari STAIN Syaikh Abdurahman Siddik dan testimoni dari penulis Babel, Ahmadi Sofyan. Kata Ahmadi, "Menulis bisa jadi profesi yang menyenangkan. Selain populer, juga menjanjikan dalam hal keuangan."

Usai acara, aku langsung menuju Sungai Liat, diantar Suparman. Aku menginap di Hotel Novilla. Selanjutnya, ada seminar "Meningkatkan Minat Baca" yang diselenggarakan Perpusda Babel. Bersanding dengan Dr. Priyanto, M.Si. dari Perpusnas dan Agus Ismunarno dari *Bangka Pos*, kami mendiskusikan Babel Membaca secara luas. Menurut Rasimin, S.H., Kepala Badan Arsip dan Perpustakaan Daerah Babel, "Sudah dicanangkan Babel Membaca hingga 2015. Di Babel sudah ada 38 perpustakaan desa." Aku setuju. Selama ini perpustakaan hanya diakses oleh kalangan terdidik. Warga biasa merasa minder datang ke perpustakaan. Maka, pihak Perpusnas dengan program perpustakaan desa dan Kementerian Pendidikan Nasional dengan Taman Bacaan Masyarakat (TBM) adalah upaya memasyarakatkan budaya membaca, sehingga Indonesia Membaca yang kita idamkan terwujud.

Pukul 16.00 WIB acara selesai. Tapi, belum bagiku. Drs. Rukiman, Kepala Perpustakaan Kabupaten Mentok, Bangka Barat menculikku. Ada "Bangka Barat Membaca" pada Kamis 7 April 2011. Bertempat di Gedung Timah, sekitar 200 peserta mendengarkan orasi literasi Bupati Mentok, H. Zuhri M. Syazali, Lc, M.A., "Jika sebuah wilayah ingin maju, warganya harus rajin membaca."

Betul juga. Orang-orang di negeri ini sudah melupakan perintah Allah, yaitu membaca. Lihatlah, budaya lisan modal awal kita, lalu belum genap budaya membaca, kita langsung melompat ke budaya tonton. Hasilnya, generasi epigon atau generasi pengekor (pemakai), bukan generasi perintis (pencipta).

Bengkulu Menulis

Dari Babel rencananya ke Palembang naik *jetfoil*. Tapi, aku kangen keluarga. Sejak 24 Maret aku meninggalkan rumah: menyusuri Sumatra dari Lampung, Palembang, Jambi, Bukittinggi, Padangpanjang, Padang, dan Babel. Aku ingin rehat sejenak. Aku putuskan pulang menggunakan pesawat Sriwijaya dari Pangkal Pinang pada 8 April.

Perjalanan Gempa Literasi di Sumatra dilanjutkan pada 15 April 2011. Pesawat Sriwijaya mendarat di Bandara Fatmawati, Bengkulu. Aku bersorak! Sudah sekian lama aku menantikan kedua kakiku menginjak bumi Bengkulu. Kota sejarah. Kota yang pada masa muda sering aku timang-timang sebagai kota Romeo and Juliet. Bung Karno sebagai Romeo dan Fatmawati si Julietnya! Satrio Nopenri Putra, Angga Prianto, dan Ajiz Jailani dari Forum Lingkar Pena menjemputku. Aku *check in* di Hotel Rio Asri yang sudah disiapkan oleh, siapa lagi kalau bukan Marvin Sitorus. Hmm, hotelnya seram. Aku merasa bulu kudukku berdiri. Ini hotel bintang tiga, tapi pemilihan warna dan arsitekturnya mengundang makhluk dari dunia lain datang.

Masih dalam keadaan mengantuk, Sabtu 16 April, aku awali Gempa Literasi di Forum Taman Bacaan Wilayah Bengkulu. Bertempat di TBM Wadex millik Linda, sekaligus Ketua Pengurus Wilayah Forum TBM, berkumpul sekitar 25 TBM se-Kota Bengkulu. TBM Wadex ini bagian dari PKBM (Pusat kegiatan Belajar Masyarakat). Cukup luas bangunannya, persis di halaman depan rumah Linda. Lokasinya strategis, di perempatan Jalan Purnama, Bengkulu. Koleksi bukunya lumayan, tidak hanya buku paket.

Di TBM Wadex terjadi diskusi hangat tentang kemungkinan menyelenggarakan "Bengkulu Membaca" dan kiat-kiat mengelola

TBM seperti Rumah Dunia. Rata-rata dari mereka belum maksimal mengelola TBM, sehingga citra di masyarakat TBM adalah *playgroup* atau PAUD. Berbeda dengan Rumah Dunia yang mendapat penghargaan dari Kementerian Pendidikan Nasional sebagai TBM Kreatif lantaran kegiatan-kegiatannya inovatif dan progresif. Tidak sekadar lomba menggambar seperti yang biasa digelar TBM lain, di Rumah Dunia ada pula lomba mengarang, lomba membuat karikatur, lomba akting, lomba pidato, pertunjukan seni, peluncuran buku, diskusi politik, penerbitan jurnalisme warga di situs www.rumahdunia.net, lomba baca puisi bagi wong cilik, pelatihan menulis, mendongeng, pembuatan film pendek, layar tancap, dan pameran lukisan.

Usai *ketemuan* tidak resmi (santai) dengan FTBM Bengkulu, aku diajak berziarah ke Masjid Jami di perempatan Jalan Soeprato yang dibuat Bung Karno. Juga ke rumah pengasingan Bung Karno, tempat kisah cintanya bersemi dengan Fatmawati. Yang paling mengecewakan adalah ketika hendak ke Tugu Thomas Parr dan Fort Marlborough di kampung Pecinan. Aku melewati Alun-alun Merdeka yang bagai hutan belantara, tak terawat. Padahal, di depannya ada rumah dinas gubernur, yang mirip istana di Bogor. Sangat kontras dan ironis. Di rumah dinas gubernur, rusa-rusa berlompatan, di Alun-alun Merdeka belukar meliliti pagar-pagar yang roboh. Sejarah hebat yang dimiliki Bengkulu hancur jika melihat Lapangan Merdeka ini. Padahal, jika warga Bengkulu mau bakti sosial membersihkan alang-alang, memperbaiki pagar, alun-alun ini bisa kembali dimanfaatkan sebagai area publik. Hanya, kata beberapa orang, "Alun-alun ini sebagai barang bukti keterlibatan Gubernur Bengkulu terhadap kasus korupsi." Sayang juga.

Malamnya, tiga orang panitia menemaniku jalan-jalan menyusuri Kampung Pecinan. Mereka juga menemaniku tidur di hotel. Menurut orang-orang, Hotel Rio Asri memang angker. Justru mereka heran kenapa aku menginap di sana. Alasanku, hotel ini lokasinya strategis, persis di belakang rumah dinas gubernur dan dekat sekali dengan Benteng Marlborough. Di malam ketiga aku sudah bisa tidur nyenyak.

Kemudian, Minggu 17 April, di ruang serbaguna koran *Bengkulu Express*, acara "Bengkulu Menulis Bersamo" yang digagas Forum Lingkar Pena Bengkulu berlangsung. Ini unik juga. Sementara kota-kota lain masih dalam fase "Padang Membaca", misalnya, Bengkulu sudah masuk ke fase menulis. Menulis memang kegiatan yang harus dilakukan paralel dengan membaca. Hal ini sulit ditemukan di TBM.

Acara "Bengkulu Menulis Bersamo" dihadiri mantan Wakil Gubernur Bengkulu, H. Muhammad Syamlan Lc, Herman Suryadi M.Pd. (penulis), Hidayatullah (Kepala Balai Bahasa Bengkulu), Ovie (Kepala Balai Bahasa Banten), dan Effendi Bakar (mantan anggota dewan). Setelah memberi sambutan, Syamlan menghadiahi aku sebuah buku karyanya. Sekitar 70 peserta (pelajar, mahasiswa, dan guru) dengan tekun mengkuti Gempa Literasi dari pukul 09.00–17.00 WIB.

Gempa Literasi di Bengkulu yang menggelorakan pentingnya membaca untuk menjadi penulis dimulai dengan monolog Jansori dan pembacaan naskah pemenang lomba fiksimini 200 kata. Sebelum pelatihan "Be a Writer: Ledakkan Idemu, agar Kepalamu Nggak Meledak", Muhammad Syamlan menghadiahkan bukunya, *Suara Hati*. Penulis cilik, Fira Firdaus, juga menitipkan kado karyanya: *Holiday* (Dar! Mizan) untuk Rumah Dunia. Aku merasa terkejute karena ada anak kelas 4 SD yang antusias mengikuti pelatihan. "Menulis itu jangan dijadikan cita-cita, tapi jadikanlah membaca sebagai kebutuhan seperti makan dan minum. Insya Allah, keinginan menulis akan muncul sendiri. Ibarat gelas, kalau terus diisi air pasti luber. Begitulah jika terus membaca, kepala akan meledak," kataku memprovokasi. Kalau versi Yunani, menulis adalah membaca dua kali.

Rembuk Baca

Senin, 18 April, aku ke Solo. Ada acara rembuk baca nasional dengan Forum TBM se-Indonesia di Hotel Lor In. Selama tiga hari kami berembuk memastikan program kerja kepengurusanku. Ada 33 wilayah FTBM se-Indonesia, dan Gempa Literasi menjadi program andalannya. Penerbitan buku dari para pengurus FTBM se-Indonesia itu pun wajib hukumnya. Kami merasa melupakan sesuatu, yaitu menulis. Rencananya, kami akan menulis buku dan royaltinya untuk kas FTBM.

Hal lain yang menarik dari rembuk baca nasional ini yaitu ketika utusan FTBM Maluku utara melontarkan frasa *membaca atau mati*. Pikiranku pun langsung terbetik untuk menjadikan frasa tersebut sebagai slogan FTBM di seluruh Indonesia. Pada zaman kolonial para pejuang meneriakkan, "Merdeka atau Mati!" Musuhnya jelas: penjajah. Kini "membaca atau mati", musuhnya adalah kebodohan. Begitulah Gempa Literasi digulirkan. Semua menjadi inisiator untuk perubahan Indonesia yang lebih baik lewat literasi. Kita meyakini literasi tidak sekadar aksara atau huruf, tapi suatu upaya untuk meningkatkan kualitas hidup atau mengubah nasib.

Setelah dari Solo, pada 21–23 April, aku menyeberang lagi ke Sumatra. Kali ini "Palembang Membaca" di Yayasan Pendidikan Islam Terpadu Al-Furqon. Pelatihan pertama, 23 April, bersama 75 guru di Sekolah Islam Terpadu Al Furqon, Jalan R. Sukamto, Sekip Ujung Palembang. Hari Minggu (23/4) Gempa Literasi di hadapan sekitar 100 pelajar SMP Islam Terpadu Al Furqon Palembang, di Jalan HBR Motik Km. 8, Karya Baru, Alang-alang Lebar, Palembang. Luar biasa. Bakat-bakat seni bermunculan. Inilah yang membuatku bahagia tak terkira, di setiap Gempa Literasi selalu ada pertunjukan seni. Rata-rata mereka senang membaca puisi.

Aku bergerak lagi ke Lahat. Istirahat semalam. Lalu ke kota terakhir di Sumatra Selatan, yaitu Lubuk Linggau, yang berbatasan dengan Bengkulu. Aku dibuat kagum dengan kota tempat sastrawan muda, Benny Arnas, ini berdomisili. Di satu pojokannya, dekat terminal dan stasiun kereta api, aku merasakan keramaiannya seperti di sebuah sudut pasar di Kairo, Mesir. Apalagi ini adalah ujung transportasi kereta api di Sumatra.

Di Lubuk Linggau luar biasa. Sebelum acara dimulai, aku diajak Evi, Dewi, dan seorang dokter muda, makan-makan di saung. Lagi-lagi sup ikan memanjakan selera lidahku. Kemudian, keesokannya, auditorium Maktaz Taba telah dipadati 250 orang. Benny Arnas, mantan Ketua FLP Lubuk Linggau, memandu acara. Diwarnai penampilan band lokal Mantan yang sudah dilirik label Jakarta dan pembacaan puisi, *talkshow* pun digelar. Rata-rata pesertanya mahasiswa STKIP Lubuk Linggau, pelajar SMP, dan SMA.

Sekitar pukul 15.00 WIB, R.D. Dewi, humas FLP Lubuk Linggau yang juga dosen, menculikku ke STKIP Lubuk Linggau. Asyik. Aku paling senang diculik. Di perpustakaan kampus, 100-an guru yang sedang kuliah tertegun saat menonton film dokumenter Rumah Dunia. Mereka pun terpancing ingin membangun taman bacaan seperti Rumah Dunia.

Natuna Membaca

Dari Lubuk Linggau, aku berangkat naik minibus ekonomi tanggal 29 April, selepas pukul 19.00 WIB. Benny Arnas dan Arman AZ, sastrawan Lampung, mengantarkanku ke pangkalan. Minibus itu seperti transportasi pedesaan. Sekitar delapan jam perjalanan, bus menembus malam. Aku lelap tertidur. Untung bangku hanya terisi sepertiganya saja.

Pukul 03.00 WIB, aku sampai di Jambi. Kemudian, aku menyambung tidur di pangkalan minibus. Sekitar pukul 07.00 WIB, aku ke Jakoz (Jambi Punya Kaoz) milik Berlian Santosa. Aku berjanji mampir dulu karena Berlian membutuhkan bimbingan penulisan novel terbarunya. Novel Berlian itu akan diikutkan di lomba menulis novel *Republika*, yang menceritakan sejarah Kota Jambi.

Mama Yola datang menjemput. Pukul 12.00 WIB, Tias, istriku, juga mendarat di Jambi. Rencananya aku akan memberi pelatihan menulis di SMPN 7 Jambi pada 29 April. Kali ini bersama Tias. Kalau pesertanya usia SMP dan SD, aku harus didampingi Tias agar bisa lebih cair. Tias mendarat dengan selamat. Mama Yola mengundang kami makan siang di rumah makannya. Anaknya, Yola, adalah penulis cilik Kecil-kecil Punya Karya (Mizan). Mereka adalah sahabat-sahabat baru yang menggemari hobi yang sama, yaitu menulis. Juga memiliki keinginan sama, mendirikan taman bacaan di sekitar rumah agar warga bisa mendapatkan buku bacaan yang bermutu.

Malamnya, serasa pacaran, aku mengajak Tias jalan kaki menyusuri jalan-jalan di kota tua Jambi. Juga ke Ancol, di Sungai Batanghari. Bagi Tias, ini kunjungan kedua ke Jambi setelah ke Bayung Lencir tahun lalu. Aku merasakan, Tias begitu menikmati perjalanan ini. Aku memang jarang mengajaknya pergi berduaan. Aku ingin sekali mengajak Tias *backpacker* dari Singapura ke Thailand, tapi keempat anak kami belum bisa ditinggal terlalu lama.

Setelah memberi pelatihan di SMPN 7 Jambi bersama Tias Tatanka, aku tidak jadi pulang. Tias pulang, sementara aku memenuhi undangan Fokus Maker (Forum Diskusi Studi Mahasiswa Kekaryaan) Natuna. Pada Minggu 1 Mei aku ke Batam dengan Lion Air. Semalaman dengan Hasan Aspahani, sastrawan yang juga Pemred *Batam Pos*. Tekadku memang selalu mengunjungi penulis di setiap kota yang aku singgahi. Aku diajak Aspahani ke redaksi *Batam Pos*, berkenalan dengan pembaca novel-novelku. Kemudian menghabiskan malam di belakang Nagoya. Aku sebetulnya cemas karena Haspahani baru saja operasi batu ginjal. "Untuk urusan literasi, aku jadi sehat!" kata Haspahani.

Senin, 2 Mei, ada pesawat Wings berpenumpang 80 orang ke Natuna, yang lokasinya di perbatasan laut dengan Vietnam, Kamboja, dan Malaysia Timur. Pulau Natuna memang masuk ke wilayah Provinsi Kepulauan Riau, wilayah paling utara Indonesia antara Batam dan Kalimantan. Asik juga.

Sekitar 1 jam 30 menit pesawat mendarat di pangkalan militer Angkatan Laut Natuna, Ranai. Ketua Fokus Maker, Muhammad Faisal, Boim, dan Dadang menjemputku. Gunung Ranai yang penuh kisah mistis menjulang di hadapanku.

Aku menginap di penginapan Batu Hitam, Ranai. Di samping penginapan laut membentang. Malamnya langsung ada pelatihan pertama di Yayasan Kesejahteraan Anak Indonesia (YKAI). Aku memberi wawasan tentang pembuatan film pendek. Aku putar film pendek *Belok Kiri (Dilarang) Langsung* karya Kelas Film Rumah Dunia.

Kemudian, Selasa (3/5) di Hotel Natuna, Gempa Literasi dimulai dengan tari persembahan dari Mutia Hidayanti, Ririn, Mia, Selvi Apria, dan Agustina. Juga ada sendratari Tandak Lemang oleh Theovanus, Risca, Adi Wiradinata, Melsa Helvita, Rhesya Purnama, dan Dina Restu Aulia. Aku sangat senang ketika acara ini dihadiri Hadi Chandra (Ketua DPRD), Ngesti (Ketua YKAI), H. Umar Natuna (Ketua STAI Natuna), Siti Asma (Ketua GOW), Ati (Dinas Pemberdayaan Perempuan), dan Harken (Sekretaris Fokus Maker). Ketua Pelaksana, Dadang Otrismo mengatakan, "Pesertanya sekitar 200 orang dari SMPN 1, SMAN 1 dan SMAN 2, SMK YPMN, MAN Ranai, dan SMKN Kelautan Natuna, Kecamatan Bunguran Timur. Mereka haus ilmu menulis."

Pukul 17.00 WIB acara selesai. Peserta tampak puas. Aku capek, tapi gembira. Rasa lelah ini semakin komplet ketika Rabu (4/5) kami menaiki *speed boat* membelah Laut Natuna menuju Pulau Sedanau. Di Sedanau, Ketua SKPD hadir. Seperti biasa, ada pertunjukan tari persembahan Sanggar Tebing Kiki, SMAN 1 Bunguran Barat, Sedanau. Ada juga pembacaan puisi oleh Icha dari SMAN 1. Peserta sebanyak 200 orang terdiri dari siswa MTsN, SMAN 1, SMKN, dan mahasiswa STAI. Gedung serbaguna kantor Camat Bunguran Barat, Sedanau, yang panas tak ber-AC, tak menyurutkan minat mereka. Pelatihan pun hanya sampai pukul 13.00 WIB, karena *speed boat* kembali ke Natuna pukul 14.00 WIB.

Kami bergegas ke dermaga untuk makan siang. Aku dimanjakan dengan sup ikan. Hmm! Pesta kuliner yang selalu memuaskan selera lidahku. Usai itu, kami pulang menggunakan *speed boat* sama ke Ranai. Ombak dan angin sore melenakanku. Betapa banyak sahabat baru di pulau terpencil ini.

Keesokan harinya aku pulang. Perjalanan Gempa Litersi ini sangat membekas dan menjadikanku bersemangat untuk terus menekuninya. Masih banyak orang yang harus dibantu pendidikannya karena kesulitan menjangkau buku. Beruntunglah aku, dan besar kemungkinan Anda, yang bisa dengan mudah pergi ke perpustakaan atau toko buku. Di Natuna kedua hal itu tidak ada, padahal sekolah dan televisi saling bersaing.

BUDAYA MENULIS

90
Para Guru, Menulislah!
Agus M. Irkham

Widodo namanya. Guru SMP Negeri di wilayah Kabupaten Batang, Jawa Tengah. Ia yang kebetulan menjadi salah satu murid di Klinik Baca Tulis asuhan saya itu, suatu waktu bertutur. Isi tuturan berkisah tentang adanya lomba pemilihan guru teladan tingkat SMP se-Kapupaten Batang. Diharapkan, paling kurang, tiap sekolah diwakili satu guru. Ia pun berniat ikut dan menjadi satu-satunya kandidat dari sekolah tempat ia mengajar. Namun, begitu mengetahui salah satu syarat seleksi adalah membuat esai/tulisan tentang pendidikan, ia pun merasa kecut. Lantas mundur teratur.

Meski sudah enam belas tahun mengajar, buat Widodo jarak antara otak ke saraf tangan tetap saja terasa jutaan kilometer. Menulis adalah pekerjaan supersulit. Secara hiperbolis, susahnya menulis ia ibaratkan tengah duduk menghadap meja. Di atas meja ada kertas dan pena, serta sebuah pistol mengarah persis ke kepalanya. Hanya ada dua pilihan baginya, menulis atau di-*dor*. Maka, dengan berat hati tawaran terakhirlah yang ia pilih.

Tanpa bermaksud melakukan penyederhanaan kesimpulan—kebanyakan guru lumpuh menulis—lebih-kurang, hal itu pula yang saya temui di Semarang akhir Juni lalu. Saat itu saya berkesempatan menjadi pemateri pelatihan bertajuk "Pembelajaran Menulis yang Asyik, Menggairahkan Plus Menginspirasi". Dari sekitar 50 peserta yang semuanya adalah guru Bahasa Indonesia (SMA), yang tergolong rajin menulis kurang dari 10 persen! Dari jumlah itu, yang mengirimkan tulisannya ke media massa adalah 0 persen!

Apa gerangan penyebab kelumpuhan itu? Bukankah dalam keseharian mengajar, mereka sudah begitu rapat dengan aktivitas menulis, meski dalam pengertian sempit? Seperti mencatat di papan tulis, menulis jurnal materi pelajaran, menulis presensi, mengoreksi tugas siswa, membuat silabus pelajaran-pembelajaran, dan sebagainya.

Simpulan awal saya, penyebab guru lumpuh menulis adalah justru karena kelewat dekatnya mereka dengan aktivitas menulis itu (dalam pengertian sempit). Menulis dipahami sebagai sesuatu yang alamiah belaka. Sudah tradisi dalam pengertian negatif hingga dianggap sudah selesai. Menulis, ya, menulis pelajaran. Titik. Dunia kata tidak dianggap sebagai pengetahuan sehingga pengkajian terhadap perkembangan yang menyertainya pun, semacam *spiritual reading*, *quantum writing*, dan *speed reading*, dirasa tak perlu.

Beda Salju dan Es Krim

Kondisi demikian kalau boleh saya samakan: memasarkan budaya menulis (esai, artikel, resensi, cerpen, kolom, karya ilmiah, dan seterusnya) di tengah keriuhan kegiatan mencatat pelajaran di kalangan guru, bak pinang tak berbelah dengan menjual es krim di kutub utara. Es krim itu tidak laku, lantaran di kutub utara (sekolah), ruahan es (dingin salju) tak berbatas jumlahnya, dan dapat ditemukan di setiap waktu dan tempat.

Padahal salju dan es krim adalah dua hal yang berbeda. Bahwa keduanya sama-sama dingin, iya. Tapi bagaimana proses keduanya mewujud, tentu sangat berbeda. Salju bersifat alamiah, tetap, mengikuti kaidah kausalitas natural, dan tidak disengaja. Sedangkan es krim bersifat disengaja, *by design*, pekat rekayasa. Kehadiran es krim mensyaratkan kreativitas dan inovasi. Dingin itu dimasak, dibumbui, disajikan secara menarik. Jadilah es tidak sekadar menawarkan dingin, tapi juga memberikan pengalaman yang berbeda-beda di tiap lidah pencecapnya. Dingin menjadi bernilai, ada harganya. Orang pun rela merogoh saku untuk bisa mencicipinya.

Mestinya, keakraban guru dengan dinginnya salju dapat dijadikan modal awal untuk kemudian dikembangkan menjadi dinginnya es krim. Bukan sebaliknya. Lalu, di mana kemampuan guru memproduksi es krim (tulisan dalam arti luas) mesti ditempatkan?

Menggali Makna Baru

Sudah lama kaum pendidik, golongan cerdik pandai, merumuskan tujuan pembelajaran, tidak semata-mata agar manusia mampu bertahan hidup, tapi juga mengembangkan kehidupan agar lebih bermakna serta turut memuliakan kehidupan.

Dengan demikian, kemampuan menulis pada guru harus diarahkan pada, meminjam istilah Machado, keterampilan mengajar belajar. Kalau selama ini ada pameo *guru biasa, memberi tahu; guru baik, menjelaskan; guru pintar menunjukkan*, maka harus ditambah satu lagi: *guru luar biasa, mengilhami!*

Ia (guru luar biasa yang prigel menulis) mampu menggerakkan siswanya untuk mencari dan menemukan beragam bahan pembelajaran. Melalui proses membaca dan menulis secara mandiri, ia tindih dan berikan makna baru, tradisi menulis (menikmati dingin salju) yang sebelumnya sudah *mbalung sungsum* itu. Buat siswa, pelajaran mengarang menjadi sarana menemukan diri. Sebuah proses berdimensi kepemimpinan (*leadership*) dan kewirausahaan (*entrepreneurship*).

Apa sebabnya keterampilan menulis dapat "mencetak" guru yang mengilhami? Ini tak lain tak bukan karena tabiat asli yang dimiliki oleh aktivitas menulis. Yaitu, memberi kesempatan orang bereksperimen dengan bahasa, kata-kata, dan kesukarannya. Memungkinkan perkembangan penalaran individu yang kritis, dan independen. Merupakan sarana menemukan sesuatu. Melejitkan ide baru, sarana ungkap diri, melatih kemampuan mengorganisasi dan menjernihkan berbagai konsep. Membantu menyerap dan memproses informasi, melatih berpikir aktif serta mengembangkan pemahaman dan kemampuan menggunakan bahasa. Mudahnya menulis akan "memaksa" seseorang untuk melakukan aktivitas membaca, menyimak, dan berbicara. Itu artinya, buat guru, menulis adalah sarana pembelajaran seutuh usia.

Aku yakin, kebutuhan siswa 10–20 tahun mendatang akan berbeda dengan kebutuhan siswa sekarang. Jika para guru tidak mau belajar dengan menambah pengetahuan, terbuka terhadap perkembangan terkini inovasi pembelajaran, menciptakan teknologi pembelajaran baru—semuanya dapat direngkuh melalui aktivitas menulis—maka kredibilitasnya akan jatuh di hadapan siswa. Tentu itu kabar buruk buat dunia pendidikan.

91
Migrasi Gerai Tulisan

Agus M. Irkham

Harus diakui, media teks berbasis pohon (kertas) tidak akan sepenuhnya ditinggalkan masyarakat. Meskipun demikian, adanya pergeseran dan perubahan cara orang mengonsumsi informasi, dari kertas ke *byte* (digital, internet) juga tidak dapat dianggap sepi. Bahkan, perkembangan dunia maya berpengaruh pada adab kebiasaan konsumen mendaras informasi, tapi juga pada si produsen informasi.

Meskipun belum menjadi kecenderungan umum yang bersifat masif, migrasi etalase tulisan (penulis) sudah berlangsung. Untuk menulis dan memublikasikannya, kini koran dan majalah tidak lagi menjadi satu-satunya pilihan. Calon penulis, bahkan penulis mapan pun, sekarang ini mulai memanfaatkan halaman catatan di Facebook, blog, dan milis sebagai sebagai wadah melenturkan otor menulisnya. Sekaligus menjadi wahana menernak ide dan tulisan untuk di kemudian hari akan dijahit menjadi satu buku utuh.

Bahkan, Facebook, sebagai situs jejaring sosial yang paling banyak digunakan di Indonesia, juga digunakan penerbit untuk menghimpun naskah dan mencari penulis-penulis baru. Tak sedikit pula buku yang terbit, awal kemunculan idenya dari gunjingan yang berlangsung di dinding laman buatan Mark Zuckerberg ini. Sekadar menyebut contoh, *Emak-Emak Fesbuker Mencari Cinta*

(Leutika, 2010), *Mendengarkan Dinding Fesbuker*, dan *Selaksa Makna Cinta* (Pustaka Puitika, 2010).

Mengapa Facebook, blog, dan milis mulai disukai, bahkan telah menjadi alternatif utama etalase tulisan?

Pertama, dekonstruksi otoritas. Layak muat-tidaknya tulisan tidak lagi diserahkan pada satu dua orang (redaktur), tapi sepenuhnya berada pada diri si penulisnya. Begitu ia menekan tombol *publish* (terbitkan), maka seketika itu pula tulisannya bisa dibaca orang dari segala penjuru arah mata angin. Dekonstruksi otoritas ini juga menipiskan kemungkinan si penulis (pemula) ini terluka, lantaran kritikan pedas redaktur. Juga mengurangi tingkat kemungkinan mogok, apatis tidak mau menulis lagi, lantaran tulisannya tidak pernah dimuat. Sudah begitu, tidak ada kabar atau pemberitahuan sama sekali.

Kedua, sifat interaktif dan interkonektisitas. Selain kecepatan proses terbit, kecepatan respons atau komentar atas tulisan juga menjadi magnet tersendiri buat para penulis. Komentar itu menjadi semacam bensin yang akan menambah besar nyala api semangat menulis. Apa pun komentarnya. Baik sekadar *like*, komentar pendek, asal, maupun panjang nan analitis. Dan rupanya, bagi sebagian besar penulis pemula, kebutuhan apresiasi ini jauh lebih penting ketimbang honorarium yang lazimnya hanya bisa diperoleh saat menulis di koran dan majalah.

Sifat interkoneksitas juga memungkinkan terjadinya dialog, baik afirmasi, negasi, maupun perluasan dan pelengkapan atas tulisan yang di-*posting*. Pembaca tidak sekadar membaca, berhenti hanya sebagai objek, tapi dalam waktu berbarengan juga bisa sama-sama menjadi subjek dengan cara turut pula menampilkan tulisan yang berkaitan atau membagi pengalaman membacanya atas satu tema yang sama melalui penulisan tautan (*link*) ke *note* atau laman pribadinya. Yang terjadi kemudian adalah desentralisasi informasi dan pengetahuan. Tiap diri memiliki hak yang sama untuk mengonsumsi, menginterpretasi, sekaligus memproduksi (ulang) informasi. Pada titik itu lumerlah apa yang disebut dengan kolonialisme pengetahuan.

Ketiga, menulis di Facebook, blog, dan milis bisa menjadi sarana—meminjam istilah yang diberikan Hernowo—mengikat makna. Kalau sebelumnya pengikatan makna hanya di buku harian, yang sifatnya pribadi dan rahasia. Kini, hasil pengikatan itu ditawarkan dan digelindingkan kepada publik. Laksana bola salju, tulisan itu saat turun ke bawah akan menggelinding kian cepat, dan ukurannya bertambah besar. Kiat cepat dan besarnya ukuran bola salju ini dapat dianalogikan sebagai bertambah luasnya perspektif yang didapatkan oleh penulis saat isi buku harian itu dibuka ke ruang publik. Tentu ini menjadi masukan dan materi berharga jika ikatan-ikatan tersebut akan disambung menjadi seutas tali utuh bernama buku.

Menulis di koran dan majalah menjadi jalan yang baku bagi seseorang yang ingin merintis karier menjadi penulis. Itu dulu. Sekarang tidak harus begitu. Sudah muncul berderet nama penulis mula yang telah berhasil menelurkan bukunya tanpa terlebih dahulu menulis di koran. Jadilah migrasi etalase tulisan itu menjadi modus baru penerbitan buku. Menjadi jalan pintas berkarier di dunia ide. Dan saya kira sah-sah saja. Toh, pada akhirnya secara alamiah nanti akan terseleksi dengan sendirinya.

Para pembaca buku di Indonesia sudah semakin pintar. Mereka bisa membedakan mana buku yang bermutu, dan mana yang sekadar proyek pecah telur alias asal terbit dan berburu label *best seller*. Yang begitu, menurut pandangan saya, akan menambah gairah dunia penerbitan. Membentuk titik keseimbangan baru (kualitas, harga, dan kuantitas) pada level yang lebih tinggi. Dan, justru cara baru ini bisa menjadi sarana agar perkembangan dunia perbukuan di Indonesia kian bergegas.

92
Blog sebagai Media Pembelajaran di Sekolah

Agus M. Irkham

Guru dan internet. Saat ini dua lema itu menarik untuk diulas. Maklum saja, tanpa ada upaya menguasai internet, cepat atau lambat fungsi guru akan tergantikan. Minimal jatuh wibawa, karena untuk belajar dan bertanya, siswa akan lebih memilih mengetik kata kunci di Google atau Wikipedia. Terlebih, sejak 2006 pemerintah menerapkan Kurikulum Tingkat Satuan Pendidikan (KTSP). Kurikulum tersebut memberikan keleluasaan siswa untuk memperkaya sumber-sumber materi pelajaran. Tak terkecuali dari internet.

Satu entri paling menonjol saat berbicara tentang penguasaan internet bagi guru adalah *blog*. Seminar dan pelatihan pembuatan blog untuk guru sering kali digelar, di Jawa Tengah misalnya. Klub Guru Jawa Tengah menggelar "Seminar Nasional dan *Workshop* Pembuatan Blog" (8/3/2009). Pelatihan yang berlangsung di auditorium Balai Kota Semarang itu dihadiri lebih dari 300 peserta, yang sebagian besar guru.

Sebelumnya, awal Februari 2009, Musyawarah Guru Mata Pelajaran (MGMP) Bahasa Indonesia SMA RSBI (Rencana Sekolah Berstandar Internasional) Jawa Tengah menghelat pelatihan pembuatan blog dan penulisan artikel. Sekitar 60 peserta dari 34 SMA di Jawa Tengah antusias mengikuti pelatihan tersebut.

Ada Apa dengan Blog?

Secara sederhana, blog dapat dimaknai sebagai satu halaman *web* yang berisi tulisan pribadi atau kelompok yang secara otomatis telah diurutkan berdasarkan kronologi waktu. Di dalam blog terdapat beragam fitur yang memungkinkan terjadinya interaksi dan komunikasi antara pemilik dengan pengunjung blog.

Pada awal kemunculannya, blog lebih banyak berisi curhat dan catatan harian pemiliknya yang bersifat personal. Tapi, seiring berjalannya waktu, isi blog kian beragam. Ada yang digunakan sebagai gerai dagangan jasa dan barang; media berbagi dan bertumbuh (*sharing and growing*) para anggota komunitas; tandon informasi beasiswa, lowongan kerja; termasuk ajang komunikasi antarguru, guru dan siswa, dan antarsiswa.

Pertumbuhan jumlah blog di Indonesia terbilang cepat. Setiap enam bulan bertambah dua kali lipat. Jika pada Oktober 2007 jumlah blog masih 130 ribu, per Maret 2008 sudah mencapai 400 ribu. Salah satu sebab meledaknya jumlah blog, antara lain, karena gratis, memudahkan, dan fitur-fitur yang tersedia cukup lengkap. Dengan demikian, seorang yang awam internet dan tidak tahu bahasa pemrograman sekalipun tetap bisa dengan mudah memanfaatkan blog.

Blog sebagai Media Pembelajaran

Paling tidak, ada tiga situasi yang membuat blog bisa menjadi alternatif media pembelajaran di sekolah: (1)KTSP yang mengharuskan guru dan siswa memperkaya materi dan sumber pembelajaran. (2)Keterbatasan sumber pembelajaran yang berbasis pada atom/kertas (buku pelajaran). (3)Tingginya angka pengguna internet dari kalangan pelajar.

Untuk diketahui, sampai dengan Oktober 2007 pengguna internet di Indonesia sudah mencapai angka 25 juta. Dari angka tersebut, 30 persennya adalah pelajar. Jika kita ambil rerata jumlah *blogger* (pemilik blog) dari kalangan pelajar adalah 10 persen saja dari 30 persen tersebut, ada 750 ribu pelajar yang setiap harinya *nge-blog*. Mereka menulis, mengedit, mengirim tulisan, mempercantik blog dengan beragam fitur, maupun sekadar mengomentari blog orang lain.

Atas dasar catatan statistik di atas, pemanfaatan blog sebagai sarana pendesentralisasian ilmu pengetahuan di sekolah tentu saja bukan menjadi sesuatu yang jauh di atas langit sana. Apalagi, secara eksplisit Menkominfo pernah mengatakan bahwa hendaknya blog dapat dijadikan sebagai sarana edukasi, pemberdayaan, dan pencerahan. Melalui fungsi edukasi tersebut, blog bisa dimanfaatkan untuk mendukung proses pembelajaran di sekolah.

Lantas, apa wujud nyata blog sebagai media pembelajaran?

Berdasarkan teknis pembelajaran yang akan diterapkan, paling kurang ada tiga bentuk (Ayu Setyautami dkk., 2008). *Pertama*, blog guru sebagai pusat pembelajaran. Guru membuat satu blog khusus yang diisi dengan materi pembelajaran tertentu dan siswa diminta memberikan komentar, kritik/revisi atas materi tesebut. Siswa juga diberi keleluasaan untuk menuliskan tautan (*link*) yang dapat memperkaya materi itu.

Selain materi, blog juga bisa digunakan untuk memuat tugas-tugas yang harus diselesaikan para siswa. Agar menarik, guru dapat melengkapi tampilan tugas itu dengan animasi lagu, video, dan fasilitas multimedia lainnya. Penilaian akhir hendaknya tidak didasarkan hanya pada pengerjaan tugas, tapi juga kuantitas dan kualitas siswa dalam memberikan komentar/kunjungan ke blog.

Kedua, blog guru dan siswa saling terintegrasi. Guru dan siswa sama-sama mempunyai blog. Blog siswa digunakan untuk mengerjakan tugas-tugas yang diberikan guru. Siswa juga diberi kebebasan untuk memperkaya pelajaran yang diperoleh dengan cara menuliskannya di blog masing-masing. Itu akan jadi bahan penilaian guru sehingga tanpa sadar para murid telah digiring untuk saling berkompetisi. Untuk mengentalkan gairah kompetisi, tiap bulan guru bisa memberikan hadiah (*reward*) untuk tiga blog terbaik. Integrasi antara blog guru dengan murid bisa dilakukan dengan cara saling memberi tautan.

Ketiga, blog sekolah sebagai pusat pembelajaran. Guru dan siswa di satu sekolah mempunyai satu blog. Blog itu dikelola dan dimanfaatkan secara bersama-sama, menjadi pusat pembelajaran (*learning center*) seluruh penghuni sekolah. Blog sekolah juga bisa ditempatkan sebagai "humas" sekolah ketika berinteraksi dengan pihak luar, misalnya sekolah lain. Nah, jika sekolah lain itu mempunyai blog dan sepakat untuk saling memberikan tautan, telah terbentuklah komunitas blog sekolah yang lebih mapan, disebut sebagai komunitas *blogger* pembelajar.

93
Habis Komunitas Terbitlah Buku
Agus M. Irkham

Jika sulit menerbitkan buku, bergabunglah ke dalam komunitas. Begitu nubuat sebagian penulis senior kepada penulis mula. Tilikan yang mengandung sangka: mereka yang tergabung ke dalam komunitas berarti orang-orang yang tidak mempunyai keberanian untuk berproses seorang diri, termasuk menghadapi kegagalan dan penolakan dari media massa dan penerbit buku.

Benar begitu? Nanti dulu. Nujum itu benar jika komunitas yang dimasuki memang sudah jadi, punya nama, sehingga oleh anggota yang baru masuk dapat dijadikan gerbong penarik. Memperoleh tambahan daya tawar. Nama besar komunitas menjadi semacam stempel kualitas tulisan. Tapi, akan lain ceritanya kalau komunitas yang dimasuki terbilang bayi, belum mapan. Tentu pamrih *numpang* nama menjadi tidak relevan lantaran posisi komunitas lebih kental sebagai wadah berproses, ketimbang tukang stempel. Menjadi semacam *mastermind.* Ajang saling ledek, memprovokasi, menyemangati, sekaligus belajar menulis. Isi (anggota) dan wadah (komunitas) tumbuh berbarengan. Jenis komunitas terakhir inilah yang biasanya lebih berpotensi memiliki anggota loyal. Dan lebih penting lagi, tidak menghasilkan penulis karbitan.

Termasuk ke dalam ragam komunitas yang terakhir disebut, beberapa di antaranya: Komunitas Bambu, Komunitas Pencinta

Bunga Matahari, Komuntas Rumah Malka, serta Rumah Dunia. Dan yang menarik, berdasarkan hasil pendarasan saya atas lebih dari 20-an komunitas literasi di Indonesia—baik yang bersifat *online* maupun *offline*—termasuk empat komunitas tersebut di atas, rupa-rupanya mereka bermula pada satu titik yang sama: kegemaran (membaca) buku.

Modusnya kira-kira seperti ini: awalnya suka buku, *ngumpul*, berdiskusi, *ngobrol* soal buku, obrolan direkam, dicatat, lantas diketik, diedit, dan dikemas dalam bentuk buku. Bahkan, itu tidak berhenti di buku hasil transkripsi diskusi saja, tapi juga buku utuh. Buku yang memang sejak awal menulis diniatkan untuk diterbitkan. Jadilah dari buku ke komunitas ke buku lagi.

Komunitas *ngobrol* berkembang menjadi pusat aktivitas budaya. Membaca, berdiskusi, meneliti, menulis, dan menerbitkan buku. Komunitas Bambu (Jakarta) misalnya. Komunitas yang proses kelahirannya dibidani oleh Ihsan Abdul Salam, Donny Gahral Ahdian, dan J.J. Rizal ini tergolong produktif menghasilkan buku. Berlarik judul di antaranya: *Strategi Menjinakkan Diponegoro*, *Lembah Kekal*, *Seikat Kata yang Beku*, *Kisah Surat dari Legian*, *Pura-Pura dalam Perahu*, dan *Paris di Kala Malam*. Kerja sama menyangkut kelonggaran pembayaran biaya cetak membuat gairah mereka untuk menelurkan buku semakin meninggi.

Lainnya adalah Komunitas Pencinta Bunga Matahari. Akrab disebut dengan nama Komunitas Buma. Komunitas pencinta puisi ini sebelumnya juga sekadar *ngumpul-ngumpul*. Berdiskusi melalui milis, saling bertukar dan membaca puisi, berbagi cerita proses kreatif, dan bersilang komentar atas satu-dua judul buku kumpulan puisi. Ujungnya? Mereka meluncurkan buku kumpulan sajak: *Antologi Bunga Matahari* (Avatar Press, 2007).

Oleh salah satu pendirinya, Gratiagusti Chananya Rompas, yang lebih karib disapa Anya Rompas, Buma dimaksudkan sebagai tempat bagi semua orang untuk secara bebas mengapresiasi puisi. Tidak terbatas hanya pada mereka yang mencipta, tapi juga yang sekadar penikmat.

"Buma membuat semua orang dapat berpuisi," jawab Anya, ketika saya tanya tujuan ia menggagas komunitas itu, "sehingga tidak ada lagi olok-olokan, penulis puisi lebih banyak ketimbang pembacanya," tambahnya. Di telinga saya, kalimat itu terdengar lain: buku kumpulan sajak menjadi buku yang paling tidak laku. Sayangnya, saya tidak melanjutkan pertanyaan: apakah *Antologi Bunga Matahari* laku di pasaran?

Dan tentu saja Forum Lingkar Pena. Dunia perbukuan Indonesia telah berutang banyak pada komunitas yang disebut sastrawan *gaek*, Taufiq Ismail, sebagai "hadiah dari Tuhan untuk Indonesia" itu. FLP, sejak kelahirannya hingga kini, telah menelurkan ribuan judul buku, baik fiksi maupun nonfiksi.

Faedah yang dapat kita kunyah dari fenomena—kalau boleh disebut demikian—buku-buku yang dilahirkan oleh komunitas literasi, *pertama* adalah menulis buku sangat dekat dengan aktivitas membaca, berdialog, merenung, dan meneliti. Ia merupakan gabungan antara teks dan konteks. Buah dari mengakrabi kehidupan. Itu sebabnya, buku disebut sebagai anak rohani manusia, bukan lawanannya—menulis buku adalah kerjaan orang yang kuper, penyendiri, dan fatalis.

Kedua, kecintaan terhadap buku tidak membuat pencintanya larut dalam tindakan konsumtif yang berupa sekadar membeli untuk memperbanyak jumlah koleksi. Sebaliknya, justru merembetkan rasa iri, keinginan untuk menulis buku juga.

"Karena membaca buku bukan suatu kegiatan yang terpisah atau yang ditambahkan, melainkan berkaitan dengan proses makna teks. Para pembaca adalah pencipta makna." Demikian tulis Karlina Leksono dalam esainya, "Membaca dan Menulis: Sebuah Pengalaman Eksistensial" (1999).

Dengan begitu, buku yang terbit saat ini sejatinya adalah hasil pemaknaan atas buku yang terbit saat lalu. Simpulan itu sekaligus sangkalan terhadap adanya pendapat bahwa membaca buku itu tidak produktif.

Ketiga, bahwa proses kreatif menulis buku bersifat sangat personal, itu betul. Tapi jangan lupa, menulis buku membutuhkan napas panjang. Dan napas panjang itu berasal dari motivasi yang terus terjaga. Merujuk pada pengalaman tak berbilang penulis, motivasi paling sering datang dari orang-orang yang mempunyai kesamaan minat dan tujuan—menjadi penulis. Di dalam komunitaslah "kemewahan" itu dapat dicecap. Gratis lagi. Dalam pengertian yang terakhir itulah kita dapat memahami fatwa: ketika Anda sulit menulis atau tidak berani menerbitkan (buku), bergabunglah ke dalam komunitas.

94
Terbitkan, atau Minggirlah!
Agus M. Irkham

Publish or Perish. Terbitkan, atau minggirlah. Ungkapan itu populer di kalangan akademisi Amerika Serikat. Satu ungkapan yang merujuk pada kondisi: semua akademisi/ilmuwan/intelektual sama, sampai satu di antara mereka menulis buku. Beruntung, cetusan itu tidak populer di kalangan akademisi kita.

Apa pasal? Karena jika acuan tersebut digunakan, dapat dipastikan banyak perguruan tinggi di tanah air akan kekurangan dosen lantaran sebagian besar dari mereka belum menulis buku. Jangankan buku, dosen yang menulis di jurnal berakreditasi nasional atau artikel ilmiah populer di koran saja jumlahnya masih sedikit, apalagi menulis di jurnal berakreditasi internasional atau menulis buku yang mempunyai pasar pembaca berskala internasional.

Berdasarkan data yang dikemukakan Fasli Jalal, Direktur Jenderal Pendidikan Tinggi Departemen Pendidikan Nasional—seperti yang pernah dilansir *Kompas* ("Baru 116 Jurnal Ilmiah Berakreditasi Nasional", 15 April 2009)—kemampuan ilmuwan kita untuk menyumbang penelitian ke jurnal ilmiah hanya 0,8 artikel per 1 juta penduduk. Padahal, di Indonesia saat ini ada 7.900 peneliti dari LIPI, BPPT, dan lembaga penelitian di departemen, sedangkan di perguruan tinggi ada sekitar 155.000 dosen.

Karenanya, kita tak perlu heran kalau ternyata kontribusi kaum intelektual Indonesia, khususnya dosen dalam dunia akademis di tingkat Asia Tenggara, hanya menempati posisi keenam. Sejak tahun 1970 hingga 2000, produksi pengetahuan mereka hanya 10 artikel per tahun.

Kalaupun ada satu dua dosen yang menerbitkan buku, buku tersebut tidak ditulis secara sengaja. Biasanya hasil daur ulang disertasi atau tesis. Akibatnya, buku itu menjadi buku pertama sekaligus terakhir. Seperti pohon pisang, ejek Ignatius Haryanto, sekali berbuah lalu mati.

PTN dan PTS

Bagaimana dengan akademisi dari perguruan tinggi negeri dan swasta (PTN dan PTS) di Jawa Tengah? Kondisinya bak pinang tak berbelah dengan yang berlangsung di tingkat nasional. Simpulan awal itu saya peroleh seusai mengunjungi pameran jurnal yang di adakan Pusat Jurnal Ilmiah Indonesia (PJII) di aula STIE Widya Manggala Semarang, akhir Agustus 2011.

Jumlah PTN dan PTS di Jateng yang mengikuti pameran (dengan asumsi yang tidak mengikuti pameran berarti tidak mempunyai jurnal ilmiah) hanya sekitar 15 perguruan tinggi. Atau sekitar 6,7 persen dari total PTN dan PTS di Jawa Tengah yang berjumlah 222 (data dari Wikipedia). Kelima belas PTN-PTS tersebut di antaranya: UNDIP, UNNES, UNSOED, UNISSULA, UNS, IAIN Walisongo, STAIN Pekalongan, STAIN Kudus, POLINES, UNIKA Soegijapranata, UKSW, STIE Widya Manggala, dan UMS (Universitas Muhammadiyah Solo). Dari 15 PTN-PTS tersebut total jurnal ilmiah yang dipamerkan ada 61 jenis. Yang tertinggi adalah UMS (17 jenis), disusul UNDIP (7), dan STAIN Kudus (6). Selebihnya rerata antara 1 hingga 4 macam jurnal.

Tentu, angka 61 masih terbilang sangat kecil jika dibandingkan dengan jumlah PTN-PTS di Jateng, belum lagi jika kita pecah ke dalam jumlah fakultas di tiap PTN-PTS. Sudah begitu, jurnal yang dipamerkan pun tidak memuat informasi tingkatan akreditasi.

Sudah mendapat akreditasi atau belum? Kalau sudah, akreditasi tingkat nasional atau internasional? Artinya, selain dari segi kuantitas masih terbilang rendah, kualitasnya pun masih menjadi pertanyaan besar.

Secara tidak langsung, fakta yang terjadi saat pameran jurnal ilmiah tersebut memberikan informasi awal kepada kita tentang apa yang tengah berlangsung di perguruan tinggi Jateng—dalam konteks gairah dosen meneliti, menulis, dan menerbitkan laporan penelitiannya ke dalam bentuk jurnal ilmiah dan media teks lainnya—masih rendah.

Pertanyaannya, apa penyebab utama rendahnya budaya meneliti, menulis, dan menerbitkan tulisan di sebagian besar perguruan tinggi, terutama para dosen?

Mengejar Kuota

Gejala yang paling tampak akibat liberalisasi (baca: persaingan sempurna) pendidikan tinggi adalah pe-massal-an serta popularisme citra dan tanda. Kini, perguruan tinggi lebih disibukkan dengan mengejar kuota mahasiswa. Menambah jumlah kelas, yang artinya juga memperbesar jumlah jam mengajar. Alasan yang mengemuka lebih banyak bersifat ekonomis ketimbang akademis.

Akibatnya, para dosen lebih disibukkan dengan aktivitas di ruang perkuliahan. Sudah begitu, yang berlangsung bukan lagi *learning* (pembelajaran) yang kuyup dengan dimensi sosial, moral, kultural, dan spiritual. Tapi, lebih ke pengajaran (*teaching*). Hubungan antara mahasiswa dan dosen sekadar relasi teknis fungsional belaka.

Dalam situasi demikian, sulit mengharapkan dosen menginisiasi sendiri suatu penelitian. Sekarang, kecenderungan yang tengah berlangsung adalah keinginan meneliti timbul begitu ada proyek. Karena itu, hasil penelitiannya pun pada akhirnya dapat ditebak: sekadar untuk mendapatkan/melaksanakan proyek. Bukan penelitian yang lahir dari rasa cinta terhadap pengembangan ilmu pengetahuan ("Jurnal Ilmiah Seret, Inilah Cermin Mutu Penelitian Kita", *Kompas*, 12 Agustus 2009).

Solusi apa yang dapat ditempuh? Karena sumber masalahnya timbul dari pertimbangan ekonomi (jumlah kelas, jam mengajar), untuk menggairahkan budaya meneliti dan menulis pada dosen, keharusan menerbitkan tulisan hasil penelitian di jurnal ilmiah dapat dijadikan sebagai syarat untuk memperoleh kenaikan pangkat. Bukankah yang sudah-sudah, kenaikan pangkat linear dengan tambahan perolehan ekonomi? Tapi, tentu dengan syarat kualifikasi yang ketat.

Selain itu, sebaiknya ada sistem begini: (calon) dosen yang tengah mengikuti kuliah pascasarjana (S2) dan doktoral (S3) sebagai syarat mengikuti sidang akhir kelulusan, mau tidak mau wajib memublikasikan karya ilmiahnya di jurnal ilmiah. Taruhlah untuk mahasiswa S2 minimal dua tulisan di jurnal ilmiah berakreditasi nasional, sedangkan mahasiswa S3 satu tulisan di jurnal ilmiah berakreditasi internasional.

Dengan demikian, di tiap perguruan tinggi ada mekanisme yang bersifat *built in:* para dosen yang malas meneliti dan menulis silakan minggir, sehingga pe-massal-an jumlah mahasiswa dan perbesaran jumlah kelas tidak serta-merta menunjukkan rendahnya kualitas perkuliahan/mutu suatu perguruan tinggi.

95
Bergabunglah dengan Musuh!

Agus M. Irkham

Nasihat yang dilontarkan Michael Peirson, pengajar pusat pelatihan jurnalistik Thomson Foundation di Cardiff, Inggris, itu menanggapi nujum: pers tradisional (teks berbasis kertas) tidak mampu bersaing dengan pers *online* (teks berbasis internet). Meski konteks pembicaraan Peirson adalah pers, ketika dibawa ke wilayah yang lebih sempit, yaitu dunia perbukuan, naga-naganya tetap gayut. Peirson tidak berlebihan. Berkembangnya *website* perbukuan dan maraknya penerbitan buku tradisional bertema komputer dan internet adalah bukti terdekat bahwa kehadiran keduanya tidak saling menegasi. Sebaliknya, justru saling melengkapi.

Kendati demikian, nubuat itu juga dapat kita baca sebagai bentuk peringatan, wanti-wanti. Bahwa buku tradisional tidak akan mati, itu iya! Tapi, bahwa akan terjadi perubahan mendasar tentang jenis buku apa yang (tidak) dapat dipertahankan bentuk ketradisionalannya, itu pasti. Buku eksiklopedia, misalnya, dapat dipastikan akan segera menemui ajal. Bahkan, naga-naganya sudah. Kini, untuk menelisik satu lema, orang lebih memilih mesin pencari (*search engine*) Google atau Wikipedia—ensiklopedia raksasa virtual dunia—ketimbang menjadi kutu ensiklopedia tradisional.

Ensiklopedia tradisional yang lazimnya setebal bantal dan beratnya kiloan, dalam wujudnya sebagai ensiklopedia elektronik menjadi hanya setebal satu helai kertas. Bisa masuk saku baju, praktis, dapat dibawa ke tempat tidur serta dapat diakses kapan dan di mana pun. Soal kedalaman isi dan luasan bidang cakup yang sebelumnya saling meniadakan pun lenyap. Dengan begitu, rasanya ensiklopedia tradisional harus merasa tahu diri bila ditinggalkan.

"Terlalu berbelit bagi para inovator laboratorium yang harus bekerja cepat dengan ratusan acuan ilmiah yang disebar di seluruh dunia." Dedah Romo Mangun saat simposium "Meningkatkan Peranan Buku dalam Upaya Membentuk Masyarakat Baru Indonesia" tahun 1999.

Lantas, buku jenis apa yang masih mungkin dipertahankan bentuk ketradisionalannya? Di domain mana saja penggabungan "lakon" dan "musuh" dapat dilakukan? Andai penerbit tradisional sudah *ancang-ancang* suatu saat nanti semua produk akan di-*online*-kan, model transisi seperti apa yang harus dilakukan?

Rumusan penulis novel sejarah *The Name of The Rose*, Umberto Eco soal buku, saya kira dapat membantu kita menjawab pertanyaan pertama. *Buku tetap tak tergantikan*, tandas Eco via Daniel Dhakidae (2007). *Bukan saja karya sastra*, lanjut Eco, *seseorang perlu membaca lebih teliti untuk keperluan apa saja. Bukan saja untuk memperoleh informasi, melainkan untuk berspekulasi secara teoretis dan membuat renungan tentang itu. Membaca layar komputer tidak sama dengan membaca buku.*

Dalam bingkai kacamata Umberto Eco, buku berbasis atom (pohon-kertas) yang masih dapat dipertahankan keatomannya hanyalah buku-buku babon. Ketegori biangnya buku. Buku kelas satu yang membuka wawasan dan cara pandang baru terhadap sebuah gejala. Tabiat asli buku babon (isi, sajian, dan bahasa) memaksa orang menyediakan waktu yang lama untuk membaca dan memahaminya. Dan itu sungguh merepotkan jika harus didaras melalui layar komputer. Lagipula, karena memiliki bentuk fisik, buku babon lebih kerap mendatangkan nilai magis, kebanggaan.

Lakon (atomisasi teks) dan musuh (digitalisasi teks) dapat berangkulan di ranah jualan dan produksi. Riuhnya toko buku *online*, *website* penerbit, milis penerbit, milis pembaca, milis komunitas perbukuan-penulis, dan sebagainya, saya kira bisa mewakili bentuk penggabungan itu.

Di *website* penerbit, guna menjual buku versi kertasnya, secuil informasi isi buku dapat ditampilkan secara *online*, lengkap dengan kovernya. Kalau tertarik, pembaca dapat memesan/membeli melalui *email* atau telepon (*e-commerce*). Di milis, baik penerbit maupun pembaca, dapat memanfaatkannya sebagai sarana mencari dan menawarkan naskah, merilis info buku terbaru, sekaligus memasarkannya.

Lakon dan musuh menjadi komplementer. Demi mengetahui perkembangan perbukuan *offline*, orang dapat mengunduhnya melalui informasi *online* (*website*). Kebalikannya, kala ingin menelisik perkembangan buku nirkertas (*e-book*), orang pergi ke toko buku—gerai buku berbasis kertas.

Di ranah produksi, melalui surat elektronik, terbuka lebar kemungkinan penerbitan buku tidak lagi memerlukan pertemuan fisik antara editor dengan penulis maupun percetakan. Proses produksi pun jadi hemat dan sangkil. Lantaran komunikasi seluruhnya dapat dilakukan secara *online*. *E-book* yang terbukti laris dapat diterbitkan dalam versi cetak. Demikian juga buku tradisional, jika serapan pasarnya bagus (*best seller*), sangat mungkin dikemas dalam bentuk elektronik (*e-book*).

Rupa-rupanya, digitalisasi teks, meminjam analogi Anthony Giddens ketika bicara soal globalisasi, laksana truk besar yang tengah melaju dengan kecepatan yang terus meninggi.

96
Kelas Menulis Rumah Dunia
Gol A Gong

Seorang penulis harus memiliki kerendahan hati, dan seorang calon penulis harus belajar memiliki sikap ini. Namun sikap yang fatal bagi sang calon penulis adalah sikap cepat putus asa (Ismail Marahimin, *Menulis Secara Populer*, Pustaka Jaya, 1994).

(1)

Setiap enam bulan, di Rumah Dunia dibuka Kelas Menulis. Ini sudah berlangsung sejak Januari 2002. Kelas Menulis Rumah Dunia (KMRD) hanya diperuntukkan bagi pelajar dan mahasiswa agar bisa mandiri setelah jadi sarjana nanti. Di Kelas Menulis ini, aku memberikan wawasan bahwa pekerjaan menulis (wartawan atau pengarang) bisa dijadikan profesi terhormat, layak, dan cerah. Dari Kelas Menulis ini kelak akan muncul satu generasi baru di Banten yang cerdas dan kritis serta sanggup menuangkan gagasan-gagasannya lewat tulisan. Tapi, pesertanya terbatas.

Setiap angkatan hanya berkisar 25 sampai 30 orang. Setiap calon peserta harus memberikan (contoh) karyanya, fiksi (cerpen/puisi) atau laporan jurnalistik (*feature/news/essay*). Dari contoh karya ini, calon peserta disaring. Bagi yang lolos, ada persyaratan lain, yaitu ikhlas menyumbangkan sebuah buku kesayangannya ke Rumah Dunia. Pendidikannya tidak dipungut bayaran alias gratis.

Nah, saat Kelas Menulis dimulai, pada pertemuan pertama para peserta harus maju satu per satu, memperkenalkan dirinya, mulai dari nama pemberian orangtua, tanggal lahir, motivasi ikut Kelas Menulis, buku-buku apa saja yang pernah dibaca, tertarik ke sastra atau jurnalistik, dan ingin jadi wartawan atau pengarang. Juga, yang terpenting, mereka harus menyebutkan nama pena serta menjelaskan filosofinya. Dengan cara seperti ini, aku mencoba mengamati atau mengindentifikasi wawasan, emosi, serta pengelolaan bahasa atau pemilihan kata si peserta saat berbicara.

Ismail Marahimin dalam *Menulis secara Populer* (Pustaka Jaya, 1999) menuliskan bahwa ada keterampilan berbahasa yang perlu dikuasai untuk dapat berkomunikasi dengan orang lain, yaitu mendengar, berbicara, membaca, dan menulis. Dengan cara seperti ini, kelak selain mahir menulis, mereka juga mahir berbicara di depan orang banyak.

Aku juga menyarankan kepada mereka untuk tak terburu-buru ingin disebut penulis. Maksudku, penulis dalam arti sesungguhnya. Berkarya, mengirimkan karyanya ke majalah, koran, dan penerbit, lalu berharap diterbitkan dan dapat honor. Terkadang, ada para calon penulis yang langsung duduk di depan komputer. Menulis tapi tidak jadi-jadi. Di Rumah Dunia, yang pertama kusarankan adalah agar mereka banyak membaca karya fiksi orang lain dan terus mengisi jiwa mereka dengan mengamati sekeliling supaya jadi lebih peka (ranah afektif). Isi ceruk jiwa kita.

Ismail Marahimin menulis lagi bahwa hubungan membaca dengan menulis cukup erat. Untuk dapat menulis, kita harus banyak membaca. Membaca adalah sarana utama menuju ke keterampilan menulis. Membaca memberikan berbagai "tenaga dalam" (versiku: referensi) yang sangat dibutuhkan oleh penulis. Seperti dalam film-film silat, pesilat yang memiliki tenaga dalam tampak lebih hebat dari pesilat biasa. Ibarat mobil, jika tidak ada bensinnya, tentu akan mogok. Begitu juga dengan penulis, jika tidak suka membaca, berarti jiwanya kosong. Itu akan tecermin dari karya-karyanya yang tidak berjiwa.

Pertemuan kedua, selama sebulan, peserta akan diberikan materi jurnalistik. Terutama unsur berita (5W+1H: *where, when, what, who, why*, dan how). Metode ini sangat cocok diaplikasikan ke dalam penulisan fiksi. Misalnya saja, unsur *where*: di gunung, di rumah, di pasar. Semua peserta harus mencoba menuliskan imajinasi tentang tempat-tempat tersebut. Dalam wilayah fiksi, ini dikategorikan sebagai latar tempat. Dengan unsur *who*, peserta bisa menulis tentang karakter tokoh, apa dan siapa. Setiap pertemuan, peserta dikenalkan pada teori, dan selebihnya adalah praktik, yaitu mengarang.

Dalam Kelas Menulis, pesertanya harus terus berlatih menulis. Ini tentu bertahap. Mengutip konsep Dave Meier, *accelerated learning,* yaitu belajar dengan mengerjakan pekerjaan itu sendiri. Di tiap pertemuan, aku menyuruh mereka menulis sinopsis, latar (waktu dan tempat), karakter, dan dialog. Kuajarkan teknik menulis yang konvensional dulu, lewat cerpen realis. Plotnya bergerak maju atau linear, belum banyak plot. Untuk plot dengan alur mundur atau *flashback,* nanti dulu. Setiap minggu mereka diberi pekerjaan rumah atau praktik menulis dan mengarang. Bisa laporan jurnalistik, *hardnews, feature,* dan cerpen. Pada minggu berikutnya, pekerjaan rumah itu harus dikumpulkan dan didiskusikan.

Ekstremnya, semua harus bersabar. Dalam rentang waktu dua tahun pun mereka harus terus berlatih menulis, menulis, dan menulis. Di sela-sela itu, kalau sudah ada yang bagus, aku menyarankannya untuk mengirimkan tulisan ke media masa. Jadi, aku tidak menyarankan para calon penulis *ujuk-ujuk* duduk di depan komputer, langsung menulis dan mengirimkannya ke media massa. Dalam Kelas Menulis pun harus ada proses revisi dan kegiatan membacakan karya di hadapan teman-temannya.

Mereka juga harus mengisi jiwa dengan banyak membaca dan bepergian atau mengamati sekeliling. Alumni kelas pertama sering kusuruh pergi bertualang, keluar dari rumah untuk melihat dan merasakan banyak hal. Itu sangat perlu agar tubuh dan jiwa tertempa serta tidak kosong melompong seperti tong kosong yang nyaring bunyinya.

Berpikir (kognitif) terus lewat membaca tidak baik juga. Harus ada ranah afekif (merasakan) dengan cara bepergian ke tempat-tempat yang baru, tapi tidak mesti jauh. Dengan begitu, calon penulis seperti orang yang sedang berguru di padepokan atau Shaolin Temple. Mereka berlatih keras dengan mengisi tenaga dalamnya, sehingga ketika duduk di depan komputer, semua (para calon penulis) tahu apa yang akan dituliskannya, termasuk bagaimana menuliskannya dengan kaidah bahasa yang benar, misalnya tentang penggunaan tanda baca: titik, koma, tanda seru, tanda tanya, dan seterusnya.

(2)

Aku sudah berkomitmen untuk terus mendampingi mereka. Jika aku melihat ada karya dari peserta kelas menulis yang bagus tapi perlu direvisi, aku langsung merapatkan diriku ke dirinya. Pokoknya, harus turun langsung. Tak jarang, aku membantu merevisi karya-karya mereka. Dengan cara itu, mereka bisa mengenali di mana letak kekurangannya. Biasanya aku bilang, "Sekarang kamu kursus privat, deh, dengan saya!" Aku menyediakan waktu Sabtu dan Minggu, di sela-sela waktu luang. Bisa pagi, atau kapan saja. Kalau laki-laki, kusuruh tidur di Rumah Dunia. Kadang pagi-pagi, meski belum mandi, aku sudah *stand by* di Rumah Dunia. Aku memberi masukan, bahkan langsung membuka komputer. Karyanya kubaca, kukoreksi. Aku kasih saran sebaiknya begini, begitu. *Learning by doing*. "Minggu depan revisiannya harus jadi!" kataku.

Kelas Menulis angkatan pertama diikuti Qizink, Ibnu, Wangsa, Endang, Aad, Ade Jahran, dan Najwa Fadia. Ternyata hanya butuh waktu setahun, mereka sudah mahir menulis esai, cerpen, dan novel. Bahkan, Qizink sudah direkrut oleh *Radar Banten* sebagai wartawan untuk daerah Pandeglang. Ibnu saat itu langsung bisa magang di Suplemen Radar Yunior. Sedangkan Ade Jahran jadi wartawan *Fajar Banten*. Yang spektakuler adalah Aad Adkhilni M.S. dan Endang Rukmana. Endang menyabet Unicef

Award for Indonesian Young Writer pada 2004. Esainya menjadi juara pertama lomba esai UNICEF dengan tema anak Indonesia. Sementara itu Aad masuk 20 besar. Kemudian, pada IKAPI Book Fair 2004, esai Aad tentang pentingnya membaca menggondol juara pertama. Di Kelas Menulis angkatan ketiga juga muncul nama R.G. Kedungkaban, Aji Setiakarya, dan Rimba Alangalang. Sedangkan di angkatan kelima, hanya satu nama yang muncul: Asri Surtayati, pelajar SMA Kavling Cilegon, yang cerpen-cerpennya muncul di majalah *Aneka Yess!*

Perlakuanku pada mereka yang mahir menulis adalah sambil berjalan mulai memperkenalkan teknik penulisan lain serta target pembaca yang harus dibidik, sekaligus mempraktikkannya. Aku langsung mengajak mereka berlatih dengan tema beragam: percintaan, kritik sosial, politik, atau *human interest*. Teknik penulisannya pun mulai dari realis, surealis, hingga absurd. Jika ada yang bagus tapi masih bolong-bolong, langsung kutangani. Nongkrong bareng di depan komputer. Alhamdulillah, tahun 2004 sudah Kelas Menulis sudah menghasilkan 4 antologi. Pertama *Kacamata Sidik* (kritik sosial-politik, Senayan Abadi, 2004), kedua *Harga Sebuah Hati* (kemanusiaan, Akur, 2005), *Pelangi Jatuh di Kotaku* (kritik sosial-politik, MU3, 2005), dan *Padi Memerah* (kritik sosial, MU3, 2005).

Pada 2008–2011 kami panen karya. Buku-buku alumni KLRD bertebaran. Mereka *co-writer*-ku dalam menyuplai naskah untuk novel anak-anak seri pendidikan karakter: *Aku Pantang Menyerah* (Zikrul hakim, 10 judul), *Ayo Sekolah* (Zikrul Hakim, 10 judul), *Singkong Keju* (Zikrul Hakim, 10 judul), komedi situasi *Si Aduy: Anak Kampung Jadi Sarjana* (Zikrul hakim, 20 judul), dan *Aku Bangkit* (Tiga Serangkai, 10 judul). Para penulisnya adalah Langlang Randhawa, Desty Eka Puti, Rama Safra'I Rachmat, Rg Kedung Kaban, Najwa Fadia, Hilal Ahmad, Wanja Al Munawar, Ali Sobri, Ina Inong, Tias Tatanka, dan Pramita Gayatri. Novel-novel ini bisa menyubsidi pembebasan tanah Rumah Dunia.

Aku juga mengajarkan mereka untuk memahami target pembaca yang akan dibidik. Ini memang amat melelahkan. Tapi, kalau ingin membantu proses regenerasi memang harus begitu. Sejak Januari 2005, aku sudah mengajak Qizink dan Ibnu menjadi editor awal untuk membaca cerpen-cerpen yang masuk dari peserta Kelas Menulis. Pada 2010, Langlang Randhawa juga membantuku membaca naskah-naskah yang masuk. Jadi, aku tidak akan menerima cerpen mentah. Mereka dulu yang menyeleksi cerpen itu, terutama penggunaan tanda bacanya. Proses revisi ada di mereka. Setelah 90 persen jadi, baru masuk ke aku untuk *finishing touch.*

Begitulah yang kumaksud dengan harus bersabar kalau ingin jadi penulis. Ada proses dan prosedur yang harus dilewati. Dua tahun waktu yang ideal. Tapi, setahun bisalah. Dengan melewati itu, percayalah, kelak akan muncul para penulis yang konsisten dan tahan lama, bukan instan atau karbitan.

***

Produk-produk dari Kelas Menulis Rumah Dunia itu tak bisa dilepaskan dari biaya operasional atau uang kas Rumah Dunia. Selain dari zakat perseorangan, lewat produk-produk antologi cerpen dan novel perorangan itulah kas Rumah Dunia kecipratan rezeki. Jika sebuah antologi cerpen diterbitkan, 50 persen royalti/honorarium penulis disumbangkan ke Rumah Dunia. Sedangkan untuk novel perorangan, cukup 25 persen saja.

Dana yang kami dapatkan itu tidak dipakai untuk biaya makan para relawan, tapi murni untuk kegiatan yang difokuskan pada pengembangan bakat anak-anak (siswa) dan pemuda (siswa, pelajar, dan mahasiswa) Banten yang ingin maju tapi tertindas dan terpinggirkan secara ekonomi. Dana itu kami pakai untuk kegiatan reguler seperti wisata gambar, wisata dongeng, wisata tulis, wisata teater, wisata studi, dan stimulan-stimulan berupa kegiatan Pesta Anak setiap Juli, Keranda Merah Putih setiap Agustus, diskusi Gonjlengan Wacana setiap Sabtu, Tawuran Seni yang menampung bakat seni pelajar/mahasiswa dalam hal seni, Kelas Menulis, serta jumpa pengarang dengan mendatangkan pengarang-pengarang nasional, seperti Helvy Tiana Rossa, Fira Basuki, Taufik Ismail, Arswendo Atmowiloto, Rieke Diah Pitaloka, Seno Gumira Ajidarma,

Asma Nadia, dan Soni Farid Maulana.

Percayalah, membangun Banten atau Indonesia itu tidak perlu dengan sok tahu ikut-ikutan mengurusi masyarakat dengan cara merasa berhak mengambil dana APBD. Biarlah itu jadi urusan para birokrat dan pejabat di pemerintahan. Mereka dibayar untuk mengurusi kita. Kami cukup melakukan kegiatan dalam bentuk partisipasi masyarakat dengan rasa cinta dan keikhlasan untuk berbagi. Tulisan John Gerassi tentang Che Guevara dalam biografi *Che Guevara, Revolusi Rakyat* perlu disimak: *Cinta tidak mungkin ada di antara tuan dan budak. Bahwa hubungan tuan-budak harus dihancurkan. Che tahu, bahwa sekali dihancurkan, hubungan yang baru—cinta—tidak tumbuh dengan sendirinya. Cinta tidak keluar dari perbuatan dari atas. Ia datang dari akar, rakyat, bekerja di dalamnya dari bawah. Cinta bukanlah kilatan cahaya atau sebuah peristiwa mistik yang berlangsung cepat. Ia adalah sebuah upaya. Ia merupakan sesuatu yang bisa dibangun manusia dengan cara bekerja padanya. Sebelum masyarakat bisa bekerja pada cinta mereka dan merasa senang dengan kegembiraan orang lain, merasa puas dengan memuaskan orang lain, mereka terlebih dulu harus mampu berkomunikasi dengan maksud mereka sederajat. Orang kaya yang "mencintai" orang miskin adalah penawaran belas kasihan, bukan cinta. Dia yang ingin menjadi generasi cinta terlebih dahulu harus menghancurkan generasi benci, yang didukung oleh orang-orang serakah, orang yang serba tahu, dan oleh para majikan.*

Nah, Rumah Dunia dibangun berdasarkan cinta dari para relawannya. Dari orang-orang di sekitarnya. Dari rakyat yang tertindas dan yang terpinggirkan. Kami bekerja pada "cinta" itu sendiri. Kami bahkan memosisikan diri sebagai pelayan bagi rakyat. Tapi, kami tidak mengatasnamakan siapa pun, kecuali pada sebuah generasi baru yang kritis, cerdas, dan siap melawan kebatilan yang terjadi di Banten lewat pena! Maka, orang-orang yang selalu menggerogoti kekayaan Banten untuk dirinya dan kepentingan sekelompok orang, bersiap-siaplah menghadapi pena kami!

97
Wadah Menulis di Situs www.rumahdunia.net
Gol A Gong

Setelah Kelas Menulis Rumah Dunia memasuki tahun ketiga (2004), aku sudah memikirkan wadah menulis bagi mereka. Tentu terasa tidak elok jika SDM dalam hal keterampilan menulis melimpah di Rumah Dunia. Setiap angkatan membutuhkan waktu 1 semester (6 bulan). Berarti setiap tahun ada 2 angkatan. Pada 2005, sudah ada 6 angkatan. Pada tahun itu sudah terbit kumcer para peserta Kelas Menulis yang diterbitkan Senayan Abadi, yaitu *Kacamata Sidik* (kritik sosial politik, Senayan Abadi, 2004) dan *Masih Ada Cinta di Senja Itu* (kritik sosial, Senayan Abadi, 2004).

Situs Komunitas

Saat itu, para relawan/peserta kelas menulis sudah kuberi tugas menulis esai di rubrik Salam dari Rumah Dunia di *Radar Banten*. Tapi, aku rasa itu belum cukup. Maka, aku menyetujui saran Nioval Y. Ramsis dan Andre Birowo untuk membuat situs www.rumahdunia.net agar keterampilan menulis para relawan Rumah Dunia bisa tersalurkan. Juga bisa digunakan sebagai media publikasi dan promosi. Spirit yang lebih luar biasa lagi adalah menyebarkan semakin luas Gerakan Literasi Lokal dari Banten untuk Indonesia Membaca.

Pada 24 Desember 2004, bertempat di Library@Senayan, Kantor Kemendiknas, situs itu diluncurkan dan bertahan hingga

2012 ini. Dampaknya sangat luar biasa. Banyak orang berdatangan ke Rumah Dunia untuk menyerap perjuangan kami. Bahkan, media massa nasional bergantian memublikasikan Rumah Dunia. Tanpa sadar, situs www.rumahdunia.net jadi referensi para peneliti. Keberadaan Rumah Dunia semakin mendunia.

Muhzen Den, relawan paling senior menulis di www.rumahdunia.net: *Keberadaan Rumah Dunia ternyata memberi dampak positif secara langsung maupun tidak langsung bagi orang-orang yang mengunjungi dan menimba ilmu di sana. Terbukti, sejak Rumah Dunia membuka Kelas Menulis, banyak menarik minat masyarakat Banten, mulai dari kaum pelajar SMA dan mahasiswa hingga masyarakat umum.* Tambahnya, *dimulai sejak angkatan pertama tahun 2002 sampai sekarang 2010, alumni peserta Kelas Menulis banyak yang berkiprah di media lokal cetak dan elektronik, juga instansi lain. Ini membuktikan bahwa Provinsi Banten yang sudah menginjak usia 10 tahun, jatuh pada 4 Oktober, membutuhkan banyak sumber daya manusia yang berkualitas dan berwawasan. Lalu, Rumah Dunia menangkap kegelisahan yang terjadi di masyarakat tersebut dengan membuka pelatihan menulis secara gratis.*

Masih kata Deden—sapaan akrabnya—*di kegiatan Kelas Menulis Rumah Dunia (KMRD) peserta didik diajarkan tentang jurnalistik, prosa fiksi, dan skenario film. Kegiatan ini berlangsung tiap minggu sekali. Bertatap muka dengan pemateri (guru) dengan metode sedikit teori, perbanyak praktik, sambil dibimbing dan diberi motivasi. Tak dipungkiri, metode tersebut berbuah manis bagi peserta Kelas Menulis Rumah Dunia yang benar-benar tekun dan ulet mengikuti pelatihan tersebut. Dari situlah, dua orang relawan Rumah Dunia, Andre Birowo dan Noval Y. Ramsis, yang mahir di bidang teknologi informasi membantu Rumah Dunia dengan membuatkan laman publikasi www.rumahdunia.net (2004–sekarang) dan www.rumahdunia.com (2009–sekarang). Dari dua laman publikasi inilah nama Rumah Dunia menjadi lebih besar, selain juga berkat bantuan relawan-relawan Rumah Dunia—di dalam maupun luar—serta para pencinta Rumah Dunia yang memiliki visi-misi sejalur, sehingga Rumah Dunia dikenal banyak orang lewat perantaraan lisan maupun tulisan.*

Ide Buku

Kehadiran situs www.rumahdunia.net, seperti sudah diprediksi dari awal, cukup ampuh. Sebelumnya, setiap Minggu kami hanya menulis jurnal di Salam Rumah Dunia, *Radar Banten*, dan menyebarkannya ke milis. Situs www.rumahdunia.net sungguh memesonakan para relawan dan peserta Kelas Menulis, bahkan para pengurusnya, seperti aku, Tias Tatanka, Toto ST Radik, Firman Venayaksa, Ibnu Adam Aviciena, Aji Setiakarya, Langlang Randhawa, dan Muhzen Den. Situs ini menjadi wadah bagi kami untuk menulis. Tidak semua tulisan kami bisa diakomodasi koran lokal, maka di situs inilah kami bebas merdeka menulis.

Bahkan, banyak ide menulis buku yang kudapat dari jurnal-jurnal yang kutulis di situs ini. Beberapa penerbit juga memintaku mengompilasi tulisan-tulisan di laman Tips atau Gerbang (esai). Bahkan, pada Agustus 2011, penerbit di bawah payung Kompas Gramedia: KPG, GPU, dan Glitzy meminta banyak naskah yang berasal dari situs Rumah Dunia.

98
Udin Angkot:
Mengisi Waktu Luang dengan Membaca

Gol A Gong

Suatu hari saya mendapat pesan pendek. "Wah, ternyata Mas Gong punya angkot, ya. Jadi ini, *to*, sumber uang Mas Gong membiayai Rumah Dunia...." Lalu di hari lain, "Saya lagi ke Pandeglang, naik angkot Mas Gong." Atau di hari lain lagi sekitar tahun 2006, pesan-pesan pendek berisi tentang angkutan kota Serang–Pandeglang yang di kaca belakangnya bertuliskan *Gol A Gong The Power Man*, aku terima.

Tulisan di Angkot

Aku tidak begitu memedulikannya. Biar sajalah. Tapi, istriku ternyata tidak. Aku lupa persisnya, pada Minggu sore bulan Desember 2007, istriku tiba-tiba menyuruhku ke belakang rumah, tempat Rumah Dunia berada. "Ada Udin Angkot, Pah," istriku, Tias Tatanka, tersenyum. Aku agak heran. Udin angkot? Siapa dia? Aku melihat sebuah mobil kopas (koperasi angkutan kota) abu-abu lusuh diparkir. Seorang laki-laki bernama Efdi Bahrudin alias Udin Angkot—kelahiran Pandeglang 8 Januari 1967—dengan antusias menyalamiku. Di tangannya, ada dua buku tulis besar berisi sajak-sajaknya. Yang membuatku terharu, di kaca belakang mobil angkutan kotanya ada tulisan *Gol A Gong The Power Man*.

Aku bertanya, siapa yang membuat tulisan di kaca belakang mobilnya itu. Udin Angkot pun menjawab bahwa dia yang menuliskannya. "Saya minta maaf tidak minta izin dulu," kata Udin. Tentu saja aku tidak berkeberatan, hanya saja itu berlebihan. Udin Angkot meminta izin lagi agar tulisan itu tetap terpasang di sana. Aku mengangguk. Tentu aku merasa tersanjung, walau tetap saja berlebihan. Lalu aku meminta istriku bercerita bagaimana Udin Angkot bisa berada di Rumah Dunia.

Rupanya, sepulang dari urusan ini-itu, dia melihat mobil Udin Angkot diparkir. Tias pun meminta sopir kami berhenti dan parkir di belakang angkotnya. Lalu Tias mencari-cari pemilik kopas yang bertuliskan *Gol A Gong The Power Man* itu. Tias memperkenalkan diri sebagai istri Gol A Gong. Udin Angkot sangat senang dan menerima tawaran Tias untuk ikut ke Rumah Dunia.

Udin Angkot mengatakan dia sudah lama ingin berkenalan denganku. Cara yang dia tempuh adalah dengan menuliskan namaku di kaca belakang mobilnya. "Saya yakin suatu hari akan ada orang yang menyetop mobil saya dan menanyakan tentang tulisan itu," katanya. "Saya sering baca tulisan-tulisan Mas Gong di koran. Itu memberi saya inspirasi," katanya lagi.

Aku menjabat tangannya. Aku senang mendapat sahabat baru, terutama yang senang membaca buku. Ini berkaitan dengan jabatanku sebagai Ketua Forum Taman Bacaan Masyarakat Indonesia yang sedang mengusung program besar Gerakan Literasi Lokal Menuju Indonesia Membaca. Udin Angkot bisa dijadikan figur inspiratif sesama sopir angkot, bahkan para mahasiswa yang tidak senang membaca.

Sopir Membaca

Aku ingat, setelah pertemuan itu Udin Angkot mulai bersinggungan dengan kegiatan literasi di Rumah Dunia. Udin Angkot menjadi peserta "Wong Cilik #1" pada April 2008. Udin menyabet juara pertama lomba menulis dan membaca puisi. Berikutnya, pada "Ode Kampung #3: Temu Komunitas Literasi se-Indonesia" yang diadakan tanggal 5–7 Desember 2008, kami meminta tolong kepada Udin Angkot untuk membuka acara. Udin Angkot naik panggung ditemani Ketua RT Kompleks Hegar Alam, Kurnia Hidayat. Ia pun membacakan puisinya:

Lelaki di Lintasan Rel

Dengan langkah optimis
Lelaki penuh baya melintasi rel-rel baja
Berteman tas punggung
Kau jinjing penuh senyum
Menggapai cita-cita menggenggam dunia
Berjalan diiringi doa
Bermentalkan baja
Kau pijak bumi, kau junjung langit
Engkau pun menjadi pujangga
Sang lelaki pun harum
Menggema bagai suara gong
Di seantero nusantara

Aku cukup terkesan dengan puisi yang ditulisnya. Aku merasa *ge-er* karena tokoh dalam puisi yang ditulis Udin Angkot mewakili masa laluku yang senang bepergian menyusuri nusantara menggunakan kereta api.

Kehadiran Udin Angkot mengajarkan aku bahwa dalam keterbatasan ekonomi dan waktunya sebagai sopir, membaca tetap menjadi bagian terpenting dalam hidupnya. Waktu baginya harus diisi dengan hal-hal yang bermanfaat. Udin Angkot bisa kita jadikan contoh *wong cilik* yang memiliki ketertarikan pada dunia literasi.

Menulis puisi dan pantun adalah hobinya. Di mana pun, saat senggang, ia selalu menyempatkan diri menulis puisi hasil pengamatannya terhadap realitas kehidupan yang dia peroleh sembari menyetir angkot Serang–Pandeglang. Ia tak tahu apa itu puisi dan cara menuliskannya dengan baik. Ia hanya suka dan takjub pada kekuatan kata-kata yang dinilainya amat aneh dan menyihir. Kata-kata bisa membakar dirinya untuk senantiasa bertahan hidup dan tetap semangat menjalani kehidupan sesuai dengan profesinya. Dengan kata-kata pula dirinya berani merogoh kocek untuk terus membaca, bahkan berlangganan empat koran lokal dan nasional setiap hari. Tingkah lakunya yang sedikit berbeda karena "kerakusannya" terhadap bacaan apa pun membuat namanya dikenal, tentunya di kalangan sopir angkot. "Saya selalu membeli koran dan membacanya saat istirahat, sambil makan siang, bahkan saat *ngetem*," cerita Udin Angkot.

Karya Udin Angkot memang tak banyak dikenal orang. Suami dari Rohayati ini hanya beberapa kali mengirimkan karyanya ke media. Ongkos pengiriman ternyata jadi kendala tersendiri bagi ayah empat anak ini. Meski masih berusaha untuk terus berkarya dan menyodorkan karyanya ke media, terkadang lumbung dapur lebih dulu menuntut untuk segera diisi. Kini, dari sekian limpahan ide yang tercecer di berbagai kertas, sekitar 40 sajaknya sudah dibukukan oleh Lumbung Banten, lini penerbitan Rumah Dunia. Abdul Salam mengatur *layout* dan Rimba Alangalang mendesain kovernya. Pada saat pembukaan "Ode Kampung #4: Banten Art Festival", Udin Angkot tertegun memegangi buku puisi *Tidur Dalam Mimpi*, Kumpulan 40 sajak karyanya. Suaranya tertahan, "Saya tidak percaya...."

Ketika ditanya apakah siap tampil membacakan sajak-sajaknya di "Ode Kampung #4: Banten Art Festival" pada Kamis, 10 Desember 2010, Udin Angkot sangat antusias. Hal itu dibuktikannya. Udin Angkot membacakan dua sajak. Para peserta "Ode Kampung #4: Banten Art Festival" dari Depok, Bogor, Jakarta, Bandung, Tasikmalaya, Cianjur, Makasar, Solo, dan Yogyakarta memberi aplaus. "Semoga saya bisa memberi inspirasi kepada sopir angkot lainnya," teriaknya.

Dalam buku puisi *Tidur Dalam Mimpi*, Udin Angkot seperti sedang mematenkan karya-karyanya yang selama ini tercecer. Akankah dia mengikuti tapak perjalanan Joni Ariadinata, cerpenis kenamaan dan sastrawan terkemuka, yang berasal dari golongan proletar—mantan tukang becak? Bacalah lagi sajaknya:

Terselubung Sang Saka

Di balik peti jenazah ukiran
Terbujur kaku sang anumerta
Terbungkus kain kafan terselubung sang saka
Tetesan air mata putri meratapi pangeran
Menuju peristirahatan terakhir
Dengan ikhlas diiringi doa
Alam pun turut berduka
Sang anumerta meninggalkan ibu pertiwi
Hanya seonggok tanah merah
Saksi bisu untuk ke surga

Kami sangat bangga bisa membantu mewujudkan mimpi Udin Angkot untuk memiliki buku puisi. Aku yakin ini adalah buku kumpulan sajak pertama di Banten, atau bahkan di Indonesia, yang penulisnya seorang sopir angkutan kota.

99
Rahel Membajak Tanah dengan Pena

Gol A Gong

Lumbung Banten Rumah Dunia (LBRD) bekerja sama dengan *Banten Raya Post* dan Banten TV kembali mengadakan kegiatan pendokumentasian Banten. Jika pada 10 Januari acaranya diisi diskusi "Kekuasaan dan Dinasti di Banten", Sabtu, 31 Januari 2009, pukul 13.30, kegiatannya adalah peluncuran buku puisi *Kampung Ular* karya Rahmat Heldy H.S., alis Rahel, di Taman Budaya Rumah Dunia. Ahmad Rumi, dosen sastra Untirta, dan Sulaeman Jaya, penyair, yang membedahnya. Murid SMA Al-Irsyad Waringin Kurung, Serang, meramaikan acara dengan deklamasi puisi Rahel. Ini adalah wujud kepedulian LBRD terhadap para penulis lokal dengan membantu mendokumentasikan karya-karya mereka dalam bentuk buku. Sesuatu yang menggembirakan karena generasi mendatang di Banten akan memiliki banyak tulisan dari para pendahulunya.

Pertanyaannya, kenapa harus karya Rahmat Heldy H.S. alias Rahel? Tidak karya Toto ST Radik, yang kualitasnya sudah teruji dan memiliki nama besar? Sebetulnya ini bagian dari kaderisasi. Alasan lainnya, bagiku Rahmat adalah ombak lautan. Ia berusaha menggedor-gedor karang agar bisa berlabuh di pantai. Atau tanah yang akan diolah menjadi bata atau lumpur jika tersiram air hujan, tempat para petani menitipkan harapannya selama tiga bulan ke depan. Jika meminjam Pupuh XII, Babad Banten, *gawe kuta baluwarti bata kalawan kawis*—artinya, membangun kota dan peradabannya dengan bata dan karang—Rahel mencoba membawa spirit ini dalam kehidupannya. Ia berasal dari kampung bernama Bojong, Desa Sukadalem, Kecamatan Waringin Kurung, di kaki gunung Pinang, yang tak terpetakan. Jalan untuk mencapai kampungnya saja susah, naik-turun, berlubang. Dan Kota Serang baginya adalah unsur "karang", berada di luar kampungnya. Ia ingin berubah dan berbeda dari teman-teman sekampungnya yang lebih akbrab dengan perkakas tradisional: golok, parang, arit, cangkul, dan waluku. Baca saja sajak "Jejak Masa Kecil" ini: jejakmu yang masih nampak/menempel di ujung jerami/ikut dalam perut hewan-hewan purbani/sementara bayang-bayangku tertinggal di sana.

Rahel pergi ke Serang bukan untuk bekerja di pabrik atau berdagang, melainkan untuk mengisi otaknya dengan wawasan jurnalistik dan sastra. Lalu, ia pulang ke kampungnya dan menjadi wakil kepala sekolah. Ia rajin membagikan kegilaannya pada jurnalistik dan sastra ke murid-muridnya di Yayasan Pendidikan Al-Irsyad, Waringin Kurung. Ia menyulap golok jadi pena. Ia ubah tanah di kampungnya jadi berlembar-lembar kertas untuk ditulisi, berpenakan waluku. Ia bajak tanah dengan kelutan pena. Bahkan, adik kandungnya, Abdul Salam, disekolahkan di Serang dan dititipkan di Rumah Dunia. "Saya tidak peduli adik saya berprestasi di sekolahnya atau tidak, yang penting dia juara di masyarakat!" katanya berapi-api. Rahel ingin adiknya juga tak mengandalkan otot, tapi otak.

Rahel memang unik. Ia adalah anak yang lahir dari rahim seorang ibu bernama Banten. Setelah Banten jadi provinsi, bertumbuhlah anak-anak muda yang penuh harapan wilayahnya akan berubah menuju kemajuan. Bermunculan pula media lokal. Diawali tabloid *Meridian* pada Januari 2000 (bulanan dan bertahan enamedisi), kemudian *Harian Banten* (kini *Radar Banten*) dan *Fajar Banten*. Hebatnya, ketiga media lokal itu menyediakan halaman budaya: cerpen, puisi, dan esai. Kemudian, muncul tabloid *Kaibon* (dua mingguan) pada Desember 2007 (hingga Desember 2008) yang memuat suplemen budaya: cerpen, puisi, esai, bahkan profil pelaku seni. Ini menggembirakan dan memotivasi generasi muda Banten untuk menekuni penulisan fiksi. Penulis-penulis fiksi—cerpen dan puisi—bagai cendawan di musim hujan. Sayangnya, setelah sembilan tahun para penulis itu menggelinding, tidak ada penerbitan buku fiksi, baik oleh penerbit lokal maupun komunitas. Hanya ada beberapa dan itu-itu saja: Gol A Gong, Toto ST Radik, Wan Anwar, dan para penulis yang aktif di Kelas Menulis Rumah Dunia.

Selama sembilan tahun itu belum tumbuh geliat kemandirian dan kreativitas yang sebetulnya harus muncul dari para penulis sendiri, menekuni dunia kepenulisan juga harus dibarengi dengan penerbitan. Di Serang ada penerbit SUHUD Media Promo, yang pernah sekali menerbitkan novelku, *Pada-Mu Aku Bersimpuh* (2000), berbarengan dengan peresmian Banten menjadi provinsi. Sayang, SUHUD Media Promo selanjutnya berkutat dalam bidang percetakan. Beberapa penerbit komunitas, seperti Rumah Dunia dan Forum Kesenian Banten, mencoba menampung bakat anak muda Banten dengan menerbitkan jurnal.

Rumah Dunia dengan penerbitan Lumbung Banten hadir mendukung gerakan literasi lokal. Mendukung geliat para penulis lokal. Memberi kesempatan kepada para penulis lokal yang ingin karya puisi-prosanya dibukukan. Tentu dengan semangat kemandirian. Tentu dengan segala keterbatasan. Tapi, seperti semangat Rumah Dunia—bermula dari yang kecil, berwawasan luas, kemudian terus berkarya—mereka tidak menyerah.

Kali ini Rahel ingin ombaknya menggulung di pantai dan bebas menghantam kelapa, terus masuk ke perkampungan nelayan. Rahel ingin membuat antologi sajaknya sendiri. Maka, Lumbung Banten mendukung pendokumentasian puisi-puisi karya Rahel, *Kampung Ular* (Kumpulan puisi 2000–2008). Ini bukanlah akhir bagi Rahel, melainkan awal untuk meraih pencapaian yang lebih tinggi lagi. Rasakanlah sensasinya, Rahel, ketika bukumu berada di genggaman tangan, walaupun sekadar fotokopian. Orang-orang ramai memegang, membacai, dan beberapa mendiskusikannya. Apalagi jika itu perempuan berkerudung pujaanmu. Dari peristiwa itu insya Allah akan lahir semangat baru Rahel, daripada menunggu puisi-puisinya diterbitkan oleh penerbit besar, yang entah kapan. Lebih baik dari yang kecil, lama-lama menjadi besar.

Persoalannya bukan terletak pada penerbit besar atau kecil yang akan menerbitkan karya-karya kita, Rahel. Tapi pada seberapa besar vitalitas atau kreativitas yang kamu miliki saat membidani kelahiran bukumu. Mengutip Michelangelo (1475-1564), *bahaya terbesar bagi sebagian besar dari kita bukanlah cita-cita yang terlalu tinggi dan kita gagal menggapainya, melainkan cita-cita itu terlalu rendah dan kita berhasil meraihnya.* Itu terjadi pada setiap penulis di Banten. Mereka bermimpi tulisannya dimuat di koran dan berhasil. Itu saja. Cita-cita itu terlalu rendah. Mestinya kita bercita-cita karya kita dimuat di koran lalu berhasil membukukannya, melampaui sekadar dimuat di koran.

Membukukan karya kita jangan diartikan sebagai penerbitan oleh sebuah penerbitan besar. Ini adalah bagian dari semangat pendokumentasian karya kita. Dan menerbitkannya dalam bentuk buku adalah cita-cita yang tinggi. Tidak peduli apakah sekadar fotokopian, stensilan, atau apalah. Karya kita dimuat di koran, dibukukan, dibedah saat peluncuran. Itu adalah cita-cita tinggi yang harus kita tanamkan. Jika tidak kita wujudkan, berarti sama saja dengan mengkhayal. Sedangkan, sejak awal pekerjaan menulis bukanlah sekadar mengkhayal, tapi di dalamnya ada gagasan, pikiran, dan cucuran keringat. Puisi adalah kata-kata ajaib yang mengandung makna dalam bagi si pembaca. Jika mengingat itu, bersediakah, Rahel, karya-karyamu hanya ada di koran, folder komputer, buku harian, dan rak buku di kamar, berserakan dan hilang ditelan waktu?

Nah, selamat untukmu, Rahel. Semoga buku puisimu selanjutnya bisa menggelorakan semangat hidup, tidak muram seperti di "Aku Kalah": aku kalah/memandang cahaya/terpendar memecah kitab-kitab/jiwaku tergilas musim/dzat dan debu.

Semoga rasa hausmu bisa terobati, Rahel. Tapi, jangan cepat merasa puas. Telusurilah terus jejak kata hingga ke mata air, agar para pembaca yang dahaga bisa merayakannya dengan sajak-sajakmu.

APENDIKS
50 PROFIL KOMUNITAS LITERASI DI INDONESIA

ACADEMIC ARISAN COMMUNITY

Academic Arisan Community adalah komunitas diskusi para guru Bahasa Inggris dari institusi formal maupun nonformal se-Jabodetabek. Tujuan pembentukan komunitas ini antara lain mencari solusi bersama atas masalah yang timbul dalam proses belajar-mengajar di tiap institusi. Juga sebagai tempat berbagi pengalaman, terutama kisah keberhasilan menerapkan teknik-teknik pengajaran tertentu. Hasil yang diperoleh dari tiap diskusi diharapkan dapat bermanfaat bagi anggotanya dan dapat diterapkan di institusi masing-masing.

Kegiatan yang dilakukan dalam setiap pertemuan adalah *round table discussion* sembari berbagi pengalaman hasil penelitian aksi kelas. Biasanya dengan menghadirkan seorang narasumber yang sekaligus bertindak sebagai fasilitator. Pertemuan berkala ini diadakan dua minggu sekali selama dua jam di Museum Bank Mandiri. Di luar itu, secara berkala Academic Arisan Community juga mengadakan pelatihan untuk anggota komunitas maupun para pengajar bahasa Inggris di luar komunitas. Berbagai diskusi dan pelatihan tersebut bertujuan untuk meningkatkan keterampilan dan keahlian tiap anggota *Academic Arisan Community*, yang pada akhirnya akan meningkatkan kemampuan berbahasa Inggris para siswa.

Sekretariat dan Kontak Program
Email: opisuhery@yahoo.com

APISI
(ASOSIASI PEKERJA INFORMASI SEKOLAH INDONESIA)

APISI adalah lembaga pengembangan kepustakawanan sekolah yang berfokus pada pengembangan kompetensi, penyebarluasan informasi, dan partisipasi berbagai pihak dalam peningkatan kualitas perpustakaan sekolah di Indonesia.

APISI hendak mempromosikan perpustakaan sekolah sebagai pusat sumber belajar serta memaksimalkan peran pekerja informasi di sekolah. Untuk mewujudkan hal tersebut, pekerja informasi sekolah juga melibatkan partisipasi profesi lain, seperti tenaga pendidikan sekolah, penerbit, penulis, dan pengembang *software* perpustakaan sekolah untuk ikut serta dalam pengembangan perpustakaan sekolah.

Pekerja informasi sekolah sendiri merupakan profesi yang berperan mendorong kesadaran masyarakat di sekolah, baik itu murid, guru, staf, maupun orangtua, akan pentingnya pengelolaan sumber-sumber informasi, sehingga dapat dimanfaatkan secara maksimal dalam kegiatan belajar-mengajar. Mereka adalah orang-orang yang mempunyai kualifikasi dalam kepustakawanan sekolah, baik yang mengelola perpustakaan, pusat media, ataupun pusat sumber belajar.

APISI dideklarasikan tanggal 26 Agustus 2006 di Bogor. APISI sendiri awalnya merupakan kumpulan pustakawan sekolah yang kerap kali bertemu dan berbagi pengalaman dalam kegiatan Pertemuan Informal Pustakawan Sekolah (PIPSI). Pada PIPSI ke-3, semua peserta sepakat menggabungkan diri dalam sebuah wadah yang dapat menampung aspirasi para pekerja informasi sekolah, serta mendukung pengembangan kompetensi dan posisi tawar pekerja informasi sekolah.

APISI berupaya membangun wadah dan dukungan untuk pengembangan kompetensi pekerja informasi sekolah di Indonesia sehingga terjadi interaksi pengetahuan yang merangsang kajian-kajian untuk pengembangan kepustakawanan sekolah.

Sekretariat dan Kontak Program
Jl. Dahlia No. 355A RT 007/RW 15, Serua, Ciputat 15414
Telp.: 0818155374
Email: suratapisi@gmail.com
Website: www.apisionline.blogspot

BELALANG KUPU-KUPU

Komunitas Dongeng Belalang Kupu-kupu terdiri dari sekelompok mahasiswa yang berburu kesenangan dengan berbagi cerita dan keceriaan melalui dongeng. Mahasiswa Prodi Ilmu Perpustakaan dan Informasi FIB UI ini sering berkumpul untuk belajar mendongeng. Tujuan lain perkumpulan ini adalah untuk memperkenalkan indahnya dunia buku melalui dongeng. Komunitas yang digagas oleh Mochamad Ariyo Faridh Zidni—konsultan perpustakaan dan pendongeng—yang dikenal dengan nama Kak Aio ini baru berdiri pada 16 Maret 2008.

Saat ini, kegiatan rutin komunitas Belalang Kupu-kupu adalah Dongeng Taman Baca dan Piknik Dongeng. Dongeng Taman Baca merupakan kegiatan mendongeng secara rutin para mahasiswa di taman bacaan. Sedangkan Piknik Dongeng adalah kegiatan kumpul-kumpul untuk belajar dan berbagi hal seputar kegiatan mendongeng. Kegiatan mendongeng di berbagai acara dilalui dengan menyenangkan. Dongeng itu memang menyenangkan.

Sekretariat dan Kontak Program
Facebook: Belalang Kupu-Kupu

BERBURU
(BERBUDAYA ITU SERU)

Coba tengok sekitar kita. Pasti, dengan mudah akan kita temukan orang melanggar peraturan atau merusak lingkungan. Bukan kenyataan yang membanggakan tentu. Tapi, seperti itulah sebagian wajah bangsa ini, khususnya Jakarta.

Bermula dari pemikiran itulah Berburu lahir. Berburu bukanlah berburu dalam arti sebenarnya. Berburu adalah singkatan dari Berbudaya Itu Seru, sebuah program sederhana yang mengajarkan generasi muda tentang betapa pentingnya nilai-nilai budaya yang positif dan maju. Dengan konsep dari dan untuk yang muda, Berburu mengajak setiap kalangan menyebarkan budaya baik ke seluruh penjuru lokasi.

Saat ini target Berburu kami adalah murid-murid SD. Apa sebab? Karena mengubah pola pikir anak ternyata lebih mudah ketimbang orang dewasa. Di dalam program Berburu terdapat lima tema yang diajarkan, yaitu menaati tata tertib, mencintai lingkungan, menghargai sesama, membaca itu menyenangkan, dan mencintai warisan budaya Indonesia.

Dalam Berburu, para anggotanya hanya mengenal satu hal: bermain! Tidak ada hal yang lebih menyenangkan bagi anak-anak daripada bermain. Oleh karenanya, Berburu selalu membangun suasana bermain di dalam setiap programnya.

Sebagian besar pengajar Berburu adalah generasi muda usia 20 hingga 30 tahun dengan latar belakang beragam. Ada yang masih kuliah, ada pula yang sudah bekerja. Sebagian besar tidak memiliki pengalaman mengajar, tapi dengan slogan *everybody can teach* para pengajar Berburu selalu tampil percaya diri di hadapan murid-murid SD yang terkadang sangat sulit diatur.

Sekretariat dan Kontak Program
Telp.: 0818 899193
Twitter: @berburu
Email: berburucenter@gmail.com

BRITZONE ENGLISH CLUB

BritZone English Club adalah kelompok diskusi berbahasa Inggris. Komunitas ini muncul sebagai bentuk tanggapan atas kebutuhan dan keinginan para anggotanya untuk melatih diri, terutama percakapan dengan bahasa Inggris, sehingga mereka memiliki kepercayaan diri menggunakannya di muka umum. Dengan prinsip kemandirian, dua minggu sekali BritZone English Club menggelar berbagai kegiatan, di antaranya, *game, talkshow, outing program,* kuis, diskusi, dan debat dengan topik-topik menarik yang tentunya menambah wawasan dan pengetahuan. Sistem keanggotaan komunitas yang menjadikan Perpus Diknas di bilangan Sudirman sebagai tempat pertemuan ini bersifat terbuka. Tidak ada pungutan biaya dan syarat administrasi. Satu saja syaratnya: harus mau belajar bersama dan berniat mengembangkan kemampuan berbahasa Inggris-nya.

BritZone English Club semula memakai nama StudyZone Speaking Club (SSC). Keberadaan SSC tak bisa lepas dari perpustakaan British Council. Bermula dari dibukanya Study Zone oleh British Council, yang merupakan area khusus sekaligus program belajar bahasa Inggris mandiri bagi para pemegang *gold member* Perpustakaan British Council. Pada tanggal peresmian Study Zone, 6 September 2003, muncul ide untuk membentuk sebuah *speaking club* yang ternyata disambut hangat oleh Astuti, penanggung jawab Study Zone. Tak perlu waktu lama, sabtu, 20 September 2003, acara perdana *speaking club* diselenggarakan dengan nama Studyzone Speaking Club.

Pada November 2004, Perpustakaan British Council dihibahkan ke Depdiknas. Berkat kerja sama Astuti dan pengurus Perpustakaan Depdiknas, SSC dapat tetap meneruskan kegiatannya di tempat baru. Pada 2005, SSC diubah namanya menjadi BritZone English Club.

Sekretariat dan Kontak Program
Website: www.britzone.or.id
Facebook: BritZone

FEDUS

Komunitas ini bergerak di bidang pendidikan lingkungan dan tumbuh-kembang anak, khususnya usia 0 sampai 18 tahun. Kenyataannya, keberhasilan generasi sekarang menjadi pesaing tangguh pada era globalisasi sangat dipengaruhi oleh kondisi kultur lingkungan (terutama di daerah-daerah di luar metropolitan).

Melihat kenyataan ini, FEDUs memberikan konsep sebagai solusi terpadu untuk menumbuhkan masyarakat baru, yaitu *pertama*, melalui institusi yang lebih berkompeten, yaitu lembaga pendidikan prasekolah (TK dan *playgroup*) melalui Pendidikan Anak Usia Dini (PAUD). *Kedua*, memberi fasilitas langsung kepada masyarakat berupa sarana fisik yang tepat untuk menambah kegiatan belajar dan menumbuhkan minat baca. *Ketiga*, melalui perpustakaan dan program pemberantasan buta aksara, memberikan informasi kepada masyarakat luas, terutama orangtua, di wilayah yang membutuhkan informasi perkembangan anak.

Orasi dan Parent Class merupakan program yang sangat efektif untuk mulai menciptakan lingkungan baru, karena orangtua merupakan lingkungan pertama dan terdekat bagi perkembangan anak.

Tujuan terjauh yang ingin dicapai FEDUs adalah terciptanya masyarakat baru yang gemar membaca, peduli terhadap setiap perkembangan anak, peduli dan kritis terhadap setiap perubahan lingkungan, dan sadar bahwa mereka bertanggung jawab atas generasi selanjutnya.

Sekretariat dan Kontak Program
Vila Bekasi Indah 2
Blok A2/37 Tambun, Bekasi
Telp.: (021) 8831914
Website: www.fedus.org

FORUM INDONESIA MEMBACA

Forum Indonesia Membaca (FIM) didirikan pada 29 Oktober 2001 di Jakarta oleh sekelompok insan yang peduli akan dunia literasi di Indonesia. FIM bercita-cita mewujudkan masyarakat yang mendukung upaya-upaya mencerdaskan kehidupan bangsa melalui pembudayaan kebiasaan membaca sebagai kunci menguak kecintaan akan ilmu pengetahuan, seni, nilai-nilai luhur, dan kebudayaan bangsa.

Kegiatan FIM dijalankan oleh sekelompok relawan yang berasal dari latar belakang pendidikan, profesi, usia, dan gaya hidup yang berbeda. Hingga saat ini, FIM telah memiliki 74 relawan yang terlatih di berbagai daerah di Indonesia. FIM bergerak dengan bantuan dana perorangan, namun berbagai macam kegiatannya banyak bekerja sama dengan komunitas ataupun organisasi yang juga bergerak dalam dunia literasi, antara lain, Ikatan Penerbit Buku Jakarta (IKAPI Jakarta), Komunitas Pekerja Buku Indonesia (KPBI), Yayasan Mitra Netra, Rumah Dunia, Rumah Pelangi, Yayasan Tunas Cendekia, Perpustakaan Mabulir, dan Mitra Tema.

FIM berkosentrasi memasyarakatkan kegiatan membaca dan menulis di tingkat masyarakat lokal berbasis perpustakaan komunitas. Saat ini, FIM telah terlibat dalam pembangunan puluhan perpustakaan di berbagai daerah. Pada pelaksanaan aktivitasnya, forum ini berjalan bersama lembaga masyarakat lainnya. Saat ini telah terbentuk mitra kerja lokal di berbagai daerah di Indonesia, di antaranya Banten Membaca, Aceh Membaca, Semarang Membaca, Bogor Membaca, Riau Membaca, Banjar Membaca, Malang Membaca, dan Pontianak Membaca. Hingga saat ini telah banyak bantuan buku, sekitar 800.000, yang disalurkan FIM ke komunitas dan taman bacaan. FIM memiliki lebih dari 400 relawan yang beraktivitas di 15 provinsi di Indonesia.

Sekretariat dan Kontak Program
Gedung Museum Mandiri Lt.1
Jl. Lapangan Stasiun No.1
Jakarta Kota 11110
Telp.: (021) 70030093/6
Faksimile: (021) 6900992
Email: info@indonesiamembaca.org
Website: www.indonesiamembaca.org

FOSCA
(FORUM OF SCIENTIST TEENAGERS)

FOSCA adalah forum komunikasi Kelompok Ilmiah Remaja (KIR) dari Sekolah-sekolah (SMA) di Jabodetabek. FOSCA dibentuk atas inisiatif tiga pelajar yang berasal dari sekolah yang berbeda di Jakarta, yang ingin mengembangkan KIR di sekolahnya. Dengan dibantu Himpunan Astronomi Amatir Jakarta, FOSCA diarahkan menjadi forum berbagi mengenai kegiatan dan aktivitas KIR.

Keberadaan FOSCA didengar oleh para pelajar SMA dari Bekasi dan Bogor, lantas mereka pun ikut bergabung. Pada 24 April 2008, akhirnya FOSCA berdiri secara resmi, beranggotakan para pelajar dari Jakarta, Bogor, Depok, Tangerang, dan Bekasi. FOSCA memiliki visi menjadi wadah bagi para pelajar yang ingin mengembangkan kreativitas dan juga KIR di sekolahnya. Dalam dua tahun umur FOSCA ini, tak kurang 100 sekolah di Jabodetabek yang telah bergabung.

FOSCA memiliki ragam kegiatan yang unik nan menarik. Misalnya, Science Camp, Science Class, Science Event, Science Fair, dan Science Project. Setiap satu tahun, FOSCA mengadakan Science Camp. Tahun 2009 lalu, FOSCA mengadakan Science Camp di Kepulauan Seribu. Kegiatannya berupa pengenalan metode penelitian, cara pengambilan data penelitian, cara mengolah data penelitian, dan sebagainya. Science Camp ini diharapkan pula dapat menjadi sarana untuk menumbuhkan persahabatan dan kekeluargaan antarpelajar di Jabodetabek.

Science Class adalah kegiatan yang membahas salah satu bidang ilmu yang digeluti oleh FOSCA, yaitu astronomi, oseanografi, informatika, robotika, dan aeromodeling. FOSCA memilih lima bidang ilmu langka ini karena para pelajar tak pernah mempelajarinya di bangku sekolah, padahal bidang tersebut sangat menarik dan menyenangkan untuk dipelajari. Bentuk kegiatannya berupa pelatihan yang berlangsung sangat meriah dan menarik.

Sekretariat dan Kontak Program
HAAJ–Planetarium dan Obervatorium Jakarta
Jl. Cikini Raya No. 73, Jakarta 10330
Email: kir_fosca09@live.com

GOODREADS INDONESIA

Goodreads adalah situs jejaring sosial para pembaca di seluruh belahan dunia yang memungkinkan seseorang untuk melihat isi "rak" buku temannya: buku apa yang sudah dibaca (*read*), sedang dibaca (*currently reading*), dan akan dibaca (*to read*). Situs ini dibangun pada akhir tahun 2006 oleh Otis Chandler dan segera merebut perhatian banyak pembaca. Paling tidak, situs ini sudah mengundang lebih dari dua juta pembaca di seluruh dunia untuk bergabung dan memasukkan sekurangnya empat puluh juta judul buku ke dalam pusat data Goodreads.

Para pembaca dari Indonesia yang sudah bergabung dengan Goodreads, dipelopori Femmy Syahrani—seorang penulis sekaligus penerjemah—kemudian membentuk grup Goodreads Indonesia (GRI) pada 7 Juni 2007. Pada akhir 2009 sudah 3.000 pembaca Indonesia yang bergabung dan lebih dari 7.500 buku berbahasa Indonesia diunggah ke pusat data Goodreads.

Goodreads Indonesia berusaha untuk selalu berperan aktif dalam dunia perbukuan di Indonesia. Goodreads Indonesia tidak mau berhenti hanya pada tahapan sebagai komunitas pembaca pasif. Komunitas ini hendak menjadi komunitas pembaca aktif yang diwujudkan dalam pelbagai kegiatan, baik di dunia maya maupun nyata.

Secara umum, kegiatan GRI dibagi menjadi dua: *online* dan nyata. Termasuk ke dalam kegiatan *online* di antaranya diskusi Buku & Membaca, Klub Buku, dan Sobat Perpus. Sementara kegiatan yang bersifat nyata antara lain Klub Buku Goodreads Indonesia, Jelajah Buku, Sobat Perpus, Bookswap, dan Dompet Pembaca Peduli.

Sekretariat dan Kontak Program
Jl. Pancoran Barat VII D No. 21C
Jakarta 12780
Email: goodreads.indonesia@gmail.com
Website: www.goodreads.com

GUGUSDEPAN PERSIAPAN MUSEUM MANDIRI

Pada akhir 2008, Firman Haris, Kepala Museum Bank Mandiri pada waktu itu, melontarkan gagasan, mengajak komunitas-komunitas untuk bergabung di *Friend of Mandiri Museum*, salah satunya kegiatan kepramukaan. Ajakan itu bertujuan untuk menyemarakkan kegiatan di Museum Bank Mandiri.

Lantas, pada awal Januari 2009, sejumlah aktivis pramuka bermusyawarah untuk dapat mewujudkan ide tersebut. Minggu pertama bulan Februari 2009, dimulailah latihan resmi bagi puluhan anggota pramuka, yang terdiri dari golongan Siaga, Penggalang, Penegak, dan Pandega. Maka, sejak itu berdirilah Gugusdepan Persiapan Museum Mandiri.

Saat ini, di usia yang masih terbilang muda, Gugusdepan Persiapan Museum Mandiri sudah menunjukkan eksistensinya, antara lain, dengan mengikuti berbagai kegiatan dan menyelenggarakan kegiatan yang berkaitan dengan budaya membaca, menulis, dan perbukuan, yang melibatkan Gugusdepan di wilayah Jabodetabek.

Ada dua bentuk kegiatan penting yang dilakukan Gugusdepan Persiapan Museum Bank Mandiri, yaitu Persami Literasi dan Pengembaraan Malam Penegak. Kegiatan Persami Literasi diikuti oleh golongan Penggalang dalam waktu dua hari dan berisi kegiatan yang berkaitan dengan budaya membaca, menulis, dan perbukuan. Macam-macam wujud kegiatannya, ada pentas seni, jelajah Kota Tua, serta mengarang dan meresensi buku.

Sekretariat dan Kontak Program
Gedung Museum Mandiri Lantai 2
Jl. Lapangan Stasiun No. 1, Jakarta 11110

HERMESIAN

Nama Hermes diambil dari salah satu nama dewa dalam mitologi Yunani. Hermes adalah seorang dewa penyampai pesan. Sosok *Hermes* dirasa sesuai dengan semangat yang dimiliki para eksponennya, yang terdiri dari 27 orang seniman (Hermesian). Komunitas, yang pada Maret 2010 telah meluncurkan edisi perdana majalah dwi mingguan *E-magz,* ini berusaha menyampaikan pesan kepada masyarakat luas melalui tulisan, lagu, film, dan pertunjukan teater.

Karya pertama Hermesian yang dibukukan adalah novel

berjudul *Adriana: Labirin Cinta di Kilometer Nol* karya Fajar Nugros dan Artasya Sudirman, yang diterbitkan oleh Lingkar Pena Publishing House. Pada Desember 2009, Hermesian menjual karya-karya mereka dalam bentuk *e-book* kumpulan cerpen, yang keseluruhan hasil penjualannya disumbangkan untuk para korban gempa Padang. Menariknya, pada proyek ini Hermesian, untuk pertama kalinya bekerja sama dengan Blue Summer, sebuah band pendatang baru yang mengusung aliran musik pop *nineties* sebagai pengisi *soundtrack*.

Hermesian berharap kiprah mereka dapat meramaikan dunia literatur Indonesia serta memberikan alternatif bacaan dan hiburan yang berbeda. Dan harapan para Hermesian ini sepertinya tidak di atas langit sana. Keberadaan *E-magz* menjadi salah satu buktinya. *E-magz* ini berisi cerpen-cerpen, cerita bersambung, serial *Hermes Café*, puisi-puisi, *review* film, tempat wisata, sampai reportase perjalanan budaya yang kesemuanya ditulis oleh tiap Hermesian. Tak lupa juga lagu-lagu dari Blue Summer yang nantinya akan menemani pembaca menelusuri cerita demi cerita yang para Hermesian sajikan.

Sekretariat dan Kontak Program
Facebook: The Genk Hermes
Twitter: @TheHermes

HIMAKA LIBRARY CARE

Himaka Library Care (HLC) adalah kegiatan yang diadakan oleh Himpunan Mahasiswa Ilmu Informasi dan Perpustakaan (Himaka) Fakultas Ilmu Komunikasi Universitas Padjadjaran. Bentuk kegiatannya adalah membantu pengelolaan, pengolahan, dan pembinaan perpustakaan sekolah, khususnya di Jatinangor. Kegiatan tersebut bertujuan menumbuhkan budaya literasi di kalangan anak-anak dan pihak sekolah.

HLC merupakan kegiatan tahunan yang diadakan oleh

Himaka dan telah berlangsung sejak 2003. Beberapa perpustakaan sekolah yang dalam proses pembinaannya, antara lain, SD Negeri Neglasari, SD Negeri Cikuda, SD Negeri Cikeruh I, SLB Cileunyi, dan SD Negeri Cilengkrang. Pada kepengurusan 2006–2007, HLC mulai mengembangkan sayapnya ke bidang lain, yaitu membina perpustakaan desa. Program ini dinamakan Rumah Belajar Mandala.

Secara umum, program kegiatan HLC dapat dibagi menjadi dua. *Pertama*, berbentuk pengadaan perpustakaan, yang meliputi pengadaan dan pengolahan koleksi buku, perancangan ulang dekorasi ruangan, dan pembinaan pustakawan cilik. *Kedua*, program peningkatan budaya baca dan minat belajar siswa, yang berupa penyampaian materi tentang pentingnya membaca dan belajar sambil bermain di dalam maupun luar ruangan, pengenalan siswa pada cerita-cerita yang dapat menimbulkan motivasi dan rasa ingin tahu melalui program *story telling*, berlatih peran berdasarkan skenario, serta aneka lomba—seperti menghias kelas; menulis cerpen, artikel, esai, dan resensi buku; serta cerdas cermat.

Sekretariat dan Kontak Program
Gedung Student Center Lt.2
Fakultas Ilmu Komunikasi Universitas Padjadjaran
Jl. Raya Bandung–Sumedang Km. 21 Jatinangor,
Sumedang, Jawa Barat 45363.
Ifsan Lukman: 08986173149
Shanti Maulani: 085659021236
Email: hlc_unpad@gmail.com

INDOHOGWARTS

Menulis dengan menyenangkan adalah konsep utama yang diusung forum komunitas berbasis *rp* (*role play*) *online* bernama IndoHogwarts (IH) ini. Resmi diluncurkan pada 5 Desember 2007, hingga kini IH memiliki lebih dari tiga ratus anggota aktif dengan dua belas pengurus forum yang tersebar di seluruh wilayah Indonesia.

Dasar utama pembentukan forum ini adalah untuk menjawab tantangan para penggemar *Harry Potter* yang tidak hanya menyukai kegiatan membaca, menonton, atau sekadar berdiskusi mengenai novel besutan J.K. Rowling tersebut, tetapi juga cinta menulis. Dalam kurun waktu dua tahun sejak pendiriannya, komunitas ini mendapat sambutan yang baik dan terus berusaha untuk memantapkan diri di dunia *rp online* berbasis teks.

Tidak hanya kegiatan-kegiatan bersifat kopi darat seperti Mini Gathering dan Gathering Nasional, para pengurus juga terus mengembangkan *soft skills* para anggota dengan menyelenggarakan berbagai pelatihan, unjuk bincang, dan seminar.

Untuk memperluas pengetahuan masyarakat umum mengenai komunitas *game* menulis *online*, para pengurus IH turut berpartisipasi dalam berbagai kegiatan umum, seperti World Book Day Indonesia dan Indo Consumnity Expo (ICE). IH juga berupaya menjalin kerja sama dengan penerbit untuk dapat menambah dan meningkatkan wawasan para anggota komunitas. Tepat pada 16 Maret 2010, para pengurus forum komunitas ini memutuskan untuk memperluas basis kegiatan IH di bawah payung Identity of Hope (IH). IH akan senantiasa berusaha mengembangkan diri ke arah yang terus dan terus lebih baik serta berguna bagi peningkatan literasi di Indonesia.

Sekretariat dan Kontak Program
Jl. K.H. Syahdan Gg. H. Senin No. 47
RT 010/RW 012, Kemanggisan
Jakarta Barat 11480
Email: indohogwarts@hotmail.co.uk

INDO-STARTREK

Indo-StarTrek adalah sebuah komunitas penggemar StarTrek di Indonesia yang sebenarnya sudah ada sejak tahun 1995. Penggagas Indo-StarTrek generasi pertama adalah Monang Pohan yang mendirikan perkumpulan yang dinamakan *NCC 955*. Mereka berkomunikasi dan bertukar informasi melalui surat yang dikirim via pos dan faksimili. Lalu, tahun 1999, komunitas ini dikembangkan oleh generasi kedua yang digagas oleh Puruhito Sidikerto dengan membentuk *e-groups* bernama Trekkieslist.

Ketika teknologi internet sudah makin berkembang, Budisastra Sugiarto pertama kali memulai perancangan *hosting* untuk *website www.indo-startrek.orgIndo-startrek.org* di Bandung. Usaha ini kemudian dikembangkan lebih lanjut oleh Prima Adi yang berada di Surabaya dengan membuat desain versi 1 serta *programming website indo-startrek.org* dan forum (forum.indo-startrek.org).

Komunikasi antar-anggota lewat milis *Yahoogroups* dimulai tahun 2003. Indo-StarTrek dibentuk sebagai tempat berdiskusi dan bertukar informasi para penggemar *Star Trek* serta menunjukkan eksistensi penggemar *Star Trek* di Indonesia. Kegiatan Indo-StarTrek sejauh ini adalah diskusi di milis, mengadakan *gathering, talkshow science*, nonton bareng film *Star Trek*, pembuatan kostum dan *wargames*, serta mengikuti pameran di World Book Day dan Indonesian Consumunity Expo (ICE).

Menariknya, tahun 2009, Indo-StarTrek berhasil menerbitkan buku antologi cerita pendek bertemakan fiksi ilmiah dengan judul *Sci-Fi 1.0*, ditulis oleh 9 eksponennya. Indo-StarTrek juga kerap diundang mengikuti berbagai kegiatan seperti pameran atau menjadi narasumber untuk media koran, majalah, radio, dan televisi.

Sekretariat dan Kontak Program
Indo-startrek-owner@yahoogroups.com

ISIPII
(IKATAN SARJANA ILMU PERPUSTAKAAN DAN INFORMASI INDONESIA)

Organisasi ini terdiri atas individu-individu yang telah menyelesaikan pendidikan Ilmu Perpustakaan dan Informasi. Mereka terpanggil untuk membentuk sebuah ikatan profesi dan keilmuan guna mencari dan mengembangkan teori, teknik, dan teknologi untuk menyempurnakan akses informasi serta menyalurkannya ke tiap orang secara cepat, tepat, dan terjangkau.

ISIPII berupaya untuk turut terlibat terlibat dalam pengembangan dan kemajuan ilmu informasi dan perpustakaan sebagai ilmu pengetahuan maupun profesi, memberikan perlindungan kepada anggotanya dan masyarakat pengguna jasa perpustakaan serta (lembaga penyedia) informasi (lainnya), dan mengusahakan peningkatan kompetensi dan kesejahteraan anggotanya.

Inisiatif pembentukan ISIPII bermula dari seminar "Kebebasan Memperoleh Informasi Publik" pada 8 Februari 2006 lampau. Sejumlah pustakawan dan pengajar Jurusan Ilmu Perpustakaan UNAIR berbincang-bincang tentang "kegalauan" mereka akan ilmu perpustakaan dan informasi yang dinilai tidak banyak berkembang di antara kian bertambahnya perguruan tinggi yang menyelenggarakan pendidikan bidang ilmu perpustakaan dan informasi.

Selanjutnya, "kegalauan" itu disikapi pada 2–4 Maret di tahun yang sama, melibatkan para pengelola Program Studi Ilmu Perpustakaan dan Informasi UI, UNPAD, USU, UNDIP, UNAIR, UGM,UNHAS, UNP Padang, UIN Sunan Kalijaga dan UIN Syarief Hidayatullah, IPB, Universitas YARSI, dan Universitas Wijaya Kusuma.

Pertemuan tersebut menghasilkan kesepakatan yang diberi nama "Deklarasi Kemang", memuat usulan/gagasan pembentukan organisasi profesi dan keilmuan dengan nama Ikatan Sarjana Ilmu Perpustakaan dan Informasi Indonesia (ISIPII) dengan keanggotaan terbatas untuk Sarjana Ilmu Perpustakaan dan Informasi. Munas pertama diselenggarakan pada tanggal 13 November 2006 di Universitas Udayana dan berhasil memilih Presiden pertama ISIPII.

Sekretariat dan Kontak Program
Jl. Raya Setu No. 27 RT 05/Rw 01
Jakarta 13880
Telp./Faksimile: (021) 8464548
Email: info.isipii@gmail.com

KOMUNITAS BACA BUKU

Forum bernama Komunitas Baca Buku ini didirikan oleh Senda Irawan pada 19 Februari 2009. Berawal dari situs jejaring sosial (Facebook), Komunitas Baca Buku akhirnya berkembang hingga seperti saat ini. Komunitas Baca Buku juga terdapat di Yogyakarta, Bekasi, dan rencananya akan dibuka lagi di daerah Depok. Beragam kegiatan sudah diadakan oleh Komunitas Baca Buku Jakarta mulai dari *gathering*, nonton (film) bareng, diskusi, sampai dengan buka puasa bersama anak yatim.

Melalui visi mencerdaskan anak bangsa dengan memberdayakan budaya baca buku, Komunitas Baca Buku berupaya secara terus-menerus mengingatkan masyarakat agar sadar membaca.

Meskipun tergolong "pendatang baru", Komunitas Baca Buku telah menggelar banyak acara, di antaranya, pada Maret 2009, *gathering* dan diskusi menarik buku *Three Cups of Tea* yang menghadirkan narasumber Muhammad Iqbal Santoso. April 2009, KBB kembali menghelat kopdar sekaligus bedah buku. Kali ini buku yang dibedah berjudul *Ma Yan* karya Irawan Senda, pendiri Komunitas Baca Buku. Acara ini dimeriahkan pula dengan tampilnya grup band pendatang baru.

Tidak hanya *gathering*, KBB bekerja sama dengan Komunitas Penulis Buku mengadakan lomba menulis. Selain itu, juga menghadiri undangan diskusi dan peluncuran buku. Salah satunya, memenuhi undangan toko buku MP Book Point dalam acara diskusi buku bersama Peer Holm Jorgensen, novelis asal Denmark yang menulis tentang G30S PKI.

Sekretariat dan Kontak Program
Email: komunitasbacabuku@gmail.com
Website: www.komunitasbacabuku.blogspot.com

KOMUNITAS HISTORIA INDONESIA

Komunitas Peduli Sejarah dan Budaya Indonesia (KPSBI Historia) pada awalnya didirikan karena keprihatinan beberapa mahasiswa Jurusan Pendidikan Sejarah Universitas Negeri Jakarta (UNJ)—

dulu IKIP Jakarta—dan mahasiswa Jurusan Sejarah Universitas Indonesia (UI) terhadap kondisi masyarakat yang "enggan" mempelajari sejarah dan budaya bangsa. Banyak masyarakat yang tidak peduli dengan potensi sejarah dan budaya yang dimilikinya. Apalagi jika dikaitkan dengan mata pelajaran di sekolah, sejarah sering dianggap sebagai pelajaran yang *katrok*, *nggak gaul*, dan tidak menyenangkan.

Inspirasi dibentuknya Komunitas Historia sebenarnya bermula dari buah pemikiran sang pendiri, Asep Kambali—mahasiswa Jurusan Pendidikan Sejarah UNJ, yang ketika itu menjabat sebagai Ketua Badan Eksekutif Mahasiswa Jurusan Sejarah UNJ—yang menggelar Lomba Lintas Sejarah siswa SMA se-Jabodetabek.

Kesepakatan dibentuknya KPSBI HISTORIA dengan Asep Kambali sebagai ketua dihasilkan pada forum rapat di UNJ Rawamangun, 22 Maret 2003. Belakangan, di bawah kepemimpinannya, KPSBI HISTORIA lebih dikenal orang dengan sebutan Komunitas Historia Indonesia.

Tujuan dasar didirikannya Komunitas Historia sebenarnya sebagai upaya untuk membentuk wahana belajar kaum muda dalam mencari format dan strategi bagaimana sesungguhnya menjadikan sejarah dan budaya itu menjadi objek yang menarik, menyenangkan, dan bermanfaat.

Kalau biasanya mereka membenci sejarah dan menganggap sejarah itu membosankan, *garing*, *ngebetein*, *bikin ngantuk* dan seribu ejekan lain, dengan bergabung di Komunitas Historia mereka akan menemukan tempat di mana mempelajari dan mencintai sejarah dan budaya itu tanpa paksaan dan apa adanya.

Sekretariat dan Kontak Program
Email: Komunitashistoria@yahoogroups.com
Website: www.komunitas-historia.org

KOMUNITAS JELAJAH BUDAYA

Komunitas Jelajah Budaya (KJB) adalah sebuah komunitas peduli seni, budaya, bangunan tua, serta peninggalan sejarah. KJB didirikan pada 27 September 2005 oleh beberapa mahasiswa dan alumni perguruan tinggi di Jakarta sebagai bentuk keprihatinan terhadap kurangnya perhatian dan apresiasi masyarakat terhadap warisan budaya bangsa. Kegiatan KJB meliputi Jelajah Kota Toea, Night Time Journey at Museum, serta diskusi sejarah dan budaya.

Jelajah Kota Toea dan Night Time Journey at Museum merupakan program yang dijadwalkan rutin oleh KJB. Kegiatan ini bertujuan untuk memperkenalkan sejarah Jakarta kepada pelajar maupun mahasiswa serta masyarakat umum, sehingga akan timbul kecintaan terhadap cagar budaya yang perlu dilestarikan berikut koleksi yang ada di dalamnya.

Selain kunjungan yang sudah terprogram, KJB menerima kunjungan yang dibuat khusus untuk pelajar atau mahasiswa dan kelompok masyarakat atau perusahaan dengan berbagai macam rute pilihan menurut kesepakatan. Kunjungan permintaan dapat dilakukan dari Selasa hingga Minggu.

Sekretariat dan Kontak Program
Museum Mandiri
Jl. Lapangan Stasiun No. 1, Jakarta Kota
Telp.: 0817 9940173, (021) 99700 131
Email: kartum_boy@yahoo.com
Milis: jelajahbudaya@yahoogroups.com
Website: www.jelajahbudaya.blogspot.com

KOMUNITAS MATAPENA

Komunitas Matapena adalah komunitas literasi yang lahir dari tradisi membaca dan menulis di kalangan santri dan pesantren, berawal dari penerbitan enam novel pop pesantren oleh Matapena pada Agustus 2005: *Santri Baru Gede* karya Zaki Zarung, *Pangeran Bersarung* karya Mahbub Jamaluddin, *Santri Semelekete* karya Ma'rifatun Baroroh, *Kidung Cinta Puisi Pegon* karya Pijer Sri Laswiji, *Dilarang Jatuh Cinta* karya S. Tiny, dan *Bola-Bola Santri* karya Shachree M. Daroini.

Penerbitan enam novel ini menarik, mengingat sebelumnya istilah novel pop pesantren belum banyak dikenal luas, apalagi para penulisnya tak lain adalah para santri dan alumni dari pesantren. Kenyataan ini kemudian memunculkan gagasan untuk menggulirkan pembentukan Komunitas Matapena yang bisa menjadi wadah mengembangkan minat dan hobi baca-tulis, terutama di kalangan santri dan remaja pada umumnya.

Komunitas Matapena bertujuan menciptakan budaya literasi di kalangan remaja dengan menggali kekayaan lokal, nilai, dan tradisi yang mengakar di pesantren untuk pengayaan khazanah kesusastraan Indonesia. Komunitas Matapena berkomitmen menyebarkan gagasan tentang sastra pesantren yang khas dan mengedepankan nilai-nilai *tasamuh* (toleransi), *tawazun* (proporsional), *ta'adul* (keadilan), dan *tawasuth* (moderat). Komunitas ini juga menawarkan diri sebagai rumah kreatif bagi remaja untuk mengembangkan potensi, minat, dan bakat dalam menulis dan bersastra.

Sekretarian dan Kontak Program
Email: matapena_jogja@yahoo.com

KOMUNITAS PENDIDIKAN PROKLAMASI

Komunitas ini dibentuk oleh para pegiat pendidikan di sekitar Tugu Proklamasi, Jakarta, yang berasal dari Bonang, Tambak, Matraman, Talang, Anyer, Menteng Jaya, Menteng Tenggulung, Cikini, dan Manggarai. Komunitas Pendidikan Proklamasi ini memiliki beberapa misi. *Pertama*, menciptakan Kampung Komunitas Proklamasi sebagai kampung ilmu, kampung hijau, kampung sehat, dan kampung damai. *Kedua*, meningkatkan kualitas pendidikan di Komunitas Pendidikan Proklamasi dengan misi utama mencegah anak-anak, remaja, dan pemuda dari pengaruh narkoba dan perselisihan.

Mereka membuat beberapa tempat untuk belajar, berkumpul, dan berdiskusi, khususnya untuk anak-anak muda di wilayah tersebut, bekerja sama dengan berbagai pihak. Paling tidak ada 13 nama tempat belajar yang terbilang unik, antara lain:

- Gardu Ilmu, tempat membaca yang dilengkapi rak-rak dan buku.
- Rumah Belajar, tempat belajar bersama yang dilengkapi dengan sekitar 1.000 eksemplar buku bacaan dan 4 unit komputer.
- Tarsan (Taman Interaksi Sehat dan Asuh Nurani), tempat anak-anak dan remaja belajar menghijaukan lingkungan dan membuat lubang biopori. Laskar Biopori pun telah terbentuk dan mereka sering mendukung kegiatan pembuatan lubang biopori di Monas, taman-taman kota, bahkan sampai ke Puncak, Bogor.
- Pos Ilmu, tempat nongkrong tukang ojek yang dilengkapi dengan buku-buku.
- Roumusha (Roumah untuk Sahabat)—awalnya dinamai Rombongan Muka Sangar—tempat nongkrong remaja sekitar yang beralih fungsi jadi tempat belajar teater dan bimbingan belajar.
- Ornamen Orange, tempat berkumpulnya suporter Persija di Kawasan Menteng sekaligus pusat pembelajaran dan unjuk kreativitas remaja. Warna kebanggaan Jakmania, oranye, memenuhi sanggar ini.

Sekretariat dan Kontak Program
Sabda (Ketua Komunitas Pendidikan Proklamasi): 021-95504863
Megi Budi Suwarno (Koordinator Komunitas Proklamasi): 021-33847956
A. M. Jufri (Pembina/Penasehat Komunitas Pendidikan Proklamasi dan Staf Yayasan Nurani Dunia): 081584159647
Email: amjuf@yahoo.com

KURNIA ESA

SCRIPT AGENT AND AUTHOR MANAGEMENT

Lembaga yang bergerak di bidang agensi naskah dan manajemen penulis ini didirikan tahun 2005. Para penggeraknya adalah mereka yang telah cukup lama berkecimpung dalam bisnis penerbitan. Berdasarkan pengakuan salah satu eksponennya, Kurnia Esa memiliki reputasi baik dalam merepresentasikan penulis novel dan buku populer *best seller*. Kurnia Esa juga memiliki jaringan dengan penerbit buku papan atas, perusahaan distributor buku, dan toko-toko buku nasional.

Jika Anda seorang penulis atau calon penulis, Anda cukup berkonsentrasi menghasilkan naskah yang baik, Kurnia Esa akan memolesnya menjadi yang terbaik dari sisi penerbitan, penataan pencitraan dan kemasan, representasi dalam aspek bisnis, legal dalam negosiasi dengan penerbit atau pihak ketiga, mengatur jadwal promosi, juga detail lainnya.

Lembaga ini juga memberikan layanan kepada para penerbit, berupa *review* naskah independen, termasuk menyeleksi dengan analisis dan pertimbangan pasar potensial. Menyangkut layak terbit atau tidaknya suatu naskah.

Sekretariat dan Kontak Program
Jl. Kembang Raya No. 11
Kwitang, Senen, Jakarta Pusat
Email: Kurniaesa.script@gmail.com

KUTUBUKU

Kutubuku adalah organisasi nirlaba yang bergerak di bidang pengembangan minat baca masyarakat melalui program-program seperti pengelolaan perpustakaan komunitas, bantuan buku bekas layak baca, *drop and rolling collection*, konsultan perpustakaan gratis untuk perpustakaan komunitas atau masyarakat, pengelolaan pencinta buku, pendampingan komunitas baca, serta kampanye-kampanye membaca.

Kutubuku berdiri tahun 2008 dengan menancapkan visi terciptanya generasi suka membaca. Dengan jumlah koleksi buku bacaan mencapai 1.500 eksemplar, Kutubuku memiliki wilayah pelayanan yang luas, meliputi Kabupaten Bandung Barat. Sejauh ini, Kutubuku telah memberikan pendampingan pada beberapa perpustakaan, di antaranya: Perpustakaan Teropong, Desa Parongpong, Kabupaten Bandung Barat; Perpustakaan Kalakay, Cimahi; dan perpustakaan SD dan SMP Darul Hikmah, Desa Cieceng, Tasikmalaya.

Sekretariat dan Kontak Program
Perumahan Cimareme Indah D3-29
Kabupaten Bandung Barat.
Facebook: Kutubuku Community
Email: surat@kutubuku.info
Website: http://kutubuku.info
Koordinator Umum: Zazuli Miftachul Hanief

LIBRARY LOVERS CLUB

LLC merupakan kelompok pencinta perpustakaan SMA Negeri 49 Jakarta. Dengan visi mencetak insan religius yang berakhlak mulia, cinta ilmu pengetahuan dan teknologi, serta menjadi duta baca, duta buku, dan duta perpustakaan di masyarakat, LLC berupaya menyebarkan virus kesenangan membaca, terutama di antara para siswa.

Ada beberapa misi yang menjadi landasan gerak LLC dalam menyusun program-program kreatifnya, yaitu memiliki daya spiritual yang tinggi sebagai landasan untuk beramal, bersikap, dan berkarya; menumbuhkan rasa ingin tahu yang mendalam tentang ilmu pengetahuan yang dibacanya; mengajak keluarga, masyarakat, dan lingkungan untuk mengadakan perubahan melalui cinta baca dan cinta buku; mengembangkan perpustakaan yang dibinanya sebagai pusat dokumentasi dan informasi serta sarana rekreatif, edukatif, dan kreatif; terakhir, menciptakan perpustakaan keluarga dan lingkungan.

LLC dirintis sejak 1996 atas inisiatif guru Pendidikan Seni Rupa, Dra. Hj. Djodja Nurdjani, yang juga merangkap sebagai pengelola perpustakaan. Pada mulanya LCC bernama CPP (Club Pencinta Perpustakaan). Lalu, atas usul Drs. Syamsi selaku Kepala SMA Negeri 1 Gangga, Lombok Barat, yang sedang bermitra dengan SMA Negeri 49 Jakarta, CPP diganti menjadi LLC atau Library Lovers Club.

Sekretariat dan Kontak Program
Perpustakaan SMU 49 Jakarta
Jl. Pepaya No. 9, Jagakarsa
Jakarta Selatan 12620.

MASYARAKAT KOMIK INDONESIA

Masyarakat Komik Indonesia (MKI) dibentuk pada 15 Maret 1997. Digagas sebagai wadah bagi pembuat, penggemar, kolektor, serta penerbit komik, wadah ini merupakan hasil penyelenggaraan acara Pekan Komik Nasional (PKN) oleh Fakultas Sastra UI pada 1997 yang disusul dengan Pekan Komik dan Animasi Nasional (PKAN) yang diadakan di Galeri Nasional. MKI juga memberikan pelatihan komik pada masyarakat serta menjadi pusat *database* komikus se-Indonesia. Hingga saat ini, anggota MKI berjumlah 600 orang, terdiri dari pelajar hingga masyarakat umum.

MKI juga mengajak anggotanya mengikuti pameran bersama. Untuk mendukung kemajuan anggotanya dalam berkomik, MKI menggandeng Sawotoon sebagai lini penerbitannya. MKI juga mempunyai lini pengajaran komik bernama Semesta yang mengajarkan proses menggambar dasar serta pembuatan komik yang difokuskan untuk murid SD hingga SMU, dengan mengajarkan materi pendukung seperti fotografi dan menulis.

Ke depannya, MKI memfokuskan diri menjadikan komik sebagai bacaan keluarga. Untuk mendukung rencana tersebut, MKI mengumpulkan komikus dari 33 provinsi di Indonesia untuk mengomikkan keindahan alam dan budaya Indonesia.

Sekretariat dan Kontak Program
Jl. Raya Baru Tj. Barat No. 142B
Jakarta Selatan.
Telp.: (021) 7813570
Email: masyarakatkomik@yahoo.com
Facebook: Masyarakat Komik Indonesia dan MKI

PONDOK BACA SALUESEM

Pondok Baca Saluesem sudah dirintis sejak 2009, tepatnya tanggal 2 November. Nama Saluesem dalam bahasa (daerah) Tombulu berarti 'aroma belerang'. Mengapa Saluesem? Ternyata pondok baca yang terdapat di Manado, Sulawesi Utara, ini dilalui sungai yang mengandung belerang. Sungai ini mengalir dari Gunung Mahawu.

PB Saluesem berawal dari anak-anak yang sering main ke rumah Herman, pengurus sekaligus pendiri PB Saluesem. Mereka suka melihat buku bacaan dan beberapa majalah yang diletakkan Herman di atas meja tamu. Pada saat yang sama, Herman sering mengajak bicara para pemuda yang putus sekolah. Dari obrolan ringan itu, tertangkap keinginan para pemuda putus sekolah ini untuk melanjutkan sekolah ke jenjang yang lebih tinggi. Mereka punya niat dan semangat, tapi terbentur biaya. Kebanyakan orangtua mereka bekerja sebagai petani.

Mendengar mimpi-mimpi mereka, Herman dan istrinya berusaha mewujudkannya. Langkah awal yang Herman lakukan adalah membuka jendela ilmu. Sebuah pondok sederhana ia ubah jadi ruang pustaka—PB Saluesem. Demi memberikan kegiatan yang positif dan bermanfaat, PB Saluesem mengadakan latihan musik kulintang dan olahraga bulu tangkis bagi pemuda dan anak-anak. Hasilnya patut dibanggakan, terutama musik kulintangnya.Tahun 2011, PB Saluesem menampilkan pertunjukan musik kulintang di salah satu agenda World Book Day Indonesia.

Sekretariat dan Kontak Program
Email: herman.sundah@gmail.com
HP: 081340586547

PONDOK BACA SORPRING

Pondok baca Sorpring dibuka pada 28 Juli 2008. Oleh penggagasnya, Bambang Supranoto, Sorpring dimaksudkan sebagai tempat untuk sarana bermain dan meningkatkan minat membaca anak-anak. Sorpring merupakan kependekan dari Ngisor Pring, yang dalam bahasa Jawa artinya di bawah bambu. Penamaan demikian memang disesuaikan dengan lokasi Pondok Baca berada—di bawah rumpun pohon bambu kuning.

Pondok Baca Sorpring tidak hanya menyediakan buku-buku, tapi juga sarana bermain seperti jungkat-jungkit, papan luncur, tangga tali, *flying fox* mini, rumah pohon, serta hamparan pasir. Tak pelak, kelengkapan sarana bermain tersebut membuat anak-anak yang datang semakin betah. Selain sebagai tempat membaca dan bermain, secara berkala Sorpring juga mengadakan kegiatan *outbound*.

Jam paling sibuk Sorpring adalah jam pulang sekolah, hari Ahad, dan hari-hari libur. Anak-anak berdatangan bukan hanya dari lingkungan perumahan tempat Sorpring berada, tapi juga dari kampung tetangga.

Hal itu tanpa disadari mendatangkan dampak positif, berupa pembauran pergaulan anak dari berbagai lingkungan, sehingga sikap eksklusif dalam pertemanan jadi terhapus. Proses pergaulan anak makin luas. Mereka semakin *guyub* (akrab) dan gembira.

Tidak ada syarat apa pun untuk dapat membaca dan menikmati sarana bermain yang dimiliki Sorpring. Bahkan, Sorpring tidak mensyaratkan keharusan mendaftar dan memiliki kartu anggota bagi setiap pengunjungnya. Siapa pun bebas menikmati bacaan yang ada. Satu saja syaratnya, buku yang ada tidak boleh dibawa pulang. Hanya boleh dibaca di tempat. Perlakuan demikian disengaja lantaran oleh pegiatnya Sorpring diarahkan menjadi Perpustakaan Kejujuran.

Sekretriat dan Kontak Program
Jl. Nangka II/70 A, Griya Mustika Karangboyo, Cepu 58315.
Telp.: (0296) 424330
Bambang Supranoto: 085290068620

PONDOK BACA QI FALAH

Ide mendirikan Pondok Baca Qi Falah terbetik setelah melihat kondisi perpustakaan Pondok Pesantren Qothrotul Falah yang memprihatinkan. Pembenahan dimulai dengan memberi nama perpustakaan tersebut: Pondok Baca Qi Falah. Pertimbangannya, mudah dikenal dan diingat para pembaca sekaligus tidak eksklusif sehingga proses penyebaran informasi keberadaan pondok baca ini jadi lebih mudah. Selain itu, Qi Falah juga bermakna ganda. Qi Falah bisa diartikan sebagai kependekan dari *qothrotul falah* yang berarti 'tetesan kebahagiaan' atau sebagai kalimat yang bermakna 'jagalah kebahagiaan'. Pas dengan niat awal pondok baca ini digagas, atau tepatnya dihidupkan lagi, yaitu ingin meneteskan dan turut menjaga kebahagiaan banyak orang, baik di dunia maupun akhirat.

Guna menghidupkan dan menyemarakkan pondok baca, secara berkala Qi Falah menghelat beragam acara antara lain bedah buku, pelatihan jurnalistik, lomba resensi, cerita (*story telling*) untuk anak-anak, dan diskusi. Ke depan, Qi Falah juga merencanakan gelaran bermacam permainan agar dapat menyenangkan santri. Selain membaca baca buku, mereka juga bisa bermain.

Untuk mempermudah pengelolaan koleksi bahan pustaka, Pondok Baca Qi Falah sudah menggunakan *database* berbasis komputer dengan program Athenaeum Light. Awak pondok baca ini juga dibekali ilmu perpustakaan.

Sekretariat dan Kontak Program
Jl. Sampay–Cileles Km. 05 Sarian, Sanding
Dusun Sumurbandung, Kecamatan Cikulur.
Kabupaten Lebak, Provinsi Banten 42356
Email: qi_falah@yahoo.com
Website: www.pondokbacaqifalah.blogspot.com
Nurul H. Maarif: 081317773857

PONDOK BACA ZAKIAH

Ayu Puji Rahayu adalah pendiri pondok baca yang diberi nama Zakiah ini. Menurut Ayu, pondok baca Zakiah dibangun agar waktu luang pelajar di tempatnya bisa dimanfaatkan dengan baik. "Kami ingin waktu istirahat mereka dimanfaatkan dengan membaca," ujar Ayu. Pondok baca yang berada di lingkungan Pondok Pesantren

Arafah ini baru berdiri tiga bulan. Gagasan pendiriannya didukung ketua Yayasan SD Arafah, Sarip Mahmud.

Pondok baca Zakiah dibuka setiap Jumat selepas ashar untuk anak-anak SD. Sementara setiap minggu Minggu, dari pukul 2 hingga 5 sore, untuk pelajar SMA. "Para pengunjungnya anak-anak pesantren Arafah dan warga sekitar," tambah Ayu. Konsep belajar yang diberikan pondok baca ini sederhana, yaitu dibacakan cerita, diajarkan membaca, dan cerita bersama. Sedangkan untuk pelajar SMA, belum ada kegiatan rutin selain membaca dan berdiskusi. Buku yang tersedia pun masih terbatas pada buku-buku umum dan majalah anak.

Ayu menjelaskan, "Buku-bukunya dapat sumbangan dari Kang Iqbal, relawan kami." Alasan itulah yang membuat pondok baca Zakiah belum bisa meminjamkan buku kepada para pengunjung. Selain minimnya koleksi buku, SDM di Zakiah juga terbatas. Pengurusnya baru tiga orang: Ayu dan dua orang siswi SMA Arafah. Selama ini bantuan dari pemerintah pusat belum ada. Kendati demikian, pondok baca yang berdiri di teras rumah Ayu ini memiliki harapan emas untuk menumbuhkan minat baca, minimal di lingkungan pesantren.

Sekretariat dan Kontak Program
Kampung Pasir Jati RT 03/RW 17
Desa Muka Payung Cililin,
Bandung Barat.

READING BUGS

Pembentukan "komunitas membacakan cerita" ini berawal dari pengalaman Roosie Setiawan, ibu dua anak yang beranjak dewasa, yang juga penggagas berdirinya Reading Bugs. Menurut Roosie, ketika membaca buku *The Read-Aloud Handbook* anggitan Jim Trelease, ia seolah-olah sedang membaca pengalamannya sendiri. Ia menemukan *reading magic* sebagai hasil dari kebiasaannya membacakan buku cerita untuk anaknya. Tidak perlu secara khusus belajar membaca, kedua anak Roosie pun tiba-tiba bisa membaca.

Salah satu upaya Reading Bugs dalam menyebarkan gerakan membacakan cerita adalah berusaha agar *The Read-Aloud Handbook* dapat diterbitkan dalam bahasa Indonesia. Alhamdulillah, harapan itu tertunaikan. Buku *The Read-Aloud Handbook* versi bahasa Indonesia diluncurkan pada 22 Desember 2009. Buku Jim ini akhirnya menjadi acuan dan panduan kegiatan Reading Bugs. Buku tersebut juga menjadi buku yang paling direkomendasikan untuk dibaca para peserta ketika Reading Bugs diminta memberikan pelatihan untuk orangtua dan guru TK.

Bahkan, tak berhenti di situ. Pada masa datang, Reading Bugs berkomitmen membagikan 1.000 buku untuk 1.000 TK di Indonesia, agar kegiatan membacakan buku cerita ini dapat juga dilakukan oleh para guru di depan kelas setiap hari.

Komunitas ini merasa upaya menyebarkan "virus" membacakan cerita sangatlah mendesak karena masa pertumbuhan otak anak begitu pendek. Reading Bugs berharap para pihak terkait, seperti penerbit, toko buku, dan perpustakaan, dapat menjadi *partner*-nya.

Sekretariat dan Kontak Program
Website: www.readingbugs.org

SANGGAR ANAK MERDEKA

Sanggar Anak Merdeka (SAM) adalah sanggar belajar dan wahana pengembangan kreativitas sekaligus model pendidikan alternatif bagi anak-anak kelompok miskin di Kelurahan Danukusuman Surakarta, didirikan sejak tahun 2003 oleh individu-individu yang *concern* terhadap persoalan kemiskinan dan perdamaian di Surakarta. Aktivitas SAM bermula dari keprihatinan terhadap masa depan anak-anak kelompok masyarakat miskin yang terpinggirkan oleh struktur ekonomi dan politik yang kapitalistis.

Kegiatan Sanggar Anak Merdeka didasarkan pada tiga prinsip, yaitu ramah terhadap sesama, ramah terhadap lingkungan, dan ramah terhadap Tuhan. Harapan dari prinsip yang menjiwai kegiatan sanggar adalah agar anak-anak dapat menjadi generasi penerus yang memiliki toleransi tinggi terhadap berbagai perbedaan yang terdapat pada masyarakat, seperti agama, etnis, tingkat ekonomi, dan berbagai varian pembeda di masyarakat.

Satu hal paling penting yang ingin dicapai SAM adalah terpenuhinya hak-hak dasar masyarakat dalam suasana kehidupan yang damai sejahtera. Oleh SAM, tujuan utama itu akan didekati dengan beragam strategi di antaranya mengembangkan model-model pendidikan alternatif bagi masyarakat miskin untuk meningkatkan kesadaran bertoleransi terhadap perbedaan yang ada di masyarakat dan meningkatkan kesadaran konservasi lingkungan; melakukan kegiatan bermain dan belajar berdasarkan prinsip ramah terhadap sesama, ramah terhadap lingkungan; serta pengorganisasian masyarakat lewat media bermain dan belajar anak-anak yang ikut melibatkan orangtua dalam mendukung kegiatan anak-anaknya.

Sekretariat dan Kontak Program
Jl. Babar Layar 25 Danukesuman
Solo 57156
Telp.: (0271) 644901

ROTARACT JAKARTA COSMOPOLITAN

Rotaract Jakarta Cosmopolitan adalah salah satu dari ratusan Rotaract Club—organisasi kepemudaan yang berada dalam naungan Rotary Club, dengan usia anggota antara 18–30 tahun—di seluruh dunia. Tujuan dari Rotaract Club sendiri adalah menumbuhkan jiwa profesionalisme, *leadership,* jiwa sosial, serta mengembangkan persahabatan antar-anggotanya.

Rotaract Jakarta Cosmopolitan berdiri pada 1 November 2008, disponsori oleh Rotary Club Jakarta Metropolitan. Kata *cosmopolitan* sendiri mengartikan tempat berkumpulnya orang-orang yang berbeda ras, pekerjaan, kegemaran, dan lainnya. Rotaract Jakarta Cosmopolitan juga biasa disingkat Rotan, diibaratkan seperti rotan, kuat namun fleksibel.

Kegiatan yang dilakukan Rotan sangat beragam, seperti merenovasi perpustakaan anak Museum Bank Mandiri, pemeriksaan gigi gratis bagi anak-anak SD, pemeriksaan *pap smear* bagi ibu-ibu di kampung binaan Rotary, serta kunjungan ke Pelabuhan Tanjung Priok.

Selain itu, tiap bulan, dalam *meeting club*, Rotan menghadirkan pembicara-pembicara yang berkompeten dalam bidangnya sebagai *guest speaker*. Samuel Mulia (penulis gaya hidup) dan Taufik Imansyah (*news anchor* Trans 7) adalah beberapa di antaranya.

Sekretariat dan Kontak Program
Ruang perpustakaan Museum Bank Mandiri Jakarta
Facebook: Rotaract Jakarta Cosmopolitan
Twitter: @racjktcosmo

RUMAH BACA ISTANA RUMBIA

Dengan *tagline* yang menggugah, *datang tersenyum, pulang membawa ilmu*, RB Istana Rumbia berupaya membuka akses yang selebar-lebarnya pada semua orang, terutama anak-anak, terhadap buku bacaan. Buat RB yang berdiri sejak 1 Januari 2006 ini, akses anak terhadap buku adalah hak.

RB Istana Rumbia yang berada di Desa Lipursari, Kecamatan Leksono, Kabupaten Wonosobo, itu berawal dari ruang tamu ukuran 4m x 4m yang disulap jadi ruang pustaka dengan berbagai macam bacaan anak.

Desa Lipursari terbagi atas Dusun Bringin, Pasunten, dan Dampit, terletak ± 9 km dari pusat kota. Jalan utama ke Lipursari melewati Cumbring (Selomerto) dan Blawong (Selokromo). Melalui jalan setapak berbukit dan berbatu. Pengunjung dari luar kota dapat melalui jalan lintas Kabupaten Banjarnegara–Wonosobo.

Pembentukan RB Istana Rumbia didorong oleh satu kenyataan: banyak dusun di Desa Lipurasi yang terisolasi. Akibatnya, penduduk di dusun tersebut sulit mengakes buku. Padahal, minat bacanya tidak kalah dibanding minat baca di kota. Nah, RB Istana

Buku berupaya membuka ketertutupan akses tersebut.

Hasilnya, masyarakat dusun dapat membaca buku tanpa biaya. RB Istana Rumbia juga telah mengembangkan beberapa embrio rumah/sanggar/pondok baca dan perpustakaan di wilayah Wonosobo, Sleman, Muntilan, dan luar Jawa.

Sekretariat dan Kontak Program
Pasunten, RT 03/RW 02, Lipursari, Leksono
Wonosobo, Jawa Tengah.
Email/Facebook: istana.rumbia@gmail.com
Pemilik Rumah: Maria Bo Niok
Divisi Pustaka: Stevi Sundah
Relawan: Budiman, Herman, Santi, dkk.

RUMAH BACA ZHAFFA

Dimulai dari rasa ingin berbuat sesuatu untuk anak-anak dan remaja di lingkungan Manggarai, Jakarta, terutama menyangkut perolehan pendidikan dan kemudahan mengakses bahan bacaan, Yudy Hartanto bersama istrinya, Neli Siswanti, mulai merintis sebuah tempat edukatif dan rekreatif. Tempat itu mereka namai Rumah Baca Zhaffa. Secara resmi, Rumah Baca Zhaffa berdiri pada 24 Agustus 2008. Nama *Zhaffa* diambil dari nama panggilan anak pasangan Yudy dan Neli, Raihan Zhaffran Zhaffa Aqila.

Kegiatan Rumah Baca Zhaffa tidak melulu berhubungan dengan buku-buku, tapi juga kegiatan sosial lainnya semisal belajar menulis, menggambar, mendongeng, serta penyelenggaraan berbagai macam perlombaan. Ada juga pemutaran film, wisata edukasi ke museum, bedah buku, hingga *outbound* di alam terbuka. Selain itu, ada juga bimbingan belajar gratis untuk tingkat TK, SD, dan SMP. Beberapa kegiatan yang pernah dilakukan anak-anak Rumah Baca Zhaffa, yaitu kunjungan ke Museum Bank Indonesia, mendongeng bersama Kak Oki Lukman (presenter Idola Cilik) dan Kak Awam Prakoso, mengikuti pemeran di World Book Day Indonesia, serta memberikan bantuan sosial untuk korban musibah bencana alam.

Sampai saat ini, Rumah Baca Zhaffa memiliki 2.500-an eksemplar buku: cerita anak-anak, komik bergambar, buku agama, komputer, majalah remaja dan dewasa, majalah musik dan olahraga, novel remaja dewasa, tabloid remaja dan ibu, pengetahuan umum, pelajaran, dan masih banyak lagi.

Sekretariat dan Kontak Program
Jl. Menara Air VII RT. 07/011 No. 43 Kelurahan Manggarai,
Jakarta Selatan 12850.
Telp.: 021-30765178
HP: 081905098709 atau 02194642632
Email: rumahbaca-zhaffa.blogspot.com
Website: rumahbaca-zhaffa.blogspot.com

RUMAH BELAJAR SHAREEFA

Shareefa berarti 'kemuliaan'. Komunitas ini berharap dapat menebar semangat kebaikan dan kemuliaan melalui program di Rumah Belajar. RB ini didirikan untuk mengenang putri kecil penggagasnya yang telah wafat, Shareefa Qodriya Hidayat, juga sebagai bentuk rasa sayang kepada anak-anak dan warga H. Koweng dan sekitarnya. Tidak hanya buku yang disediakan RB Shareefa, tapi juga beraneka ragam bentuk permainan, seperti congklak, *scrabble*, ular tangga, dan monopoli.

Selain itu, bahasa Inggris, menggambar, melukis, menulis, serta berbagai macam keterampilan lainnya dapat juga dipelajari di RB Shareefa. Harapan terjauh yang ingin dicapai RB Shareefa adalah dapat memberikan manfaat berupa transfer pengetahuan melalui membaca dan bermain.

Sekretariat dan Kontak Program
Jl. Legoso Raya, Gg. H.Koweng No.29, Ciputat

RUMAH DUNIA

Rumah Dunia dibangun di halaman belakang rumah Gol A Gong, di Kompleks Hegar Alam, Ciloang, Serang, Banten, di tengah-

tengah kebun buah seluas 1.000 m^2. Bangunannya berupa dua buah perpustakaan anak dan remaja (pelajar maupun mahasiswa), panggung pertunjukan, plasa, mushola, toilet, ruang bermain, dan toko buku. Dengan *tagline mencerdaskan dan membentuk generasi baru*, RD menetapkan kegiatan utama, yaitu pustaka, jurnalistik, sastra, teater, dan televisi.

RD, oleh para eksponennya, ditempatkan sebagai *learning center* atau "kawah candradimuka", tempat penggodokan untuk meningkatkan kualitas sumber daya anak-anak dan remaja sebagai generasi penerus bangsa, khususnya di Banten. Generasi yang tidak saja memiliki kompetensi yang tinggi, tapi juga memiliki hati nurani ketika bersinggungan dengan masyarakat luas.

Sekarang, Rumah Dunia memiliki koleksi lebih dari 5.000 judul buku, mulai dari cerita anak, remaja, sampai dewasa. Ada komik bergambar, seri flora-fauna, komik Jepang, cergam nabi-nabi, majalah anak, buku-buku pemacu kreativitas, seri dongeng klasik dunia, agama, filsafat, sosial, dan politik.

Buat yang remaja, ada seabrek buku! Novel terjemahan populer dari mancanegara, seperti Enid Blyton, Agatha Christie, Sherlock Holmes, Danielle Steele, Jackie Collins, dan Sidney Sheldon, juga tersedia. Pun novel islami karya teman-teman Forum Lingkar Pena, Petualangan Lima Sekawan, Senopati Pamungkas, dan Candika.

Sastranya juga ada, novel Iwan Simatupang, Pramoedya Ananta Toer, Ayu Utami, Djenar, Dea, Dinar, sampai puisi WS Rendra; dan sastra klasik dunia, seperti Ernest Hemingway, William Shakespeare, serta Kahlil Gibran. Tak ketinggalan biografi dan autobiografi Bung karno, Soeharto, Gandhi, Bang Ali, MacArthur, Sun Yat Sen, Ali Bhuto, Buddha, Muhammad, Lincoln, Gorbachev, Goethe, Malcolm X, dan Che Guevara. Masih banyak lagi!

Sekretariat dan Kontak Program
Kompleks Hegar Alam 40
Serang 42118.
Telp.: (0254) 224955
Email: rumahdunia@yahoo.com
Website: www.rumahdunia.net

RUMAH PELANGI

Komunitas ini didirikan tahun 2004, berbekal "kenekatan" tiga orang yang sama sekali buta dunia organisasi. Semangat memberikan ruang membaca bagi anak kampung merupakan faktor utama munculnya kenekatan tersebut.

Pada awalnya, Rumah Pelangi hanya melakukan kegiatan di kampung tempat sekretariat berada. Lantas, setelah belajar dari pengalaman bersama warga Bantul di 10 dusun selama 2 tahun (2006–2008), Rumah Pelangi mengembangkan kegiatannya, bekerja sama dengan beberapa komunitas seni di lereng Gunung Merapi, mengobarkan obor literasi.

Akhir-akhir ini, Rumah Pelangi memfokuskan diri untuk (saling) menyambangi komunitas-komunitas di lereng Gunung Sumbing dan pelosok perbukitan Menoreh untuk memperkuat jaringan pustaka independen di Kabupaten Magelang dan Kulonprogo.

"Gethok Tular" menjadi salah satu acara diskusi berkala yang digunakan untuk mempererat jaringan tersebut. Sedangkan, untuk acara tahunannya, mereka mengadakan hajatan literasi bertajuk "Tlatah Bocah", berupa festival seni tradisi anak-anak. Kini, Rumah Pelangi memiliki lebih-kurang 28 jaringan komunitas, terdiri atas 18 komunitas di lereng Merapi, Sumbing, dan Menoreh, serta 10 komunitas lagi di Forum Komunikasi Sitimulyo.

Rumah Pelangi ini bersifat semimandiri. Biaya operasional komunitas didanai dari hasil usaha kreatif, seperti sablon kaos, cendera mata ramah lingkungan, serta pelatihan kerajinan tangan.

Sekretariat dan Kontak Program
Dusun Patosan, Desa Sedayu,
Kecamatan Muntilan, Kabupaten Magelang.
Email: RumahPelangi@gmail.com
Website: www.RumahPelangi.blogspot.com
Gunawan Julianto: 08180272 3030

SANGGAR DAUN

Sanggar Daun adalah organisasi nirlaba yang dikelola secara independen oleh anggota masyarakat yang berniat memberikan kontribusi dalam pengembangan kreativitas dan minat baca anak. Prioritas kegiatannya adalah taman bacaan atau perpustakaan yang menyediakan berbagai jenis buku, terutama buku bacaan anak. Berfungsi sebagai wadah pengembangan anak dan generasi muda yang tumbuh dan berkembang atas dasar kebersamaan, kesadaran, dan tanggung jawab sosial dari, oleh, dan untuk masyarakat, dan bidang-bidang yang berorientasi pada peningkatan kesejahteraan sosial.

Sanggar Daun didirikan sekitar pertengahan Desember 2008 oleh sekumpulan anak muda yang haus akan kreativitas dan peka akan keadaan sosial di sekitarnya, serta memiliki niat yang sama untuk membuat kampung yang ditinggalinya menjadi lebih baik. Namun, Sanggar Daun baru diresmikan pada 8 Maret 2009. Sanggar ini memosisikan diri sebagai wadah yang bebas dan terbuka, di samping memfasilitasi ruang yang nyaman untuk belajar dan bermain. Sanggar daun juga menyelenggarakan berbagai kegiatan belajar dan bermain bersama anak-anak, baik kegiatan rutin maupun spontan yang dilaksanakan pada hari-hari besar.

Capaian tertinggi yang ingin diraih Sanggar Daun adalah terciptanya kesetaraan sosial di masyarakat, serta memberikan mereka kesempatan yang sama dalam pembelajaran dan kehidupan sosial. Capaian itu didekati dengan beragam usaha, beberapa di antaranya: membangun SDM dalam lingkup internal Sanggar Daun sehingga setiap anggota mampu menunjukkan idealisme dan profesionalitas; meningkatkan minat baca masyarakat, terutama anak-anak sebagai generasi penerus; membentuk ruang belajar dan bermain alternatif bagi anak-anak; memberikan kesempatan anak-anak dan remaja untuk belajar berkomunikasi dan berkreasi; menumbuhkan motivasi; serta membangun kepekaan terhadap lingkungan sekitar.

Sekretariat dan Kontak Program
Jl. Agung Raya I, Gg. Turi RT 14/RW 03
Kelurahan Lenteng Agung Jagakarsa
Jakarta Selatan 12610.
Telp.: (021) 262 33872
Email: sanggardaun@yahoo.co.id

SOS CHILDREN'S VILLAGES INDONESIA

SOS Children's Villages adalah organisasi perkembangan sosial nonpemerintah internasional yang aktif di bidang hak-hak anak dan berkomitmen membantu kebutuhan anak-anak sejak tahun 1949. Luasan kegiatannya meliputi 132 negara, berfokus pada anak-anak tanpa pengasuhan orangtua atau hidup dalam keluarga yang berada dalam keadaan sulit.

SOS Children's Village pertama yang dibangun di Indonesia terletak di Jalan Teropong Bintang Lembang, Bandung, berkat bantuan Solihin G.P., gubernur Jawa Barat pada waktu itu. Saat ini, terdapat 8 SOS Children's Village di Indonesia yang menampung lebih-kurang 1.100 anak. Sedangkan, anak-anak yang dibantu melalui program penguatan keluarga (Family Strengthening Program)—tetap dibesarkan dalam keluarga masing-masing—mencapai lebih dari 6.500 anak.

Ciri khas SOS Children's Village terletak pada sistem pengasuhan dan pendidikan yang diberikan kepada anak asuhnya. SOS Children's Village melakukan pendekatan melalui suatu sistem terpadu menuju usaha-usaha rehabilitasi, resosialisasi, dan edukasi dalam suasana keakraban keluarga. Sistem ini mengandung empat prinsip yang diterapkan pada ruang lingkup anak asuhan, yang dibuat sedemikian rupa sehingga terlihat alami dan tidak dapat dipisahkan satu sama lain.

SOS Children's Village memelopori suatu pendekatan kekeluargaan dalam hal pengasuhan jangka panjang anak-anak yatim-piatu dan telantar. Konsep ini berdasarkan pada empat prinsip, yaitu: ibu, kakak-adik, rumah, dan desa.

Dengan visi *setiap anak dibesarkan dalam keluarga dengan kasih sayang, rasa dihargai, dan rasa aman*, SOS Children's Village berupaya menbangun "keluarga baru" bagi anak yang kurang beruntung, membantu mereka membentuk masa depannya sendiri, dan memberikan kesempatan kepada mereka untuk berkembang dalam masyarakat.

Sekretariat dan Kontak Program
Jl. Sari Endah No.9, Bandung 40152.
Telp.: (022) 2012881
Faksimile: (022) 2011026
Email: sos@sos.or.id
Website: www.sos-childrensvillages.org

STEREOFOTO-ID

View Master adalah *gadget* yang sangat populer pada era 70-an dan awal 80-an. Maka, penggemar *view master* generasi saat itu tergerak untuk membuat komunitas di dunia maya dengan harapan bertemu dengan teman-teman yang antusias terhadap gambar tiga dimensi (3D). Pada 23 Juni 2006, milis Stereofoto-ID dibuat di *yahoogroups* dengan nama Stereofoto-ID. Awal group ini dibuat tentu tidak serta-merta memiliki anggota yang banyak. Hingga dua tahun grup ini terbentuk, anggotanya pun hanya belasan.

Tujuan pembentukan komunitas Stereofoto-ID di antaranya adalah menjadikannya media berbagi informasi seputar gambar tiga dimensi/stereoskopis, membuat foto tiga dimensi memiliki apresiasi tersendiri, dan mengajak teman-teman yang tertarik dengan gambar 3D untuk mengeksplorasinya.

Ada banyak kegiatan yang diadakan komunitas dengan anggota yang tingkat pengetahuan tentang fotonya beragam, mulai dari diskusi di dunia maya, baik melalui Facebook maupun milis, hingga pelatihan. Sampai saat ini, paling kurang Stereo-ID telah menggelar tiga kali pelatihan. *Pertama*, pengenalan gambar 3D di tempat pendidikan fotografi di Oktagon. *Kedua*, saat perayaan

World Book Day Indonesia di Jakarta. Saat itu, Syaiful—salah satu eksponen Stereofoto-ID—memberikan pengenalan stereo foto kepada pengunjung WBD Indonesia 2009. Dan yang *ketiga*, pelatihan di Akademi Samali, tempat pendidikan komikus yang dipimpin Beng Rahardian. Pelatihan ini tidak hanya membahas foto 3D, tetapi juga mempraktikan cara membuat komik 3D.

Sekretariat dan Kontak Program
Stereofoto-id-owner@yahoogroups.com

SUDUT BACA SOREANG!

Taman Bacaan Masyarakat (TBM) Soreang, atau yang lebih populer disebut Sudut Baca Soreang! merupakan sarana belajar masyarakat yang dirintis sejak 10 November 2009 oleh Agus Munawar—perintis TBM Arjasari 9 Juni 2001 yang berbasis swadaya. Bermodal sekitar 500 buku bacaan dan berlangganan tiga koran lokal, Sudut Baca Soreang! berkomitmen memperbanyak akses informasi dan membuka partisipasi masyarakat untuk menumbuhkan budaya baca. Upaya ini dilakukan sebagai salah satu aksi nyata anggota masyarakat untuk memajukan anak bangsa dalam bidang pendidikan nonformal dan informal, serta mendukung tumbuhnya TBM-TBM baru di Bandung Selatan dan sekitarnya.

Selain menyediakan bahan bacaan, Sudut Baca Soreang! juga memiliki beberapa kegiatan, di antaranya wisata baca, cerita anak, dongeng kreatif, majalah dinding, wisata melukis, permainan edukatif, dan panggung berani tampil. Sudut Baca Soreang! juga menginisiasi gerakan Soreang Membaca!—gerakan literasi lokal untuk membuka partisipasi masyarakat seluas-luasnya melalui kegiatan pelatihan pengelolaan, gerakan donasi buku layak baca, dan bentuk lainnya.

Sekretariat dan Kontak Program
Perumahan Griya Bunga Asri No. 33A
RT 03/RW 16 Kampung Cirawu

Kecamatan Soreang, Kabupaten Bandung.
Telp. (022) 76435919, 0818616719
Email: agusmunawar33@gmail.com

TAMAN BACAAN ANAK ROEMAH POESTAKA

Roemah Poestaka adalah Taman Bacaan Anak yang berdiri pada tanggal 1 Juli 2004. Ketika berdiri, TBA Roemah Poestaka menjalin kerja sama dengan Yayasan Bunda Yessi yang dikelola oleh Yessi Gusman. Kemudian, tergabung dalam jaringan koordinasi Taman Bacaan Anak Se-Jadebotabek. Saat ini, TBA Rumah Poestaka bekerja sama dengan komunitas 1001buku.

Sejak awal berdiri, TBA yang memiliki sesanti *open book open mind* ini telah berkomitmen untuk menyediakan buku-buku bacaan yang bermutu bagi anak-anak usia sekolah dasar dan remaja karena sulitnya mendapatkan buku-buku yang bermutu dan mendidik, serta mempunyai nilai positif bagi pengembangan kepribadian anak. Visi dan misinya—persis seperti ketika profilnya pernah ditayangkan dalam acara Matahati dan Dunia Relawan DAAI TV ini—adalah menjadi TBA yang menjangkau semua lapisan, baik anak-anak yang ada di bangku sekolah dasar sampai di perguruan tinggi, dan dapat merangkul anak-anak yang tidak dapat melanjutkan ke jenjang yang lebih tinggi dengan memberikan pendidikan umum serta agama.

TBA Roemah Poestaka secara keseluruhan dikelola oleh anak-anak usia belasan. Dengan kata lain, Taman Bacaan Anak Roemah Poestaka didirikan oleh anak-anak, dari anak-anak, dan untuk anak-anak.

Sekretariat dan Kontak Program
Jl. Ukir II Blok D-47
RT 011/RW 013, Cengkareng Timur
Jakarta Barat.
Telp.: (021) 5447885
Facebook: Roemah Poestaka
Website: www.roemahpoestaka.co.cc

TBM ALFABET

Keberadaan Alfabet tidak lepas dari inisiatif seorang mahasiswa kependidikan Jurusan Bimbingan Konseling. Alfabet dirancang pada akhir 2007 dengan mengumpulkan berbagai info dari rekan kuliah dan milis mengenai bagaimana dan apa manfaat taman bacaan bagi masyarakat.

Baru pada 2008 Taman Bacaan Alfabet secara resmi berdiri. Nama semulanya adalah Taman Bacaan Anak Cerdas Indonesia (TBM ACI). Lantas, tahun 2009 diganti menjadi Taman Bacaan Alfabet.

Alfabet mengusung beragam kegiatan, salah satunya berupa Bimbingan Belajar Gratis pada 2010. Alfabet pun menambahkan kegiatan baru, antara lain, pelatihan, seminar, penyuluhan, lomba, dan diskusi.

Dengan misi mengubah sumber daya manusia menjadi lebih baik, Alfabet siap membantu, melayani, serta memotivasi masyarakat untuk mendapatkan pendidikan yang baik.

Sekretariat dan Kontak Program
Jl. Pulomangga No.12, RT 01/RW 02
Kelurahan Grogol, Kecamatan Limo
Depok 16512.
Telp.: (021) 77218182 / 85490189
Email: alfabetmail@yahoo.co.id / alfabet@teachers.or
Facebook: alfabetmail@yahoo.co.id

TBM ARJASARI

TBM Arjasari berlokasi di Perumahan Kota Baru Arjasari, Kecamatan Arjasari, Bandung. TBM ini mulai aktif pada 2001, dirintis oleh Agus Munawar dengan dukungan warga sekitar. Dimulai dari dapur kecil dengan 100 buku, kini telah berdiri sebuah bangunan baca yang representatif dengan koleksi buku sebanyak 3.500. Saat ini pun TBM Arjasari dikelola oleh Mohamad Nasikin dan Abdul Holik yang berusaha meneruskan cita-cita awal perintis untuk mewujudkan masyarakat Arjasari yang gemar membaca.

TBM Arjasari, sebagai salah satu bagian dari masyarakat Arjasari, mencoba memberikan bahan bacaan melalui penyediaan buku-buku bermutu. Mulai dari buku pelajaran hingga buku-buku teknologi tepat guna pertanian. Bahkan, penyelenggaraan kegiatan yang bernuansa cinta membaca buku pun diselenggarakan. Seperti lomba membaca bagi anak-anak dan lomba pidato bagi orangtua. Tidak ketinggalan, ada juga program Delman Keliling yang di dalamnya ada buku-buku.

Prestasi terbaik yang pernah diraih TBM Arjasari adalah memperoleh predikat sebagai TBM teladan se-Jawa Barat pada 2006. Selain itu, pada tahun yang sama, salah seorang anggota klub baca TBM meraih juara menulis yang diselenggarakan oleh sebuah surat kabar di Bandung.

Sekretariat dan Kontak Program
Perumahan Kota Baru Arjasari
Blok A RT 04/RW 13, Desa Arjasari
Bandung.
Email: tbmarjasari@gmail.com

TBM KAMPUNG BUKU

Kampung Buku adalah komunitas baca dan sanggar kreativitas yang letaknya dekat dengan lingkungan tempat tinggal dan lembaga pendidikan. Kampung Buku mempunyai visi sebagai sarana yang dapat menghibur, mengasuh, dan memberi informasi, serta tempat berkreasi dan berinteraksi anak dan remaja, khususnya, serta masyarakat luas pada umumnya.

Kampung Buku memiliki empat misi. *Pertama*, ingin dijadikan wadah interaksi tempat bertemunya para pencinta buku dari berbagai usia dan profesi. *Kedua*, Kampung Buku dijadikan pusat informasi bagi mereka yang membutuhkan. Para pengunjung yang mengalami kesulitan mengerjakan tugas sekolah bisa menjadikan taman baca ini sebagai tempat untuk bertanya. *Ketiga*, Kampung Buku dijadikan tempat menumpahkan kreativitas dalam bentuk karya apa pun. Di sini, nantinya bakat anak-anak akan ditemukan dengan sendirinya. Intinya, bebas berkarya tanpa batas. *Keempat*, Kampung Buku juga dijadikan tempat rekreasi yang mendidik. Tidak hanya belajar serius, anak-anak pasti juga membutuhkan hiburan. Setiap akhir bulan, pada malam minggu, taman baca menggelar nonton bareng. Film-film yang diputar tentu saja pilihan. Temanya lebih banyak mengenai pendidikan dan komedi khas anak-anak serta film dokumenter. Selain itu, *game-game* kelompok serta acara bermain yoyo juga menjadi hiburan seru lainnya yang mendorong pengunjung untuk sering datang.

Sekretariat dan Kontak Program
Jl. Abdul Rahman 12/5, Gg. Rukun, Cibubur, Jakarta Timur 13720
Website: www.kampung-buku.com
Telp.: 0896 5244 7070
Email: edi_dimyati@yahoo.com, dimyaties@kampung-buku.com

TBM
KELOMPOK KERJA SOSIAL MELATI

KKS Melati merupakan wadah bagi anak muda yang ingin menjadi relawan, memiliki kepedulian kepada sesama melalui kegiatan sosial. Seluruh relawan yang bergabung ke dalam KKS Melati ini melebur jadi satu tanpa mengatasnamakan kelompok, suku, dan agama. Motivasi mereka sama, yaitu bersatu untuk satu tujuan: berbagi.

Bak melati yang putih dan kecil—seperti yang tecermin dalam logo KKS Melati—komunitas ini mencoba memberi arti sekaligus menebarkan keharuman di lingkungan sekitarnya. KKS Melati percaya, jika ada banyak aksi sosial serupa yang juga dilakukan oleh kelompok lain, ikhtiar perbaikan kehidupan bangsa ini akan dapat terwujud.

Sekretariat dan Kontak Program
Jl. Ampera II No. 17A RT 005/RW 009

Jakarta Selatan 12550.
Email: kks_melati@yahoo.com
Website: www.kksmelati.org

TBM LIBRARY@BATAVIA

Library@batavia adalah pusat aktivitas komunitas yang memberikan akses informasi terbuka bagi semua kalangan untuk pengembangan pengetahuan personal maupun kelompok, baik yang bersifat kesenangan, pendidikan, maupun kebudayaan.

Library@batavia merupakan pengembangan dari perpustakaan Forum Indonesia Membaca yang telah beroperasi sejak 2007. Awalnya, perpustakaan ini berlokasi di Duren Tiga Jakarta dengan nama Taman Bacaan Literasi. Pada bulan Juli 2008, Forum Indonesia Membaca (FIM) dan Museum Bank Mandiri—dilandaskan atas kesamaan visi untuk mengembangkan pusat aktivitas komunitas yang senantiasa belajar sepanjang hayat—berkolaborasi mengembangkan perpustakaan di Museum Bank Mandiri dengan nama Library@batavia.

Program-program di Library@batavia dirancang untuk memenuhi kebutuhan anak-anak dan remaja. Selain memberikan keanggotaan gratis kepada para pelajar, Library@batavia juga memiliki beberapa kegiatan yang dapat diikuti oleh anak dan remaja untuk mengisi waktu luang mereka.

Kegiatan yang telah berjalan yaitu Klub Cerita Anak, Kelas Kreasi Kertas, e-l@b (Klub Bahasa Inggris Untuk Remaja) dan Kelas Menulis Remaja. Library@batavia juga memiliki kegiatan lain yang dapat dinikmati oleh segala usia, di antaranya Klub Merajut dan Parley (Klub Bahasa Perancis).

Sekretariat dan Kontak Program
Gedung Museum Mandiri Lt.1
Jl. Lapangan Stasiun No. 1, Jakarta Kota 11410.
Telp.: (021) 70030093/96
Website: www.perpustakaanfim.wordpress.com

TBM PERMADANI

TBM Permadani merupakan salah satu divisi pendidikan yang ada di Lembaga Perempuan Maju dan Mandiri Provinsi Banten. TBM ini sendiri usianya masih sangat muda. Baru diluncurkan pada September 2009 dengan semangat ingin memberikan akses layanan bahan bacaan bagi masyarakat sekitar. Minimnya sarana untuk mengakses bahan bacaan, khususnya di pedesaan, menyebabkan masyarakat kurang memiliki wawasan dan pengetahuan. Demikian juga masyarakat yang baru melek aksara, sulitnya sarana untuk mengakses bahan bacaan di sekitar lingkungannya menyebabkan mereka kembali menjadi buta aksara.

Dengan visi mewujudkan Banten yang berbudaya baca, khususnya bagi perempuan dan anak-anak, TBM Mandiri berupaya menumbuhkan kesadaran akan pentingnya membaca, serta meningkatkan kemampuan membaca masyarakat Banten.

Program kegiatan yang sudah dilaksanakan oleh TBM Permadani antara lain lomba bercerita, mewarnai, membaca Alquran, menghafal juz 'amma, mendistribusikan buku-buku ke TBM dan sekolah-sekolah yang membutuhkan, *talkshow* "Membaca Melejitkan Kecerdasan Anak", *talkshow* "Hidup Sukses dengan Membaca", serta TBM Keliling Kampung.

Pada masa mendatang, ada beberapa program yang telah direncanakan TBM Permadani, antara lain, program bedah buku, penggalangan infak buku, TBM Permadani Road to School, dan lomba membaca cerita bagi para ibu.

Sekretariat dan Kontak Program
Jl. Raya Takari RT 01/RW 02 Kp. Baros, Desa Taktakan,
Kecamatan Taktakan, Serang, Banten.
Telp.: 08121816205/081911150560

YAYASAN MITRA NETRA

Yayasan Mitra Netra adalah lembaga yang bergerak di bidang pendidikan dan pengembangan tunanetra. Yayasan ini didirikan di Jakarta pada 14 Mei 1991. Yayasan Mitra Netra bersifat independen, tidak berafiliasi dengan organisasi sosial-politik maupun organisasi keagamaan mana pun.

Latar belakang didirikannya Yayasan Mitra Netra adalah, *pertama*, lantaran belum adanya kesamaan kesetaraan perlakuan bagi tunanetra, baik di bidang pendidikan maupun tenaga kerja. *Kedua*, belum tersedianya sarana maupun layanan khusus yang memadai bagi tunanetra, baik di bidang pendidikan maupun tenaga kerja.

Sebagai lembaga yang berkecimpung di bidang ketunanetraan, dalam merencanakan dan melaksanakan program kerjanya, Yayasan Mitra Netra menggunakan pendekatan kemitraan, yaitu kemitraan antara tunanetra dan saudara-saudaranya yang berpenglihatan serta kemitraan antara Yayasan Mitra Netra dan lembaga lain, sehingga tercipta sinergi. Hal ini tecermin dalam struktur organisasi yayasan, yang terdiri dari para tunanetra dan mereka yang berpenglihatan. Sebagai sebuah lembaga, Yayasan Mitra Netra lebih memosisikan diri sebagai *implementing agent* yang senantiasa bekerja sama dengan *donor agent*.

Sekretariat dan Kontak Program
Jl. Gunung Balong II No. 58, Lebak Bulus
Jakarta Selatan 12440
Telp.: (021) 7651386
Faksimile: (021) 7655264
Email: humas@mitranetra.or.id
info@mitranetra.or.id
netra@dnet.net.id
Website: www.mitranetra.or.id

YAYASAN PENGEMBANGAN PERPUSTAKAAN INDONESIA (YPII)

YPII merupakan lembaga nonprofit yang berusaha memberikan layanan dan pendampingan bagi masyarakat, berdiri pada 10 Januari 2007 di Jakarta. YPII bergerak di bidang peningkatan minat baca masyarakat dengan berkonsentrasi pada manajemen perpustakaan untuk masyarakat.

Selama hampir dua tahun YPPI bekerja sama dengan mitra yang memperhatikan pengembangan budaya baca dan pencerdasan masyarakat melalui jalur perpustakaan. Kemitraan berawal pada tahun 2006 dengan Bank Indonesia, mendampingi masyarakat di Kuningan, Jawa Barat. Kemitraan dengan Bank Indonesia berlanjut lagi pada awal 2009 untuk mengelola Rumah Kreatif di Desa Cipelang, Cijeruk, Kabupaten Bogor. Tahun 2007, YPPI dipercaya oleh Exxon Mobile untuk mendesain program pengembangan minat baca dalam bentuk Mobil Layanan Informasi yang memenuhi kebutuhan koleksi masyarakat Bojonegoro.

Melalui visi mencerdaskan masyarakat melalui pemberdayaan perpustakaan, YPPI berupaya memfasilitasi dan mendorong terbentuknya perpustakaan yang berkelanjutan. Tak hanya itu, YPPI juga berikhtiar agar pemberdayaan perpustakaan dapat melibatkan masyarakat.

Program kerja YPPI meliputi: pengembangkan perpustakaan di masyarakat dengan berbagai aktivitas; peningkatkan minat baca, tulis, dan kreativitas komunitas masyarakat; berjaringan dengan *stakeholders* dalam program pengembangan perpustakaan di Indonesia; serta bersama pustakawan dan berbagai organisasi kepustakaan Indonesia berupaya mendorong pertumbuhan berbagai aktivitas perpustakaan.

Sekretariat dan Kontak Program
Jl. Rungkut Permai VIII H-8, Surabaya.
Telp.: (031) 72084044
Faksimile: (031) 829-2119
Website: www.pustakaindonesia.org
www.perpustakaanindonesia.blogspot.com

YAYASAN PUSTAKA KELANA (YPK)

Yayasan Pustaka Kelana (YPK) adalah sebuah lembaga nirlaba yang bergerak dalam bidang pendidikan nonformal dengan target anak-

anak dan remaja. Bentuk kegiatan YPK dilakukan lewat pelayanan perpustakaan—baik perpustakaan mangkal maupun keliling—dan distribusi Kotak Kelana.

YPK didirikan pada 1995 oleh pendidik dan profesional di Jakarta dengan tujuan meningkatkan minat baca serta memudahkan masyarakat, khususnya anak-anak dan remaja, memperluas wawasannya melalui beragam bahan bacaan.

Saat ini, ada lima program utama yang dilaksanakan YPK. *Pertama*, Pustaka Kelana (Perpustakaan Keliling). Mobil Pustaka Kelana mengunjungi sekolah dan perumahan dengan membawa buku, permainan edukatif, dan fasilitator untuk anak-anak.

Kedua, Kotak Kelana. Kotak Kelana adalah sebuah kotak berisi 75 buku ilmu pengetahuan dan fiksi yang dipinjamkan untuk jangka waktu tertentu sesuai dengan kesepakatan dengan sekolah atau lingkungan. Koleksi ini diganti setiap bulan. Saat ini, YPK melayani 12 sekolah: 11 SD dan 1 SMP.

Ketiga, Pustaka Mangkal. Pustaka Mangkal berupa perpustakaan komunitas di Rawamangun yang melayani anak-anak, remaja, dan dewasa dari golongan menengah ke bawah. Namun, perpustakaan ini lebih menyasar anak-anak.

Keempat, ELVIS (English Language Volunteers In Schools). Bekerja sama dengan The American Women's Association (AWA), YPK mengirimkan penutur asli bahasa Inggris ke sejumlah sekolah setiap minggu atau dua minggu sekali untuk membantu guru memahami bahasa Inggris yang baik dan benar.

Kelima, Warta Kelana. Sejak 2006, YPK telah menerbitkan Newsletter dwibahasa, Indonesia-Inggris. Pada 2009 Newsletter berubah nama menjadi Warta Kelana yang terbit tiga kali dalam setahun.

Sekretariat dan Kontak Program
Jl. Kelapa No. 2, Rawamangun, Jakarta 13220.
Telp.: (021) 98147087; (021) 47882156
Fax: (021) 47882156
Email: pustaka_kelana@yahoo.com

Daftar Bacaan

Adhe. *Declare! Kamar Kerja Penerbit Jogja (1998–2007),* 2007. Yogyakarta: Komunitas Penerbit Jogja.

Budianta, Eka. 1992. *Menggebrak Dunia Mengarang*. Jakarta: Puspa Swara.

Fajri, Dian Yasmina, dkk. 2004. *Buku Sakti Menulis Fiksi*. Jakarta: Kimus Bina Tadzkia.

Harahap, Mula (*ed.*). 2000. *Menjadi Penerbit*. Jakarta: IKAPI.

Heraty, Toeti. 2000. *Hidup Matinya Sang Pengarang*. Jakarta: Yayasan Obor Indonesia.

Hernowo. 2003. *Andai Buku itu Sepotong Pizza: Rangsangan Baru untuk Melejitkan Word Smart*. Cetakan kedua. Bandung: Kaifa.

Hernowo (*ed.*). 2003. *Quantum Writing: Cara Cepat nan Bermanfaat untuk Merangsang Munculnya Potensi Menulis*. Bandung: MLC.

________. 2004. *Langkah Mudah Membuat Buku yang Menggugah*. Cetakan kedua. Bandung: Mizan Learning Centre.

________. 2004. *Main-Main dengan Teks Sembari Mengasah Potensi Kecerdasan Emosi*. Bandung: Kaifa.

Hirata, Andrea. 2005. *Laskar Pelangi*. Yogyakarta: Bentang Pustaka.

Irkham, Agus M. (*ed.*). 2010. *Katalog Program Kepergok Membaca*. Jakarta: Forum Indonesia Membaca.

Koespradono, Gantyo. 2008. *Kick Andy: Kumpulan Kisah Inspiratif*. Yogyakarta: Bentang Pustaka.

Marahimin, Ismail. 1994. *Menulis Secara Populer*. Jakarta: Pustaka Jaya.

Pendit, Putu Laxman. 2007. *Mata Membaca Kata Bersama*. Jakarta: Cita Karyakarsa Mandiri.

Sasa, Diana A.V. dan Muhidin M. Dahlan. 2009. *Para Penggila Buku: Seratus Catatan di Balik Buku*. Yogyakarta: IBoekoe dan dbuku.

Soedarso. 2005. *Speed Reading: Sistem Membaca Cepat dan Efektif*. Jakarta: Gramedia Pustaka Utama.

Suherman. 2010. *Bacalah: Menghidupkan Kembali Semangat Membaca Para Mahaguru Peradaban*. Bandung: MQS Publishing.

Sularto, St., Wandi S. Brata, Pax Benedanto (*ed.*). 2004. *Bukuku Kakiku*. Jakarta: Gramedia Pustaka Utama.

Tarigan, Henry Guntur. 1982. *Menulis sebagai Suatu Keterampilan Berbahasa*. Bandung: Angkasa.

Taryadi, Alfons (*ed.*). 1999. *Buku dalam Indonesia Baru*. Jakarta: Yayasan Obor Indonesia.

Thoha, Zainal Arifin. 2005. *Aku Menulis Maka Aku Ada*. Yogyakarta: Kutub.

Trim, Bambang. 2002. *Menggagas Buku: Langkah Efektif dan Sistematis Menuliskan Ide Anda ke Dalam Buku*. Cetakan kedua. Bandung: Bunaya.

Wiedarti, Pangesti (*ed.*). 2005. *Menuju Budaya Menulis*. Yogyakarta: Tiara Wacana.

Yulaelawati, Ella (*ed.*). 2010. *Taman Bacaan Masyarakat Kreatif*. Jakarta: Direktorat Pendidikan Masyarakat Direktorat Jenderal Pendidikan Nonformal, dan Informal Kementerian Pendidikan Nasional.

KORAN

Jawa Pos, 5 Oktober 2008
Jawa Pos, 9 November 2008
Jawa Pos, 19 Juli 2009
Kompas, 12 Januari 2009
Kompas, 14 Februari 2009
Kompas, 15 September 2009

Koran Tempo, 16 Agustus 2011
Suara Merdeka, 6 April 2008
Suara Merdeka, 18 Mei 2008
Suara Merdeka, 8 Juni 2008
Suara Merdeka, 6 Juli 2008
Suara Merdeka, 27 Juli 2008
Suara Merdeka, 24 Agustus 2008
Suara Merdeka, 2 November 2008
Suara Merdeka, 16 November 2008
Suara Merdeka, 23 November 2008
Suara Merdeka, 7 Desember 2008
Suara Merdeka, 21 Desember 2008

MAJALAH

Matabaca Mei 2003
Matabaca April 2008
Story No. 20/April–Mei

Tentang Penulis

GOL A GONG (sebelumnya Gola Gong) bersama Tias Tatanka adalah suami-istri yang mencintai buku dan anak-anak. Mereka mengelola pusat belajar bernama Rumah Dunia bersama para relawan: Toto ST Radik, Firman Venayaksa, Indra Kesuma, Muhzen Den, Roy Goozli, Abdul Salam H.S., Awi Suling, Harir Baldan, Rimba Alangalang, Ahmad Wayang, Dedi Setiawan, Langlang Randhawa, Aji Setiakarya, Endang Rukmana, Fery Setiawan, R.G. Kedungkaban, Ibnu Adam Aviciena, Lanang Sejagat, Anas Nasrudin, dan Piter Tamba di kebun belakang rumah mereka yang luasnya 1.000 m^2. Dengan mengelola Rumah Dunia, suami-istri ini berharap bisa mengalihkan hal-hal negatif, seperti merokok, tawuran, dan narkoba, yang mulai menyerbu anak-anak dan remaja. Di Rumah Dunia, mereka berusaha memindahkan dunia ke rumah lewat buku, menyanyi, membaca puisi, menggambar, dan teater.

Kata Gol A Gong, "Rumah Dunia adalah tempat bagi anak-anak dan remaja untuk berkarya. Di Rumah Dunia ada yang belajar jadi wartawan, menulis novel, cerita pendek, dan puisi. Ada juga yang belajar bikin film. Anak-anak Rumah Dunia sudah banyak yang menjadi wartawan di *Radar Banten*, *Fajar Banten*, *Banten Raya Post*, dan Banten TV. Selain itu, mereka ingin anak-anak di Banten dan Indonesia 25 tahun mendatang jadi pintar dan kritis;

berjiwa pionir dan mandiri; serta berani berkata 'tidak' pada ketidakadilan."

Gol A Gong lahir di Purwakarta pada 15 Agustus 1963. Sejak 1965, ia sudah tinggal di Serang. Ayah dan ibunya pendidik.

Gol A Gong sudah menulis sekitar 90 buku. Sewaktu muda, ia pernah menjadi wartawan *Hai*, *Anita Cemerlang*, tabloid *Warta Pramuka*, dan tabloid *Karina*. Cerpen-cerpennya muncul di *Hai*, *Gadis*, *Mode*, *Aneka Yess!*, *Seputar Indonesia*, *Republika*, majalah *Ummi*, *Annida*, *Sabili*, *Noor*, dan *Muslimah*. Beberapa sajak dan cerpennya pun pernah dimuat di *Suara Muhammadiyah*, *Mitra Desa PR*, *Republika*, *Media Indonesia*, *Radar Banten*, *Seputar Indonesia*, serta tabloid *Adil*. Juga terkumpul dalam antologi *Jejak Tiga* (1988), *Ode Kampung* (1995), *Antologi Puisi Indonesia* (KSI-Angkasa, 1997), dan kumpulan 7 penyair Serang *Bebegig* (LiST, 1998). Naskah komedi satu babaknya, *Kampung Maling*, dipentaskan Forum Kesenian Banten di Gedung Kesenian Banten. Gol A Gong juga pernah bekerja di Indosiar (1995) sebagai penulis naskah dan RCTI (1996–2008) sebagai *senior creative*. Sudah sekitar 70 novel ditulisnya. Novel serial fenomenalnya: *Balada si Roy* (Gramedia, 1989–1994; Hikmah, 2004), *Cinta-Mu Seluas Samudra* (Mizania Publika, 2001–2008), *Al-Bahri: Aku Datang dari Lautan* (Asy Syaamil, 2001), *Labirin Lazurdi* (Tiga Serangkai, 2005), dan *Dua Matahari* (Zikrul Hakim, 2006). Beberapa sinetronnya di RCTI: *Pada-Mu Aku Bersimpuh* (RCTI/Indika Entertainment, 2002), *Al Bahri* (TV7/Indika Entertainment, 2002), *Keluarga Van Danoe* (RCTI, 1996), *Ikhlas* (RCTI, 1996), *Dua Sisi Mata Uang* (RCTI, 1998), *Anak Gudang* (2002), *Maharani* (2002), dan *Luv* (2002). Buku-buku terbarunya pada 2008: *Aku Anak Matahari*, *The Journey*, *Jangan Mau Gak Nulis Seumur Hidup*, dan *Musafir* diterbitkan Salamadani Group. Ia juga sempat menjabat sebagai asisten manajer di Banten TV dan bersama teman-temannya menggarap sinetron komedi *Si Aduy* (Anak Kampung Jadi Sarjana). Tuh, banyak, kan!

Buku ini adalah bagian dari Gerakan Literasi Lokal Menuju Indonesia Membaca. Juga suatu usaha dari sepasang suami-istri yang sudah dikaruniai Nabila Nurkhalishah, Gabriel Firmansyah,

Jordi Alghifary, dan Natasha Azka Nursyamsa, untuk memperoleh sumber dana subsidi pengembangan Rumah Dunia. Setiap hari, ada saja peristiwa yang menggugahnya untuk terus menulis. Rumah Dunia memang sangat inspiratif buat mereka. Mungkin itulah timbal balik dari Allah kepada mereka. Rumah Dunia bisa menjadi "sumber ide".

Gol A Gong juga menjabat sebagai ketua umum pengurus pusat Forum Taman Bacaan Masyarakat. Jika ingin mendapatkan info lengkap tentang Rumah Dunia, silakan klik www.rumahdunia.net, www.rumahdunia.com, dan www.rumahdunia.org. Ingin berkenalan dengan Gol A Gong? kirim saja *email* ke gm_cakrawala@yahoo.com, Facebook: Gol A Gong Dua; dan Twitter: @Gol_A_Gong.

Agus M. Irkham. Anak keenam dari delapan bersaudara ini lahir di Gringsing, Batang, Jawa Tengah, pada 18 Juni 1977. Ia baru menekuni dunia literasi sejak akhir tahun 2002. Menurut pengakuan ayah dari empat putra ini, terlibat dalam dunia literasi adalah pilihan ideologis sekaligus politisnya. Lulusan Ilmu Ekonomi dan Studi Pembangunan Undip ini diamanati sebagai Kepala Departemen Penelitian dan Pengembangan Pengurus Pusat Forum TBM, terhitung sejak 2010.

Sebelumnya, sejak awal 2003, Agus telah tergabung di Forum Indonesia Membaca (FIM) sebagai instruktur literasi. FIM adalah sebuah komunitas literasi yang berupaya memperbanyak akses informasi, memfasilitasi, dan membuka ruang partisipasi seluas-luasnya kepada masyarakat dalam rangka penguatan budaya baca. FIM menyosialisasikan aktivitas membaca dan menulis tingkat lokal serta mendukung tumbuhnya perpustakaan-perpustakaan komunitas di Indonesia.

Gus Irkham, demikian beberapa koleganya menyapa, dapat disapa melalui *email* agus_irkham@yahoo.com; Facebook: Agus M. Irkham; Twitter: @agusirkham. Atau bisa juga melalui SMS ke nomor 0878 3228 5788.

Indeks

1

1001buku 28, 71, 134, 280, 350, 499

A

Abdoel Moeis 204
Abdurahman Faiz 36, 211
Abu Sangkan 153
Achdiat K. Mihardja 204
advance society 3, 105
agen naskah 127, 240
Ajip Rosidi 129, 240, 243, 331
Alfons Taryadi 52
Alif Danya Munsyi 17
amati, tiru, modifikasi xiv, 19, 155, 195, 296, 323
Amerika Serikat 124, 434
Amien Rais 133, 202
Andrea Hirata 115, 143, 145, 166, 183, 195, 196, 220, 224
Andrie Wongso 153
Andy F. Noya 165
Anugerah Sastra Pena Kencana 156, 157
Ashadi Siregar 204
Asrul Sani 204
Ayat-ayat Cinta 115, 183, 186, 195, 204, 220, 221, 337, 338, 339, 340, 393
Ayu Utami 147, 493
Azyumardi Azra 210

B

Badan Arsip dan Perpustakaan 107, 410
Bambang Sudibyo 79, 306
Bentang Pustaka 166, 289, 508, 509
Bergema 48, 251, 268, 269, 350, 355
best seller 36, 144, 151, 164, 167, 175, 195, 337, 339, 395, 425, 440, 481
Bhuana Ilmu Populer 217, 219
Bibit Waluyo 264
Bonneff, Marcel 149

BritZone English Club 65, 464, 465
Brown, Dan 165, 217, 225
budaya baca v, 5, 6, 20, 61, 62, 63, 65, 69, 78, 127, 249, 252, 255, 256, 262, 265, 268, 299, 301, 348, 355, 356, 472, 476, 498, 506, 513
Bung Hatta 182, 401, 402, 403
Bung Karno 3, 151, 3, 25, 70, 102, 130, 131, 132, 138, 151, 182, 325, 411, 412

C

Cahaya Lentera 48, 350
Canfield, Jack 225
captive market 199
Chicken Soup for the Soul 225

D

Daniel Dhakidae 439
Das Capital 149
De Locomotief 147
Desa Buku 330
  Taman Kyai Langgeng 330
Dewan Buku Nasional 5
Dewi Lestari 198
Doubleday Fiction 217
Dunia Tanpa Sekolah 332

E

Eco, Umberto 439
Edi Dimyati 120, 121
Eep Saefulloh Fatah 147
Emha 176
empati mitra 249, 254, 255, 256
endorsement 160, 161, 166, 376
epigon 155, 195, 196, 197, 220, 221, 222, 338, 340, 393, 411
epigonisme 195, 197, 220, 222
Erbe Sentanu 153

F

Facebook 111, 127, 277, 281, 357, 366, 390, 423, 424, 425, 463, 465, 471, 476, 482, 483, 490, 491, 497, 499, 500, 513
Financial Revolution 144, 153
Forum Indonesia Membaca x, 81, 92, 134, 262, 348, 466, 503, 509, 513
Forum Lingkar Pena 28, 97, 101, 134, 190, 281, 296, 330, 336, 339, 350, 357, 375, 379, 380, 390, 392, 394, 399, 410, 411, 413, 432, 493
Forum of Scientist Teenagers 65, 350, 467
Forum Pinilih 47
Frans M. Parera x, 5, 200
Freebody dan Luke 51, 53, 343
FX. Rudi Gunawan 206

G

Gagas Media 71, 198, 206, 277, 315
Gangsar Sukresno 166
Gerakan Indonesia Membaca viii, 6, 29, 86, 87, 92, 97, 99, 262, 282, 405
  GIM 6, 262
ghostwriter 201, 203
Global Entrepreneurship Monitor 124
Goenawan Mohamad 14
Gramedia iii, iv, 3, 38, 44, 71, 73, 74, 77, 105, 150, 156, 158,

156, 167, 170, 219, 243, 277, 315, 358, 407, 450, 509, 512
Gus Dur xiv, 146, 149, 151, xiv, 25, 146, 149, 151
Guyub 251, 252, 269, 270

H

Habiburrahman El-Shirazy 176, 183, 195, 221, 339, 340
harga pokok produksi 5, 13
Hari Buku Nasional 119
Hendro Basuki 156, 158
Hernowo 95, 96, 209, 425, 508
home library 125, 127

I

Ida Fajar Priyanto 67
Ignas Kleden 9, 52, 53, 206, 208, 307
Ignatius Haryanto 203, 435
illiteracy 7
IndoHogwarts 55, 56, 65, 253, 345, 351, 472
Indonesia Book Fair 162
Indo-Startrek 65, 253
informational-epistic 348
Inggrid Widjanarko 198
Insist 151
Insist Press 151
International Federation of Library Association and Institutions 114
Islamic Book Fair 134, 162
Istana Rumbia 350, 490, 491
Izzatul Jannah 209

J

Jakarta Night Trail 57
Jala Pustaka 47, 350
Jawa Pos x, 220, 305, 510
Jawa Tengah x, 47, 68, 105, 107, 171, 243, 265, 266, 268, 279, 306, 419, 426, 435, 491, 513
Jaya Suprana 249, 349
Johnson, Elaine B. 18
Joni Ariadinata 331, 454
jurnalistik 18, 80, 136, 214, 215, 216, 229, 273, 281, 305, 313, 386, 389, 438, 441, 442, 443, 449, 457, 486, 493

K

Kandangpati 48, 350
Kang Abik 339
Kanisius 151, 218, 219
Karl Marx 149
Katon Bagaskara 198
keberaksaraan vii, viii, 7, 8, 9, 49, 53, 54, 55, 59, 60, 62, 93, 111, 170, 200, 253, 260, 262, 268, 300, 344, 345, 349, 350, 351, 355
kerani perbukuan 60, 61, 66, 67, 68, 69, 155, 167, 195, 196, 210
Kick Andy 115, 143, 158, 165, 166, 339, 509
Klinik Baca Tulis 328, 419
Klub Guru 426
knowledge 15, 49, 349, 350
Koesnadi Hardjosoemantri 68
Kompas 3, 4, 16, 38, 77, 133, 219, 277, 296, 434, 436, 450, 510
Komunitas Bambu 430, 431
komunitas *blogger* pembelajar 429
komunitas blog sekolah 429

Komunitas Bunga Matahari 48
Komunitas Historia 56, 57, 253, 350, 476, 477
Komunitas Jelajah Budaya 253, 351, 477
Komunitas Literasi xv, 51, 67, 254, 335, 346, 292, 343, 346, 349, 357, 358, 364, 366, 452, 460
Komunitas Pasar Buku 58, 59
kontemplasi 9, 249, 333, 349
Koran Pasinaon 251, 269
Kris Biantoro 198

L

Laskar Pelangi 115, 143, 145, 166, 183, 186, 195, 204, 220, 224, 225, 264, 508
Lentera Kalbu 48, 350
Lerner, Daniel 439
Leutika 424
library 2.0 111
Lim, Billi P. S. 150
literacy 6, 7, 59, 127, 268
Literacy for Life 7, 53
local literacy 6
logic of sign 9
logic of utility 9

M

Magelang Aksaravaganza 68
majalah *HAI* 120, 403
majalah *Horison* 331
Mas Marco Kartodikromo 147
Matabaca x, 77, 149, 510
McClelland, David 123
McCloud, Scott 149
McDonald, Malcolm 150
Melly Goeslaw 198
Mentari Pagi 47, 134, 136, 350
mesin pencari 438
  google, wikipedia 114, 438
M. Fadjroel Rachman 202
Michael Peirson 438
Mizan 39, 150, 43, 71, 95, 150, 212, 218, 273, 277, 296, 315, 395, 413, 415, 508
M. Nuh 64
MobiNovel 158
Mochtar Pabottinggi 210
multilevel reading 353, 356
MURI 73, 145, 193, 300
Musyawarah Guru Mata Pelajaran 426

N

nobel industry 156
Nova Riyanti Yusuf 206
Nurcholish Madjid 176

O

Oasebaca 47
Obama, Barrack 202
Ode Kampung xvi, 28, 177, 257, 283, 287, 291, 292, 294, 318, 361, 362, 364, 366, 405, 452, 454, 512
Orba 130, 132, 202
Organisation for Economic Co-operation and Development 257
  OECD 257

P

Pangeran Diponegoro 144, 334
Parakitri T. Simbolon 150, 151, 215
Peirson, Michael 438

Pendidikan Luar Sekolah 48
Perahu Baca 48
Pesta Buku 162, 376
PIRLS 10
Pondok Baca 47, 407, 484, 485, 486
Pondok Maos 47
Pound, Ezra 149
Prakarsa Keaksaraan untuk Pemberdayaan 265, 299
Presiden SBY 3, 105, 264
Primanto Nugroho 146
Prof. Purbayu 117
Pustaka Delapratasa 150
Pustaka Jaya 242, 331, 441, 442, 509
Pustaka Puitika 424
Pustaka Sinar Harapan 198, 212
Putu Laxman Pendit 48, 51, 110

Q

Quantum Reading 209

R

Reading Bugs 253, 487, 488
Reading Literacy Study 10
reading society 3, 105
Remaja Rosdakarya 151, 212
Rieke Diah Pitaloka 198, 446
Rotaract Jakarta Cosmopolitan 489, 490
royalti 154, 164, 166, 342
Rumah Baca Zhaffa 491, 492
Rumah Belajar 47, 48, 350, 355, 472, 480, 492
Rumah Cahaya 28, 48, 134, 136, 350
Rumah Pelangi 28, 47, 134, 136, 195, 220, 350, 466, 494

S

Safir Senduk 153
Sanggar Matahari Martapura 48
sastra islami 281, 335, 336, 337, 338, 339, 340, 341, 342
sastra *mainstream* 336
Semaoen 147
Semarang 47, 72, 145, 147, 148, 156, 168, 169, 170, 171, 251, 261, 269, 331, 362, 407, 419, 426, 435, 467
Semarangsch Advertentieblad 147
Seno Gumira Ajidarma 38, 206, 446
separuh nyolong (spanyol) 155, 195, 197
Septiawan Santana K. 215
Serambi 165, 217, 334, 404
Sindhunata 210
Sistem Otomasi Perpustakaan 111, 127
small office home office 124
Sneevlit 147
snobisme 8, 9, 176
Soedarso 95, 96, 209, 509
speed reading 95, 96, 209, 420
S. Prasetyo Utomo 156, 158
stakeholders perbukuan 4, 159
Suara Merdeka x, 196, 510
Sujiwo Tejo 147
Suman Djaya 204
SUSENAS 7
Sys NS 198

T

Taman Bacaan Alfabet 500
Taman Kyai Langgeng 330
Taman Pintar 47, 350

Tan Malaka 147
Taufiq Ismail xi, 396, 401, 402, 432
TBM generasi kedua 250, 251
TBM generasi ketiga 253, 303
TBM@Mall xv, 78, 87, 88, 257, 258, 260, 261, 262, 263, 290
TBM Permadani 504
Teras Puitika 48, 350
The Da Vinci Code 165, 217, 218, 219
The Literacy Lexicon 352
Timur Sinar Suprabana 156
Tiras 3
Tobucil 59, 350, 355
Togamas 168, 169, 170
Toha Putra 170
toko buku Aneka Ilmu 170
toko buku Gunung Agung 170
toko buku Merbabu 170
toko buku Trubus 170
Toni Masdiono 149
transformasi vii, 9, 121, 206, 300, 304, 323
Triyanto Triwikromo x, 156
Tung Desem Waringin 144, 153

U

Ummi 58, 395, 396, 512
Ummi Award xvi, 390, 395, 396
UNESCO viii, 3, 7, 49, 53, 265, 266, 299, 307
  Statistical Yearbook 3
United Nations Literacy Decade (UNLD) 265

V

Vademekum Wartawan 150, 215
Vietnam 4, 416

W

Wahyudin 149
Warabal xi, 48
Wien Muldian x, 58, 67, 81, 94, 95
willingness to write 328
Wiranto 202
World Book Day Indonesia x, 28, 57, 64, 119, 134, 143, 345, 348, 354, 473, 474, 484, 491, 498
wrapping 160, 161

Y

Yasraf 9
Yayasan Obor Indonesia 212, 215, 508, 509
Yon Koeswoyo 199

Z

Zabit Mobile Book 158
  ZMB 158
Ziarah Diponegoro 333, 334
Zuckerberg, Mark 423

Made in United States
North Haven, CT
05 November 2026

21769082R10293